养猪与猪病防控关键技术

周改玲　乔宏兴　支春翔
莫　志　王全振　　　主　编

河南科学技术出版社
·郑州·

图书在版编目（CIP）数据

养猪与猪病防控关键技术/周改玲等主编.—郑州：
河南科学技术出版社，2017.9
ISBN 978 - 7 - 5349 - 8846 - 2

Ⅰ.①养…　Ⅱ.①周…　Ⅲ.①养猪学　②猪病 - 防治
Ⅳ.①S828　②S858.28

中国版本图书馆 CIP 数据核字（2017）第 153488 号

出版发行：河南科学技术出版社
　　　　　地址：郑州市经五路 66 号　　邮编：450002
　　　　　电话：(0371) 65737028
　　　　　网址：www.hnstp.cn
策划编辑：李义坤
责任编辑：申卫娟
责任校对：张娇娇
封面设计：张　伟
版式设计：栾亚平
责任印制：张　巍
印　　刷：新乡市天润印务有限公司
经　　销：全国新华书店
幅面尺寸：170 mm × 240 mm　　印张：25　　字数：570 千字
版　　次：2017 年 9 月第 1 版　　2017 年 9 月第 1 次印刷
定　　价：56.00 元

如发现印、装质量问题，影响阅读，请与出版社联系并调换。

《养猪与猪病防控关键技术》
编写人员名单

主　编	周改玲	乔宏兴	支春翔	莫　志
	王全振			
副主编	袁改玲	李新建	张武军	杜欣帅
	李　博	李四喜	牛可可	王莲莲
	李健芳	赵彩环		
编　者	李晓峰	严川宇	安　进	赵艳芝
	张天英	张松建	王子健	范昌荣
	李　芳	王书丽	吴建宇	杨光勇
	杨　繁	王顺虎	朱二玲	杨清超
	张春红			

前言

养猪业是我国农业和农村经济的重要支柱产业。猪肉和牛肉、羊肉比较，猪肉含水分少，含脂肪、热量、硫胺素高，品质优良、肉嫩味美、容易消化，是人类重要的动物性营养物质。大力发展养猪业，对于加快现代农业步伐，促进我国农村经济发展和农民增收致富具有重要的战略意义。

说到养猪，就离不开猪病防治，特别是近年来随着市场经济的深入发展，生猪及其产品在国内外大范围、远距离、跨区域流通增多，猪疫病发生和传播的概率大大增加，需要加强对疫病的防控。

本书涵盖了养猪与猪病防控关键技术，具体包括：猪的生物学特性和行为学特性、猪场的建设和设备、猪的主要品种、猪的饲料种类和饲粮配合的原则、猪的饲养管理、猪的尸体剖检技术、猪场的消毒技术、猪的免疫接种技术、猪的用药技术、猪疫病防控关键技术等。全书内容理论结合实践，面向生产，讲求实用，可操作性强，是养猪场、养殖小区专业技术人员和生产管理人员的实用参考书。

养猪与猪病防控技术日新月异，发展迅速，限于水平，书中不妥之处，敬请广大读者批评指正。

编者

2016 年 12 月

目录

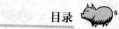

第一章 猪的生物学特性和行为学特性

第一节 猪的生物学特性

猪的生物学特性是在进化过程中形成的，特别是在人类的驯养中，一直朝肉用方向发展，则又形成了一些既具有经济效益亦具有社会效益的新特性。不同的猪种或不同的类型，既具有其种属的共性，又有它们各自独特之处。所以，不断认识和掌握猪的生物学特性，就可以按适当的条件加以利用和改造，从而为人类生产出繁殖力强、生长速度快、适应性强、饲料转化率高、瘦肉率高和肉质适口性好的优良肉用猪种。

一、适应性强，分布广

猪对自然地理、气候等条件的适应性强，是世界上分布广、数量多的家畜之一，除因宗教和社会习俗原因而禁止养猪的地区外，凡是有人类生存的地方都可养猪。

我国地方猪种的共同特点是繁殖力强、肉质好、性情温顺，能大量利用青粗饲料。但生长速度较慢，屠宰率低，膘较厚，胴体中瘦肉偏少。从全国范围看，我国地方猪种的特征与特性还呈现出某些规律性变化：①在猪的体形上是"北大南小"。以成年母猪体重为例，北方民猪为151千克，而南方的滇南小耳猪为69.5千克，蓝塘猪为85.5千克。②在毛色上是"北黑南花"。华北本地猪大部分为黑色，长江以南则出现两头乌，再向南为黑白花、黑背条、"乌云盖雪"或"过颈白"等。③在产仔数上，以长江下游的太湖猪为最高，向北、向南、向西均有逐渐降低的趋势。以3胎以上的经产母猪产仔数做比较，太湖猪为15～16头。向北：姜曲海猪为13～14头，淮猪为12～13头，民猪为13头左右。向西：圩猪为13～14头，华中两头乌猪为10～11头，内江猪为10～11头，藏猪为6～7头。向南：金华猪为13～14头，闽北花猪为8～9头，大花白猪为13～14头，滇南小耳猪为9～10头，乌金猪为8～9头。

从上述分布规律来看，猪生产既受自然和社会经济条件的影响，也与农业发展和人口密度有关。从生态学的适应性看，还表现在对气候寒暑的适应、对饲料多样性的适应、对饲养方法（自由采食和限喂）和方式（舍饲与放牧）的适应，这些是它们饲养范围广泛的重要原因之一。但是，猪如果遇到极端变动的环境或极恶劣的条件，便会出现应激反应，若抗衡不了这种环境时，动态平衡就遭到破坏，生长发育受阻，生理出现异常，严重时出现病患甚至死亡。如噪声对猪的影响，轻者可使猪食欲减退，发生暂时性恐慌行为，呼吸和心跳加快；重者能引起猪的早产、流产及难产，使猪的受胎率下降、产仔数减少及发生变态现象等。因而，在养猪生产中，要给猪创造一个良好的自然环境。

猪的适应性和抗病力均较强，往往在发病初期不易察觉，一旦出现症状，病情已较严重，难以治疗，也不经济，因此，饲养人员要经常留意猪的日常动态，发现有失常现象应及时查找原因，采取相应防治措施。

二、嗅觉和听觉灵敏，视觉不发达

猪生有特殊的鼻子，嗅区广阔，嗅黏膜的绒毛面积很大，分布在嗅区的嗅神经非常密集。因此，猪的嗅觉非常灵敏，对任何气味都能嗅到和辨别。据测定，猪对气味的识别能力比狗高 1 倍，比人高 7～8 倍。一个猪群个体之间、母仔之间主要靠嗅觉保持互相联系。仔猪在出生后几小时便能鉴别气味，依靠嗅觉寻找乳头，3 天后就能固定乳头，在任何情况下，都不会弄错。因此，在生产中按强弱固定乳头或寄养时，应在出生后 3 天内进行。猪依靠嗅觉能有效地寻找地下埋藏的食物，识别群内的个体，在性本能中也起很大作用。例如，发情母猪闻到公猪特有的气味，即使公猪不在场，也会表现出"发呆"反应。同样，公猪能敏锐地闻到发情母猪的气味，即使距离很远也能准确地辨别出母猪所在方位。利用猪的嗅觉灵敏，可以训练猪定点排粪；寄养新生仔猪时，使气味一致，才能保证寄养成功。

猪的听觉很敏锐，因猪的耳形大，外耳腔深而广，搜索音响的范围大，能辨别声音的方向、强度、音调和节律，通过呼名、口令或声音刺激物的调教建立条件反射。仔猪出生后几小时，就对声音有反应，但要到 2 月龄，才能分辨出不同声音刺激物，到 3～4 月龄时能较快地分辨出来。猪对意外声音特别敏感，尤其听到饲养员碰撞喂猪铁桶的声响时，立即起而望食，发出饥饿叫声；对危险信号也特别警觉，即使在睡眠中，有意外声响时，会立即苏醒，保持警惕。因此，为避免猪的骚动，要尽量保持猪的生活环境安静。利用猪的听觉灵敏，可以训练猪定时采食；利用公猪的叫声进行母猪发情鉴定。

猪的视觉很差，缺乏精确的辨别力，视距短，视野范围小，不靠近物体就看不见东西，对光的刺激通常比对声的刺激出现条件反射要慢得多。对光线强弱和物体形象的分辨能力不强，分辨颜色的能力也差。利用猪的这一特点，可以用假母猪进行公猪采精训练。

三、食性广，饲料转化率高

猪是杂食动物，可食饲料的范围很广。猪的门齿、犬齿与臼齿都发达，胃是肉食动物的简单胃和反刍动物的复杂胃之间的类型，所以能广泛地利用各种动植物及矿物质饲料，对各种饲料的利用能力都较强，甚至对废物（如加工副产品、泔水与鸡粪、牛粪等）都能有效地利用。但猪并不是什么食物都吃，猪舌的舌乳头有味蕾，采食时有选择性，能辨别口味，尤其喜爱甜味。猪还具有发达的鼻吻，好拱土觅食，对猪舍建筑物和饲养地有破坏性，也容易从土壤中感染寄生虫和其他疾病。

猪的唾液腺发达，能分泌较多含有淀粉酶的唾液，唾液内含有唾液淀粉酶，可以将淀粉转变成糊精和麦芽糖。唾液腺只在进食时分泌，一昼夜能分泌唾液15 升。

猪对含纤维多和体积较大的粗饲料利用能力较差。因为猪的胃内没有分解粗纤维的微生物，几乎全靠大肠内微生物的分解作用，既比不上反刍家畜的瘤胃，也不如马、驴发达的盲肠。所以猪对含有粗纤维多的饲料利用较差，只有3% ~5% ，而且日粮中粗纤维含量越高，猪对日粮的消化率也就越低。因此，饲养猪时要注意饲料的全价性及易消化性，即在日粮中精料占的比例较多，对瘦肉型猪或育肥猪尤应注意。当然，猪对粗纤维的消化能力随品种和年龄不同而有差异。我国地方猪种与国外培育猪种相比，具有耐粗饲的特性。猪日粮中粗纤维多，主要是降低日粮中蛋白质、脂肪、无氮浸出物和干物质的消化率，最主要的是使蛋白质消化率下降。引起蛋白质消化率下降的原因，部分是由于粪内代谢氮增加，也可能是由于阻碍消化酶渗透。因此，日粮中粗纤维含量应适当。根据国内外畜牧专家意见，对于 20 千克生长肉猪，粗纤维的最高水平是 5% ~6% ；到育肥后期，可适当高些，但最好不超过 8% 。对于母猪，日粮中粗纤维的水平可以比生长肉猪高，通常可达10% ~12% 。猪的采食量大，但很少过饱，消化道长，消化得快，可消化大量饲料。猪肠较长，约为其体长的 20 倍，饲料通过消化道的时间为18 ~20 小时，因而饲料中的营养物质可得到比较充分的消化和吸收，能满足其生长发育迅速的营养需要。猪对精饲料有机物的消化率为76.7% ，对青草与优质干草有机物的消化率则分别为64.6% 和51.2% 。

四、生长期短，发育迅速，周转快

与马、牛、羊比较，猪的胚胎生长期和生后生长期最短。猪因为胚胎期短，同胎仔猪数又多，使得出生时发育不充分。例如：头的比例大，四肢不健壮，初生体重小，平均只有1.0~1.5 千克，不到成年体重的1% ，各器官系统发育也不完善，对外界环境的抵抗力低，所以，对仔猪要有特殊的护理要求。猪出生后，为了补偿胚胎期内的发育不足，生后头2个月生长发育特别快。1月龄体重为初生重的5~6倍，2月龄体重为1月龄体重的2~3倍。断奶后至8月龄，生长仍很迅速，特别是瘦肉型猪生长发育快是其最突出的特性。这样迅速的生长发育，使其各器官系统发育日趋完善，可以较快适应生后的外界环境生活。我国的育肥猪，在满足其营养需要的条件下，一般到6~8月龄，体重可达80~100千克；早熟品种在5~6月龄体重可达90~100千克。而我国牛、马的初生重平均为20~40千克，到6~8月龄，体重只能达到100~120千克，由此可以推算，猪在接近6~8月龄时的体重相当于其初生重的75~80倍，而牛和马只有5~7倍，可见猪比牛、马相对生长强度大10~15倍。因而，猪具有生长强度大的特性。

仔猪从出生到4月龄相对生长强度最高，8月龄以前增长速度最快。因此，在正常饲养管理条件下，猪体重的绝对值随年龄的增加而增大，其相对增长强度则随年龄的增长而降低，到成年时维持在一定水平上。

随着猪体组织及体重的生长，猪体的化学成分呈规律性变化，即随体重和年龄的增长，水分、蛋白质、灰分含量下降而脂肪迅速增加，随脂肪量的增加猪油中饱和脂肪酸的含量也会相对增加，而不饱和脂肪酸减少（适时屠宰）。

体躯各部位的生长首先是体高、体长的增加，继之是深度和宽度的增加，腰部最晚。各组织器官生长早晚的大致顺序为：神经组织→骨→肌肉→脂肪。骨骼是先长长度，后增宽度。脂肪的沉积顺序为花油→板油→肌间脂肪→皮下脂肪。瘦肉的生长速度在30千克之前，呈加速上升的趋势；在30~60千克之间，呈恒速增长的趋势；在60千克以后，呈平稳且略有下降的趋势。而脂肪的沉积速度正好相反，随体重的增加而逐渐上升，以致体重越大瘦肉比率越低。所以有小猪长骨、大猪长肉、肥猪长膘之说。

五、繁殖力强，世代间隔短

猪一般4~5月龄达到性成熟，6~8月龄就可以初次配种。妊娠期短，只有114天。猪是常年发情的多胎高产动物。小母猪1岁时或更早可以第一次产仔，经产母猪1年能分娩2胎，若缩短仔猪哺乳期，对母猪进行激素处理，可达到2年5胎或1年3胎。

一般而言，我国猪种的共同特点之一是繁殖力强，3月龄左右公猪开始产生精子，母猪开始发情排卵，比西方品种早3个月。如梅山母猪的初情期通常为75~85日龄，在正常饲养条件下，6~8月龄即可初次配种，1岁时可第一次产仔。据报道，太湖猪在7月龄时就有分娩的。

在繁殖性能方面，太湖猪是全世界已知猪品种中产仔数最高的一个品种。据统计，母猪头胎平均产仔数12.14头，2胎14.88头，3胎和3胎以上15.83头。

1982年2月17日，浙江省江阴市月城公社种猪场一头二花脸母猪和梅山公猪配种后，产下第8胎，产仔数达42头，产活仔数40头，初生窝重达29.6千克，创造了一胎产仔最多的纪录。经产母猪平均每胎产仔10头左右，比其他家畜要高产。母猪卵巢中有卵原细胞11万枚，但在它一生的繁殖利用年限内只排卵400枚左右，母猪一个发情期能排卵12~20枚，而产仔数常只有8~10头。公猪一次射精量200~400毫升，其中含精子数200亿~800亿个。由此可见，猪的繁殖率并不算高，但繁殖潜力很大。实验证明，通过激素处理，可使母猪在一个发情期排卵30~40枚，个别母猪有高达80枚的。因此，只要采取适当措施，改善营养，饲养管理得当及采取先进的选育方法，就有可能提高母猪的繁殖效率。

由于猪的性成熟早，妊娠期和哺乳期均较短，因而世代间隔也短，一般平均为1.5~2.0年。若采取适当措施，从头胎仔猪中选择优良个体种猪进行繁殖，则世代间隔可缩短为一年，即一年一个世代，这点是迅速增殖猪群头数，加快育种进程及提供肉品的最有利条件。同时，由于猪的繁殖力强，短期内可增殖大量后代，1头母猪年产2胎，春季的仔猪当年可配种产仔，一年内就能增殖后代70多头，达到三代同堂。

瘦肉型猪同样具有多胎高产、世代间隔短的特性，但性成熟和体成熟则较晚些，沉积体脂的能力也比其他猪迟。

六、仔猪怕冷，成猪不耐热

仔猪因出生时神经系统发育不完善，体温调节能力差，而且仔猪的皮下脂肪少，皮薄，毛稀，体表面积相对较大（对体重来说），所以怕冷或潮湿。

环境温度高于或低于适宜温度时，为保持一定的体温，猪要消耗能量。在适宜的环境温度范围内，在自由采食的条件下，需要的维持能量很少，而用于生产的能量比例则较高。当环境温度超过临界温度上限时，需要较多的能量维持体温，所以维持能量增加，但摄取的能量反而减少。当环境温度低于临界温度下限时，维持体温的能量呈直线增加。猪的等热区是在一定温度范围内，猪可根据物理性调节，使其感觉舒适，体重增长较快的温度范围。等热区下限称临界温度。

肉猪的临界温度下限可按下式推算：临界温度（℃）$= 19.5 - 0.065 \times W$

式中，W 为猪体重（千克）。

临界温度可因猪的年龄、采食量、个体饲养或群饲等多种条件而不同。通常脂肪型猪临界温度比瘦肉型猪稍低；高营养水平临界温度比低营养水平要低；合群饲养临界温度比单体饲养的要低；体况较好的临界温度比较差的要低。

据试验，体重40千克的仔猪在环境温度为26~32℃的条件下和适温组（23℃）比较，日增重及采食量均下降。直线回归分析表明，环境温度每升高1℃，日增重与采食量分别下降6.3%和2.9%。但炎热时猪对饲料的消化率无明显影响。

环境温度低于临界温度时，需根据环境温度条件增加饲料喂给量。体重155千克的妊娠母猪，在环境温度为5℃时的饲料供给量比适温条件下（18℃）高40%。环境温度降低时，饲料的消化率会降低，等热区下温度升高1℃，消化率提高0.25%。

适宜温度与体重的关系为：适宜温度（℃）$= 26 - 0.06 \times W$

式中，W为猪体重（千克）。

七、屠宰率高，产肉多

在肉用家畜中，猪比其他家畜更能充分利用饲料与营养物质，转化成营养价值高的肉品。猪增重快，饲料报酬高，尤以瘦肉型猪生长速度快，代谢强度高，对饲料蛋白质的转化率比其他类型猪高，因而沉积瘦肉的能力强，转化为瘦肉的效率比脂肪型猪约高1倍。由于猪对饲料转化为瘦肉的效率比转化为脂肪的效率高，所以瘦肉型育肥猪的饲料报酬也较高，日粮的营养水平及饲料的质量直接影响产肉性能。日粮的能量水平越高，日增重就越大，饲料利用率也越高，但胴体瘦肉率却较低，背膘较厚。

猪肉和牛肉、羊肉比较，水分含量少，脂肪、热量、硫胺素含量高，且猪肉品质优良、肉嫩味美、容易消化，是人类极为重要的动物性营养物质。

第二节　猪的行为学特性

猪和其他动物，对其生活环境、气候条件和饲养管理等的反应，在行为上都有其特殊表现，并且有一定的规律性。猪的行为习性一方面取决于先天遗传，另一方面取决于后天的调教、训练或使用。了解猪的行为习性，不仅可以使其降低应激反应，适应饲养环境，而且通过掌握其规律性，科学地利用这些行为习性，设法改进饲养管理方法，设计新型猪舍，改革传统技术和设备，并根据猪的行为制定新的生产工艺，创造适合猪习性的环境条件，使之生活舒适，提高其生产性能。

一、摄食行为

摄食行为和猪的生长速度及个体健康息息相关，猪除睡眠外，大部分时间都会用来采食。猪为杂食类多食性动物，生来就有拱土觅食的遗传特性，因为猪的嗅觉很灵敏，它能寻找蚯蚓和其他地面下食物。但猪拱土不仅对猪舍建筑具有破坏性，而且也容易从土壤中感染寄生虫和疾病。所以，要饲喂良好平衡的日粮及补充足够的矿物质，以减少猪拱土的现象。

猪采食具有选择性，特别喜爱甜食。研究发现，未哺乳的初生仔猪就喜爱甜食。猪喜欢吃蔗糖、低浓度糖精等；颗粒料与粉料相比，猪爱吃颗粒料；干料与湿料相比，猪爱吃湿料，并且采食花费的时间也较少些。

猪的食欲受丘脑下部食物中枢的控制，其中位于丘脑下部外侧部的称为摄食中枢，位于丘脑腹内侧部的称为饱中枢和饮水中枢。它们之间的相互作用，决定着猪的食欲、饮水与其他一系列消化活动。当摄食中枢兴奋时，猪食欲旺盛，采食量增多，同时消化器官的运动、分泌和吸收机能也加强；反之，饱中枢兴奋时，摄食中枢被抑制，食欲减退，消化器官的活动也发生相应的减弱。丘脑下部的食物中枢兴奋性除受大脑皮层边缘叶的控制外，还受外周感受器特别是消化器官的传入神经冲动及血液中某些营养成分（如血糖、挥发性脂肪酸）浓度的改变而改变。饮水中枢的兴奋，可以由血液成分的改变引起，也可由口腔和咽部干燥引起。饮水中枢兴奋时，引起渴觉及饮水行为，饮水后，饮水中枢的兴奋即消除。

猪在白天的采食次数（6~8次）比夜间（1~3次）多，每次采食持续时间10~20分钟。如果限饲，采食时间常少于10分钟；如果自由采食，不仅采食时间延长，而且还能表现每头猪的嗜好和个性。如在槽的一格中放上蛋白质补充饲料，猪会自己平衡其日粮，猪的这种平衡日粮的选择特性，称为"营养智慧"。

猪的采食量与摄食频率随体重增长而增加，也和不同的饲喂方法及饲料形状有关。群食的猪比单喂的猪吃得快、吃得多。虽然影响采食量的因素很多，但猪的采食总是有节制的，所以猪极难因暴食而致病或死亡。

多数情况下，饮水和采食同时进行。猪的饮水量很大，仔猪吃料时饮水的量比干饲料的量高2倍，即水和干料的比为3：1。成年猪的饮水量除饲料组成外，很大程度上取决于环境温度。据试验，在不同环境温度下，不同体重阶段，每千克体重和每千克饲料的日饮水量，均随环境温度的升高而增加，因高温环境增加皮肤蒸发与呼吸和唾液的失水，所以饮水量增大。繁殖母猪在哺乳期的饮水量大大超过其他时期。如金华猪哺乳母猪日平均饮水量为34.2千克，比妊娠后期的日饮水量23.4千克多10.8千克。吃混合料的小猪每昼夜饮水9~10次，吃湿料的猪饮水平均为2~3次，吃干料的猪每次采食之后需要立即饮水，任意采食的猪通常进食和饮水交替进行，直到满意为止。限饲时，猪则在吃完所有饲料后饮水。2月龄以前的小猪即可学会使用自动饮水器饮水。

二、冷热调节行为

（一）冷热对猪的影响

猪和其他动物相比，体温调节机能较差，冬季的寒冷与夏季的高温多湿，给猪的生理机能带来恶劣影响，是发育停滞及饲料利用率降低的主要原因。猪从出生到成年，随着年龄的增长，对冷的耐受力提高，对热的耐受力降低。对于成年猪，热应激比冷应激影响更大。瘦肉型猪因为背膘薄，既不耐热，又不耐寒。据研究观察，猪适于在 20～23℃ 的温度下生活，猪舍内最适宜的温度条件为 15～18℃，相对湿度为 60%～80%。

猪的适宜温度因种别、月龄不同而不同。一般认为新生仔猪的体温调节能力差，特别是对低温反应敏感。由于新生仔猪皮下脂肪少、皮薄、被毛稀疏、体表面积相对较大（对体重而言），所以怕冷又怕湿。因此，保温是提高仔猪成活率的重要措施之一。3 日龄以内要求适宜温度为 30～32℃，4～7 日龄为 28～30℃，育成猪肉猪为 18～20℃，成年猪体重在 100 千克以上的为 15～18℃。因而，随着年龄的增加，环境温度可适当降低。

猪和其他家畜不同，身上的表皮层较薄，被毛稀疏，靠皮下脂肪层来隔热。在炎热的气候中缺乏厚密的被毛，以致吸收大量的太阳辐射。并且猪的汗腺不发达，发汗甚微，故幼猪与成年猪都怕热，尤以育肥猪为甚。

环境温度对生长育肥猪的采食量、饲料转化、增重及胴体品质都有影响。低温环境对繁殖力影响很小或没有影响，但高温环境对猪的繁殖力有一定影响，特别对妊娠母猪的影响较大。温度超过 30℃ 时，受胎率下降，不发情的比例增加。受高温影响，种公猪的精子活力降低，精子数减少，若用以配种，受胎率下降，胚胎存活数减少。寒冷季节，猪为了维持体温，弥补因寒冷而损失的体热，消耗大部分营养物质，所以体重下降，饲料转化率降低。

（二）猪对炎热的行为反应

猪的散热性很差，所以猪对热很敏感，环境高温能使呼吸频率及直肠温度增加，脉搏跳动次数减少。在高温时，猪主要通过在泥水中打滚，并不时翻身把潮湿的一面暴露于空气中，以通过泥水的蒸发性散热来降温。因为蒸发水分所需的热量来自皮肤，所以猪通过在泥水中打滚来缓解急性热应激。若猪养在水泥地面的舍内或养在笼内，则在自己的粪尿中打滚，或把身体挤在饮水槽内。为了散热，猪常用鼻拱土，躺在较凉的下层泥土上，四肢张开，并表现热性喘息。若有避荫处，则趋向避荫处。倘若猪被迫晒于烈日下，就会急喘且时常发出呼噜声或痛苦的叫声。因而，夏天猪在睡觉时，鼻子朝向凉风，充分伸展身体，以便使身体表面得到最大限度的暴露，通过辐射、传导、对流、蒸发等方式散热。

（三）猪对寒冷的行为反应

当猪遇到寒冷的环境温度时，不论是新生仔猪还是成年猪，均采取挤作一团，互相取暖御寒的群体行为，这样能有效地防止体热散失。

猪遇寒冷还可通过改变姿势来减少热量的损失。据试验，若外界气温低于 10℃，猪就改变其在温暖环境中的舒展姿势而表现出四肢贴近躯体的御寒姿势。当猪伏卧在自己四肢上时，减少了传入地面的热量。受冷的仔猪常采取蜷曲身体的姿势来减小体表面积，或通过寒战而产热。

低温时，猪还可表现被毛竖立，增强被毛的绝热作用，或寻找避风向阳处，并侧身安静站立，且活动减少，行为迟缓，在窝内排泄粪尿的次数明显增加。

三、排泄行为

猪的排泄行为是祖先遗留下来的特性，如猪不在吃睡的地方排粪尿，是因为野猪不在窝边排粪尿，可以避免被野兽发现。但猪的排泄行为也受饲养管理的影响。在良好的管理条件下，猪是家畜中最爱清洁的动物。猪一般会保持其睡窝（床）清洁、干燥，且避免粪便污染。猪的排粪和排尿都有一定的时间、地点，通常在食后、饮水或起卧时容易排粪尿。猪在宽敞的圈里时，多选定在一个角落排泄，并且在靠近水源、低湿的地方，或在两圈之间互相能看见接触的地方排粪尿。在高温的舍内，猪会躺在尿里以散发体热。在冬季舍内太冷时，猪有尿窝的现象。生后四五天的小猪就开始在窝外排尿，但人工养育的小猪因为缺少母猪这样一个核心，其排泄行为比较随便，随地便溺的习惯可以保持到长大，且能影响其他猪，可通过训练使其排泄逐渐区域化。另外，如果圈栏过小或栏内群养头数过多，也使其天生的排泄习性受到干扰，无法表现其好洁性。

猪的排粪、排尿是有规律的。生长猪在采食过程中通常不排粪，饱食后 5 分钟左右开始排粪 1~2 次，至多 3~4 次，多为先排尿后排粪。在两次饲喂的间隔时间里猪多排尿而很少排粪，夜间一般进行 2~3 次排粪。因为夜间长，早晨的排泄量最大。

排泄量和采食量及体重有关。在一般情况下，采食量愈多，饲料的可消化性愈差，排粪量就越多。据测定，排粪量为采食量的 50%~70%，并随体重的增加而增多。另外，应激能增加排粪次数与排粪量，因而可造成活猪运输时的减重（约 3%）。

四、群体行为

猪的群体行为是指猪群居中个体之间发生的各种交互作用。猪群靠推、拱、咬和听进行信息传递，以保持群体的社会完整性。在无猪舍的情况下，猪可自找固定地方居住，表现出定居漫游的习性。猪有合群性，也有竞争习性，经过群体的争斗行为后，建立群体的位次关系。

在放养的情况下，一般由一头成年公猪率领 5~7 头母猪形成一个小群。公猪以其发达的犬齿为武器，保护并引导猪群活动。在舍饲条件下，猪的一生充满一系列的结群处境：最初是同窝仔猪和母猪在一起，然后是断奶仔猪群，再后转到育肥或后备猪群。畜牧生产中常以人为组成的同质群代替自然群，如产仔群、空怀母猪群、育肥群等。

猪具有明显的等级，这种等级在出生后不久即形成。仔猪在生后几小时内，为争夺母猪前端的乳头会出现一些争斗行为，一般体重最大的与最先出生的仔猪占优势。仔猪同窝出生，过群居生活，合群性好，加强了它们的模仿反射，不会吃料的仔猪跟随会吃料的仔猪吃料。等级序列的建立，受构成这个群体的顺次、品种、体重、性别、年龄和体质因素的影响。通常是体重大的、体质强的猪占优位，而年龄小、母猪、未去势和小型猪等往往列次等。同窝仔猪之间群体优势序列的确定，常取决于断奶时体重的大小；非同窝猪的优势序列既有垂直方式，也有并列及三角关系夹在其中。争斗优胜者，位次排在前列，吃食时常占据有利的采食位置，或有优先采食权，且较持久地保持这种等级关系。优势序列建立后，就开始按正常秩序生活。群内等级的形成减少了群内的争斗。因而在组群时，群内个体体重差异不宜悬殊，更不宜将不同品种的猪混合编群管理，以免拒食或采食不均匀，造成生长发育不整齐。

据研究，猪的群居等级对增重造成的影响是13%。当猪群密度过高或规模扩大时，猪的日增重与饲料转化率降低，所以每圈养猪头数不宜过多。群饲要建立分槽饲喂架，对断奶猪提倡同窝转圈，或去母留仔。在饲养实践中，要避免经常调整猪群。

五、昼夜行为

猪的行为有明显的昼夜节律。猪的活动大部分在白天、温暖季节和夏天，夜间也活动及采食；遇上阴冷天气，活动时间缩短。猪的躺卧与睡眠时间很多，据测定，每天猪醒着的时间为11.8小时，打盹休息为5.0小时，睡眠为7.2小时，所以，延长休息与睡眠时间是正常的功能行为。

昼夜活动因年龄和生产特性而有差别，仔猪昼夜休息时间平均为60%～70%，种猪为70%，母猪为80%～85%，肥猪为75%～85%。猪的休息时间愈多，其育肥效果愈好。

仔猪生后3天内，除吮乳与排泄外，几乎全是酣睡不动，随着日龄的增长及体质的增强，活动量逐渐增大，睡眠相应减少。但到40天左右大量采食补料后，睡眠时间又有所增加。一般仔猪的活动与睡卧几乎都是尾随母猪、仿效母猪。大约在出生后5天随母猪活动，出生后10天左右便开始同窝仔猪群体活动，单独活动减少，睡眠休息主要表现为群体睡卧。

哺乳仔猪在哺乳期内白昼各阶段睡卧次数无明显规律，但睡卧时间长短却有规律，表现出随哺乳天数的增加，睡卧时间逐渐减少。走动的次数及时间由少到多、由短到长，与睡卧休息时间相反，这些都是哺乳母猪特有的行为表现。哺乳母猪睡卧休息有两种，一种是静卧，一种是熟睡。静卧休息姿势多为侧卧，少有伏卧，呼吸轻微而均匀，虽闭眼但易惊醒；熟睡为侧卧，呼吸浑长，有鼾声，常有皮毛抖动，不易惊醒。

六、探究行为

探究行为包括探查活动和体验行为。猪的一般活动大部分来源于探究行为，大多数是朝向地面上的物体，通过看、听、闻、啃、拱与触摸等感官进行探究，表现出很发达的探究驱力，以向环境进行探索和调查，并从环境获得信息，从而同环境发生经验性的交互作用，使其能在环境中选择适当的行为以更好地适应生存。探究行为在仔猪中表现最明显，仔猪出生后约2分钟便能站起来，并开始搜寻母猪的乳头，用鼻子拱掘是探查的主要方法，可见猪从一出生便具有探究行为的本能。

摄食行为和探查活动也有密切联系，猪在觅食时，首先是用吻突来拱掘东西，而拱掘就是一种探究行为。哺乳仔猪学习采食时，主要是通过嗅觉和味觉进行探查，先闻，然后用鼻拱或嘴啃，当诱食料合乎其口味时，仔猪便会经常去觅食，训练仔猪吃料便易于成功；探究行为对仔猪吮吸母猪乳头的序位也有很大作用；通过嗅觉探查而使母仔彼此准确认识也是探究行为的一种表现。

在猪栏内，猪能明确地区分几个不同地带。睡床、采食、排泄形成明显的区域性，是由于探究而形成，因为猪的嗅觉十分灵敏，对各地带的气味特点易于区分。

猪进入陌生环境时，显得比较小心，生人接近时发出一声警报便逃。如果人仍停立不动，猪便返回来逐步靠近，用鼻嗅、拱和用嘴轻咬。这种探究有助于其很快学会使用各种形式的自动饮水器。

在猪活动严格受到限制的场所，猪群连续探究时，可能会对物体起破坏作用，也可能是咬尾恶癖的潜在原因。如果额外提供物体让猪探查，就能在一定程度上控制猪对某特定目标的过分探究。

七、性行为

性行为是猪最基本的本能，它不仅具有重要的生物学意义，还具有很大的经济价值。性行为的表现分三类：交配前表现（如发情）、交配时的表现及交配后的表现。

公猪一旦接触发情母猪，会去追逐母猪，嗅闻其体侧、肋部与外阴部，用鼻吻突拱掘母猪后躯，有时发出连续的、柔和而有节奏的喉音哼声，当公猪性兴奋增加时还会出现有节奏的排尿。

母猪在发情期，主要表现为坐立不安，食欲忽高忽低；爬跨别的母猪，或等待其他母猪的爬跨；沿着猪栏乱跑，发出特有的、音调柔和且有节律的哼哼声；频频排尿，特别是公猪在场时排尿频繁是最明显的发情表现。发情的生理性变化在发情开始前2~6天出现，阴门肿胀，黏膜充血、潮红，并有黏液流出，阴道pH值发生变化。发情中期，在性欲高度强烈时期的母猪，当公猪接触它的背部或管理人员按压其背部时，立即出现静立不动的交配姿势，这种"静立反应"是母猪发情的一个关键行为，常以此确定配种适期。

交配时，发情的母猪站立不动，背下凹，竖耳，四肢挺直，让公猪爬跨。公猪的爬跨次数和母猪的稳定程度有关，也和公猪在群内的序列地位有关。射精动作可根据肛门括约肌的律动来判断，射精时间3~20分钟，平均9分钟。母猪在发情期内接受交配的时间约48小时，接受交配的次数可达20多次。

八、争斗行为

猪的争斗行为是猪个体间发生冲突时的反应，由"攻击"和"逃避"两部分组成。争斗行为常发生在相互陌生的两头猪或两群猪之间。猪在群居时常发生交往争斗，它的作用是确立等级，谁强谁就统治群体。仔猪一出生，立刻便表现出企图占据母猪最好的乳房部位的竞争习性。

在生产实践中能见到的争斗行为通常是因为争夺饲料与地盘所引起，新合并的猪群内互相交锋，除争夺饲料和地盘外，还有调整群居结构的作用。猪的争斗行为受饲养密度的影响较大。当每头猪占有的空间下降时，因拥挤而有增加攻击行为的趋势，而且群内咬斗次数和强度也增加。对于一般新合群的猪，它们之间的争斗主要是争夺群居位次，争夺饲料并非为主，只有群居结构形成后，才会更多地发生争食及争地的格斗。

争斗行为在成年猪中有着更为严重的后果，当一头陌生的母猪进入一群母猪中，这头母猪就成为全群攻击对象，攻击可伤皮肉，重者致死。如果两头陌生的、性成熟的公猪放在一起，彼此会发生猛烈的争斗，往往造成一方或双方受害，甚至死亡。实践证明，当猪群的组成成员发生变动时，常造成经济上的损失。因为猪的争斗行为受神经内分泌系统的调控，所以在组群时，可使用镇静剂与能掩盖气味的气雾剂，或用酒喷洒，或运用去势术制造温顺猪只，以减少混群时的对抗和攻击行为。

九、母性行为

母性行为是对后代的生存和成长有利的本能反应，它的特点是发生得比较突然而且持久，随后代独立生活能力的增强而减弱，终至消失。猪的母性行为包括：产前的做窝，产后对仔猪的认识、哺乳、养育和保护等。

（一）做窝

猪在分娩前1~3天开始做窝。母猪衔运青草或干草铺垫猪床，在光泥地上用鼻拱，用脚扒，把泥土堆成一堆。通常保持做窝地方的清洁、干燥，而不在窝里排粪、排尿。

（二）分娩

母猪一般在乳房第一次出乳的 24 小时内分娩。母猪分娩时多半躺卧，其呼吸加快、皮温上升、皮肤干燥。母猪不去咬断脐带，也不舔仔猪，并在生出最后一个胎儿之前，多半不去注意已经产出的仔猪。在分娩中间如果受到干扰，则站立在已产的仔猪中间，张口发出急促的"呼呼"声，表示防护性的威吓。经产母猪通常比初产母猪安稳。分娩过程为 3～4 小时，初产猪比经产猪快。强壮仔猪通过自身的活动很快便把胎膜脱掉，而弱仔猪往往带在身上。胎盘若不取走，多被母猪吃掉。所以，分娩时，要有值班人员负责接产和护理工作。

（三）哺乳

母猪在分娩的过程中，乳头饱满，甚至有乳汁流出，而且母猪分娩后取侧卧姿势以使仔猪吮吸乳头。初生仔猪先安静片刻，然后开始寻觅乳头，围绕母猪的腹侧并进行嗅尝任何突出的东西，从而找到乳头，开始吮乳。第一头产出的仔猪能吃到乳汁所需的时间最长，平均为（12.67±6.25）分钟，而后逐渐减少，第四头以后平均只需（6.63±3.60）分钟，这是由于第二头以后的仔猪具有模仿第一头仔猪的行为之故。

分娩后 30～40 分钟哺乳一次。哺乳时间间隔白天稍高于夜间，窝产仔数少的比多的哺乳频率高。随着仔猪的年龄增长，哺乳次数和每次哺乳的持续时间都逐渐减少。

母仔双方均能主动引起哺乳行为。母猪一般是以有节奏的哼叫声呼唤仔猪哺乳，仔猪一般是以它们的召唤声和持续地轻触母猪乳房来发动哺乳。有时仔猪发出尖叫声要求哺乳，而母猪却不理睬，趴卧在地，使乳头藏于腹下，仔猪无法哺乳，这种情况多发生在泌乳性能差，或母猪营养不良，或在泌乳后期。一头母猪哺乳时母仔发出的声音，常会引起同舍或邻舍内其他母猪也哺乳。

仔猪吮乳过程可分四个阶段：开始仔猪聚集乳房处，各自占据一定位置；以鼻端拱摩乳房；吮乳，仔猪耳向后，尾紧卷，前腿向前伸，此时母猪哼叫达高峰；最后当排乳结束时，仔猪又重新拱摩乳房。随着泌乳量逐渐减少，哺乳行为也自然减少，最后完全停止。

（四）母仔关系

猪在产后建立母仔关系，需要三个条件：一是环境条件适合；二是母仔双方都健康；三是母仔能相互接触而不受隔离。母仔关系建立后，母仔的辨别主要依靠嗅觉、听觉及视觉。

在大群养猪场中，常把产仔太少的两窝合并，以使一头母猪提前再次配种。在这种实行代哺或寄养时，要设法混淆母猪的辨别力，一般的方法是在外来仔猪身上涂抹寄养母猪的排泄或分泌物，或者将外来仔猪同母猪所产仔猪混处在一起，以改变其气味。在产后 48 小时内合并容易成功，时间越久，难度越大。

　　猪具有很强的群居特性与依靠声音通信的特性。猪的叫声是一种联络信息，不同的叫声有其特殊的含义。如哺乳母猪及仔猪的叫声，根据其发生的部位（喉音或鼻音）与声音的不同可分为嗯嗯声（母仔亲热时母猪叫声）、尖叫声（仔猪惊恐声）和鼻喉混声（母猪护仔时的警告声和攻击声）三种类型，依此不同的叫声，母仔相互传递信息。

　　母猪十分注意保护自己的仔猪，在行走、卧睡时不断用嘴把仔猪推出卧位，以防压住仔猪。如果压到仔猪，听到仔猪叫声，便马上站起，防压动作重复一遍，直到压不住仔猪为止。带仔母猪对于外来的侵犯，特别是陌生人或管理人员捉持小猪时，母猪会张合上下颌对侵犯者发出威吓，甚至攻击，也有的母猪以蹲坐姿势抗拒，因此需小心。

　　仔猪非常爱群居，当其被隔离时，会发出尖叫声，离群的仔猪容易被压倒、受冻或为其他猪伤害。随着时间的推移，母猪的母性冲动自然减弱，而仔猪随日龄增长趋向独立，愈临近断乳时期，母仔关系愈趋于松弛。

第二章　猪场的建设和设备

第一节　猪场的场址选择

一、地形与地势

地形整齐开阔，有足够的面积，通常按能繁母猪每头 $40 \sim 50$ 米^2、商品猪 $3 \sim 4$ 米^2 考虑。地面应平坦而稍有缓坡，坡度以 $1\% \sim 3\%$ 为宜，以利于排水，防止污水和泥泞，坡度最大不超过 25%。

地势高燥，避风向阳。不宜建在山坳和谷地，以防在猪场上空形成空气涡流；要避开西北方向的山口与长形谷地，以减少冬春风雪侵袭。

二、土壤与土质

选择沙壤土最为理想。因为沙壤土透水透气性好，既可避免雨后泥泞潮湿，又不利于病原微生物的生存与繁殖。另外，沙壤土的导热性小，温度稳定，有利于土壤的自净和猪的健康及卫生防疫。

三、供电与交通

电力供应对猪场至关重要，场址要靠近输电线路，以保证有足够的电力供应，减少供电投资。

猪场应选在交通便利的地方，但因猪场的防疫需要及对周围环境的污染，又不能太靠近公路、铁路等主要交通干线。最好距主要干道 400 米以上；距铁路和一二级公路不少于 300 米，最好在 1 000 米以上；距三级公路不少于 150 米；距四级公路不少于 50 米。

四、水源与水质

猪场水源要求水量充足，水质良好（符合生活饮用水卫生标准），便于取用及进行卫生防护。水源水量必须能满足场内生活用水、猪只饮用水和饲养管理用水（冲洗猪舍、清洗用具等）的要求。

五、周围环境

猪场选址必须遵守社会公共卫生和兽医卫生准则，使其不成为周围环境的污染源，同时也不受周围环境的污染。建场位置应在居民区的下风处，地势要低于居民区，但要避开居民区的排污口及排污道。最好距生活饮用水水源地、动物饲养场、养殖小区、种畜禽场和城镇居民区、文化教育科研场所等人口集中区域1 000米以上；距动物隔离场所、无害化处理场所、动物和动物产品集贸市场、动物屠宰加工场所、动物诊疗场所3 000米以上。倘若有围墙、河流、林带等屏障，距离可适当缩短。禁止在旅游区和工业污染严重的地区建场。

第二节　猪场的场区布局

猪场的布局要从疫病防制角度出发，合理的布局可以起到如下作用：①使猪场和外界环境隔离，既保护了猪群的生产环境，又可以保护周围居民的聚居环境。②起到隔离各舍猪群的作用，减少各舍猪群间疫病的传播。③有利于在发生疫病时采取隔离、封锁、消毒等措施。④给猪场生产和管理带来方便。合理的布局实际上就是很好的隔离措施。

猪场一般分为四个区，即生活区、生产管理区、生产区和隔离区。各区的顺序应根据当地全年主导风向及猪场场址地势来安排。

一、生活区

生活区包括食堂、宿舍、运动场所等，是管理人员及其家属日常生活的地方，应单独设立。通常设在生产区的上风向（偏风向）或地势较高的地方。

二、生产管理区

生产管理区包括猪场生产管理必需的附属建筑物，如办公室、接待室、会议室、财务室、化验室、饲料加工车间、饲料贮存库、变电所、水泵房、锅炉房等。它们与日常的饲养工作有密切的关系，因而距生产区不宜太远。在地势上，管理区要高于生产区，且在其上风向或偏风向。

三、生产区

生产区包括各类猪舍与生产设施，是猪场的主要建筑区，通常建筑面积占全场总建筑面积的70%～80%。禁止一切外来车辆和人员进入。

根据不同年龄、类别猪群的特定生理及其对环境的要求，生产区猪舍可分为配种舍、妊娠舍、分娩舍、保育舍及生长育肥舍。布局时应考虑有利于防疫、方便管理及节约用地的原则。种猪舍要设在人流较小及猪舍的上风向或偏风向；种公猪应在种猪区的上风向，既可防止母猪的气味对公猪形成不良刺激，又能利用种公猪的气味刺激母猪发情。分娩舍不仅要靠近妊娠舍，还要靠近保育舍。保育舍与生长育肥舍应设在下风向或偏风向，两区之间最好保持一定距离或采取一定的隔离防疫措施，生长育肥猪要离出猪台较近。在设计时，应使猪舍方向与当地夏季主导风向成30°~60°角，以便每排猪舍在夏季得到最佳的通风条件。在生产区的入口处，应设专门的消毒间或消毒池，对进入生产区的人员和车辆进行严格的消毒。

四、隔离区

隔离区包括兽医室、隔离猪舍、尸体剖检室、病死猪处理间、粪污贮存和处理设施等，应设在整个猪场的下风向、地势较低的地方，并与猪舍保持300米以上的间距。兽医室可靠近生产区，病猪隔离室及其他设施应远离生产区。

五、道路

场区内道路由公共道路和生产区内净、污道组成，净污分道，互不交叉，出入口分开，净道是行人和饲料、产品运输的通道，污道为运输粪便、病猪及废弃设备的专用道。公共道路分主干道与一般道路，各功能区之间道路连通形成消防环路，主干道连通场外道路。主干道宽4米，其他道路宽3米。其路面应以混凝土或沥青铺设，转弯半径不小于9米，空旷的地方及各舍间以绿色植被覆盖，使地面泥土不裸露。场区内道路纵坡通常控制在2.5%以内。

六、排水

场区地势宜有1%~3%的坡度，路旁设排水沟，雨水采用明沟就近流入场内水沟排出。从建筑物排出的生产、生活污水用管道输送至场内的污水处理系统（沼气池等）进行处理，经处理达国家规定的排放标准后排放。

第三节 猪场的栏舍设计

养猪生产中，根据猪场生产性质不同，分为种猪场、商品猪场。养猪生产栏舍主要是和种猪舍、配种妊娠舍、分娩舍、保育舍、生长育肥舍功能相配套的各种栏舍，育种场通常还有种猪性能测定舍。

就栏舍类型而言，通常按猪栏排列数目分为单列式、双列式和多列式。随着猪舍内环境自动控制猪舍的建设，六列式、八列式猪舍也越来越普遍。

单列式猪栏排成一列，靠北墙可设置走廊，也可不设置走廊。其优点是设计简单，利于采光、通风及保暖。

双列式猪栏排成两列，中间设走道。双列式猪栏通常为封闭式猪舍，保温性能好、场地利用率高，便于实施机械化管理，但采光差，易潮湿，需要良好的通风换气设计。

多列式猪栏排成三列、四列、六列、八列。猪栏集中，保温性能好，养猪工作效率高。但猪舍结构复杂，跨度大，对建筑材料要求高，投资多，采光性差，夏季散热面积小，猪舍湿度较大，这类猪舍一般只用作饲养育肥猪。

各种栏舍的选择与设计要适应所饲养猪的不同阶段，不伤猪，便于防疫和消毒，便于添加饲料和清理粪污，利于猪舍的环境控制。

第四节　猪场的生产设施和设备

一、种公猪舍

（一）种公猪栏舍

传统的公猪舍多采用带运动场的单列式，可保证其充足的运动，以防止公猪过肥，提高精液品质，延长公猪使用年限。舍内设置走廊。公猪栏面积一般为 $7 \sim 9$ 米^2，长 $3 \sim 3.5$ 米，宽 $2.3 \sim 2.6$ 米，隔栏高度为 $1.2 \sim 1.4$ 米，栅栏结构可以是混凝土，也可以是金属，还有二者结合的，即栅栏下 1/3 部分使用混凝土结构，栅栏上 2/3 部分使用金属隔栏结构。相比而言，混凝土结构不如金属栅栏利于纵向通风。目前，由于人工授精技术规范应用，很多大型种猪场大多设有自己的种公猪站，采用限位栏模式建设公猪舍，大幅度提高猪舍使用效率，便于猪舍小环境控制，取得了较好效果。但因为缺乏运动，公猪使用年限一般不长，肢蹄疾病导致的淘汰率较高。公猪栏舍多采用水泥结构地面。

（二）喂料设备

人工喂料设备主要有运料斗车、加料量具等。

种公猪食槽采用铸铁或混凝土结构。食槽大小、高度依猪体适宜采食需要设计安装。也有的公猪舍不设食槽，直接把饲料添置于单体种公猪舍的一个角落。不设食槽的前提是：一定要训练好种公猪的"采食—排泄—休息"三点一线的生活习惯，做到定点排泄，不污染饲料。

在一些新建的规模化猪场，采用自动喂料设备，以减少人工并实现饲料量控制。自动喂饲系统由电脑控制系统、贮料塔、动力机械、输送管道、食槽等组成，可直接饲喂干粉料。

（三）饮水设备

种公猪舍通常采用自动饮水系统，多用直饮式供水设备，主要采用鸭嘴式和乳头式自动饮水器。在单体种公猪栏舍，饮水器一般安置在与饲槽相对的地方，以免猪饮水时，水溅湿饲料。在限位栏种公猪舍，饮水器一般安装在限位架前门左、右侧。饮水器高度在 40～60 厘米。种猪舍舍外明管铺设要避免暴晒及冰冻。

（四）防暑降温和保暖设施

对种公猪舍，防暑降温至关重要，特别是对于常年均衡配种生产的猪场。因为温度过高，精液品质会急剧下降，短暂的高温可导致长时间的不育，严重影响猪场繁殖率。

种公猪适宜的温度为 18～20℃。冬季猪舍要防寒保温，以减少饲料的消耗和疾病的发生。夏季高温时要防暑降温，防暑降温的措施有空调制冷、通风、喷洒水、洗澡、湿帘降温、遮阳等。

（五）通风换气设施设备

通风换气的目的是：在气温高的情况下，通过空气流动使猪感到舒适；在猪舍密闭情况下，引进舍外新鲜空气，排除舍内污浊空气，改善舍内空气环境质量。前者可称为通风，后者可称为换气。

为排除种公猪舍内污浊有害气体，以及降低夏季高温，必须装置通风换气设备。换气量需根据舍内面积、饲养猪的数量，参考舍内空气中二氧化碳或水汽含量拟定。种公猪舍一般采用机械强制通风，多采用负压纵向通风模式或结合湿帘降温系统联合使用，在通风的同时达到降温效果。

二、配种妊娠舍

（一）配种妊娠栏舍

传统饲养工艺模式下，配种妊娠栏舍多采用单位栏群养模式。配种妊娠期每圈（栏）饲养 4～5 头，每头母猪平均占用 1.5～1.8 米² 面积，分娩前一周转入分娩舍。这种模式，由于母猪间的咬斗、争食与挤撞等机械作用，妊娠期内容易引起母猪流产，但对改善母猪肢蹄健康有帮助。在现代规模化、工厂化生产工艺下，多采用限位栏饲养模式。通过对妊娠母猪的限位饲养，可避免母猪间的咬斗、争食与挤撞，减少妊娠期流产，提高产仔率。使用限位栏（单体栏）有利于实现上料、供水及清理粪便的机械化与自动化。同时，能够实现依据每头妊娠母猪的膘情确定饲料喂量，有利于母猪保持合适的膘情，促进胎儿的生长。限位栏均为金属结构，栏的尺寸一般是长 2.0～2.2 米，宽 0.55～0.65 米，高 1 米。妊娠母猪舍一般采用双列式布局，也有采用三列或四列的。使用限位栏的缺点主要是耗用材料多，建造投资大，母猪活动受限，运动量小，容易产生肢蹄病，缩短母猪使用年限。

（二）喂料设备

妊娠母猪舍的人工喂料设备主要是运料斗车、加料量具等。

食槽主要采用混凝土结构或铸铁件，以水泥食槽为多。食槽大小、高度根据猪体适宜采食需要设计安装。

在规模化养猪场，多采用自动喂料设备，以减少人工且实现饲料量控制，甚至实现饲料量自动化控制。自动喂料系统由电脑控制系统、贮料塔、动力机械、输送管道、食槽等组成，能直接饲喂干粉料。

（三）饮水设备

妊娠母猪舍一般采用饮水槽与自动饮水系统两种。自动饮水系统多采用直饮式供水设备，主要采用鸭嘴式和乳头式自动饮水器。限位栏中，饮水器通常安装在限位架前门左、右侧。饮水器高度为 40 ~ 60 厘米。妊娠舍舍外明管铺设应避免暴晒和冰冻。

（四）防暑降温和保暖设备

母猪最适宜环境温度为 15 ~ 16℃，相对湿度为 60% ~ 70%。夏季高温气候，室温超过 30℃时，要做好防暑降温工作。对于妊娠母猪舍，由于饲养密度大，要特别注意防暑降温。工厂化猪舍，通常在屋顶安装泡沫隔热板，可起冬暖夏凉的作用，夏天室温可降 7 ~ 8℃。同时，配以湿帘降温系统，通风降温效果较好。如果室温在 30℃以上时，可安装喷雾装置，每次喷雾降温 15 ~ 20 分钟，每天冲洗猪栏和猪体 1 ~ 2 次，有很好的降温效果。冬季保暖可通过热风炉取暖、关闭门窗、对进入舍内空气预热处理等措施实现。

（五）通风换气设施设备

妊娠母猪舍通常采用机械强制通风，多采用负压纵向通风模式，或结合湿帘降温系统联合使用。

三、分娩舍

母猪产仔和哺乳是工厂化养猪生产中最重要的生产环节。营造安全舒适的分娩环境，对仔猪成活率的提高与生长、对母猪的哺乳与体力恢复都非常重要。

（一）分娩栏舍

分娩舍布局多为双列式，有高床分娩栏和地面分娩栏两种。

高床分娩栏主要由母猪限位架、仔猪围栏、漏缝地板（网）、保温箱、支腿等组成。分娩床规格通常为（2.1 ~ 2.2）米 ×（1.6 ~ 1.8）米；漏缝地板采用金属、塑料或水泥预制件等；母猪限位架宽 0.6 米，高 0.9 ~ 1.1 米，限制母猪活动范围，并方便哺乳，防止压伤仔猪。食槽和饮水器均设置在限位架前门，后门供母猪上下高床或后进前出。

地面分娩栏占地约 8 米^2，通常为普通的砖混结构，由仔猪教槽区、母猪哺乳区及室外运动场组成，其面积比约为 1:4:3。教槽区同时具备隔离、保温作用；哺乳区同时具有饲喂、分娩、栖息功能；运动场主要为饮水、排泄区。

（二）喂料设备

人工喂料设备主要是运料斗车、加料量具等。

半自动喂料设备为开合式饲料盒或饲料斗，利于限位栏同步饲喂。

自动喂料系统由电脑控制系统、贮料塔、动力机械、输送管道、食槽等组成，既可饲喂液态料，也可饲喂干粉料。液态料系统需增设加水搅拌设备。

母猪食槽采用铸铁或混凝土结构，母猪和仔猪食槽分开专用，食槽大小、高度依据猪体适宜食用需要设计安装。

（三）饮水设备

直饮式供水设备主要采用鸭嘴式或乳头式自动饮水器，高床饮水器安装在母猪限位架前门左、右侧，高度为 40～60 厘米；地面分娩栏饮水器安装于运动场，高度为 30～60 厘米；仔猪饮水器高度不超过 20 厘米，仔猪多使用固定饮水器。舍外明管铺设应避免暴晒和冰冻。

（四）供热保温设备

冬季寒冷区域采用集中供暖，维持分娩舍在 18℃以上，仔猪栏局部保持适宜温度为 30～32℃。

分娩舍集中供暖方式主要有暖气、循环水暖片（管）及电热板等形式。我国养猪生产实践中，比较便利经济的方式是循环水供暖系统。该系统可采用煤、天然气、沼气为能源，取暖系统主要由锅炉、水管、散热片等组成。仔猪栏局部供暖最常用红外灯、电热板或暖气片。红外灯发光发热，不能调节发热量和温度，需调整吊挂高度和开关时间；电热板只发热不发光，使用寿命相对较长，较安全。电热板有调温型和非调温型两类，可直接放置于地面或特制保温箱内。

地面分娩栏也可采用地热式取暖设施，即于舍内水泥地面下预置水暖片（管），通过循环热水加热地面，控制水温达到保温效果。

（五）通风降温设备

如果妊娠舍空间大、跨度大、猪群密度高，采用水冲粪或水泡粪的全漏缝地板或半漏缝地板的养猪场，必须采用机械强制通风。

分娩舍高温季节降温采用水蒸发式冷风机，它是利用水蒸发吸热原理以达到降低舍内温度的目的。由于这种冷风机是靠水蒸发制冷的，在干燥的气候条件下使用时，降温效果好；若是环境湿度较高时，降温效果较差。

为避免分娩舍内形成高温高湿，不宜采用喷雾降温系统，可采用母猪头部滴水降温，配合强制通风降温。

供热保温、通风降温均可通过自控装置实现自动调节。

四、保育舍

在集约化养猪生产中，保育猪（断奶至 65~70 日龄）的生产是整个养猪过程中十分敏感且至关重要的环节。因为保育期内仔猪的增重及健康状况，对其后期的发育将会产生极其重要的影响。

7~8 千克离乳仔猪进入保育舍，其适宜环境温度应维持在 24.5℃；20~25 千克时适宜环境温度为 23.0~24.5℃（通常舍温在断奶后提高 2~3℃）。

（一）保育栏

刚断奶转入保育栏的仔猪，生活上是一个大的转变，由依靠母猪生活过渡到完全独立，对环境的适应能力差，对疾病的抵抗力较弱。而这段时间又是仔猪生长最旺盛的时期，所以，保育栏一定要为仔猪提供一个清洁、干燥、温暖、空气新鲜的生长环境。目前，我国现代化猪场多采用高床网上保育栏，主要由金属编织的漏缝地板网、围栏、自动食槽、连接卡、支腿等组成，金属编织网通过支架设在粪尿沟上（或实体水泥地面上），围栏由连接卡固定在金属漏缝地板网上，相邻两栏在间隔处设有一个自动食槽，供两栏仔猪自动采食，每栏安装一个自动饮水器。

仔猪保育栏的尺寸视猪舍结构不同而定，常用的规格栏长 2 米，栏宽 1.7 米，栏高 0.6 米，侧栏间隙 0.06 米，离地面高度 0.25~0.3 米，可养 10~25 千克的仔猪 10~12 头。在生产中因地制宜，保育栏采用金属和水泥混合结构，东西面隔栏用水泥结构，南北面隔栏仍用金属结构，这样既可节省一些金属材料，又可保持良好通风。

（二）喂料设备

保育仔猪通常是自由采食，多采用钢板自动落料食槽。自动落料食槽就是在食槽的顶部装有饲料贮存箱，贮存一定量的饲料。随着猪只的吃食，饲料在重力的作用下不断落入食槽内。因此，自动食槽可隔较长时间加一次料，大大减少了喂饲工作量，提高了劳动生产率，同时，也便于实现机械化、自动化喂饲。

自动食槽可以用钢板制造，也可以用水泥预制板拼装。自动食槽有圆形、长方形等多种形状。

（三）饮水设备

猪舍内明管铺设自来水管道，采用鸭嘴式或乳头式自动饮水器。根据猪有在潮湿地方排粪尿的习性，饮水器的位置应选在粪沟附近，高度为 30~35 厘米。

（四）通风和供热保温设备

此阶段主要以卫生、保温为主。保育舍的设计一般是高度隔热的，当外界温度低于舍温时，能最大限度减少热流失。保育舍采取机械性的终年通风措施，当外界温度低于猪舍时，通过加热使猪舍保持适宜断奶仔猪生长的温度。风扇主要装在舍内墙上、屋顶或走廊的外表面进行交换空气。

猪舍的供暖包括集中供暖和局部供暖两种形式。集中供暖是由一个集中供暖设备，通过煤、油、煤气、电能等产热来加热水或空气，再通过管道将热介质输送到舍内，放热加温猪舍的空气，保持舍内的适宜温度。集中供暖主要用于提高舍温，常用的设备有锅炉和热风炉。

锅炉供暖：目前，我国大多数猪场采用锅炉热水供暖系统，供暖设备主要包括锅炉、供水管路、散热器、回水管路和水泵等。它是利用锅炉将热水通过管道输送到舍内的散热器，使舍内升温。该种方式供暖能保证舍内有较恒定的温度，但造价较高，舍内湿度较大，尤其是在外围护结构保温性能较差时更加严重。

热风炉供暖：热风炉供暖是利用热风炉通过有孔管道向猪舍送热风，主要由热风炉、鼓风机、电控箱、有孔风管等组成。工作时首先点着燃煤，火焰使炉心和炉壁处于红热状态，冷空气在鼓风机的作用下，由炉罩及炉壁的环形缝隙经预热后进入炉心高温区，空气温度迅速升高（可达 $100 \sim 120℃$），随后经热风出口进入舍内的有孔风管，并从风管孔和风管末端进入舍内。烟尘在引风机的作用下，从炉心和炉壁之间经过引风机与烟筒排到舍外。通过调节热风炉底座上风门插板的开度可以控制炉温的高低，从而调节进入舍内的热风温度。

热风炉供暖系统的优点是送暖快，热效高，热气体清洁，送暖的同时解决了猪舍的通风换气问题，使舍内空气新鲜，且避免了冬季舍内湿度过高的弊病。夏季加湿帘可向舍内送冷风。

有些猪场采用热水加热地板，即在栏（舍）内水泥地制作之前，先把加热水管预埋于地下，使用时，用水泵加压使热水在加热系统管道内循环。加热温度的高低，由通入的热水温度来控制。

五、生长育肥舍

（一）猪栏

我国目前在生长育肥栏舍中基本上是以同窝仔猪为基础组群饲养的。这种做法虽然减少了并窝时相互撕咬及争斗现象，但猪处在狭小的单栏空间内，会严重影响采食、排粪与正常休息，甚至在采食时也会发生争抢现象。理想的解决办法是将小群饲养（8~10 头）改成大群饲养（100~120 头），将小型单栏改成大型通栏。猪栏一般情况下可分为金属栅栏、砌体栏、混合栏。

金属栅栏，通常高 0.8 米，隔条间距 100 毫米，可以保证良好的通透性。在密闭强制通风舍，金属栅栏利于气流的流动，能够更好地起到降温的作用，而且金属栅栏宽度小，节省了更多的设备设施空间，提高了建筑利用率。

砌体栏，避免了不同栏位内猪只的直接接触，在一定程度上可减少疾病的传播，但不利于通风，夏季流经猪体上部的气流易产生涡旋，对于强制通风舍的影响较大。

混合栏通常由金属栏与砌体共同构成，可以表现为上部为金属栅栏，下部为砌体。

（二）地板

地板是猪生活、生产的主要承载物，其表面状态对猪只健康有很大影响。若表面太滑，当有水或粪尿时，猪易滑倒，扭伤肢体，重者造成瘫痪。猪舍地板表面太粗糙，尤其是有尖角时，常常刺伤猪的蹄部，形成蹄炎、化脓、跛行。猪舍地板做成蜂窝状最佳。生长育肥舍有多种不同类型的布置形式，包括实体、部分实体－部分漏缝和全漏缝地板。

实体地板通常由混凝土制成，可以铺草或不铺草，从建筑费用讲，具有相对便宜的优点，但它们难以保持清洁与干燥，清除粪污时需要高强度的劳力投入。

部分实体－部分漏缝地板，实体部分通常用混凝土，漏缝地板材质较多，一般由混凝土、复合材料或铸铁等材料构成。但国外不提倡此种地板搭配方式作为养猪用。

全漏缝地板，国外主要采用这种方式。猪舍建造成本较高，采用水泡粪形式。此种地板，极大地减少了人力资源的消耗，但是，仅限于机械自动化猪舍利用。

（三）食槽

育肥舍主要采用的食槽是限量食槽和不限量食槽。

限量食槽常采用水泥制成，每头猪饲喂时所需食槽的长度约等于猪的肩宽，即每头育肥猪所需食槽的长度为 30～40 厘米，主要采用人工投料。

不限量食槽也称自动落料食槽，就是在食槽顶部安放一个饲料贮存箱，贮存一定量的饲料，在猪采食时贮存箱内的饲料靠重力不断地流入饲槽内，每隔一段时间加一次料。它的下口可以调节用钢筋隔开的采食口，根据猪的大小有所变化。

对于不限量饲喂生长育肥猪多采用自动落料食槽，这种食槽不仅能保证饲料清洁卫生，而且还能减少饲料浪费，满足猪的自由采食。

（四）饮水设备

在规模化猪场中，对于饮水设备的要求是能够自动供水，密封性好，用于生长育肥猪的饮水器主要有鸭嘴式、乳头式、碗式饮水器。

鸭嘴式和乳头式饮水器主要由阀体、阀芯、密封圈、回位弹簧、塞盖、滤网等组成。整体结构简单，耐腐蚀，工作可靠，不漏水，使用寿命长。鸭嘴式和乳头式饮水器密封性能好，水流出时压力降低，流速较低，符合猪的饮水要求，生长育肥猪可选用流量 3～4 升/分类型的，安装高度为 50～60 厘米。

碗式饮水器是以盛水容器（水碗）为主体的单体式自动饮水器，常见的有浮子式、弹簧阀门式和水压阀杆式等类型。

（五）采暖设备

生长育肥舍的采暖方法中，常见的有热水采暖、暖风采暖、烟道采暖。

热水采暖是以水为热媒的采暖系统。由于水的热惰性较大，采暖系统的温度较稳定和均匀。热水采暖系统主要由提供热源的热水锅炉、热水输送管道和散热设备等构成。

水暖的能源转换率过低，一般从锅炉开启到设定温度，需要 4~5 小时。锅炉在燃烧时其排烟管口 120~200℃ 的废气排放带走大量的热能，且其最低燃烧阈值为 50%，因而锅炉的燃烧时间越长，能耗就越大。

在山区，在生物质物体充足的地方可以考虑利用烟道采暖的方式，将物体燃烧，利用烟传导热能，从而达到采暖的目的。此种采暖方式通常应用于山区、规模较小猪场和局部采暖。

热风采暖是利用热源把空气加热到要求的温度，然后用风机将热空气送入采暖间。热风采暖设备的投资一般来说比热水采暖的投资低一些。热风采暖可以与冬季通风相结合，把新鲜空气加热后送入采暖间。另外，它的供热分配均匀，便于调节。热风采暖系统的缺点是采暖系统的热惰性小，一旦停止工作，采暖供热几乎立即减为零。

热风采暖系统按热源和热交换设备的不同，可分为热风炉式、空气加热器式和暖风机式三种。热风炉式热效率可达 95%，燃烧充分，无黑烟，操作环境较干净，环保达标，无二次污染，操作简单，调节方便。

吊顶式电暖风机热效率可达 99%，可以应用于畜牧业。

（六）降温设备

夏季普遍高温，特别是在我国南方地区，气温常在 30~35℃，湿度常高于70%，且持续时间较长，可长达 4 个月。成猪生长的适宜温度为 17~22℃，因而，降温对于现代养猪业的作用不言而喻。用于生长育肥猪的降温方式主要有湿帘 - 风机降温、喷淋降温、喷雾降温等。不同的地区需要选择不同的类型。

湿帘 - 风机降温系统已成为当前主流的降温措施，主要是靠蒸发降温，也辅以通风降温的作用。由湿帘、风机、循环水路和控制装置组成。湿帘降温系统在相对湿度较高的地区效果不明显。

喷淋降温系统根据喷淋系统安装位置不同可分为舍内喷淋降温系统与屋面喷淋降温系统。舍内喷淋降温是指在舍内猪活动区域上方安装喷头，每隔一定时间向猪体直接喷水，水在猪身体表面蒸发将热量带走。这类降温系统装置简单，设备投资及运行费用都很低，但容易造成地面积水，增加舍内湿度，所以，在使用这类降温方法时要特别注意，通常采取间歇运行，根据实际的气温、湿度与通风条件确定间隔时间及喷淋时间。一般间隔 45~60 分钟，喷淋 1~2 分钟。屋面喷淋是指在屋顶上安装喷淋系统，利用喷淋器喷出水形成的水膜与水的蒸发达到降温的目的。其缺点是容易形成水垢沉积，并且用水量大。

喷雾降温系统是将水喷成雾粒，使水雾迅速汽化吸收猪舍内的热量。这种降温系统设备简单，具有一定降温效果，但使舍内湿度增大，所以通常须间歇工作。若舍内外空气相对湿度本来就高，且通风条件又不好时，则不宜进行喷雾降温。

（七）通风换气设备

育肥舍的通风方式有自然通风与机械通风两种。自然通风是在猪舍建筑中设置合适的进出风口，利用自然风力和温差作用将新鲜空气引入舍内。机械通风目前采用纵向通风，利用风机产生的负压拉力进行空气交换。

无动力风机是将任何平行方向的空气流动加速并转变为由下而上垂直的空气流动，以提高室内通风换气效果的一种装置，不用电，无噪声，可长期运转。其排风效率高，只要有风速不低于 0.2 米/秒的微风或室内外温差超过 0.5℃，即可轻盈、有效地运转。可在 0~22.5℃ 范围内安装，安装工程十分方便。因其在舍的顶上安装，有的养殖户称之为"风帽"。

负压通风（强制通风）是利用空气对流、负压换气的降温原理，由安装地点的对向——大门或窗户自然吸入新鲜空气，将舍内闷热气体迅速、强制排出室外，任何通风不良问题均可改善，换气效果可达 90%~97%。

六、防疫设施和设备

为了有效地控制疫病，防止疫病在猪场发生、流行，确保猪生产顺利进行，促进养猪业快速健康发展，猪场要具有综合防疫的基本要求。

（一）围墙

猪场要有围墙和外界隔开，围墙常有砖墙结构、围栏网、砖墙配毛刺钢丝绳。

砖墙通常高 2 米以上，防止其他动物进入场内，能有效地避免外界动物或对一些常规疾病的控制；但通风性差，基础工作量大。

镀塑钢栏网安装快，通风性好，节省最初的劳动力；但不能防止其他一些小型动物的进入，对疫病防控有一定的影响。

（二）猪场大门消毒池等设备

猪场大门是进入猪场的主要通道，包括人员、原料、车辆等。进入猪场的人、物均需经严格消毒。猪场的大门处设有消毒池，宽度为进入处的宽度，不留阶梯，长度不得低于可能进入本场的最大车辆车轮的两周半长，主要用于车辆通过消毒。常见的有消毒池、喷雾消毒、大型的消毒房。

消毒池建设成本低，但天气环境的变化对消毒液的影响较大；再者，仅能对过往车辆的车轮消毒，车身不能消毒。

有顶、两侧有喷雾的大门消毒池，在车身的两边设置有喷淋消毒，加上车底端的消毒，对一般车辆通过的消毒效果明显，其消毒液避免了日晒雨淋，对箱式及空车的表面消毒效果好。缺点是对运输时怕潮的饲料车消毒需谨慎，因其内部达不到消毒效果。

消毒房间，是对车辆和其运输的产品在一个相对密闭的房间中进行熏蒸消毒，保证了进场物品完全消毒。

（三）大门的人行通道消毒

猪场的大门应设门卫，负责来往人员、车辆的消毒工作。常用的有紫外线消毒、超声波消毒、负离子臭氧消毒、红外线感应喷淋消毒。

紫外线仅对直接照射部位消毒，对掩盖的部分没有消毒效果，因其对人体皮肤损伤较大，所以多用于物品表面的消毒。

红外线感应喷淋消毒，不用人员值守，当人员进入猪场时，机器自动喷淋消毒药物进行消毒。缺点是感应区不大和受人员素质影响，容易失去本身的作用。

利用超声波使消毒药物雾化，消毒微粒更细，加上门禁系统，使人员的消毒时间及效果得到有效的保证。

负离子臭氧消毒，能渗透进物品，能对物品及人员进行有效消毒，由于负离子作用，人员不会对消毒感到不适应。

（四）生产区大门

生产区是企业的生命线，消毒防疫的程序比大门处的消毒更加严格，以防将外界病原菌带入生产区，造成生产的损失。通常来说，生产区大门除设大门的消毒设施外，还设有消毒池通道、更衣间、洗浴室、消毒柜。

更衣柜主要用于把生产区外的物品和生产区内的物品分隔开，外界物品必须带入时，需经熏蒸消毒柜或负离子臭氧完全消毒后带入生产区。

配以其他消毒方法，洗浴消毒是目前对进入生产区的人员进行有效消毒最彻底的方式，在消毒房内洗澡、更衣、换鞋、消毒后方可进入猪舍。但进出烦琐，适合于封闭式管理的猪场。

（五）兽医室

兽医常和健康猪只及发病猪只接触，如果对发病猪只所用的器械消毒不严，会造成大面积的传染，兽医室也成为防疫消毒的重要窗口。常用的有煮沸消毒、高压消毒、浸泡消毒、高温干燥消毒等。

煮沸消毒是常用的消毒方法，煮沸后要保持 5～15 分钟的消毒时间方可达到一般的消毒目的，主要用于耐蒸煮的注射器、针、手术器械等。

高压消毒，对消毒要求较严。一般细菌在 100℃下经 1～2 分钟即可完成消毒，但对于芽孢的消毒需较长时间。通常采用高压蒸汽灭菌的方法来彻底杀灭细菌及芽孢，一般在温度为121～126℃的条件下消毒15～20分钟，适用于耐热、耐潮的物品消毒。

对一些通过上述方法消毒会致使器具损坏变性或消毒后需保持无菌状态的器件，可以采用浸泡消毒。

干燥箱适用于对一些计量较准确或者因水分的掺入，引起有效成分减少的物品，一般多用于对注射疫苗、精液稀释等的器件进行干燥处理。

第三章 猪的主要品种

一个成功的养猪企业需要有优良的猪种、优质的配合饲料以及科学的管理。良种、配合饲料、猪病防治、科学管理是构成现代养猪生产的基本要素，而品种又被放在首位，可见良种是养猪企业成功的前提和基础，是养猪生产的关键。

第一节 国内主要优良地方猪种

国内地方猪种资源十分丰富，具有代表性的有太湖猪、金华猪、大白花猪、内江猪、淮南猪等。我国地方猪遗传资源的特点是繁殖力高、抗逆性强、肉质好、性情温顺、能大量利用青粗饲料。但生长缓慢、屠宰率低、背膘厚、胴体中瘦肉少而肥肉多。

一、太湖猪

太湖猪分布在太湖流域，上海嘉定区内的太湖猪又叫"梅山猪"。

外貌特征：头大额宽，面凹，额有皱纹。耳特大，软而下垂。背腰宽而凹，腹大下垂，身躯皮肤有皱纹。毛色全黑，乳头数 8~9 对。

繁殖性能：产仔数平均为 15.8 头，3 月龄即可达性成熟。泌乳力强，哺育率高。

生长发育：生长速度较慢，6~9 月龄体重 63~90 千克。

二、金华猪

金华猪分布在浙江金华地区。

外貌特征：体形不大，凹背，腹下垂，臀宽而斜，乳头 8 对左右。

繁殖性能：产仔数平均为 13.78 头，性成熟早，繁殖力高。

生长发育：8~9 月龄体重 63~76 千克，后期生长速度慢，饲料利用率低。金华猪肉质好，适用于制作金华火腿和腌制优质的腌肉。

三、淮南猪

淮南猪是河南省的地方良种猪之一。中心产区在固始县，主要分布在光山、罗山、新县及商城等县。

外貌特征：被毛黑色，耳型下垂，额有明显菱形皱纹，中等体形，背腰平直，单脊，腹大下垂，腿臀不丰满。根据头型可分为"齐嘴型"和"尖嘴型"，二者的主要区别在于前者耳大、额宽、嘴短，后者耳小、面直、嘴长。母猪乳头8～9对。

繁殖性能：初产产仔数平均为8头，经产产仔数为13～15头，最多23头。性成熟早，繁殖力强。一般4月龄体重可达40千克，开始发情，6月龄配种。

第二节　国外引进的主要猪种

一、长白猪

长白猪原产于丹麦，是我国引进的优良瘦肉型猪种之一。在养猪生产中常用作母系。

外貌特征：体躯长，被毛白色，允许偶有少量暗黑斑点；头小颈轻，鼻嘴狭长，耳大向前垂伸；背腰平直或微弓，后躯发达，腿臀丰满；整体呈前轻后重，外观清秀美观，四肢健壮，皮薄，骨细坚实。

繁殖性能：母猪初情期170～200天，适宜配种日龄230～250天，体重110～120千克。母猪初产产仔数为9头以上，经产10头以上。

生长发育：达100千克体重日龄为170天以下，饲料转化率2.8以下，100千克时活体背膘厚15毫米以下，100千克体重眼肌面积30厘米^{2}以上。

胴体品质：100千克体重屠宰时，屠宰率72%以上，眼肌面积35厘米^{2}以上，后腿比例30%以上，胴体背膘厚18毫米以下，胴体瘦肉率63%以上。

二、大约克夏猪

约克夏猪原产于英国的约克郡及其邻近地区。原产地猪种体形大，皮毛白色，偶有黑色暗斑，在育成过程中曾引入我国的广东猪杂交培育而成。原有大、中、小三种类型，随着社会发展及不断的选育，目前，只有大型约克夏猪在国内外广泛饲养，称为大约克夏猪，也称为大白猪。大白猪是我国引进的优良瘦肉型猪种之一，在养猪生产中常用作母系。

外貌特征：全身皮毛白色，允许偶有少量暗黑斑点，头大小适中，鼻面直或微凹，耳竖立，背腰平直。肢蹄健壮、前胛宽、背阔、后躯丰满，呈长方形体形等特点。

繁殖性能：母猪初情期 165～195 天，适宜配种日龄 220～240 天，体重 130 千克以上。母猪初产产仔数 9 头以上，经产 10 头以上。

生长发育：达 100 千克体重日龄 180 天以下，饲料转化率 2.8 以下，100 千克体重活体背膘厚 15 毫米以下，100 千克体重眼肌面积 30 厘米^2 以上。

胴体品质：100 千克体重屠宰时，屠宰率 70% 以上，眼肌面积 30 厘米^2 以上，后腿比例 30% 以上，胴体背膘厚 18 毫米以下，胴体瘦肉率 62% 以上。

三、杜洛克猪

杜洛克猪原产于美国东北部，是我国引进的优良瘦肉型猪种之一，在猪的杂交利用中主要作为终端父本。

外貌特征：全身被毛棕色，允许体侧或腹下有少量小暗斑点，头中等大小，嘴短直，耳中等大小、略向前倾，背腰弓形或平直，腹线平直，体躯较宽，肌肉丰满，后躯发达，四肢粗壮结实，蹄呈黑色。

繁殖性能：母猪初情期 170～200 天，适宜配种日龄 220～240 天，体重 120 千克以上。母猪初产产仔数 8 头以上，经产 9 头以上。

生长发育：达 100 千克体重的日龄为 175 天以下，饲料转化率 2.8 以下，100 千克体重活体背膘厚 15 毫米以下，100 千克体重眼肌面积 30 厘米^2 以上。

胴体品质：100 千克体重屠宰，屠宰率 70% 以上，眼肌面积 33 厘米^2 以上，后腿比例 30%，胴体背膘厚 18 毫米以下，胴体瘦肉率 63% 以上。

第四章　猪的饲料种类和饲粮配合的原则

第一节　猪的饲料种类

猪的饲料按照营养特性和来源可分为 8 大类，即能量饲料、青绿饲料、粗饲料、青贮饲料、蛋白质饲料、矿物质饲料、添加剂与配合饲料。

一、能量饲料

能量饲料是指在干物质中粗纤维的含量在 18% 以下，粗蛋白质含量低于 20% 的谷实类、糠麸类、草籽树实类、块根块茎等饲料，通常每千克干物质中含消化能在 10.45 兆焦以上，高于 12.54 兆焦的称为高能量饲料。

能量饲料的主要特点是富含碳水化合物，能值高，但蛋白质含量低，缺乏赖氨酸与蛋氨酸，另外含少量的脂肪。此类饲料缺乏维生素 A、维生素 D、维生素 K 和胡萝卜素，某些 B 族维生素（如核黄素等）含量也不足。能量饲料是猪配合饲料的主要组成成分，但必须与蛋白质饲料、矿物质饲料和各种饲料添加剂配合使用。

（一）谷实类

谷实类是配合饲料的基础原料，是能量饲料中能值较高的一类，包括玉米、高粱、小麦和稻谷等。

谷实类的营养特点是：①营养丰富，能量价值高，成熟的籽实水分少，多在 14% 以下，含丰富的无氮浸出物（占干物质的 71.2% ~83.7%），粗纤维含量较低（约在 6% 以下），有机物的消化率高，去壳皮的籽实消化率达 75% ~90%。②蛋白质含量不足，通常为 6.7% ~16.0%，并且品质差，必需氨基酸含量不足，尤其是限制性氨基酸。③脂肪含量通常为 4% ~5%。④钙、磷比例不平衡，钙含量普遍少，一般都低于 0.1%，而磷的含量可达 0.31% ~0.45%，且相当一部分为植酸磷，因此，猪对它的利用率低。⑤缺乏维生素 A、维生素 E、维生素 D、维生素 C，但 B 族维生素含量较丰富。

根据以上特点，使用谷实饲料喂猪，必须和其他优质蛋白质饲料配合使用，并考虑氨基酸的利用率，多种谷实搭配使用。同时，还应注意补充钙、磷及某些维生素，以保证配合饲料的营养全面。因为这类饲料中所含的脂肪主要由不饱和脂肪酸组成，如果用量过大，会导致屠体软脂肪较多，影响肉的品质。

1. 玉米 玉米是配合饲料中的主要能量饲料，营养特点是含能量高，每千克玉米含总能为 17.05 ~ 18.22 兆焦，猪消化能为 16.01 ~ 16.59 兆焦。无氮浸出物丰富，含量占干物质的 83.7%。纤维少，约 2%。消化率高，可达 92% ~ 97%。

玉米的粗蛋白质含量低，为 8% 左右，且品质差，特别缺乏赖氨酸、蛋氨酸及色氨酸。无机物中，钙、磷含量少，且比例不平衡（1:8）、磷的利用率低。黄色玉米含较多的维生素 A 原，不含维生素 D，维生素 E 含量良好，比其他谷实含核黄素少，比大麦、小麦含烟酸少，但硫胺素含量则较多。白色玉米几乎不含维生素。

玉米还含有较多的脂肪，其不饱和脂肪酸含量较高，其中亚油酸含量高达 2%，是所有谷实饲料中含量最高的。因其不饱和脂肪含量高，所以，玉米粉易酸败变质，不宜久存，要现粉碎现用。

鉴于玉米的营养特点，单独使用饲喂育肥猪会造成肉质松软现象，严重的会影响种猪的生殖机能，因而要和其他蛋白质饲料及体积大的糠麸类饲料等配合。玉米通常在配合饲料中占 50% ~ 70%。

2. 高粱 高粱可作为配合饲料的原料，和玉米适当搭配使用。高粱营养价值略低于玉米，能值相对于玉米的 99%。粗蛋白质含量略高于玉米，约为 10%，蛋氨酸含量是玉米的 2 倍，赖氨酸含量约为玉米的一半。高粱因含单宁酸，味苦，适口性差，不可过多饲用。仔猪用量过多还易引起便秘。高粱中胡萝卜素含量少，烟酸含量较多。

高粱可适量和其他谷实、饼粕、糠麸搭配使用，但要粉碎饲喂。在配合饲料中用量通常为 10% ~ 15%，若用量过多会耗掉蛋氨酸或胆碱。

3. 小麦 我国很少用粉碎小麦作配合饲料的原料，而多用其加工后的副产品，如次粉、碎麦、麦麸等。

小麦的能值较高，约为玉米能值的 97%。蛋白质含量较高，约为 12.6%。用小麦作原料时，用量不宜过大，否则会引起消化障碍。

4. 稻谷 用稻谷作饲料时，仅用其碎米、米糠、糠饼等。

稻谷有粗硬的外壳，粗纤维含量高达 9.9%，仅为玉米能值的 67% ~ 85%，在维生素及钙、磷等营养方面与其他谷实类大致相同。

加工后的碎稻谷营养价值比玉米稍低，糙米与碎米则比稻谷营养价值高。若用作猪饲料，可生产出优质猪肉，在配合饲料中占 25% ~ 50%。

（二）糠麸类

糠麸是指磨米和制粉工业的副产品，是猪配合饲料中具有特殊营养作用的常用能量饲料，主要有小麦麸、米糠、玉米皮等。

糠麸类饲料的营养特点是：①营养价值较它们的籽实低，能量偏低，无氮浸出物含量为53.3%~63.7%，纤维素约占干物质的10%。有机物的消化率及能量利用率低于其籽实。②粗蛋白质含量高于它们的籽实，这是因为这些原料除包括种皮外，还有大量的胚。必需氨基酸较籽实丰富，利用率高，因此蛋白质品质优良。③B族维生素含量丰富；钙少磷多，磷含量常在1%以上，其中植酸磷占30%，猪的利用率低，通常只能利用30%。④较其籽实容积大，同籽实类搭配，可改变配合饲料的物理性质。

根据此类饲料营养特点，使用时要注意补钙，以使钙、磷比例达到平衡。这类饲料吸水性强，易结块发霉，并且由于脂肪含量较高，易酸败，所以要注意贮存，保证质量。

1. 小麦麸　小麦麸是小麦磨粉工业的副产品，适口性好，应用广泛，但粗纤维含量较高（6.9%~11.7%），所以有机物消化率低。小麦麸能值较低，猪消化能约为玉米的74%。粗蛋白质含量较高，为11.4%~17.7%，赖氨酸含量高，为0.47%~0.83%；蛋氨酸含量低，为0.11%~0.28%。B族维生素含量丰富（维生素 B_{12} 除外）。钙、磷比例极不平衡，为1:6。另外，小麦麸具有柔软性，能调节营养浓度，改变大量能量饲料谷实类的沉重性，且有轻泻作用，对仔猪可起到安全轻泻、防止便秘、调养消化道的作用。小麦麸在仔猪日粮中不宜超过5%，生长猪可用到30%。

2. 米糠　米糠是糙米精制成白米后的副产品，是猪常用的饲料原料。

米糠的粗纤维略低于麦麸与玉米皮，无氮浸出物远低于小麦麸与玉米皮，但能值较高，这主要是粗脂肪含量较同类饲料高得多（约为小麦麸、玉米皮的3倍）的缘故。另外，钙、磷比例严重失调，为1:（17~22）；维生素E、硫胺素、烟酸含量丰富，且含有较多的锰。

新鲜米糠适口性好，猪喜食，但因含油脂多，育肥猪喂量过多会影响肉质，产生软脂肉。对仔猪及哺乳母猪喂量不宜过多，应搭配蛋白质饲料。因米糠中含有较多的脂肪，易变质，不宜贮存，但经榨油制成米糠饼后，可以久存。

米糠喂量，肉猪生长期占日粮的15%，仔猪不超过30%，肥育猪后期在15%以下。

3. 玉米皮　玉米皮是加工玉米粉的副产品。

玉米皮的粗蛋白质含量较多，多为7.5%~10%，无氮浸出物含量在同类饲料中最高，为61.3%~67.4%，是喂育肥猪的好饲料。其蛋白质品质差，特别缺少赖氨酸；脂肪含量为2.6%~6.3%，多为不饱和脂肪酸，长期大量饲喂会使体脂变软。玉米皮因加工不同，质量差异较大，因而在猪饲粮中添加比例变动范围较大，即粗皮不要超过 10% ~ 15%，细皮可占 20% ~ 25%。

（三）其他类

1. 块根块茎和瓜类 主要有甘薯（红薯、白薯、地瓜）、马铃薯（土豆）、胡萝卜、甜菜、南瓜等。

此类饲料含水分高达 70% ~ 95%，含蛋白质很少，约 1%，含粗纤维很低，只有 1% ~ 2%，干物质中碳水化合物高达 50% ~ 75%，富含淀粉和糖类，不含木质素，多汁适口，易消化和吸收。而且胡萝卜与南瓜中含有较丰富的胡萝卜素及 B 族维生素，甜菜富含维生素 C。这类饲料是养猪的好饲料，特别对繁殖母猪，是很好的保健饲料。该类饲料与蛋白质饲料配合使用效果好，胡萝卜和南瓜宜生喂，甘薯、马铃薯及甜菜熟喂效果好。

2. 油脂 油脂可分为动物性油脂及植物性油脂，是能量很高的能量饲料。

饲喂油脂适口性较好，营养特点是能量高，相当于蛋白质和碳水化合物的 2 ~ 2.5 倍。饲喂油脂可提高猪的生产能力，降低饲料消耗。添加油脂的饲料，可使猪冬季增加御寒能力，夏季保证食入足够的能量水平，确保冬、夏季均可高产。油脂还具有额外的热效应，可减轻应激损失，并含有必要的生物活性物质；另外，油脂还能使配合饲料的粉尘下降，提高饲料风味，改善饲料外观，同时还起润滑作用，延长设备的使用寿命。

油脂在生长育肥猪饲粮中可添加 5% ~ 8%。加入油脂的饲料必须同时加入抗氧化剂，以防止配合饲料在贮存中氧化变质。

3. 糖蜜 糖蜜又称糖浆，是制糖工业的副产品。它的主要成分是糖，占 50% ~ 60%；粗蛋白质含量较低，约占干物质的 13%；灰分较高，为 8% ~ 10%。糖蜜不仅营养价值高，能量高，而且易消化，有甜味，可改善配合饲料的味道，提高适口性。另外，还可抑制配合饲料粉尘的飞扬，做颗粒饲料的黏合剂，起到提高颗粒饲料坚固性的作用。

4. 玉米胚芽饼（粕） 玉米胚芽饼（粕）是玉米胚芽抽油后所余的渣滓。其营养特点是能量较高，无氮浸出物含量高（约为 58%），猪消化能为 11.88 兆焦/千克，蛋白质含量较高，为 17% 左右。在氨基酸组成中，赖氨酸含量高，为 1.1% 左右，蛋氨酸含量低，只有 0.43%。粗纤维含量为 10.9%。色泽金黄，味香甜，能提高饲料的适口性，改善饲料的外观。

二、青绿饲料

一般鲜嫩的青绿植物，除有毒的外，均可作为猪的青饲料，包括所有的青草、野菜、各种水生植物（如水葫芦和水浮莲）、菜叶、薯秧、青嫩树叶及栽培的青苜蓿、苋菜、聚合草等。

此类饲料的特点是：纤维素较软，便于加工和调制，而且营养丰富和完善。蛋白质含量2%～5%，富含各种氨基酸、矿物质与维生素，钙、磷比例适当，适口性强，容易消化和吸收，对猪的生长、繁殖、泌乳及增进健康有良好的作用。

青绿饲料喂猪，要新鲜生喂，不宜熟喂。既节省燃料，又可避免熟煮引起亚硝酸盐中毒。猪爱吃，效果好。实践证明，在精饲料不足而以青饲料为主的情况下，可把新鲜青绿饲料切碎，用水洒湿其表面，拌入少量能量饲料，即可喂猪。只要能尽量让猪吃饱，就可以节省精料，把猪养好。

三、粗饲料

按干物质计算，粗纤维含量在20%以上的饲料即是粗饲料，主要包括青干草粉、庄稼秸秆粉、树叶粉和所有的农副产品中的茎叶及秕壳粉等。

粗饲料的特点是：纤维素硬化、含量较多、消化率低，并且随品种不同差异较大。粗纤维含量干草为20%～30%，秸秆和秕壳为25%～50%；粗蛋白质的含量一般豆科如苜蓿和槐叶粉约为20%以上，禾本科如青干草约9%，秋白草7%，玉米秸秆3%，麦秸只含1%。

猪对粗纤维的消化能力差，粗纤维含量越高，饲料含能量就越低，蛋白质的消化率也低。因而，粗饲料对于猪只能作为补充饲料。如饲喂得当，猪可以从中获得多方面的养分，尤其是钙、磷、蛋白质、维生素。粗饲料可以起充饥和锻炼消化机能的作用。但若喂量过大，则适得其反，不仅限制了采食量，造成养分不足，而且还会导致对其他饲料营养的利用受到亏损。所以，必须控制粗饲料在日粮中所占的比例。通常成猪应控制在11%左右，肥猪7%，幼猪4%。

四、青贮饲料

为了养好猪，应当常年供应青绿饲料。但青绿饲料含水多，不易保存。解决这个矛盾的方法是秋季搞青贮，把多余的青绿多汁饲料有效地贮存起来，在冬、春季青黄不接时饲喂。良好的青贮饲料养分损失较少，有酸香酒味，猪喜欢吃。喂时要由少到多逐渐添加。对于妊娠母猪不宜多用。注意霉变变质的不能用。

五、蛋白质饲料

蛋白质饲料是指饲料干物质中粗蛋白质含量在20%以上，粗纤维含量在18%以下的饲料。主要包括植物性蛋白质饲料、动物性蛋白质饲料及单细胞蛋白质饲料。

蛋白质饲料不仅富含蛋白质，而且各种必需氨基酸均较谷实类多。蛋白质品质优良，生物学价值高，可达70%以上。无氮浸出物含量较低，占干物质的

27.9% ~62.8%。粗纤维含量较低，维生素含量和谷实类相似。所不同的是豆类籽实脂肪含量突出，多达15% ~24.7%。因为蛋白质与碳水化合物的消化能差别不大，所以这类饲料的能值和能量饲料差别不大。

（一）植物性蛋白质饲料

植物性蛋白质饲料包括豆类籽实及其加工副产品、各种谷实与油料作物籽实加工副产品。

1. 豆类 豆类是指豆科植物的籽实，主要有大豆、蚕豆、豌豆、黑豆和小豆等。

豆类饲料的优点是：①它是植物性蛋白质饲料中蛋白质品质最好的一类，赖氨酸含量较高，粗蛋白质含量因品种不同而有较大的差异。②可消化蛋白质比谷实类高3~4倍，因此消化能较高。

豆类饲料的缺点是：①豆类饲料在未熟化的情况下含有一些有害物质，如抗胰蛋白酶、抗甲状腺诱发素、皂素、抗血凝素等，如不经处理，会影响饲料的适口性和消化率，妨碍猪的正常生理活动。②豆类多由不饱和脂肪酸构成液体脂肪，饲喂过多会影响肉脂的品质。③蛋氨酸含量不足，为0.07% ~0.73%，除个别含量高的和动物性蛋白质饲料的蛋氨酸含量相似，大多数豆类蛋氨酸含量较低，不能满足猪的需要。④豆类籽实含钙量少，且钙、磷比例失调。另外，还缺乏核黄素、维生素A、维生素D等，使用时应注意添加钙与维生素。

（1）大豆：大豆富含蛋白质与脂肪，含粗蛋白质约35%，粗脂肪约18%，是豆类中蛋白质含量最高的一种。大豆营养物质易消化，蛋白质的利用率优于其他植物蛋白饲料，赖氨酸含量高达2%以上，只是蛋氨酸含量相对较少，为0.29% ~0.73%，但仍是豆类中含量最高的。大豆粗纤维含量少，加之脂肪含量高，所以能值高，每千克干物质猪消化能为17.93 ~19.77兆焦，比玉米还高。钙、磷含量少，胡萝卜素及维生素D、维生素B_1、维生素B_2含量都不多，但比谷实类高。大豆烟酸含量高，如饲喂过多会使猪对维生素A的需要量加大。用大豆喂猪可占日粮的10% ~15%。

（2）豌豆：豌豆富含蛋白质与淀粉，能值高，每千克干物质猪的消化能为13.04 ~16.72兆焦，和谷实类相当。豌豆蛋白质含量为20.7% ~33.6%，虽然低于大豆，但是氮的利用率却高于大豆。

2. 饼粕类 饼粕类是豆科作物籽实和其他作物籽实提取大部分油脂后的副产品。因为原料及加工方法不同，营养与饲用价值有很大差异。饼粕类是猪配合饲料蛋白质的主要来源，使用广，用量大。常用的有大豆饼（粕）、棉籽（仁）饼（粕）、花生仁饼（粕）、菜籽饼（粕）、葵花子饼（粕）、亚麻仁饼（粕）、芝麻饼（粕）等。

饼粕类饲料的优点是：①豆类籽实提油后的饼（粕）中粗蛋白质含量相对

有所提高，占干物质的 23.1% ~ 55.2%。脂肪含量压榨饼类为 4% ~ 10%，浸提粕类为 1% ~ 2%。因此，饼粕类营养价值高，且具有豆类籽实消化能值高的优点。②蛋白质品质好，远优于禾本科籽实的蛋白质。各种必需氨基酸含量丰富，且赖氨酸、组氨酸、苏氨酸、精氨酸、苯丙氨酸含量均较多。③粗纤维含量比其籽实略高，为 3.8% ~ 26.5%。④B 族维生素含量丰富。

饼粕类饲料的缺点是：①在加热过度的情况下，蛋白质会发生变性，也就是氨基酸的结构会发生变化，致使其生物学价值改变，蛋白质消化率下降。②含有一些和其他籽实相同的有害物质，这些物质会影响适口性与消化率，需进行去毒处理。③蛋氨酸含量低，磷多钙少，胡萝卜素缺乏。

（1）大豆饼（粕）：大豆饼是大豆压榨提油的副产品，而用浸提法加工的副产品则为大豆粕。大豆饼（粕）是最主要的植物性蛋白质饲料，和其籽实一样，含有抗胰蛋白酶等有害物质，经适当的加热处理，能抑制有害物质的活性，提高蛋白质的消化率。但热处理温度过高或时间过长，会使蛋白质发生变性，反而降低蛋白质的消化率。

因为大豆产地与加工方法不同，其副产品营养价值差异较大。它们共同的营养特点是：富含蛋白质，干物质中粗蛋白质为 45.8% ~ 52.9%，高于其籽实粗蛋白质的含量。豆饼的粗蛋白质含量低于豆粕 5% 左右。它们的生物学价值远高于谷实类，也高于同类中的其他饼粕。赖氨酸含量突出，占干物质的 3.10% ~ 3.58%，蛋氨酸可达 0.78% ~ 0.84%，其他多种必需氨基酸含量丰富。豆饼（粕）的蛋白质消化率较高，约为 82%，并有芳香味，适口性好，是猪优良的蛋白质饲料。粗脂肪含量豆饼占干物质的 6% ~ 8%，豆粕 1% ~ 3%。虽然无氮浸出物含量少于谷实类，但能值和谷实类差别不大。每千克干物质猪消化能为 15.59 ~ 16.93 兆焦。另外，豆饼（粕）缺乏维生素 A 与维生素 D，但富含 B 族维生素，也存在磷多钙少的特点，且磷的利用率低，仅为 30% 左右。

豆饼（粕）中含有一定量的妨碍蛋白质消化的物质，即来自其籽实所含的抗胰蛋白酶、抗血凝集素。其中抗胰蛋白酶是主要的有害物质，这些非营养性物质受热后，失去活性，减少有害作用，可提高饲料的消化率。去毒方法多采用 3 分钟 110℃ 的热处理。因为我国所产豆粕中有未经加热处理的，所以其营养价值及安全性均受影响。

鉴别豆饼（粕）热处理是否完全，通常采用尿素酶活性 pH 增值法检查：准确称取 0.400 克豆饼（粕）2 份，分别置于两支比色管中，一支比色管中加入 20 毫升磷酸盐缓冲液（取 3.403 克磷酸二氢钾溶于 100 毫升水中，取 4.335 克磷酸氢二钾溶于 100 毫升水中，合并上述两种溶液并配制成 1 000 毫升，调 pH 值为 7.0），作为空白对照，另一支比色管中加入 20 毫升尿素缓冲液（取尿素 15 克，溶于 500 毫升磷酸缓冲液中，调 pH 值为 7.0。为防止霉菌滋生，可加入 5 毫升甲苯作为防腐剂），盖塞混匀，在30℃恒温水浴中准确保持30分钟。在此期间，每隔5分钟摇匀1次，取出后立即加入饱和氯化汞溶液2～3滴，在冷水中冷却。5分钟内测定溶液的pH值，二者之差即为尿素酶活性指数。通常要求豆饼（粕）中尿素酶活性不超过0.3单位。

参考性加热程度指标，可用豆饼（粕）的颜色确定。正常加热的颜色应为黄褐色，加热不足及未加热颜色较浅或呈灰白色，加热过度呈暗褐色。

豆饼（粕）是猪优良的蛋白质饲料，用量较大，在配合饲料的比例可达10%～30%。国内外做了大量的研究，用豆饼（粕）部分或全部代替配合饲料中的动物性蛋白质，尤其是鱼粉，以节省动物性蛋白质饲料资源和降低饲养成本，已取得了令人满意的效果，并在生产上得到广泛的应用。

（2）棉籽（仁）饼（粕）：棉籽（仁）饼（粕）是棉籽（仁）榨油后的副产品，为良好的蛋白质补充料。棉籽大部分是带壳提油的，压榨法提油后的副产品为棉籽饼，浸提法提油后的副产品为棉籽粕，一小部分脱壳提油的副产品则为棉仁饼（粕）。

棉籽（仁）饼（粕）是一种数量大，蛋白质丰富的饲料。其营养特点是：蛋白质含量为35%～45%，粗纤维含量为12%～17.2%。棉仁饼（粕）蛋白质含量比棉籽饼（粕）高5%～10%，粗纤维含量低2%～3%。棉籽（仁）饼（粕）的能值低于豆饼（粕），每千克干物质猪消化能为9.99～12.96兆焦，精氨酸含量过高，赖氨酸不足。精氨酸含量高达3.6%～3.8%，在同类饲料中居第二位；赖氨酸含量为1.3%～1.5%，是豆饼（粕）的50%。蛋氨酸含量低，约为0.4%，是菜籽饼（粕）的55%。因而，在饲粮中添加棉籽（仁）饼（粕）时，最好搭配适量菜籽饼或鱼粉等，以弥补营养上的缺陷。另外，棉籽（仁）饼（粕）的硫胺素含量多，维生素A及维生素D缺乏，硒含量很少（约为0.06%），磷多钙少，且多为植酸磷。

棉籽含有毒物质棉酚及环丙烯类脂肪酸，棉酚以游离态与结合态两种形式存在。结合态棉酚的毒性较弱；游离棉酚具有活性羟基，毒性较强。棉籽在提油过程中部分棉酚可被排除，游离棉酚含量通常为0.01%～0.6%。

猪对于棉酚的毒性较敏感，中毒症状表现为生长受阻、贫血、呼吸困难、繁殖力下降，甚至不育，有时还会发生死亡。据报道，饲粮中游离棉酚含量低于0.01%，对猪没有影响；含量达0.01%～0.02%，会引起猪中毒，表现为食欲减退、生长不良、内脏水肿充血；含量达0.03%以上，会引起死亡。

日粮中的蛋白质水平、亚铁离子水平与钙离子水平和游离棉酚的中毒量有关。蛋白质水平高，耐受能力也高。游离棉酚在猪日粮中的最高允许量为0.01%（以蛋白质水平15%为标准，若提高蛋白质水平，最高允许量可相应提高）。日粮中亚铁离子在消化道中能与游离棉酚络合，不被吸收而排出体外，钙离子能促进这种络合物在液体中析出。因而，补加硫酸亚铁有解毒作用，补加钙有增效作用。当日粮蛋白质含量低，缺铁、缺钙时，会加重游离棉酚的中毒程度。

鉴于棉籽（仁）饼（粕）的毒性作用，使用前须对其进行去毒处理，才能安全饲喂。去毒的方法很多，有热处理法、化学处理法、发酵法、日晒夜露法、溶剂浸提法等。其中化学处理法中的硫酸亚铁去毒效果好，且操作简单，成本低。此法的作用机制是硫酸亚铁中的亚铁离子和游离棉酚结合，降低了棉酚的毒性。操作方法是：将 1.25 千克硫酸亚铁溶于 125 千克水中，浸泡 50 千克粉碎的棉籽（仁）饼（粕），并搅拌数次，经 24 小时即可饲用。此外，也可在含有棉籽（仁）饼（粕）的饲粮中添加铁剂（一般补加硫酸亚铁）。日粮中铁的用量，通常按铁与游离棉酚 1∶1 的比例添加。在这种情况下，即使饲粮中棉酚含量为 0.01% 的 4 倍，仍不能使猪中毒。热处理方法中的水煮法效果也很好，它是将棉籽（仁）饼（粕）在适量水中煮沸，并经常搅拌，保持沸腾 30 分钟，冷却后可供饲喂。

棉籽（仁）饼（粕）作为配合饲料的原料，在生长育肥猪饲粮中可占 10% ~ 15%。根据棉籽（仁）饼（粕）的毒性特点，使用时应注意以下几点：①无论去毒或未去毒的棉籽（仁）饼（粕），其游离棉酚在猪体内有积累作用，猪在饲喂 1 ~ 2 个月后，要停喂 7 ~ 10 天。②为防止中毒，可采用两种或两种以上的饼粕混合使用的方法。③以棉籽（仁）饼（粕）蛋白质为主的饲粮，因其赖氨酸含量不高，且部分与游离棉酚结合而失效，需要添加赖氨酸或高赖氨酸蛋白质饲料。④棉籽（仁）饼（粕）在贮存时要防止受潮、发热造成霉变，霉变后产生的黄曲霉毒素，其毒性远远超过棉酚的毒性。

（3）菜籽饼（粕）：菜籽饼（粕）是油菜籽榨油后的副产品，为优质蛋白质饲料。干物质中粗蛋白质含量为 37.4% ~ 46.5%，低于豆饼（粕）。蛋氨酸含量较高，为 0.4% ~ 0.96%，在饼粕类仅次于芝麻饼（粕）；赖氨酸含量也较高，为 2.0% ~ 2.5%，仅次于大豆饼（粕）。精氨酸含量低，为 2.32% ~ 2.45%，是同类饲料中最低者。因而，菜籽饼（粕）和棉籽（仁）饼（粕）搭配使用，能改善赖氨酸与精氨酸的比例关系。对于菜籽饼（粕）猪的消化能每千克干物质为 10.20 ~ 14.42 兆焦。适口性差，不宜作猪日粮中唯一蛋白质饲料。另外，菜籽饼（粕）中含有较多的钙、磷及微量元素。其中磷含量比豆饼（粕）多 1 倍，且 70% 为有效磷。硒含量高达 1 毫克/千克，是植物饲料中最高者，为豆饼（粕）的 10 倍。含锰量也较高。B 族维生素，特别是维生素 B_2 含量高，对仔猪有良好的作用。其营养价值喂猪时相当于豆饼（粕）的 80%，若去壳或脱毒，其营养价值能提高 30% ~ 40%。

油菜籽实含有硫代葡萄糖苷类化合物（无毒），在加工过程中，被细胞中的芥子酶水解生产硫酸盐、葡萄糖、异硫氰酸盐与腈类。部分异硫氰酸盐经过环化，形成噁唑烷硫酮。噁唑烷硫酮是致甲状腺肿大的主要物质，并且由此导致的甲状腺肿大不能用补碘的方法防治，这样就使猪对营养物质的利用率降低，生长及繁殖能力受到抑制。硫代葡萄糖苷过多还会引起肝脏出血，使维生素 K 含量下降，凝血功能降低。异硫氰酸盐具有挥发性，有刺激气味，且可破坏动物的黏膜及消化道表层。

菜籽饼（粕）有苦味，适口性不良，且单宁含量较多，影响蛋白质的消化。

毒素含量多的菜籽饼（粕）在饲用前一定要经过去毒处理。去毒方法很多，但主要是碱处理法。此种方法可较好保存养分，适于大规模生产。操作方法为：按饼（粕）重的 3.5% ~ 4% 称取纯碱，加水至饼重的 21%，配成碱溶液，然后喷洒到饼（粕）上，放置 3 ~ 5 小时后移至蒸汽锅中，搅拌加热约 50 分钟，待水分降至 13% 以下即可饲用。采用土埋法去毒效果也不错，但蛋白质损失较多。

菜籽饼（粕）在配合饲料中的用量应视其含毒量高低而定，通常用量以不超过 8% 为宜。育肥猪 60 千克以下可添加 10% ~ 12%，60 ~ 90 千克的猪添加 15% ~ 18%，种公猪添加 3% ~ 5%。

（4）花生饼（粕）：花生饼（粕）是花生榨油后的副产品，富含蛋白质与无氮浸出物。干物质中粗蛋白质含量为 46.5% ~ 55.2%，带壳的较低，为 36.6%，含量和豆饼（粕）相当。花生饼（粕）蛋白质的生物学价值低于豆饼（粕），赖氨酸含量为 1.35%，蛋氨酸含量为 0.39%，均很低。但精氨酸含量高达 3.70% ~ 5.90%，是所有动、植物饲料中的最高者。因而，用花生饼（粕）饲喂猪时必须和含精氨酸少的菜籽饼（粕）、鱼粉、血粉等搭配使用，才能取得较好的效果。

花生饼（粕）的粗纤维含量为 4.1% ~ 5.3%，粗脂肪含量为 5.2% ~ 7.9%，能值较高，每千克干物质猪消化能为 14.71 ~ 17.10 兆焦。花生饼（粕）富含硫胺素，但维生素 A、维生素 D、维生素 B$_2$ 缺乏，钙、磷含量少。另外，花生饼（粕）适口性好，有甜香味，猪喜食，为优质蛋白质饲料。

花生饼（粕）中含有抗胰蛋白酶，经 120℃ 高温加工能破坏其中的抗胰蛋白酶，提高蛋白质的消化率。但加热温度太高，如在 200℃ 以上，则可使氨基酸遭受破坏。

花生饼（粕）易染上黄曲霉，产生黄曲霉毒素，在高温地区要经常检测黄曲霉毒素的含量。

花生饼（粕）在配合饲料中不宜过多，否则会引起下痢，脂肪变软。在猪饲料中用量宜在 15% 以下。

（5）葵花子饼（粕）：葵花子饼（粕）是葵花子榨油后的副产品。脱壳葵花子饼（粕）是优质蛋白质饲料，干物质中粗蛋白质含量达 39.5% ~ 49.8%，蛋氨酸含量高于花生饼、大豆饼及棉仁饼，但赖氨酸含量不足。粗纤维含量为 11.8% ~ 13.5%，粗脂肪含量为 2.4%，每千克干物质猪消化能为 12.09 ~ 12.26

兆焦，钙、磷含量高，且富含 B 族维生素，特别是核黄素、硫胺素含量相当多。带壳的葵花子饼（粕）粗纤维含量常在 20% 左右，可利用能量水平很低，应限制用量。

葵花子饼（粕）含有毒素绿原酸，喂量过多，对消化有影响，还会降低饲料利用率，阻碍猪的生长。

（6）亚麻仁饼（粕）：亚麻仁饼（粕）又称胡麻仁饼（粕），是亚麻籽实榨油后的副产品。其营养特点是粗蛋白质含量为 32%～38%，精氨酸含量很高（约为 3.0%），赖氨酸含量不足。因而，在使用亚麻仁饼（粕）时，要和含赖氨酸高的饼粕类饲料搭配使用。另外，亚麻仁饼（粕）的蛋氨酸含量较低，与大豆饼（粕）相似，但粗脂肪含量较高，为 3.8%～8.4%，粗纤维含量为 5.7%～13.5%。因此，猪消化能高，为 12.22 兆焦/千克。含磷量比同类饲料高。

与同类饲料相比，亚麻仁饼（粕）的特点是：含有一种黏性胶质，可吸收大量水分而膨胀，能使饲料在胃内停留时间延长，对胃肠黏膜有保护作用，但猪对这种黏性胶质不能消化。因为亚麻仁饼（粕）含油量多，所以有轻泻作用，还能使家畜皮毛有光泽。

在亚麻种子中，特别是未成熟的种子中含有亚麻苷（配糖体），这种物质本身无毒，但在 pH 值 5.0 左右、40～50℃、有水存在时，最容易被亚麻种子内的亚麻酶所酶解，生成氢氰酸，对猪造成危害。

在使用亚麻仁饼（粕）时，应加倍添加维生素 B_6。亚麻仁饼（粕）在生长育肥猪饲料中可占 10%～15%，但仔猪应尽量少用。

（7）芝麻饼（粕）：芝麻饼（粕）是芝麻榨油后的副产品。其营养特点是粗蛋白质含量高，通常在 40% 以上。蛋氨酸含量高，可达 0.8% 以上，是饼粕类饲料中含量最高的。赖氨酸含量不足，精氨酸含量过高。粗纤维含量在 7% 左右。粗脂肪含量因加工方法不同而差异较大，通常为 5.4%～12.4%，因此能值较高。芝麻饼（粕）中不含对猪产生不良影响的物质，是安全的饼粕类饲料。但芝麻饼（粕）具有苦涩味，适口性较差。仔猪尽量避免使用，育肥猪用量以 10% 以下为宜。

（8）玉米蛋白粉：玉米蛋白粉是加工玉米淀粉后的副产品。其营养特点是：粗蛋白质含量高低不等，通常在 20%～60%，蛋白质消化率较高，猪为 98%。赖氨酸及色氨酸含量严重缺乏，分别为 0.75% 和 0.2%。蛋氨酸含量较高，与芝麻饼（粕）相似，为 0.5%～1%。精氨酸含量是赖氨酸的 2～2.5 倍。因而，在配合饲料时，要注意搭配富含赖氨酸的饲料或添加赖氨酸。玉米蛋白粉能值较高，猪消化能为 14.69 兆焦/千克。另外，玉米蛋白粉含有大量的叶黄素（每千克约为 147.8 毫克），能起到着色剂的作用。

3. 叶蛋白 叶蛋白又称蛋白质－维生素浓缩物（胶剂）或青草胶，是从鲜绿植物液汁中提取的浓缩物。

叶蛋白是猪的优质蛋白质补充料，营养价值相当于鱼粉，高于豆饼及花生饼等饼粕类。必需氨基酸组成比较完善。苜蓿制品的叶蛋白浓缩物有粉末、颗粒型，已应用于猪配合饲料中，除含有 50% 的蛋白质以外，还含有丰富的维生素 A、维生素 E 与无机元素，尤其是钙、镁、钾等。

4. 糟渣类饲料　糟渣类饲料包括酒糟、酱渣、醋渣、豆腐渣、粉渣及糖渣等，是谷物与豆类加工的副产品，干物质中粗蛋白质含量为 19% ~42%，仍属于蛋白质饲料。酒糟与粉渣是提取碳水化合物制成酒和淀粉留下的残渣。如玉米酒糟、高粱酒糟、啤酒糟等，除含有蛋白质、B 族维生素及乙醇外，粗纤维的含量也很高。酒糟主要作为育肥猪饲料，但要限量在日粮的 1/3 以下。母猪和仔猪不要喂给酒糟。豆腐渣与醋、酱渣都是大豆或豆饼提取了蛋白质后的残渣，喂猪时应煮熟，破坏其中的抗胰蛋白酶。酱渣中含食盐，不能多喂，否则易引起食盐中毒。

（二）动物性蛋白质饲料

动物性蛋白质饲料是动物的直接或间接产品，如鱼粉、肉粉、肉骨粉、血粉、羽毛粉、乳制品、内脏粉等。这类饲料的营养特点是：①蛋白质含量高，最高可达 88.4%，且品质好，富含各种必需氨基酸，特别是植物性蛋白质饲料所缺乏的赖氨酸、蛋氨酸及色氨酸的含量极高。但从猪营养需要的比例来看，赖氨酸含量富余，而蛋氨酸含量略显不足。②无氮浸出物含量特别少，几乎不含粗纤维。有些饲料粗脂肪含量高，所以它们的能量价值较高，每千克干物质对猪消化能高达 20.92 ~25.10 兆焦，仅次于油脂。③鱼类动物性饲料是维生素 A、维生素 D 的重要来源。这类饲料 B 族维生素含量丰富，尤其是核黄素、维生素 B_{12} 含量相当高。除血粉外，通常每千克干物质含核黄素 6 ~50 毫克，维生素 B_{12} 44 ~540 微克，能补充其他饲料中维生素的不足。④灰分含量高。灰分不仅来源于骨，也来源于软组织，如血、肝、乳品中的灰分为 0.6% ~5.6%。⑤含有一种未知生长因子（VGF）。这种生长因子具有特殊的营养作用，能促进动物提高营养物质的利用效率，抵消矿物质的毒性，刺激生长与繁殖。

使用这类饲料时，脂肪含量不宜超过 9%。因为脂肪含量高，易酸败，不利于贮存，且降低适口性，同时还会促进维生素 A、维生素 E 等物质氧化。

1. 鱼粉　鱼粉是优质的动物性蛋白质饲料。鱼粉通常由全鱼制成，但也有用鱼品加工厂的下脚料，如鱼头、鱼尾、鱼鳍、鱼骨、鱼内脏等制成。

鱼粉的营养特点是粗蛋白质含量高，国外优质鱼粉粗蛋白质含量可高达 70%，而国产鱼粉为 45% ~65%。鱼粉蛋白质生物学价值高，氨基酸种类齐全，特别是蛋氨酸、赖氨酸、色氨酸等必需氨基酸含量丰富。但精氨酸含量较少。鱼粉的脂肪含量通常为 5% 左右，有的可达 10%，粗纤维含量基本为零。矿物质含量丰富，钙、磷含量较高，且磷都是有效磷。硒含量很高，可达每千克2毫克以上。锌含量也较高。鱼粉含有的维生素 B_{12} 是所有植物性饲料中都没有的，核黄素、生物素等含量均较高，还含有维生素 A、维生素 E、未知生长因子等。

鱼粉一般含有食盐。国外鱼粉含食盐量为 1%～2%，即使鱼粉配比占饲料的 10% 也很安全。国产鱼粉含盐量变化很大，从 2.0%～4.0% 到 30%～35%。因为食盐含量过高会引起食盐中毒，所以，含盐量高的鱼粉不能作为配合饲料的原料。

在配合饲料中鱼粉的添加不能过量，特别是育肥猪，添加过量会使产品带有鱼腥味，并使肉质松软。

2. 鱼膏 鱼膏也称鱼溶浆，其制作原料来源于两方面：一是加工鱼肝油的副产品，即加工后所剩的蛋白溶液；二是制造鱼粉时所排出的鱼汁。

鱼膏能以糊状作为商品出售，也可用麸皮、脱脂米糠等吸附经干燥机干燥后以粉状出售（称为鱼精粉）。

鱼膏的营养特点是粗蛋白质含量为 40% 以上，有的可高达 55%，蛋氨酸含量低于鱼粉，但赖氨酸含量较高，精氨酸含量较赖氨酸低。因而，使用时应适当搭配精氨酸含量高的饲料。鱼膏的能值很高，猪消化能达 13.35 兆焦/千克，但吸附鱼膏的能值低。鱼膏 B 族维生素含量较鱼粉高，硫胺素含量是鱼粉的 68～85 倍，达 6.8 毫克/千克（吸附鱼膏是鱼粉的 55～69 倍，达 5.5 毫克/千克），核黄素含量是鱼粉的 1 倍左右。因而，它除可作为动物性蛋白质补充来源外，还可作为 B 族维生素和未知生长因子的补充来源。在配合饲料中鱼膏的用量通常在 2% 左右。

3. 肉粉 肉粉是由废弃肉、胚胎、纤维蛋白及少量骨头加工制成的混合物，呈灰黄色或深棕色。通常以含磷量多少来划分肉粉和肉骨粉，含磷量在 4.4% 以下的为肉粉，在 4.4% 以上的为肉骨粉。

肉粉的营养特点是：富含粗蛋白质，其含量达 55.4%～77.5%，消化率为 82%；赖氨酸含量高；和鱼粉相比，蛋氨酸含量低；和饼粕类饲料相比，色氨酸含量低；脂肪含量约在 12% 以下；能量价值高于鱼粉，每千克干物质猪消化能可达 20.92 兆焦以上。灰分含量因骨头加量而异，通常为 1.5%～12%，其中钙、磷含量较高。肉粉的 B 族维生素含量高，但维生素 A、维生素 D、维生素 B_{12} 含量均低于鱼粉。

肉粉在配合饲料中的搭配量断奶仔猪为 6%～8%，生长育肥猪为 3%～4%。

4. 肉骨粉 含磷量在 4.4% 以上的肉粉称肉骨粉，其营养特点是：粗蛋白质含量高，为 40%～65%；赖氨酸含量高，但缺乏蛋氨酸与色氨酸；蛋白质生物学价值和肉粉相似；脂肪含量为 8%～15%；其能值高，每千克干物质猪消化能为 11.72 兆焦；含钙量为 8%。

肉骨粉在配合饲料中添加量为：断奶仔猪、公猪15%，哺乳母猪、育肥猪不超过10%。

5. 血粉　血粉是家畜血液干燥制成的产品，品质因生产工艺不同而异。如采用高温、压榨、干燥制成的血粉，消化率低，仅为70%左右；而采用高温、真空蒸馏干燥制成的血粉，消化率高，可达90%左右。

血粉的营养特点是：粗蛋白质含量很高，达80%～88%；赖氨酸含量比鱼粉还高，达7%～8%，蛋氨酸含量也较多，但精氨酸及色氨酸的相对含量较低，特别是异亮氨酸含量更低，几乎为零。另外，血粉的粗脂肪含量为0.1%～1.4%。

血粉的适口性差，消化率较低，因而在配合饲料中用量不宜太大，否则会引起消化不良，造成腹泻。其用量通常在3%～4%。

6. 羽毛粉　羽毛粉是家禽羽毛在一定温度下高压水解后的产品。由于加工方法与原料不同，其质量也有差别。加工时压力大，水解时间短，产品质量一致，色轻淡，易消化；加工时压力大，水解时间长，产品质量不一致，色发黑，不易消化。此外，所用原料含羽粗毛量越多，营养价值越低。

羽毛粉的营养特点是：粗蛋白质含量很高，为80%以上，有的可高达86%，主要是角蛋白与纤维蛋白。角蛋白在加工前不能被猪消化吸收，加工后即可被利用。质量差的羽毛粉蛋白质消化率为70%～80%，质量好的为90%。羽毛粉蛋白质质量较差，缺乏赖氨酸、蛋氨酸、色氨酸及组氨酸，但甘氨酸、异亮氨酸与丝氨酸含量很高，胱氨酸含量是所有饲料中最高的，可达4%左右。因而，在使用羽毛粉时，要注意蛋氨酸及赖氨酸的添加。羽毛粉钙、磷含量较少，分别为0.3%和0.5%。含硫是所有饲料中最高的，可达1.5%。含硒也较高，约0.84毫克/千克。另外，还含有钾、氯和各种微量元素及少量维生素。

羽毛粉在配合饲料中不宜单独做蛋白质饲料，必须和其他蛋白质饲料搭配。猪用量为2%。

7. 蝉蛹粉与蝉蛹渣　蝉蛹粉是未经脱油的制品，蝉蛹渣是由蝉蛹脱油后的残余物制成。它们的营养特点是：蛋白质含量高，分别为54%和65%，粗蛋白质的生物学价值很高。蛋氨酸含量分别为2.2%和2.9%，是所有饲料中含量最高的；赖氨酸含量也很高，与进口鱼粉相似；精氨酸含量很低；色氨酸高达1.25%～1.5%，比进口鱼粉高75%～100%。蝉蛹粉的粗脂肪含量为22%，蝉蛹渣的粗脂肪含量为10%。另外，钙、磷含量较低，但比例适当，维生素E与核黄素含量较高，粗纤维含量占干物质的4.6%。在配合饲料中添加量为5%左右。

8. 蚯蚓粉　蚯蚓粉是蚯蚓干燥后粉碎而成的，其营养特点为：干物质中粗蛋白质含量较高，为36.9%～68.2%，和鱼粉相似；氨基酸种类也和鱼粉相似，含硫氨基酸偏低，赖氨酸含量低于鱼粉；维生素 A 及 B 族维生素含量丰富。在配合饲料中的添加量通常为 5%，最高不应超过 10%。

（三）单细胞蛋白类饲料

单细胞蛋白类主要是指利用发酵工艺，生产细菌、酵母及霉菌等，也包括微型藻类。其产品种类主要有纸浆酵母、糖蜜酵母、啤酒酵母、木糖酵母、石油酵母、小球藻、白地霉等。

单细胞蛋白类具有以下优点：①在生产中，除以石油代替碳水化合物做原料外，还可利用废糖蜜、纸浆废液、乙醇废液、甘薯、稻草、秕壳、树叶等作为碳源来生产单细胞蛋白。因而，经济实惠，原料来源广，不和人争食，且可变废为宝，保护环境。②在工业生产中，易于控制生产条件，不受气候、土壤及自然灾害的影响，能连续生产。③微生物将碳水化合物转变为蛋白质的效率很高，这是所有动物所不能的。④生长与繁殖速度快。如细菌在 0.5~2 小时增殖 1 倍，酵母在 1~3 小时增殖 1 倍，藻类在 2~6 小时增殖 1 倍。即使在大规模工业发酵容器内，细菌与酵母也可在 3~4 小时再生。因此，每一发酵容器在 24 小时内就可生产数吨级量的蛋白质。

单细胞蛋白的营养特点是：富含蛋白质，粗蛋白质含量为 41.2%~68.6%，蛋白质生物学价值较高，各种必需氨基酸含量多且较平衡，特别是赖氨酸含量高，但含硫氨基酸偏低。猪对这类饲料蛋白质的消化率高低不等，对啤酒酵母的消化率可达 92%，对木糖酵母的消化率为 88%，对石油酵母的消化率为 78%~88%。粗纤维含量低，每千克干物质猪消化能为 13.25~18.20 兆焦。富含 B 族维生素，含磷较多，钙、磷比例没有鱼粉和肉粉平衡。此外，铁、锰等含量也较多。

单细胞蛋白在猪配合饲料中添加量以 10% 为宜。酵母类通常带有苦味，以 3%~5% 为宜，同时应添加蛋氨酸与精氨酸。

六、矿物质饲料

矿物质是猪生命活动和生产过程中不可缺少的营养物质，通常把钙、磷、钠、钾、镁、氯、硫等称为常量元素，铁、碘、铜、锌、钴、钼、硒等称为微量元素。常用的微量元素通常是以饲料添加剂的形式补充。在常量元素中，猪易感缺乏的有钙、磷、钠、氯。所以，常用的矿物质饲料以补充钙、磷、钠、氯为主。

（一）钙源饲料

1. 碳酸钙　碳酸钙为白色或灰白色、无臭的粉末，是优质石灰石制品。沉淀碳酸钙是把石灰石煅烧成氧化钙，和水调制成石灰乳，再与二氧化碳结合制成的产品。市售碳酸钙通常含量在 95% 以上，含钙量在 38% 以上。

2. 贝壳粉与蛋壳粉 贝壳粉是牡蛎等的贝壳经粉碎后制成的产品，为灰白色或灰色粉末。蛋壳粉是新鲜蛋壳烘干后粉碎制成的。二者的主要成分是碳酸钙，含钙量为 24.4% ~ 36.6%。优质的贝壳粉钙含量和石灰石相似。另外，蛋壳粉还含粗蛋白质 12%。

贝壳粉常夹杂沙石，使用时应予以检查。对用蛋品加工或孵化的鲜蛋壳为原料制成的蛋壳粉，应加以消毒，以防止蛋白质腐败变质。

3. 石膏 石膏是灰色或灰白色的结晶粉末，化学成分是硫酸钙，含钙量为 20% ~ 30%。石膏有两种产品：一是天然石膏的粉碎产品；二是磷酸制造业的副产品，此种常含有大量的氟，应谨慎使用。

4. 白云石 天然的白云石经粉碎后，可作为钙源饲料，其主要成分为碳酸钙与碳酸镁的复盐，有的含镁量可达 10%，含钙量在 24% 左右。白云石的饲养效果较差。

5. 石粉 石粉主要指石灰石粉，为天然的碳酸钙，含钙量为 34% ~ 38%，是补钙来源最广、价格最低廉的矿物质原料。天然石灰石，只要汞、砷、铅、氟含量不超过安全系数，均可作为饲料。石粉的用量为：仔猪占饲料的 1% ~ 1.5%，育肥猪为 2%，种猪为 2% ~ 3%。

（二）磷源饲料

只含磷的矿物质饲料在生产实践中使用不多，常用的补磷矿物质饲料，除含有丰富的磷外，多数还含有大量的钙。

1. 骨粉 骨粉是由家畜骨骼加工而成的，因制法不同成分各异。

（1）蒸制骨粉：蒸制骨粉是在高压下用蒸汽加热，除去大部分蛋白质和脂肪后，压榨干燥而成。通常含钙 24%，磷 10%，粗蛋白质 10%。

（2）脱胶骨粉：脱胶骨粉是在高压处理下，骨髓与脂肪几乎都已除去，故无异臭。通常为白色粉末，含磷量可达 12% 以上。

骨粉的含氟量低，只要杀菌消毒彻底，便可安全使用。但因来源不稳定，成分变化大，且常有异臭，在国外使用量逐渐减少。我国配合饲料中常用骨粉作为磷源，品质好的，含磷量可达 12%，通常为 10%。

2. 磷酸二氢钠与磷酸氢二钠 磷酸二氢钠（NaH_2PO_4）含磷 25.83%，含钠 19.17%；磷酸氢二钠（Na_2HPO_4）含磷 21.83%，含钠 32.39%。使用以上两种磷源时，应注意配合饲料中钠的含量。

3. 磷酸盐 磷酸氢钙为白色粉末。饲料级磷酸氢钙，经脱氟处理后氟含量小于 0.2%，磷含量大于 16%，钙含量在 23% 左右，其钙、磷比例为 3∶2，接近于动物需要的平衡比例。过磷酸钙中磷的含量超过钙，尚有多余，可补充所需的磷。在补饲过磷酸钙或磷矿石等矿物质时，要注意其中氟等杂质的含量。

（三）食盐

植物性饲料中通常含钠、氯较少，常以食盐的形式补充。此外，食盐还能提高饲料的适口性，增强猪的食欲。

食盐中钠含量为 38%，氯含量为 59% 左右。在猪的配合饲料中食盐的添加量为 0.5%。若使用含盐鱼粉与酱渣等含盐原料时，应酌减。补盐时要注意混合均匀，在缺碘地区，可补饲碘化食盐。

（四）其他矿物质饲料

1. 麦饭石　麦饭石是一种天然的中药矿石，除含氧化硅与氧化铝较多外，还含有动物所需的常量及微量元素，如钙、磷、钠、镁、钾、铁、锰、铜、锌、硒、钴、钼等达 18 种以上，用来喂猪，能提高猪增重。

2. 膨润土　膨润土又称斑脱岩，俗称白土，是蒙脱石类黏土岩组成的一种含水层状铝硅酸盐矿物。矿石为白色，少量为紫红与粉红组成的斑杂色，通常较细腻，可塑性和黏结性好，含有较多的硅（约 30%），同时还含有铁、铝、镁、钠、钾、磷、钴、锰、铬、钙、镍等多种常量及微量元素。

膨润土具有良好的吸水性、分散性、膨胀性与润滑性，能提高饲料的适口性和改善饲料的松散性，还能延缓饲料通过消化道的速度，加强饲料在胃肠内的消化吸收作用，提高饲料的利用率，同时对肠道中有毒细菌与毒素有吸附作用，使机体免受疾病和有害物质的为害，提高抗病力，保持体格健壮，增强食欲和消化机能，促进生长发育。在猪的日粮中通常添加 2%～3%。

3. 沸石　天然沸石是碱金属及碱土金属的含水铝硅酸盐类，含有钠、铝、硅、钙、镁、钾、铁、钡、锶、锌、锰、铜等 25 种矿物元素。

天然沸石的特征是具有较高的分子孔隙度，良好的吸附、离子交换及催化性能，具有增加猪的体重，改善肉质，提高饲料利用率，防病治病，减少死亡，促进营养物质的吸收，保证配合饲料的疏松性、改善环境等作用。

用天然沸石作为猪的矿物质饲料，应注意以下几点：①沸石粒度。添加在猪饲粮中的沸石粒度必须在 80～100 目以上，较合适的是 120～160 目，过粗则效果差，且易导致沉积在盲肠中，造成猪患病或死亡。②沸石用量。在猪饲粮中用量为 5%～7%，以 5% 的总效果最好。③调整钙、磷比例。饲粮中加入沸石后，最好测算一下钙、磷含量，如果发现含量不足或比例不当，要进行适当调整。

4. 褐煤、风化煤　褐煤是碳化程度最低的酶，含木质素、腐殖酸、纤维素、微量元素等。采用抽提法，可以从腐殖酸的料煤中提取腐殖酸钠。腐殖酸钠进入动物体内，能促进细胞中酶的活性，加快新陈代谢，提高生产性能。

七、添加剂

饲料添加剂是指为了某些特殊需要向各种饲料中加入具有各种生物活性的特

殊物质的总称。这些物质的添加量极少，通常占饲料成分的百分之几，但其作用极为显著。

饲料添加剂的分类方法很多，根据作用可将其分为两种：营养性添加剂与非营养性添加剂。

（一）营养性添加剂

营养性添加剂的主要作用是补充天然饲料中氨基酸、维生素、微量元素等营养成分，平衡和完善猪的日粮，提高饲料利用率。营养性添加剂是最常用、最重要的一类添加剂。

1. 氨基酸添加剂　氨基酸添加剂的主要作用是提高饲料蛋白质的利用率和充分利用饲料蛋白质资源。因为在天然的饲料原料中氨基酸的数量、种类差异很大，所以，缺乏的必需氨基酸只有另外添加来进行平衡。

氨基酸添加剂基本由人工合成，主要补充的是赖氨酸、蛋氨酸和色氨酸，补充量占日粮的量：赖氨酸为 0.148%，蛋氨酸为 0.065%，色氨酸为 0.016%。

2. 维生素添加剂　维生素是猪维持正常生理机能所不可缺少的低分子化合物，也是维持猪生命所必需的微量营养成分，每一种维生素都起着其他物质所不能替代的特殊营养生理作用。因而，无论缺乏哪一种维生素都会产生相应的疾病。在日粮中加入 0.01%，用以代替青绿饲料，可减少日粮体积，提高猪的采食量，尤其对仔猪和育肥猪有特殊经济效益。

维生素通常分为脂溶性维生素和水溶性维生素两大类，脂溶性维生素包括维生素 A、维生素 D、维生素 E 与维生素 K。水溶性维生素包括 B 族维生素与维生素 C。常用的维生素共 14 种。

（1）维生素 A：维生素 A 又称视黄醇或抗干眼维生素，是高度不饱和脂肪醇。维生素 A 是维生素 A_1 与维生素 A_2 的统称。维生素 A_1 又称视黄醇，维生素 A_2 又称 3 - 脱氢视黄醇。维生素 A 在自然界中主要以脂肪酸酯的形式存在，常见的有维生素 A 乙酸酯及维生素 A 棕榈酸酯。前者为鲜黄色结晶粉末，后者为黄色油状或结晶固体。除维生素 A 形式外，水果、蔬菜中所含的胡萝卜素在猪体内可转化为维生素 A，称维生素 A 原。

维生素 A 的主要商品有维生素 A 醇、维生素 A 乙酸酯及维生素 A 棕榈酸酯。其中维生素 A 棕榈酸酯稳定性很好，常作为饲料添加剂使用，也有用维生素 A 乙酸酯的。剂型有水乳剂、稳定的粉剂和油剂，另外还有鱼肝油及 β - 类胡萝卜素。

（2）维生素 D：维生素 D 又称钙化醇，是类固醇的衍生物，是一类关系钙、磷代谢的活性物质。在天然饲料中主要是维生素 D_2 和维生素 D_3 对猪有营养意义。维生素 D_2 又称麦角固醇、钙化固醇，外观呈白色至黄色的结晶粉末。维生素 D_3 又称胆钙化固醇，从稀释的丙酮中可结晶成精制白色针状物，比维生素 D_2 稳定。

作为饲料添加剂的维生素 D 是一种含有维生素 D_2 及维生素 D_3 的干燥粉剂，外观呈奶油状粉末，还有维生素 D_2 制剂与家畜常用的维生素 D_3 制剂。

(3) 维生素 E：维生素 E 又称生育酚，是一组有生物活性的、化学结构相近似的酚类化合物的总称。维生素 E 不稳定，经酯化后能提高其稳定性，最常用的是维生素 E 乙酸酯，外观为浅黄色的油状物。

(4) 维生素 K：维生素 K 是一类甲萘醌衍生物的总称。可分为两大类，一类为脂溶性化合物，是从天然产物中分离提纯获得的维生素 K_1 和维生素 K_2；另一类为水溶性化合物，是人工合成的维生素 K_3 和维生素 K_4。

维生素 K 的商品形式有维生素 K_1、维生素 K_3、维生素 K_4，但饲料中常选维生素 K_3 制品。

(5) 维生素 B_1：维生素 B_1 又称硫胺素，主要以盐的形式被利用。维生素 B_1 的主要商品形式有盐酸硫胺素和单硝酸硫胺素，单硝酸硫胺素在高温下比盐酸硫胺素稳定。

(6) 维生素 B_2：维生素 B_2 又称核黄素，是一种含糖醇基的黄色物质。在酸性溶液中加热很稳定，但在碱性溶液中很快分解。对可见光，尤其是对紫外线辐射很敏感，易分解失活，但在干燥情况下，光对核黄素影响不显著。

维生素 B_2 的主要商品形式为核黄素及其酯类。维生素 B_2 添加剂常用的浓度是含核黄素 96%、55% 及 50% 等的制剂。

(7) 维生素 B_3：维生素 B_3 通常称泛酸，因其在自然界分布很广，所以又叫遍多酸。外观呈淡黄色黏滞油状，吸湿性极强，在酸性与碱性溶液中都易受热被破坏，在中性溶液中比较稳定。因而，实际生产中常用其钙盐、钾盐及钠盐。

泛酸的商品形式主要有 D - 泛酸钙（右旋泛酸钙）、DL - 泛酸钙、D - 泛酸钠、D - 泛酸钾等。

(8) 维生素 B_4：维生素 B_4 又称胆碱，是磷脂、乙酰胆碱等物质的组成成分。外观为无色味苦的粉末，在空气中极易吸潮。

胆碱的商品形式主要为氯化胆碱，剂型有 50%、60% 的粉剂，70% 的氯化胆碱水剂。

(9) 维生素 B_5：维生素 B_5 又称烟酸、烟酰胺或尼克酸、尼克酰胺。外观均为无色针状结晶，不会被酸、碱、光、氧或热破坏。烟酰胺在强酸或强碱中加热时，水解生成烟酸。

维生素 B_5 的商品形式为烟酸或烟酰胺。产品有效成分为 98% ~ 99.5% 和 50% 两种。

(10) 维生素 B_6：维生素 B_6 是易于相互转化的 3 种吡啶衍生物，即吡哆醇、吡哆醛、吡哆胺的总称。它们在生物体中能相互转化且均具有活性。其外观呈白色结晶，对酸、热相当稳定，但易氧化，易被紫外线和碱所破坏，易溶于水。其中吡哆醇更耐加工与贮藏。

维生素 B_6 的主要商品形式为吡哆醇盐酸盐，外观为白色至微黄色结晶粉末，遇光和紫外线照射易分解。

（11）维生素 B_{11}：维生素 B_{11} 又称叶酸，外观为黄色至橙黄色结晶性粉末，对空气和热均很稳定，但受光及紫外线辐射后则降解，在中性溶液中较稳定，酸、碱对叶酸均有破坏作用。

叶酸本身不具生物活性，需要在体内进行加氢还原反应生成四氢叶酸才具有生理活性。

维生素 B_{11} 的商品形式为叶酸，产品有效成分在 98% 以上。

（12）维生素 B_{12}：维生素 B_{12} 因分子中含有氰和钴，所以又称氰钴胺素或钴胺素，是唯一含有金属元素的维生素。外观呈深红色结晶粉末，在 pH 值为 4.5～5 的水溶液中最稳定，加入硫胺素可提高其稳定性。维生素 B_{12} 能被还原剂、氧化剂、抗坏血酸、醛类、阿拉伯树胶等破坏，能被滑石强烈地吸收。

维生素 B_{12} 的商品形式主要有氰钴胺、羟基钴胺等，外观为红褐色细粉，作为饲料添加剂有 0.1%、1%、2% 等剂型。

（13）维生素 H：维生素 H 又称生物素，是一种含硫元素的化合物。外观呈长针状结晶粉末，在常规条件下相当稳定。干燥结晶的 D - 生物素对光、热和空气十分稳定，可被紫外线逐渐破坏。

维生素 H 的商品形式为 D - 生物素，添加剂为 1% 或 2% D - 生物素，外观为白色至浅褐色细粉。

（14）维生素 C：维生素 C 又称抗坏血酸，具酸性和强还原性，遇空气、光、热、碱性物质、极微量铁和铜可加快氧化。

维生素 C 的商品形式为抗坏血酸、抗坏血酸钠、抗坏血酸钙及包被抗坏血酸。

3. 微量元素添加剂 常用作微量元素添加剂的化合物有硫酸盐类、碳酸盐类、氧化物，它们统称为无机的微量元素添加剂。另外，还有含微量元素添加剂的有机化合物，但在生产中应用不多。

（二）非营养性添加剂

非营养性添加剂添加的目的是为了保证和改善饲料的品质，促进猪的生产性能，改善猪的健康，提高饲料的采食量及利用率。

非营养性添加剂的种类很多，大致可分为抑菌助长保健剂、饲料保存剂、调味剂与着色剂。

1. 抑菌助长保健剂 这类添加剂可以杀灭或抑制病菌、寄生虫。增强抵抗力，提高饲料报酬，促进生长发育。主要包括抗生素类添加剂、激素类添加剂、酶制剂、生菌剂、驱虫剂等。

（1）抗生素类添加剂：抗生素类添加剂是指细菌、真菌、放线菌等微生物经培养而得到的某些产物，或是用化学半合成法制造的相同和类似的物质。

（2）激素类饲料添加剂：激素是指动物内分泌器官直接分泌到血液中并对机体组织器官有特殊效应的物质。许多国家禁止将激素作为饲料添加剂使用。

（3）酶制剂：酶是生物体内各种物质化学变化的催化剂，也是生物体自身所产生的一种活性物质。包括蛋白酶类、淀粉酶类、糖分解酶类、酵母类、瘤胃菌丛培养物及其他类酶。

（4）生菌剂：生菌剂又名益生素，是一种有取代或平衡生态系统中一种或多种菌系作用的微生物添加物。作用原理是活菌进入动物消化道后进行繁殖，排除有害菌并促进乳酸菌等有益菌的繁殖，保持肠道内正常微生物区系的平衡。

（5）驱虫剂：驱虫剂有抗蠕虫剂和抗球虫剂两大类。

2. 饲料保存剂

（1）抗氧化剂：抗氧化剂是能够阻止或延迟饲料氧化、提高饲料稳定性及延长贮存期的物质。常用的抗氧化剂有乙氧基喹啉、丁基羟基茴香醚、二丁基羟基甲苯、维生素E、叔丁基对苯二酚、恩多科斯、异抗坏血酸类和一些天然抗氧化剂（如植酸、愈疮树脂）等。

（2）防霉剂：防霉剂是一种抑制霉菌繁殖、消灭真菌、防止饲料发霉变质的有机化合物。常用的饲料防霉剂有苯甲酸与苯甲酸钠、山梨酸及其盐类、丙酸及其盐类、富马酸及其酯类、脱氢乙酸与脱氢乙酸钠、甲酸和甲酸钠、对羟基苯甲酸酯类、柠檬酸与柠檬酸钠、乳酸与乳酸钙及乳酸亚铁。

（3）调味剂：调味剂具有增强动物食欲，提高饲料的消化吸收和利用率，改善饲料适口性的作用。主要有鲜味剂（如味精）、香味剂、甜味剂、酸味剂、咸味剂、苦味剂和辣味剂等。

（4）着色剂：着色剂的作用是增加动物产品的色泽，以提高其商品价值；还可改变饲料的颜色，刺激动物的食欲。

八、配合饲料

根据猪的饲养标准所需的各种营养物质和各种饲料所含营养物质的成分，把各种各样的饲料配合或混合起来，作为猪的饲粮，就是配合饲料，也叫混合饲料。根据所含营养物质的成分多少分为全价配合饲料、浓缩饲料、添加剂预混料。

（一）全价配合饲料

全价配合饲料是指可直接饲喂的能满足猪所需要的全部营养的配合饲料。它是按照一定的饲养标准及饲料原料的营养成分含量，经过准确计算配方后配制的，营养全面而且平衡。

（二）浓缩饲料

浓缩饲料又称蛋白质补充料，养猪者习惯称之为料精。它是由蛋白质饲料、矿物质饲料与添加剂预混料，按一定比例配制成的均匀的混合料。浓缩饲料是全价饲料的半成品，猪浓缩饲料通常含粗蛋白质在30%以上，矿物质与维生素的含量也高于其需要量的2倍以上，因此它不能直接饲喂，必须按一定比例和能量饲料配合后才能饲喂。

（三）添加剂预混料

为使微量成分在大批饲料中分散均匀，而把一种或多种微量组分和载体或稀释剂混合，制成均匀混合物，这种均匀混合物就叫添加剂预混料。它与蛋白质饲料再混合就是浓缩饲料。

第二节　猪饲粮配合的原则

猪的饲料种类繁多，所含营养及品质各异，合理配制日粮是提高养猪生产力和经济效益的重要措施之一。平时说的饲粮（日粮），是指猪每日采食的风干饲料，是按比例配成的混合饲料。猪的饲粮配合应遵循以下原则：

（1）必须以猪的饲养标准为基础，因地制宜，就地取材，尽量利用本地区现有的饲料资源，力求配料多样化，争取配料营养达到基本平衡或全价。

（2）应注意使其体积和猪的采食量相适应，体积不要过大或过小。大了会增加消化道负担，影响消化和吸收；小了猪会感到饥饿不安，影响生长。

（3）必须考虑饲料的适口性，注意饲粮中粗纤维所占的比例。既要使猪爱吃，又要保证饲粮的营养价值。

（4）微量元素、食盐或预防药品，都必须在配料时搅拌均匀，同时注意限制有毒性的饼类饲料的配比，防止猪中毒。

（5）所配饲粮要在饲养实践中反复进行验证，根据实地效果和饲料来源，可随时加以调整与修正。

第五章　猪的饲养管理

第一节　种公猪的饲养管理

一、种公猪的选择

选择种公猪时，以公猪本身的记录为基础，同时注意其同胎的记录及其他相关的记录，选择的公猪既能够保持猪群的生产水平，又能够克服猪群的缺点。在选种时应选择生长快、饲料报酬高、胴体品质好、来自非疫区健康猪群的种公猪，必要时进行血清学检测，确定无猪瘟、细小病毒病、伪狂犬病、布鲁杆菌病等方可留作种用。种公猪在外形上应具备：品种特征明显、体质结实、发育良好、结构匀称、行动活泼、形态正常、额宽、颈厚、头长适中、胸宽深、背腰平直、四肢健壮有力、睾丸大小一致、乳头6对以上。目前常用品种有长白、大约克和杜洛克。

二、养好种公猪的重要意义与主要任务

一头公猪，在本交的情况下，能负担20～30头母猪的配种任务，一年可繁殖500～600头仔猪；如果采用人工授精，一年能配种500～1 000头母猪，可年繁殖仔猪近万头。可见种公猪在猪群繁殖中的重要性。所谓"公猪好，好一坡；母猪好，好一窝"，既表明了种公猪的重要性，也暗示了选留好、饲养好、使用好种公猪的重要意义。

种公猪饲养管理的好坏，不仅关系到公猪自身的体质和配种能力，还会影响到母猪的受胎率、产仔数与后代的品质。饲养种公猪的主要任务是：常年保持体质健壮，精力充沛，具有旺盛的性欲和产生品质优良的精液。养好种公猪的关键措施是：经常保持营养、运动和配种利用三者之间的平衡。其中，营养是保证公猪健壮和生产优质精液的物质基础；运动是增强公猪精液品质与提高繁殖机能的有效措施；而配种利用是决定营养与运动需要量的依据。若在配种频繁的季节，应适当加强营养，减轻运动量；在非配种季节，要适当降低营养，增加运动量。这样便可避免公猪因肥胖或消瘦而影响其性欲和配种效率。

三、种公猪的饲养要点

（一）种公猪的营养需要

种公猪每次配种，射精量一般可达 150～500 毫升，精液中含有多量蛋白质和钙、磷、氯、钾、钠等化合物，含有相当数量的果糖、胆碱、甘油、磷脂等。因而要根据种公猪的饲养标准，喂给含有丰富蛋白质、矿物质和维生素的饲料。其营养水平要适宜，不能过高或过低。若过高，公猪会贪睡、肥胖、性欲降低，甚至不愿配种，或睾丸脂肪样变性，产生不健全的精子，不能达到受胎的目的；若过低，公猪则消瘦，配种能力减退，射精量下降，精子活力低，致母猪不能正常受孕。

（二）种公猪的日粮配合与饲喂技术

种公猪的饲料要多样化，营养成分应互补，提高效价和适口性。建议种公猪的日粮配比为：玉米 50%，糠麸 20%～30%，豆粕 20%，鱼粉 5%～8%，贝壳粉 1.5%～2%，食盐 0.5%。每天的饲喂量，以体重 150 千克的种公猪为例，非配种期每天饲喂量 2.3 千克，冬季每天饲喂量 2.7 千克。配种前 30 天饲喂量 2.8 千克，配种期补饲 2 千克左右胡萝卜或优质青饲料，配种旺季每天加喂 2～3 个鸡蛋或 1 千克牛奶。

种公猪的日粮体积不宜过大，精、粗饲料要粉碎，青饲料提倡打浆，饲喂要做到定时定量，通常每天饲喂 2～3 次，冬天 2 次，夏天 3 次，每次都不要喂得太饱。最好是生饲干喂，同时注意饮水。种公猪体重在 90 千克之前自由采食，90 千克以后限制饲喂。

（三）种公猪的饲养方式

根据种公猪全年配种任务的集中与分散，将其饲养方式分为以下两种：

1. 一贯加强式 一贯加强式是在母猪实行全年分娩，公猪负担全年配种任务的情况下，种公猪全年都要均衡保持配种所需的高营养的饲养水平的方式。

2. 配种季节加强的饲养方式 配种季节加强的饲养方式是母猪实行季节产仔，在配种开始前 1 个月对公猪逐渐增加营养水平，使配种季节保持高营养水平，非配种季节逐渐降低营养水平的饲养方式。但要供给公猪维持种用体况的营养需要。

四、种公猪的管理要点

种公猪的合理管理是养好、用好种公猪的必要条件。

（一）良好的生活环境

公猪舍要背风向阳，舍内保持清洁、干燥，同时远离母猪舍，夏季做好防暑降温，冬季做好防寒保暖。

（二）单圈饲养

单圈饲养可以减少干扰，保证食欲，杜绝恶习。若因条件限制需要合群饲养，则必须在断奶时开始，且每群不能超过 4 头。配种后不能立刻回群，因公猪配种后带有母猪气味，易引起同圈公猪爬跨，可让公猪配种后休息 1～2 小时后再回圈。

（三）适当运动

运动可以加强新陈代谢，促进食欲，增强体质，避免过肥，提高繁殖能力。运动不足会使公猪贪睡，肥胖，性欲低，四肢软弱，易患肢蹄病。种公猪要有充分的运动时间，除自由运动外，还应适当驱赶运动。驱赶运动一般上、下午各 1 次，每次不少于 1 小时，里程为 1～2 千米。在非配种季节要加强运动，配种季节应适当减少运动。运动要先慢步，再快步至慢步停止。实验证明，公猪运动与否和母猪产仔有密切的关系（表 5 - 1）。

表 5 - 1　公猪运动和母猪产仔的关系

配种公猪运动情况	配种产仔窝数（窝）	产仔总数（头）	平均窝产仔数（头）
未运动	60	442	7.37
每日赶放 1.5 千米以上	50	433	8.66

（四）防止公猪自淫

有些公猪，尤其是性成熟早、性欲旺盛的公猪，最易发生自淫的恶癖。平时常自动射精，造成体质虚弱与性机能早衰，甚至失去种用价值。这主要是因为管理不善，公猪受到不正常的性刺激所引起的。如把母猪赶到公猪圈去配种，或发情母猪偷跑到公猪舍附近去逗引公猪等，有些公猪闻到母猪发情气味骚动不安，不能达到交配欲望，自动射精几次所形成的恶癖。因而，防止公猪自淫的关键是杜绝公猪受到不正常性刺激，在非配种时间不要让公猪见到母猪或闻到发情母猪的气味；定时采精，不要让合群公猪互相爬跨；延长运动时间，加大运动量等可防止公猪自淫。

（五）刷拭、修蹄

经常刷拭猪体可保持皮肤清洁，促进血液循环，减少皮肤病和外寄生虫病，并且还能使公猪温顺听从管教，便于采精和辅助配种。要注意保护种公猪的肢蹄，对不良蹄形进行修蹄，以免影响活动和配种。

（六）专人饲养，合理调教

种公猪性情比较暴躁，无论是饲喂或是配种采精都严禁大声喊骂或随意赶打，否则会引起公猪反感，影响公猪射精效果甚至咬人，所以公猪管理人员与采精人员要固定。为防止公猪咬架、伤人，在选作种用时就将其犬齿锯掉，同时采用科学的饲养管理制度，定时饲喂、饮水、运动、洗浴，合理安排配种，使公猪建立条件反射，养成良好的生活习惯，从公猪断奶起就结合每天的刷拭进行合理调教，建立人与猪的和睦关系。训练公猪要以诱导为主，切忌粗暴乱打，以免公猪对人产生敌意，养成咬人恶癖。

（七）做好防寒防暑工作

种公猪最适宜温度为 18 ~ 20℃。冬季要防寒保暖，以减少饲料的消耗和疾病发生。夏季高温要做好防暑工作，以免猪只长时间受高温刺激，引起食欲减退、采食量下降，从而导致精液的质量变差和射精量减少。

（八）定期检查精液品质

实行人工授精的公猪，每次都要检查精液品质。若采用本交，每月也要检查 1 ~ 2 次，尤其是后备公猪开始使用前和由非配种期转入配种期之前，均需检查精液 2 ~ 3 次，劣质精液的公猪不能配种。

（九）做好种公猪的防疫

除在种公猪生长期做好常规免疫外，还应在配种前 2 周皮下注射伪狂犬灭活苗 1 头份（以后每半年 1 次）；配种前 1 个月皮下注射细小病毒弱毒苗 1 头份（以后每半年 1 次）、蓝耳病弱毒苗 1 毫升/头；每半年皮下注射猪瘟、猪丹毒、猪肺疫三联苗 3 头份，传染性胸膜肺炎多价灭活苗 3 ~ 5 毫升/头，口蹄疫 3 毫升/头，猪瘟兔化弱毒苗 4 ~ 5 头份（在疫区）。

五、种公猪的合理利用

（一）初配年龄

适宜的初配年龄，应根据猪的品种、个体发育和饲养管理情况来确定。公猪性机能的发育分为初情期和性成熟两个阶段，性成熟之前就有一定的性表现，甚至有交配动作，但往往不射精或精液中无成形的精子。在公猪 5 ~ 6 月龄性成熟时，虽然具备了正常的繁殖能力，但身体还处于快速发育阶段，如果此时开始配种，则精力消耗很大，势必会缩短公猪使用年限，并且受胎率也不理想。对于种公猪的使用也不宜过晚，若过晚使用，不仅经济上不合算，还会使公猪烦躁不安，影响其性欲。我国地方品种初配年龄为 8 ~ 10 月龄，体重达 50 ~ 70 千克；国外引进的大型品种和培育品种在 10 ~ 12 月龄，体重达 80 ~ 100 千克。一般初次配种的体重以达到成年体重的 50% ~ 60% 为宜。

（二）配种强度

种公猪的配种强度，通常根据种公猪的年龄和体质强弱合理安排，如果利用过度就会出现体质虚弱，降低配种能力和缩短利用年限；如果利用过少，会导致肥胖而影响配种。一般 1 ~ 2 岁的青年公猪，每周配种 2 ~ 3 次；壮年公猪每天可配种 1 ~ 2 次，如果每天配种 2 次，应早、晚各配 1 次，间隔时间 8 ~ 10 小时。

连续配种4~6天，要休息1天。冬季配种应安排在上午和下午天气暖和时进行，夏季配种应安排在早、晚凉爽时进行。配种前后1小时内不要饲喂，不要饮冷水，以免损害猪体健康。据测定，种公猪配种每天1次射精量160毫升，精子数128亿个，受胎率83%~100%；两天1次射精量232毫升，精子数220亿个，受胎率70%~80%；日配4次，受胎率50%~60%。建议公猪配种频率（最多）：青年公猪8~12月龄，每天2次，每周8次，每月25次；成年公猪1岁以上，每天3次，每周12次，每月40次。

（三）配种时注意事项

公、母猪交配的场地要平坦而粗糙，尤其是种公猪在射精过程中要保持安静，严防其他任何干扰。公、母猪交配完毕，要先赶走母猪，让公猪留在原地自由活动半小时后再赶进圈舍。若公、母猪个体差异悬殊时，可采用配种架，并加以人工辅助配种。公、母猪配种前，如公猪包皮内积尿，应先挤出后再配种。

公猪是多次射精的家畜，一次交配时间可达15~20分钟，射精时间为5~6分钟，体力消耗较大，一般不必控制，任其配完退下。但当配种量大且较为集中时，为减少体力消耗，本交时交配的射精次数应控制在2次为宜，到时可赶母猪向前走动，让公猪自然滑下来。控制射精次数，并不会影响母猪的受精率和产仔数。因为交配时全部精子的80%都是在开始射精的头两分钟内射出。公猪射精可根据肛门是否波动来判断。

公、母猪交配时，可采用单配、复配等方法，实践证明二次配种比一次配种受胎率能提高10%~15%。在母猪发情期内，先后交配两次以上，每次间隔时间8~12小时为好。

第二节　种母猪的饲养管理

饲养母猪的目的在于保持良好的体况与正常的性机能，达到繁殖力高，利用率高，获得数量多、断奶体重大的仔猪，提高养猪生产率。要达到这一目的，必须根据母猪空怀期、怀孕期与哺乳期几个阶段的变化和特点，进行不同的饲养管理。

一、空怀母猪的饲养管理

空怀母猪的饲养管理即配种准备期母猪的饲养管理（包括后备母猪）。

通常情况下，母猪一个发情期内排卵20个左右，但实际产仔却为10个左右，即有50%的卵子中途死亡。所以配种准备期饲养管理的主要目的是发挥母猪潜在的繁殖力，达到多胎高产。

（一）营养需要

在正常情况下，母猪的空怀期很短，一般断奶后 1 周左右就开始发情受胎，转入怀孕期，也有的母猪在哺乳期发情而配上了种，因此，经产母猪常年处于紧张的生产状态。而后备母猪正处在生长发育阶段。对于它们，都需要供给全面的营养物质，应根据各自的饲养标准，配备含有丰富蛋白质、维生素、矿物质和脂肪的日粮。

饲养空怀母猪的首要任务是促使正常发情。通常以青绿饲料为主，适当搭配精料。利用青绿多汁饲料富含蛋白质、矿物质与维生素，促使母猪发情排卵，提高卵子的质量与数量。空怀母猪在配种时的膘情以 6 ~ 7 成为宜，太肥和太瘦都不好。太肥的母猪会因脂肪过多压迫输卵管而排卵困难，降低繁殖力，对这样的母猪要减少精料，增加青粗饲料的喂量。太瘦的母猪营养不良，不发情，不受孕，即使发情受孕，也因所排卵子少、活力差，所产仔猪瘦弱，成活率低，对这样的母猪要在配种前采取短期优饲的措施，提高日粮的能量水平为维持需要的50% ~ 100%，来提高排卵率，但最终不能增加产仔数。

（二）管理措施

1. 对所有的母猪进行一次体质健康检查　对于该加强营养的应及时增加营养；对于个别发情不明显或长期不发情及发情后屡配不孕的，要分析原因，采取相应措施；对于太肥的要改变日粮，加强运动。

2. 适时配种　后备母猪的性成熟年龄因品种、气候、饲养条件而不同。极早熟的品种通常在 3 月龄就开始发情；培育品种及其杂种在 5 ~ 6 月龄发情；引入品种在 5 ~ 7 月龄发情。刚刚到达性成熟的小母猪，虽有受胎可能，但过早配种不仅产仔少，还会影响母猪本身生长发育；配种过迟，则由于每次发情不配造成母猪不安，影响发育和性机能活动。在正常饲养管理情况下，后备母猪的初配年龄为：本地母猪应在 8 ~ 9 月龄，体重达 50 千克左右；培育、引入品种及其杂种应在 8 ~ 10 月龄，体重达 90 ~ 100 千克。如已达到配种年龄，但体重尚未达到要求，应以体重为主。

经产母猪的配种时间，应根据体况而定。通常 7 ~ 8 成膘是防止母猪空怀、增加窝产仔数的重要条件。因而，断奶后不一定马上就配种，若有过肥或过瘦的现象，应适当调整配种时间。对于哺乳期发情的母猪，如体况偏好可以及时配种，无须等待断奶。

无论哪种母猪，如果实行季节产仔，发情后不一定马上就配种，应尽量做到母猪集中发情、集中配种、集中产仔。

发情母猪的适宜配种时间为发情后的 19 ~ 30 小时。这是因为母猪排卵在开始发情后 24 ~ 36 小时，排卵持续 10 ~ 15 小时，卵子在输卵管 8 ~ 12 小时内有受精能力；公猪精子到达母猪生殖道要经 2 ~ 3 小时才能进入输卵管，可存活 10 ~

20 小时。因而所说的适宜配种时间，正是受精的有效时间。

母猪配种方式通常有单次配种、重复配种和双重配种几种方式。单次配种即母猪在一个发情期内只用一头公猪交配一次。重复配种即母猪在发情后用同一头公猪交配两次，第一次在母猪发情开始 20～30 小时，延续间隔 12～15 小时后再配种第二次。双重配种即在母猪适宜的配种时间用两头公猪先后间隔 5～10 分钟各配种一次。

母猪配种的方法，可以根据实际情况，采用人工辅助本交或人工授精均可。现代规模养殖场大多采用人工授精。人工授精的操作方法如下：

（1）采精方法：首先调教公猪爬跨假台猪，开始时，在假台猪上涂上母猪尿或母猪分泌物，也有的涂擦公猪精液等，这样诱导公猪，可使公猪处于兴奋状态。公猪一边在假台猪周围嗅闻，一边来回转圈，暂时爬跨台猪进行交配动作。公猪开始有交配动作时，采精者应站在假台猪的左（右）后侧，右手握住假阴道，左手握住勃起阴茎的头部，将其插入假阴道内。阴茎插入假阴道后，阴茎的前部由假阴道狭窄部嵌住，右手拇指、食指和中指握住阴茎螺旋部的第一和第二摺强制加压，阴茎即伸长，左手从假阴道离开而握住集精瓶，右手仍按原状继续压迫阴茎的前端。手握压力不宜太大，以控制公猪阴茎不从假阴道中滑脱为限，并带有松紧节奏，以刺激射精。当公猪充分兴奋，龟头频频弹动时，表示将要射精。射精过程中不要松手，否则压力减轻将导致射精中断。

对于没有经过人工授精训练的青年公猪，可将初发情的母猪或非发情母猪保定，让公猪爬跨。用假阴道采精 2～3 次，然后用假台猪再加训练。公猪射完精后，把精液很好地收集在 300～500 毫升广口瓶中，注意保持广口瓶内的清洁灭菌。当温度剧烈变动时，精子活力显著下降。所以，在气温下降到 15℃以下的寒冷季节，精液瓶放入盛有 38℃左右温水的容器中，可防止精液温度继续下降。

（2）射精状态：射精时间平均为 6～7 分钟，最短 2 分钟，最长达 23 分钟。射精过程最初排出的几乎是无色、带有少量尿液的液体，接着排出的是浓厚精液，即真正精液。精液由液体与胶状物两部分组成，射精的前半期射出大部分较浓厚的精液，其后有逐渐减少之趋势。精子数在开始射精后 2 分钟内精液中最多，平均占全部精子数的 82%。猪精液中特有的胶状物，是由尿道球腺分泌的，在射精时被排出。在一次射精中排出胶状物总数为 382～1 833 个，平均 909 个。

（3）精液保存：采精后，马上用清洁的纱布过滤胶状物，将原精液保存起来。保存的精液放入预先灭菌带塞的细口瓶中，盖严后吊入 15～20℃的保温瓶中。在温暖季节采精时，若当日输精，可不必做特殊保温处理。夏季不易找到冰时，可吊入适当的井中，放置在冷凉处保存也可。保存精液时，温度要力求做到缓慢下降，切忌突然变化。保存精液适宜温度为 15～20℃，在此温度下，精子一般能生存 5～7 天，两天之内具有授精活力。精液保存还要避免阳光直射，取放时应注意不要混入水，运输中防止振荡。

精液采集后在当日输精的情况下，一般用原液输精，如果需要稀释，通常用5%~6%葡萄糖液、10%蔗糖液或0.9%生理盐水。精液应在使用前稀释，不可在稀释后保存。

精液采集后，静置一段时间，就会使精子层和精液层分离，数小时精子出现假死状态，通常在温度38℃振荡后2小时就能恢复原活力状态，但这种精子的活力必须经过镜检。恢复活力后再输精不会影响受胎。

（4）输精方法：先把注入器（输精管）洗净后吸入精液，顶端向上，将空气排出，注入器中充满精液，没有空隙。如果母猪适时发情，但未能很好保定，因母猪活动而影响操作时，须将其鼻端保定后输精，同时在输精前把母猪外阴部擦洗干净。

注入时，首先用左手将阴唇张开，右手握注入器直接插入阴道内。当插入15~20厘米时，注入器顶端稍稍向上仰插，要防止玻璃管前端刺伤尿道外口。随后，将注入器恢复水平方向，边轻轻转动，边插入。插入25~30厘米时，就感到注入器顶端有阻力。此时，进一步左右活动并推压注入器，前端小玻璃管入子宫皱褶处，即获得敏感。这时可认为已达到两个硬皱褶的部位，然后连接装有精液的注射筒，慢慢输入精液。注入器前端被黏膜阻塞时，精液可出现倒流，这时注入器左右转动，试着稍微变动位置，便可把精液全部输入。此外，注入器在猪子宫颈感觉不明显时，注入的精液只要不流出来，大体上输精即可成功。

（5）输入精液与受胎率：为了达到受胎，必须输入足够的精液量。通常约为50毫升，在保存时间短（24小时以内）、精子数目多的情况下，使用30毫升也可获得良好效果。在24小时内保存精液精子数大约50亿个，24小时以上大约70亿个就有良好的受胎率。精子活力要求在70分以上，精液稀释倍数2~3倍。猪的授精适宜期，是在允许公猪爬跨开始后10~26小时进行。人工授精与自然交配相比，精液保存在24小时以内，其受胎率差异不大。但在通常情况下，未必都比自然交配成绩优良，所以要提高技术水平，若技术熟练，其受胎率可达90%以上。

（6）冷冻精液的保存与利用：实行人工授精，理想的精液应当是精子浓度高、活力旺盛、存活率与受胎率高的精液。把猪精液放在−196℃液氮中冷冻，经500~600天长期保存的精子存活率和活力几乎没有变化，保存154天的精液可受胎。冷冻精液具有以下优点：①可提高优良品种公猪的利用效率；②能够比较容易地长期保存精液，远距离输送和国际精液交流；③可调整母猪发情期，有效地应用于仔猪生产调整等；④可能实现建立精子库。

（7）精液稀释剂：精液稀释剂具有防止温度、pH值变化，增加精液容积，为精子提供营养和抑制细菌生长等作用。多数稀释剂是由葡萄糖、电解质、缓冲液及抗生素组成的。

1）猪精液稀释剂的配制方法很多，其配方有以下几种：

A. 奶粉稀释液：奶粉9克，蒸馏水100毫升。

B. 葡柠稀释液：葡萄糖5克，柠檬酸钠0.5克，蒸馏水100毫升。

C. "卡辅"稀释液：葡萄糖6克，柠檬酸钠0.35克，碳酸氢钠0.12克，乙二胺四乙酸钠0.37克，青霉素3万国际单位，链霉素10万国际单位，蒸馏水100毫升。

D. 氨卵液：氨基乙酸3克，蒸馏水100毫升，配成基础液，基础液70毫升加卵黄30毫升。

E. 葡柠乙液：葡萄糖5克，柠檬酸钠0.3克，乙二胺四乙酸0.1克，蒸馏水100毫升。

F. 葡柠碳乙卵液：葡萄糖5.1克，柠檬酸钠0.18克，碳酸氢钠0.05克，乙二胺四乙酸0.16克，蒸馏水100毫升，配成基础液，基础液97毫升加卵黄3毫升。

以上几种稀释液除"卡辅"外，抗生素用量为每毫升青霉素1 000国际单位，链霉素1 000微克。

2）国外常用的3种稀释液的配制：

A. BL-1液（美国）：葡萄糖2.9%，柠檬酸钠1%，碳酸氢钠0.2%，氯化钾0.03%，青霉素1 000国际单位/毫升，双氢链霉素0.01%。

B. IVT液（英国）：葡萄糖0.3克，柠檬酸钠2克，碳酸氢钠0.21克，氯化钾0.04克，氨苯磺酸0.3克，蒸馏水100毫升，混合后加热使之充分溶解，冷却后通入二氧化碳约20分钟，使pH值达到6.5。

C. 奶粉-葡萄糖液（日本）：脱脂奶粉3.0克，葡萄糖9克，碳酸氢钠0.24克，α-氨基-对甲苯磺酰胺盐酸盐0.2克，磺胺甲基嘧啶钠0.4克，灭菌蒸馏水200毫升。

3. 催情　为了使母猪早发情、早配种，或要求一群母猪同期发情配种，可以有针对性地采取以下方法进行催情。

（1）异性诱导催情：把公、母猪关在同一圈内，让公猪追逐母猪。母猪因接受公猪接触、爬跨等刺激，通过神经系统，可使脑下垂体产生促卵泡成熟激素，促使卵巢上的卵泡迅速发育，使母猪发情排卵。

（2）运动：对长期圈养缺少运动不发情的母猪，实行放牧或每天做2小时的驱赶运动，能很快促使其发情。

（3）并圈：将久不发情的母猪关在正在发情的母猪圈内合并饲养，通过发情母猪的爬跨刺激，促使其发情排卵。

（4）按摩乳房催情：按摩方法有抚摸及捏摩两种。抚摸可加强交感神经系统的机能，促使卵泡成熟并分泌动情素，从而表现发情。捏摩则是通过副交感神经系统引起脑下垂体分泌黄体生成素，从而引起排卵。

具体的按摩方法为：每天早晨喂食后，让猪躺下，人蹲在母猪背后，用手掌按摩每个乳头的皮肤，由前到后，由后到前，来回不断地进行表层抚摸按摩；然后再把手指尖端放在乳房周围做圆圈运动，按摩皮下深处的乳腺层，依次按摩每个乳头。这样每天表层按摩 10 分钟，经过几天出现发情症状后，再每天表层和深层各按摩 5 分钟，5~10 天即可发情。

（5）并窝或控制仔猪哺乳时间：将产仔少和泌乳力差的母猪所产的仔猪，全部寄养给其他母猪哺乳，可使这些母猪提前发情配种。或者把将近断奶的仔猪，采用母仔隔离，每隔 4 小时哺乳一次的方法，控制仔猪的哺乳时间，通常能促使母猪早发情。

（6）激素催情：给不发情母猪注射孕马血清或孕妇尿，可以促使其发情排卵。

注射孕马血清：从怀孕 50~100 天健康孕马的颈静脉中采取血液，置室温中使血液凝固，析出血清，对母猪进行隔日或连日皮下注射，第一次 5~10 毫升，第二次 10~15 毫升，第三次 15~20 毫升。

注射孕妇尿：将怀孕两个月以上的青年孕妇的清晨鲜尿，用 5 层纱布过滤两次，除去杂质，做隔日或连日肌内注射，通常第一次 10~15 毫升，第二次 15~20 毫升，第三次 20~25 毫升。

对于因饲养管理不当而造成母猪过肥或过瘦导致不发情时，可通过改善饲养管理来解决。对于生殖器官有病而不发情的母猪，要对症治疗或淘汰。

二、妊娠（怀孕）母猪的饲养管理

母猪的发情周期平均为 21 天（18~25 天），配种后 18~21 天注意观察已配母猪的情况，如果配种后 20 多天仍不发情，而且出现食欲增加、上膘快、被毛日益光亮、尾巴自然下垂、性情温顺、行动稳重、贪睡等现象，即可认为受胎怀孕。然而也有个别母猪怀孕后出现"假发情"，表现阴门红肿、不安静等现象，但这种母猪食欲不减退，且食后能安静休息，对公猪的反应不敏感，没有真发情母猪举尾撒尿、积极接受交配的行为。

在母猪的整个怀孕期中，胎儿的生长发育及怀孕母猪的营养需要都是有阶段性的。通常把母猪的整个怀孕期分成两个阶段或三个阶段，两阶段划分是前两个月为怀孕前期，后两个月为怀孕后期；三阶段划分是 40 天以前为怀孕前期，41~80 天为怀孕中期，81~114 天为怀孕后期。

对怀孕母猪饲养管理的中心任务是保证胎儿在母体内能得到正常发育，防止流产和死胎，能产出头数多、大小匀称、身体健壮和初生体重大的仔猪，并能保持母猪具有中等以上体况，为泌乳期贮积必要的营养物质。为此，要根据怀孕母猪各阶段的生理特点及其胎儿的发育规律，做好怀孕母猪的饲养管理工作。

（一）胎儿的生长发育及营养需要

猪的卵子在受精后，受精卵靠自身的营养沿输卵管向子宫移动，在 9～13 天，受精卵发育到囊胚期，开始和子宫内膜接触逐渐形成胎膜与胎盘，并从母体开始获得营养物质。在胚盘形成之前，因胚胎没有保护物，很容易受环境条件的影响而死亡。在怀孕的第 3 周，胚胎发育到器官形成期，又有一次较小的死亡。这两次死亡占受精卵的 30%～40%，是胚胎死亡的第一和第二高峰期，这两个时期需要在饲养管理方面给予特殊照顾。若喂给母猪发霉变质或有毒的饲料，胚胎容易中毒死亡；若喂给母猪的饲料营养不全，缺乏维生素，也会引起部分胚胎中途死亡。在怀孕后期，尤其是妊娠后 60～70 天，胎盘停止生长，胎儿迅速生长（表 5–2），由于胎盘循环失常，不足以支持胎儿生长发育，则导致第三个死亡高峰期的出现，约占胚胎的 15%，所以通常母猪排出的卵子，大约只有一半能在分娩时成为活的仔猪。

表 5–2　猪胎儿发育变化

胎龄（日）	重量（克）	占初生体重（%）
30	2	0.15
40	12	0.9
50	40	8
60	110	8
70	263	19
80	400	29
90	550	39
100	1 060	79
110	1 150	82
出生	1 300～1 500	100

由上述可知，在母猪怀孕期，胎儿的发育是有阶段性的。怀孕初期，胚胎很小，绝对增长不快，发育缓慢，营养物质需要少，但死亡率很高。所以，要减少胚胎的中途死亡，必须给予优质的全价饲料，这个时期是保证胎儿正常发育的第一个关键期。怀孕后期，越接近怀孕末期（90～114 天），胎儿生长越快，绝对增重越高，胎儿体重的 60% 左右是在这个时期增长的，所以此时期需要的营养物质最高（表 5–3），这一时期是保证胎儿正常发育的第二关键期。

表 5-3 不同胎龄猪胎儿的化学组成

胎龄（日）	胎儿个体重（克）	胎儿的化学组成（%）						
		水分	粗蛋白	粗脂肪	灰分	钙	磷	铁
42	15.78	91.75	6.38	0.52	1.23	0.153	0.142	0.002 4
77	388.00	89.65	7.38	0.54	2.25	0.540	0.292	0.003 3
112	1 303.00	82.95	10.09	0.96	3.42	0.950	0.545	0.031 0

（二）妊娠期内母猪变化和营养需要

胎儿和母体是相互联系又相互制约的统一体，胎儿依靠母体得以延续生存，胎儿发育时母体内可产生激素，如垂体前叶分泌的生长素，可提高母体对蛋白质的合成及母体本身的生长发育（青年母猪）。但在一定条件下，它们之间又相互影响。如胎儿生长发育迅速时期，供给营养不足就会消耗母体本身的营养物质使母体消瘦或影响健康，甚至流产；相反，若母体过肥，营养过剩，由于在体内特别是在子宫周围沉积脂肪过多，而阻碍了胎儿的生长发育造成生产出弱仔或死胎。所以，要根据胎儿生长发育规律及妊娠母猪的生理特点，采取相应的有效措施，以保证胎儿的正常生长发育，并提高其初生重和成活率。

青年母猪在怀孕期间的体重应增加大约 40 千克，经产母猪则大约是 30 千克。这些增重近 15 千克是仔猪，近 14 千克是"妊娠产物"或胞衣，还有是乳腺组织的发育，剩下的才是身体的净增重。青年母猪在妊娠后仍继续生长，而经产母猪只要保持住它们的非妊娠体重即可。

母猪在怀孕前期，处于"妊娠合成代谢"状态，表现在对饲料利用率提高，背膘增厚，体重增加，由于怀孕而代谢率上升。因而要以青粗饲料为主，加大采食量，保证营养水平。在怀孕后期，"胎儿合成代谢"的效率很低（7% ~ 13%），加之母猪腹腔容积变小，限制了采食量，所以入不敷出，势必动用前期贮积的体脂肪，因此须注意饲料的质量，以精料为主，保证营养水平，不使其消瘦。总之，无论是从胎儿生长发育的需要，还是从妊娠母猪的变化需要，怀孕母猪都必须实行"抓两头"的饲养管理，即在保证营养需要的前提下，以青粗饲料为主，把精料用在刀刃上，认真做好怀孕母猪的初期和后期的饲养管理工作。

在怀孕期母猪所取得的营养物质，首先是满足胎儿的生长发育，然后再用来供给自身的需要，并为将来泌乳贮备部分营养物质。对于后备母猪，还需要一部分营养物质来供给自己的生长发育，如果在怀孕期营养不足，不但胎儿得不到良好的发育，而且会使后备母猪发育不正常，身躯矮小，以后纵然加强饲养也难以补偿。所以，饲养怀孕母猪要合理搭配日粮，除了满足所需的能量之外，日粮还应多样化，同时还要注意蛋白质的水平。如果饲料中缺乏蛋白质，即使含碳水化合物的精料如玉米、高粱喂得再多，也不能把猪养好。钙、磷是胎儿骨骼生长及预防母猪瘫痪的重要元素，通常植物性饲料中往往不能满足猪的需要，必须补充碳酸钙、贝壳粉或骨粉等。食盐能增加食欲，并有促进代谢与提高消化率的作用，日粮中可加入0.5%的食盐。在以青粗饲料为主的情况下，维生素一般不会缺乏，但在冬季要注意补给多汁的胡萝卜或青贮饲料。

在饲喂技术上，怀孕母猪日粮的容积一定要和食量相适应。应根据猪的食量来搭配青粗饲料，保持日粮有一定的体积，以便让猪吃饱。在怀孕后期，要减少粗料喂量，以免体积过大压迫胎儿造成死胎，并且要少喂多餐，最好每天喂4次，每次只喂八成饱，以保持母猪良好膘情、保证胎儿正常发育。发霉、变质、腐败、冰冻、带有毒性和强烈刺激性的饲料不可用来喂妊娠母猪，否则易造成流产。妊娠母猪的饲喂量，因胎次和妊娠阶段不同而异，其参考饲喂方案见表5-4。

表5-4 妊娠母猪饲喂方案（千克/天）

妊娠期	1胎	2~3胎	4胎及以上
0~12周	2.0	2.3	2.5
12周至110天	3.0	3.4	3.5
111天至产仔前	1.0	1.5	2.0
产仔当天	0.5	0.5	0.5

（三）怀孕母猪的饲养方式

1. 抓两头带中间的饲养方式　适用于断奶后膘情特别差的母猪。经过分娩与泌乳，母猪体力消耗很大，为了让它能担负起下次生产任务，必须在怀孕初期就加强饲养，增加精料，提高能量和蛋白质水平，加强运动，使其迅速恢复繁殖体况；经过20~40天，再以青粗饲料为主，维持中等营养水平；到怀孕后期，增加精料喂量，加强营养，形成"高-低-高"的精料水平。

2. 步步增高的饲养方式　适用于初产母猪或哺乳期配种的母猪。因初产母猪正处在生长发育阶段；哺乳期配种的母猪，担负着泌乳及妊娠双重任务，需要的营养量更多，除了胎儿正常发育所需的营养外，还应满足母猪本身生长发育和泌乳的需要。因而，在怀孕初期应以青粗饲料为主，随着怀孕日期的增加，逐渐增加精料比例，同时注意蛋白质与矿物质的供给，到分娩前半个月达到营养最高水平。

3. 前粗后精的饲养方式　适用于配种前膘情特别好的经产母猪。因为怀孕前期胎儿很小，母猪本身膘情又好，就不需要另外再增加营养。通常可按照配种前的营养水平饲养，即多喂些优良的青绿多汁饲料，少喂或不喂精料。到怀孕后期，胎儿生长发育增快，需要大量营养，尤其是蛋白质、矿物质、维生素。要适当增加些精料，以满足胎儿生长发育和母猪分娩后泌乳的需要。

（四）怀孕母猪的管理

怀孕母猪管理的中心任务是做好保胎工作，促进胎儿正常发育，避免机械性损伤，防止流产和死胎。

怀孕母猪最好单圈饲养。若因为条件限制必须合群时，要把年龄、体况、体重及性情等基本相同，怀孕期相差不到 20 天的母猪，分别编成小群合圈饲喂。合圈应在怀孕前期，通常 2～3 头合养一圈，怀孕后期要单圈饲养。怀孕母猪应有适当的运动，以增强体质、促进消化、防止难产。在第 1 个月和分娩前 10 天，要减少运动，其他时间每天要活动 2 次，每次 1～2 小时。圈内保持环境安静，清洁卫生。经常接近母猪，给母猪刷拭，不追赶、不鞭打、不挤压、不惊吓、不洗冷水澡。冬季防寒，夏季防暑，做好通风换气，保持舍内清洁、干燥。为提高母猪产后的泌乳力，在怀孕后 1 个月，可按摩乳房，并训练母猪侧卧的习惯，有利于分娩后给仔猪哺乳。这样，可以使母猪有机会多接近人，便于分娩时助产和护理。

三、分娩母猪的饲养管理

分娩是养猪生产中最繁忙的季节，主要任务是使母猪安全分娩，保证仔猪成活率。

（一）做好分娩准备工作

1. 预产期的推算　母猪的怀孕期平均为 114 天，范围是 110～120 天，产仔多与营养好的母猪常会提前数天产仔，产仔少与营养差的母猪常会推迟数天产仔。

推算预产期的方法有两种，一种是在配种月份上加上 3 个月、日期上加 3 个星期和 3 天；另一种是在配种的月份上加上 4，在配种日期上减去 6。如：一头母猪若是 5 月 15 日配种，用前一种方法推算，其预产期是 5 + 3 = 8，15 + 21 + 3 = 39（以 30 天作为一个月），故为 9 月 9 日；用后一种方法推算，其预产期是 5 + 4 = 9 月，15 − 6 = 9 日。

2. 分娩前的准备　分娩前几天，要根据母猪体况与乳房发育情况饲喂不同的饲料量。通常体况较好的母猪，在临产前 5～7 天按日减 10%～20% 逐渐减少喂食量，到分娩当天减少到每天 0.5 千克，临产时可不喂或少喂（以防止便秘和初乳过稠，否则易患乳腺炎，易引起仔猪下痢）；对瘦弱母猪，不仅不能减料，还要适当加喂一些富含蛋白质的催乳饲料。要让其自由运动，多晒太阳。应及时把产圈准备好，预产前 5～7 天把母猪赶进产圈，让其熟悉环境。若原圈产仔，须提前 1 周把粪尿清除干净，全面消毒，铺上垫草，经常保持温暖、干燥、阳光充足、空气新鲜。如在冬季产仔，要注意做好保温。母猪分娩多在夜间，要有人值班守候，及时准备好接产用具和药品，随时准备接产。

（二）母猪临产前征兆

随着胎儿的发育成熟，妊娠母猪在生理上会发生一系列的变化，如乳房膨大、产道松弛、阴户红肿、行动异常等，都是准备分娩的表现。

分娩前2周，母猪乳房从后向前逐渐膨大，乳房基部和腹部之间呈现出明显的界限；分娩前1周，母猪的乳头呈"八"字形向两侧分开；分娩前4~5天，母猪的乳房显著膨大，两侧乳房外张明显，呈潮红色发亮，用手挤压乳头有少量稀薄乳汁流出；分娩前3天，母猪起卧行动稳重谨慎，乳头可分泌乳汁，用手触摸乳头有热感；分娩前1天，母猪的阴门肿大、松弛，颜色呈紫红色，并有黏液从阴门流出，挤出的乳汁呈黄色、较浓稠；分娩前6~10小时，母猪表现卧立不安，外阴肿胀变红，衔草做窝；分娩前1~2小时，母猪表现精神极度不安，呼吸急促，摆尾来回走动，时而像狗一样坐着，排尿频繁，阴门中有黏液流出，从乳头中可挤出较多乳汁；如母猪躺卧，四肢伸直，阵缩间隔时间越来越短，全身用力努责，小膜囊露出阴门，很快破水，即刻产仔。

在生产上常采用"三看一挤"的方法判断临产时间。一看乳头：产前3~5天，乳房膨大下垂，乳头红肿变粗，外伸明显。"乳头炸，不久就要下"。二看尾根：产前母猪尾根下陷、松弛，阴户红而松大。三看表现：产前6~12小时，母猪坐卧不安，阴户流出稀薄黏液（破羊水），说明很快要产仔。"母猪频频尿，产仔就要到"。一挤：挤乳头，通常前面乳头出现乳汁，则24小时内产仔；中间乳头出现乳汁，则12小时内产仔；最后乳头有乳汁，则3~6小时内产仔。

（三）母猪的接产和仔猪的护理

1. 接产技术　在母猪整个分娩过程中，由于子宫和腹肌的间歇性收缩，把胎儿从产道内压出，这种收缩通常叫阵缩。母猪正常的分娩时间一般为2~3小时，最快的仅1个多小时，最长的为5~6小时。个别母猪因腹压微弱，分娩时间可延长至十几个小时以上。当第一头仔猪产出后，每隔5~20分钟产出一头，有时也连续产出2~3头。若有羊水排出，强烈努责1小时仍没有仔猪排出或产仔间隔超过1小时，即视为难产，应进行人工助产。助产员应剪磨指甲，用肥皂、来苏儿等消毒，并用润滑剂涂抹，在努责间隔时间，五指呈锥形伸入产道，感觉胎位、胎儿大小。胎位不正时理正，胎儿过大的用产科绳，顺母猪努责方向慢慢将仔猪拉出，若此时转为顺产，则不再用手，以减少感染机会。当母猪子宫收缩无力时，可肌内注射催产素，用量为每100千克体重2毫升。

2. 仔猪护理　仔猪出生后，应迅速用干净毛巾擦掉其鼻端、口腔内的黏液，然后擦干全身的黏液，防止感冒。有个别仔猪产出后，胎衣尚未破裂，接产人员应马上撕破放出羊水，以免仔猪窒息死亡。接着将脐带内的血液向仔猪脐部方向挤压，在距离腹部4~6厘米处，用消毒剪刀剪断或用手撕断，断口处用5%的碘酊消毒。然后把仔猪放入护仔箱内，以防母猪因产仔起卧而压伤仔猪。有的母猪若因仔猪远离身边不安，可让仔猪吃奶来安定母猪情绪，刺激加快分娩过程。通常全部仔猪产出经过 10～30 分钟，胎衣可全部排出，表明分娩结束。要立即把胎衣及污秽的垫草等清除，换上干垫料，防止母猪吞食胎衣引起产后消化不良或养成吞食仔猪的恶癖。

母猪在分娩过程中，有时会遇到产出的仔猪全身发软，张口抽气，甚至停止呼吸，但脐带基部仍在跳动，此种情况称为仔猪假死。造成假死的原因很多，有的是因为母猪过肥，仔猪在产道内停留过久；有的是因为黏液堵塞气管，仔猪透不过气来；有的是因为脐带在产道内被拉断；有的是因为胎位不正，产仔时脐带受到压迫或扭转。遇到假死仔猪，凡脐带跳动厉害的，大部分均可救活。应立即按下列方法抢救：一是倒提仔猪后腿，促使黏液从气管内排出，并用手连续拍打仔猪胸部，直到发出叫声为止；二是用乙醇或白酒擦拭仔猪的口鼻周围，刺激其复苏；三是将仔猪仰卧在垫草上，用手拉住前肢，前后伸屈，一松一紧地压迫胸部，实行人工呼吸；四是接产人员迅速用清洁布块将仔猪口鼻黏液擦干净，再对准仔猪鼻孔吹气。

（四）母猪的产后护理

母猪分娩时，生殖器官发生了剧烈的变化，机体抵抗力明显下降，所以要进行妥善的护理，以让其尽早恢复健康，投入正常的生产。母猪产后要随时观察体温、采食变化，注意有无大出血、产后瘫痪、产后无乳、乳腺炎等情况。对人工助产母猪要清洗产道，并用药物消炎。产后 2～5 天逐渐增加喂料，1 周后达最高用量，能吃多少给多少。

1. 检查胎衣　检查胎衣是否完全排出，胎衣数或脐带数是否和产仔数一致。胎衣不下的，肌内注射己烯雌酚 10 毫克，等子宫颈扩张后，可每隔 30 分钟肌内注射催产素 30 单位，连续 2～3 次。确定胎衣完全排出后，向产道深部投放青霉素 80～160 万国际单位。

2. 饲养方面　母猪分娩时体力消耗很大，体液损失多，母猪表现出疲劳和口渴，所以，要准备足够的、温热的 1% 盐水，供母猪饮用。母猪分娩后 8 小时内不宜喂料，保证供应温水，第二天早上再给流食，因为产后的母猪消化功能很弱，应逐步恢复饲喂量。如果母猪消化能力恢复得好，仔猪又多，2 天后可恢复到分娩前的饲喂量。

3. 管理方面　母猪分娩结束后，要及时清除污染物，墙面、地面、栏杆擦干净后，喷洒 2% 来苏儿进行消毒，给母猪创造一个卫生、安静、空气新鲜的环境。细心观察分娩后母猪和仔猪的动态。母猪产后其子宫与产道都有不同程度的损伤，病原微生物容易入侵和繁殖，给机体带来危害。对常发病如产后热、子宫炎、乳腺炎等要做到早发现早治疗，以免全窝仔猪被传染。母猪分娩 3 天后，可放进运动场自由活动，使其接触阳光，恢复体力，促进消化，对提高泌乳量十分有益，但活动时间不能太长，防止受凉及惊吓。

四、哺乳母猪的饲养管理

饲养哺乳母猪的主要任务是提高其泌乳力，保证仔猪正常发育，为培育和育肥打好基础，使母猪保持繁殖体况，达到断奶后及时发情配种。为此，必须根据哺乳母猪的特点，认真做好饲养管理工作。

（一）哺乳母猪的特点

1. 泌乳量大　母猪乳房的乳池不如牛、羊的发达，仅有一些小乳池，且互不相通，贮量很小，致使母猪泌乳间隔短、泌乳次数多、泌乳时间短。在整个泌乳期中，母猪平均泌乳的间隔时间为67分钟，每昼夜泌乳22次，每次10分钟左右。但是，泌乳量却很大，每头母猪平均每天泌乳3~6千克，产后21天达到泌乳高峰。第一个月平均泌乳为5~6千克/日，第二个月平均泌乳为3~3.5千克/日，全泌乳期总泌乳量为200~300千克。就乳汁的化学成分来说，猪乳中的脂肪、蛋白质含量比牛乳、山羊乳都高（表5-5）。

表5-5　猪、牛、山羊乳成分的比较（%）

成分	猪乳	牛乳	山羊乳
水分	79.68	88.24	86.68
干物质	20.32	11.76	13.32
脂肪	9.97	3.54	4.07
蛋白质	5.26	3.10	3.76
乳糖	4.18	4.38	4.64
灰分	0.91	0.74	0.85
每千克含能量（千焦）	5 899	2 900	3 314

2. 体重减轻　由于强度泌乳，大量消耗体力，加上仔猪干扰，休息不足，哺乳母猪体重减轻约为产后体重的30%左右，尤其是在产后第1个月，要减轻24%，占总失重的85%。这与母猪前期产奶多，后期产奶少的泌乳规律是一致的。如果哺乳期体重下降过大，会影响断奶后母猪的正常发情配种和下一胎的产仔成绩。

（二）哺乳母猪的饲养

通常来说，母猪的体况越好，其泌乳力越高，仔猪断奶窝重越大。因而，无论从保持哺乳母猪正常膘情，还是从提高仔猪断奶窝重，都必须加强哺乳母猪的饲养。

1. 营养需要　在正常情况下，哺乳母猪比同体重的空怀母猪的营养需要高出 2 ~ 3 倍，一般在空怀母猪的日粮基础上，每增加一头仔猪，就应相应多供给 5 230 千焦消化能的饲料量。哺乳母猪喂料方案见表 5 - 6。

表 5 - 6 哺乳母猪喂料方案（千克/天）

阶段	1 胎	2 胎	3 胎
产仔当天	0.5	0.5	0.5
产后第 1 天	1.0	1.5	2.0
产后第 2 天	1.5	2.0	2.5
产后第 3 天	2.0	2.5	3.0
产后第 4 天	2.5	3.0	3.5
产后第 5 天	3.0	3.5	4.0
产后第 6 天	3.5	4.0	4.5

2. 饲养技术 哺乳母猪的饲养技术，主要包括以下几个方面：

（1）加强母猪怀孕后期的饲养，是提高泌乳量的前提条件。随着养猪业的发展，断奶日龄提早，哺乳母猪对仔猪的营养作用逐渐减小。原因是分娩后前 10 天母猪的采食量很难满足泌乳需要，主要靠动用妊娠期的贮积，而仔猪在生后 20 天便开始补饲。所以，哺乳期饲养的实质已转向怀孕后期、哺乳第 1 个月母猪的饲养、仔猪的补饲几个方面。若忽视了怀孕后期的饲养，母猪临产前乳腺发育不好，单靠产后加强饲养，母猪泌乳量也难以提高。

（2）饲料品种要固定，禁止用发霉变质的饲料喂哺乳母猪。

（3）勤喂、少喂，增加一顿夜食，可保证母猪健康，多产乳。最好每日喂 4 ~ 5 次，每次喂八成饱。

（4）饲料搭配多样化。营养齐全是提高母猪泌乳量的物质基础。猪乳中的营养成分丰富而全面，其中蛋白质在 5% 以上。一头中等泌乳量的母猪一天泌乳 5 千克，则需要蛋白质 0.25 千克以上。若日粮中蛋白质不足，或缺乏必需氨基酸，尤其是蛋氨酸、赖氨酸、色氨酸三种限制性氨基酸，母猪泌乳量必然下降。因此，哺乳母猪一定要饲喂含蛋白质较高的饲料。在缺乏青绿饲料限制饲养时，日粮中粗蛋白质含量不得低于 15%，自由采食为 14%。日粮中要注意维生素和矿物质的配合，特别是钙与磷，若缺乏，则产奶量显著降低，易造成异食癖，严重时引起母猪瘫痪、性周期紊乱，影响发情。夏、秋季节要多喂野草与野菜，冬季多喂多汁饲料。要保证充分饮水，提高母猪泌乳量。有条件的可适当加喂动物性饲料。

3. 饲养方式 哺乳母猪的饲养方式一般有两种：

（1）一贯加强式的饲养方式。适用于在泌乳期配种的经产母猪及初次配种的后备母猪。即为了保证胎儿正常发育，哺育好吃奶仔猪，满足初产母猪自身生长发育营养需要，在整个哺乳期中采用均衡的、较高的营养水平。

（2）前精后粗的饲养方式。用于体况消瘦的经产母猪，把精料重点使用在哺乳期的前1个月。

（三）哺乳母猪的管理

（1）注意运动，多晒太阳。有条件的地方可采取放牧，既可促使体质健壮及提高泌乳力，又有利于仔猪的生长发育，能提高增重。

（2）要经常保持圈舍及猪体清洁，保持环境安静。对于个别拒绝哺乳的初产仔猪，要采取人工辅助哺乳。

（3）注意保护母猪乳房和乳头。母猪产仔数少于乳头数时，要训练仔猪吃几个乳头，防止未被利用的乳头萎缩。经常检查乳房，若有损伤，应及时治疗。冬天要防止乳头冻伤，影响为仔猪哺乳。

（4）对于群饲的哺乳母猪，一定要在短期内做好混群工作，应在分娩后3天内固定各自的仔猪吸吮的乳头。

（5）对于体况较好及带仔较少的哺乳母猪，要采取措施，哺乳期间进行配种。

第三节　仔猪的饲养管理

仔猪通常是指20千克以下的幼龄猪，它是发展养猪生产的物质基础，是猪生长发育最快、饲料利用率最高、最有利于定向培育的阶段。养好仔猪是培育优良种猪，生产育肥猪，提高猪群质量，降低养猪成本的关键。所以，必须根据仔猪的生长发育规律及生理特点和营养需要，采取相应的技术措施进行科学养育，养育仔猪的主要任务是获得高的成活率与断奶体重。

一、仔猪的生长发育及生理特点

仔猪的主要特点是生长发育快与生理上的不成熟性，使它在生后的早期发生一系列重要变化，为以后独立生活做准备，从而成为仔猪难养、成活率低的原因。

（一）生长发育快，代谢功能旺盛

仔猪出生后生长发育特别快，一般初生重为1千克左右，不到成年的1%，但7日龄时体重是初生重的2倍，14日龄时可达5~5.5千克，21日龄时达6~6.5千克，28日龄时达8~9千克，至49日龄可达16.0千克。这样的生长速度是其他家畜所不及的。

仔猪的物质代谢旺盛，尤其是蛋白质及钙、磷代谢比成年猪高得多。通常生后 20 日龄的仔猪，每千克体重沉积蛋白质 9~14 克，相当于成年猪每千克体重沉积蛋白质 0.3~0.4 克的 30~35 倍，每千克增重含钙 7~9 克、磷 4~5 克。由此可见，仔猪对营养物质的需要，无论从质量上还是数量上均高，对营养不全的反应很敏感。因而仔猪须保证营养均衡的全价日粮，且应及早补料，以发挥其生长潜力。

（二）消化器官不发达，消化功能不健全

初生仔猪的消化器官虽已形成，但其体积和重量比较小，不具备完整的消化功能。如初生仔猪的胃重量仅有 4~8 克，只能容纳乳汁 25~50 毫升，以后随日龄增长而迅速扩大，20 日龄时重量 35 克左右，容积增大 3~4 倍，达 100~140 毫升；小肠长度，断奶时比初生时增长 4~5 倍，容积增加 50~60 倍；大肠长度增长 4~5 倍，容积增加 40~50 倍。仔猪消化器官容积小，排空时间短，需增加每日的饲喂次数。

仔猪消化器官的晚熟，导致消化液的分泌与消化功能的不完善。初生仔猪胃内只有凝乳酶，胃蛋白酶仅有成年猪的 1/4 左右，同时胃底腺不发达，不能制造盐酸，其胃蛋白酶没有活性，不能消化蛋白质，尤其是植物性蛋白质。食物只能依靠胃内的胰蛋白酶、肠淀粉酶及乳糖酶的活性在小肠内消化。因此，初生仔猪只能吃奶而不能食用植物性饲料。

（三）大脑皮层发育不完善，调节体温的能力差

仔猪在出生后 20 天内，体温调节中枢神经发育还未完善，被毛稀疏、皮下脂肪少、增加产热的生理应激能力差，不仅在寒冷的环境不能维持正常体温，易被冻死，而且仔猪反应迟钝，易被母猪压伤或压死。所以，对初生仔猪应做好防压保暖护理。

（四）缺乏先天性免疫力，容易患病

初生仔猪没有先天免疫力。胚胎期，母体的抗体通过胎盘传给胎儿，出生后仔猪只能依靠母乳，特别是初乳而获得被动免疫。但是，母乳中的抗体从仔猪出生后 10 天开始下降，14~15 天消失，仔猪 28 日龄才开始自行产生少量抗体。所以，仔猪在接近 30 日龄是免疫抗体青黄不接的阶段，容易下痢，是最关键的免疫期。同时，仔猪已开始饲喂饲料，但胃液中缺少游离盐酸，对随饲料、饮水进入胃内的病原微生物没有抑制作用，从而造成仔猪多病、容易死亡。

二、养好仔猪的关键时期

仔猪出生后生活条件发生了很大的变化，由原来稳定的子宫内生活，转变为自行呼吸、采食、排泄的复杂外界生活，若饲养管理不善，容易引起死亡。

实践证明，仔猪越小死亡率越高。出生后 1 周内死亡数占总死亡数的 50%，主要是因为下痢、发育不良、压死及冻死。所以加强初生仔猪 7 天内的保温、防

压与吃好初乳的护理是养好仔猪的第一关键时期。仔猪出生后 10 ~ 25 天，由于母猪泌乳通常在 21 天左右到达高峰后逐渐下降，泌乳量已不能满足仔猪的需要，如果不及早补料，会造成体质瘦弱，发育不良，易患病死亡，这是第二关键时期。第三关键时期是仔猪 1 月龄后，食量增大，是仔猪由吃奶过渡到吃料独立生活的重要准备期。

三、保证仔猪全活全壮的措施

(一) 抓 "乳食" 和 "三防"，过好初生关，提高仔猪成活率

使仔猪吃好初乳是保证仔猪健壮发育的关键，防寒、防压、防病是护理好仔猪的根本措施。

1. 固定乳头，吃好初乳　母猪分娩后 5 ~ 7 天分泌的淡黄色乳汁叫初乳。初乳的化学成分和常乳不同 (表 5 - 7)。初乳蛋白质含量高；维生素丰富；含有免疫抗体；有镁盐，可轻泻，有利于胎粪排出；酸度高，利于消化道蠕动；其营养物质在小肠几乎全部被吸收，利于增长体力和产生热能。因而，初乳是仔猪不可缺少或被取代的食物，应使其尽早吃到，最晚不超过生后 2 小时。

表 5 - 7　初乳和常乳成分的比较

项目	水分 (%)	干物质 (%)	灰分 (%)	蛋白质 (%)	脂肪 (%)	乳糖 (%)
初乳	77.79	22.21	0.68	13.33	6.23	1.97
常乳	79.68	20.32	0.91	5.26	6.97	4.18

仔猪有固定乳头吃奶的习惯，一经固定直到断奶不变。因此，为了使同窝仔猪生长均匀健壮，要在仔猪出生后 2 ~ 3 天内，人工辅助其固定乳头。即在分娩结束后，将仔猪放在母猪身边让其自寻乳头，待多数寻到后，对个别强、弱仔猪进行调整乳头：把弱仔猪放在前边乳汁多的乳头上吃奶；把强壮的仔猪固定在后边乳头上吃奶。经过 2 ~ 3 天训练，就可使仔猪养成在固定乳头上吃奶的习惯。

2. 防寒、防压、防病　冬季或早春分娩造成仔猪死亡的主要原因是冻死或被母猪压死。特别是生后 3 天内，仔猪因怕冷爱钻草堆，更易被母猪压死，要加强护理工作。在仔猪出生后，应尽快擦净其身上的黏液，放在仔猪保温箱内，或放在母猪身边取暖。仔猪需要的适宜温度见表 5 - 8。

表 5 - 8　仔猪需要的适宜温度

日龄	1 ~ 3	4 ~ 7	16 ~ 30	45 ~ 90
温度 (℃)	30 ~ 32	28 ~ 30	22 ~ 25	18 ~ 21

(1) 防寒保温：可通过调整产仔季节，把母猪分娩安排在 3 ~ 5 月和 9 ~ 10

月。如全年产仔，产房温度要控制在 18℃ 以上，仔猪保温箱的温度在 30℃ 以上。

（2）防压：我国猪种护仔性好，一般不易压死仔猪；体形较大的培育猪种，因为护仔性差，或体大笨重，行动迟钝，往往易压死仔猪；另外，如老母猪耳聋、身体肥笨，初产母猪无护仔经验，产圈地面不平整，垫料过厚太长等，均易造成母猪压死仔猪。尤其在产后 1～3 天内，母猪疲倦，仔猪软弱，多会在母猪起卧时把仔猪压死，因此，在产后 3 天内饲养人员要特别精心护理。也可在猪圈内安装护仔栏，防止母猪沿墙卧下时压死仔猪。

（3）防病：主要是预防仔猪下痢。仔猪下痢多见于产后 3～7 天及 15～20 天，尤以 7 日龄内更为严重，死亡率最高，经济损失最大。造成仔猪下痢的原因很多，通常母猪乳汁过浓，天气冷热不均，圈舍湿冷，母猪营养不良、奶少，圈舍卫生不好，仔猪抵抗力差、饮了脏水等均可引起拉稀或下痢，所以，预防仔猪下痢必须采取综合性措施。要根据母猪体况，适当增减精料及青料，不喂发霉变质的饲料，防止饲料突然变换，注意保持母猪泌乳量的均衡。母猪乳头要经常保持清洁，调教母猪在指定的地方排粪尿，改善环境卫生，保持圈舍干燥清洁、冬暖夏凉，加强对仔猪的护理、及早锻炼开食、给予适当的圈外运动和阳光照射。在缺硒地区，母猪产前 1 个月可肌内注射 0.1% 亚硒酸钠溶液 5 毫升，或仔猪出生后 10 天，每头仔猪肌内注射 1 毫升，均可预防仔猪下痢。平时如发现病猪，应及时隔离治疗。

3. 仔猪"寄养" 在生产上，若母猪产仔数超过有效乳头时，可将多余的仔猪捉给产仔少或全部产死仔的母猪喂养；或将产仔少的两窝仔猪合并成一窝，由其中的一头母猪喂养；或产后母猪突然死亡、产后母猪奶水不足等，需将其仔猪分摊给其他母猪喂养的，统称为仔猪"寄养"。寄养时需选择性情温顺、护仔性好、泌乳力高的母猪做寄母；要求寄养的仔猪和并窝的仔猪应大致相同；寄养的时间越早越好，可在分娩后立即进行，使仔猪吃到初乳；同时还要使两窝仔猪的气味和寄母相同，可先让仔猪混群互拱，或在它们的身上涂抹寄母的乳汁或尿液，让寄母闻不到异味，趁母猪卧下哺乳时，把它们放到母猪身边吃奶，只要仔猪吃过寄养母猪的奶 1～2 次，寄养便可成功。

（二）抓开食、过好补料关，提高断奶窝重

仔猪出生后提早开食补料，是促进其生长发育、提高成活率与断奶体重的关键。实践证明，早补料比晚补料的仔猪增重快（表 5–9）。由于仔猪的体重和营养需要与日俱增，而母猪的泌乳量在分娩后 3～4 周达到高峰，之后便逐渐下降，且在第二周已不能满足仔猪的营养需要（表 5–10），若不及时补料，则会使仔猪生长发育受阻，以后难以补偿，甚至形成僵猪。此外，及早补料，还可锻炼仔猪的消化器官及其功能，促进肠胃发育，防止下痢，为仔猪安全断奶奠定基础。

表5-9　仔猪补料早晚和断奶体重的关系

开食日龄	7	15	20	30
断奶体重（千克）	15	14	13	10

表5-10　母猪泌乳量和仔猪营养需要

仔猪周龄	3	4	5	6	7	8
母猪乳汁满足仔猪营养需要	97%	84%	56%	50%	37%	27%

仔猪补料的方法和顺序为：

1. 矿物质的补充　矿物质主要补铁、铜、硒。

（1）补铁：铁是造血和防止仔猪营养性贫血的必要元素。仔猪出生时体内总贮铁50毫克，每天生长需要7毫克，而母乳每天只能提供1毫克，所以仔猪贮铁量会很快耗尽，必须及时补充。建议仔猪在生后48小时内完成补铁150~200毫克/头，10~14天最好再补一次。方法为：一是在仔猪生后3天内，颈部或臀部肌内注射右旋糖酐铁注射液，也可用牲血素等，使用剂量参考产品说明书确定。喂给母猪多余的硫酸亚铁不能增加初生仔猪体内铁含量和乳中铁含量，但喂给母猪氨基酸螯合铁，可使仔猪出生时体内含铁量增加、母乳中含铁量增加，也可直接喂仔猪，均有较好效果。二是将0.25%硫酸亚铁溶液滴在母猪乳头上让仔猪食用。三是农户养猪可在圈内撒布一些干净的红黏土，让仔猪自由采食，以补充铁的不足。仔猪是否缺铁可按100毫升血液中血红蛋白含量进行判断，血红蛋白含量对仔猪生长影响见表5-11。

表5-11　血红蛋白含量与仔猪生长

每100毫升血液中血红蛋白含量（克）	仔猪表现
>10	生长良好
9	符合最低需要量
8	贫血临界线
7	贫血、生长受阻
6	严重贫血、生长显著缓慢
<5	严重贫血、死亡率提高

3日龄补铁前比生后10小时的血红蛋白明显减少，补铁后逐渐上升，补料后可使血红蛋白保持稳定，不同铁剂量间差异不显著（表5-12）。

表5-12 补铁对仔猪血红蛋白含量的影响（克/100毫升）

日龄	补铁100毫克	补铁150毫克	补铁200毫克
出生10小时	7.41	7.44	7.42
3天（补铁前）	5.19	5.31	5.43
10天（补铁后）	6.90	7.13	7.16
17天（补铁后）	8.20	8.23	8.34
24天（补铁后）	8.27	8.80	8.93

（2）补铜：铜也是造血和酶的主要原料，有促进生长的作用，给仔猪补铁的同时也要补铜。补充铁、铜最常用的方法，是把2.5克硫酸亚铁和1.0克硫酸铜溶于1 000毫升水中，装入棕色瓶内，当仔猪哺乳时，将溶液滴在母猪乳头上让仔猪吸吮或用奶瓶喂给，每日1～2次，每头每天喂10毫升。当仔猪能吃料时拌入料中给予，1月龄后浓度可提高1倍。

（3）补硒：补硒可防止仔猪拉稀、肝坏死和白肌病。在缺硒地区，仔猪可在3日龄时肌内注射0.1%亚硒酸钠0.5毫升或在7日龄时肌内注射1毫升，断奶时再注射1毫升。对于开食后的仔猪，每千克饲料中添加65～125毫克硫酸亚铁和0.1毫克亚硒酸钠，可以预防铁、硒缺乏症。

2. 补水 水是猪血液和休液的主要成分，是消化、吸收、运输养分及带走废物的溶剂。仔猪生长迅速，代谢旺盛，所食乳中含脂肪高，需水量较大，5～8周龄需水量为体重的1/5，如不及时补水，仔猪就会喝污水或尿液，常引起下痢。所以，在仔猪3～5日龄时，就应供给新鲜清洁的饮水。

3. 补料 在仔猪5～7日龄时，即可利用其探究行为与模仿争食的习性，把炒焦的玉米、高粱、麦粒等或颗粒乳猪料撒在料槽内任其啃咬。也可采用强制补料，即事先将饲料调成糊状，强行抹到仔猪嘴里，每天训练2次，6～7天后仔猪开始吃料。20～30日龄，仔猪就能以吃料为主，吃奶为辅，进入旺食期。注意补料槽离地面2～3厘米高。

生产上常采用以下几种补料方法，可参考使用。

（1）鹅卵石法：在仔猪的补料槽中，放几块干净的鹅卵石，仔猪因有探究行为，对异物感兴趣，会去拱鹅卵石，不知不觉中吃进饲料；在不易找到鹅卵石的猪场，也可用洗干净的青霉素瓶代替，有一定效果。

（2）吊瓶法：在补料槽上方吊一个有特殊颜色的塑料瓶，仔猪在拱瓶的时候会闻到饲料的气味，产生采食欲望。

（3）抹料法：在仔猪睡觉时，饲养人员轻轻走过去，一手将猪嘴掰开，另一手用指头蘸上糊状料抹到猪嘴里。

为了做好补料工作，使仔猪尽早认料，缩短适应时间，延长旺食期，增加采食量，达到多吃快长、提高断奶窝重的目的，补料应选择"脆""甜""香"、适口性好的饲料；应适当补喂优质青粗多汁饲料；应按饲养标准多种原料均衡搭配，配成营养丰富、全价的饲料饲喂；补料要循序渐进，使仔猪逐渐适应而不感到突然。

（三）抓旺食，过好断奶关，防止掉膘减重

最佳断奶时间会因营养计划、设备、环境、仔猪健康状况以及操作的可行性而有差别，时间通常在第 3～4 周。断奶对仔猪应激比较强，从正式大吃料到仔猪断奶后离开母猪独立生活，生活条件变化很大，若饲养管理稍有疏忽，就会掉膘减重，甚至生病死亡。

断奶一定要有计划，断奶当天猪舍温度要比平时高 2～4℃，如果一次性断奶舍内再无母猪时，舍温以 27～28℃ 为宜，以后逐渐降低舍内温度。断奶的方法因母猪的膘情、泌乳情况及仔猪的用途和多少而不同，通常有一次性断奶、分批断奶和逐渐断奶三种。

1. 一次性断奶　当仔猪达到预定断奶日期时，将母猪和仔猪分开。这种方法省工省时，便于操作。但由于断奶突然，易因日粮和环境的改变引起仔猪消化不良、精神不安、生长受阻，又易使母猪乳房胀痛、发生乳腺炎，对母猪和仔猪均不利。所以在采用此方法时，应在断奶前 3 天减少母猪精料和青料量，以降低母猪泌乳量，同时对仔猪增加料量，让仔猪多吃料、少吃奶；断奶时，仔猪留在原圈，将母猪赶到较远圈舍，使母仔互相听不到声音。仔猪环境没有变化，不致引起惊恐不安或不吃料。

2. 分批断奶　按仔猪的生长发育、采食量和生产用途分别陆续断奶。通常将发育好、食欲强或拟作育肥用的仔猪先断奶，体弱或留作种用的仔猪，适当延长哺乳期，以促进发育。采用此方法断奶，应注意对先断奶的仔猪所留的空乳头要让其他仔猪吸吮，否则易发生乳腺炎。

3. 逐渐断奶　即在预定断奶日期前 4～6 天，将母猪赶出原圈进行隔离，每天又定时把母猪赶回原圈给仔猪哺乳，哺乳次数由多到少逐渐递减，如第一天哺乳 4～5 次，第二天减为 3～4 次，第三天 2～3 次，这样经 3～4 天即可断掉。

断奶阶段应喂给优质全价饲料，断奶后饲料成分保持不变，采用少喂勤添的办法，增加饲喂次数，加大采食量，维持旺食的基本条件。

（四）预防产生僵猪

仔猪在发育阶段，由于多种原因导致其生长发育停滞，长时间喂养也难以长大的"老仔猪"，一般称为僵猪。产生僵猪的原因主要为：①由于母猪在怀孕期饲养不当，母猪营养供给不能满足胎儿生长发育的需要，使胎儿发育受阻，初生体重小，即"胎僵"。②母猪在哺乳期饲养不当，母乳不足或无奶，使仔猪发生"奶僵"。③由于仔猪患病，如下痢、蛔虫等，使仔猪发生"病僵"。④料补未跟

上，导致"料僵"。⑤仔猪断奶不当，或断奶后饲养管理不善，日粮营养不全，尤其是蛋白质、矿物质与维生素缺乏，引起断奶仔猪发育停滞，形成"断奶僵"。⑥其他如近亲交配、圈舍阴冷潮湿、仔猪营养不良等也可形成僵猪。

四、断奶仔猪的饲养管理

（一）断奶仔猪的日粮配合

断奶应激会造成仔猪体内一系列的变化，如仔猪消化酶分泌量下降，胃酸度降低等，还有饲料由液态变为固态，与母猪分离后重新组群和环境的变化，这些都会降低仔猪对饲料的消化能力，从而造成食欲低下，腹泻情况严重，生长停滞的病态现象。为减轻断奶应激的影响，一定要注意断奶仔猪日粮的配合。根据仔猪消化道发育情况和容易产生对植物蛋白过敏的特点，早期断奶仔猪不仅要按标准满足仔猪对各种养分的需要，还要考虑仔猪对植物性饲料的适应能力。

（二）断奶仔猪的饲喂

仔猪在断奶前约每小时哺乳1次，每次哺乳量不大。断奶后饲粮从液态变为固态，加上环境的变化，断奶后2天内仔猪对饲料的消耗量极少。因此，在仔猪出生后7天，就应该采用优质的教槽料让仔猪自由添食。断奶后，采取少量多餐的饲喂法，每天喂5~6次，少喂勤添，断奶后继续饲喂原来的教槽料或优质的保育料1~5周，这样可及早提高仔猪胃肠道对饲粮的适应能力，缓解仔猪的断奶应激。若仔猪断奶后出现腹泻，要限饲2天。断奶仔猪要保证平均每4~5头有一个喂料口，每20~25头有一个饮水器。

（三）断奶仔猪的管理

1. 保持环境的稳定 仔猪断奶后头1~2天很不安定，经常嘶叫寻找母猪，特别在夜间更甚。为稳定仔猪的不安情绪，减轻应激损失，最好采取不调离原圈、不混群并窝的"原圈培育法"。仔猪到断奶日龄时，把母猪调回空怀母猪舍，仔猪仍留在产房饲养一段时间，待仔猪适应后再转入培育舍。由于是原来的环境与原来的同窝仔猪，能减少断奶刺激。这种方法的缺点是降低了产房的利用率，建场时需加大产房产栏数量。

工厂化养猪生产采取全年均衡生产方式，各工艺阶段设计严格，实行流水作业，仔猪断奶后立即清扫消毒，再转入待产母猪。断奶仔猪转群时通常采取原窝培育，即把原窝仔猪（剔除个别发育不良个体）转入培育舍关入同一栏内饲养。若原窝仔猪过多或过少时，需要重新分群，可按其体重大小、强弱进行分群分栏，同栏群仔猪体重相差不应超过1~2千克。把各窝中的弱小仔猪合并分成小群进行饲养，合群仔猪会有争斗位次现象，必须进行适当看管，防止咬伤。

2. 保持良好的环境条件 为使仔猪尽快适应断奶后的生活，充分发挥其生长发育潜力，一定要创造良好的环境条件。

（1）温度：仔猪对低温的适应能力差，如果在低温季节断奶，会加剧仔猪的寒冷应激，断奶仔猪适宜的环境温度是 30～40 日龄为 21～22℃，41～60 日龄为 21℃，61～90 日龄为 20℃。仔猪在刚断奶时适宜的温度为 22℃，但断奶后的最初几天温度需保持在 28℃左右。为了保持温度适宜，冬季要采取措施进行保温，除注意防风保温和增加舍内养猪头数保持舍温外，最好安装取暖设备，如暖气、保温伞、保温灯、热风炉等。在炎热夏季则要通过喷雾、淋浴、通风等方法进行防暑降温。可根据仔猪的行为考虑温度是否合适，如果仔猪堆叠，说明舍温低；如果仔猪散睡在地板上，说明舍温过高。

（2）湿度：猪舍内湿度过大可增加寒冷与炎热对猪的不良影响。潮湿有利于病原微生物的滋生繁殖，可引起仔猪多种疾病。断奶仔猪舍适宜的相对湿度为 65%～75%。

（3）环境清洁卫生：猪舍内外要经常清扫，定期消毒。猪舍内的有害气体对猪的毒害作用具有长期性、连续性和累加性，要通过对栏舍内粪尿等有机物的及时清除处理，减少氨气、硫化氢等有害气体的产生，通过加强通风换气，排除舍内污浊的空气，保持空气清新。

（4）调教管理：新断奶转群的仔猪吃食、卧位、饮水、排泄区还未形成固定位置，要加强调教训练，使其形成理想的睡卧及排泄区，这样，既可保持栏内卫生，又便于清扫。仔猪培育栏最好为长方形（便于训练分区），在中间走道一端设自动食槽，另一端安自动饮水器，靠近食槽一侧为睡卧区，另一侧为排泄区。训练的方法是：排泄区的粪便暂不清扫，诱导仔猪来排泄，其他区的粪便及时清除干净，当仔猪活动时对不到指定地点排泄的仔猪用小棍轰赶并加以训斥。当仔猪睡卧时，可轰赶到固定区进行，经过 1 周的训练，可建立起定点睡卧和排泄的条件反射。

（5）设铁环玩具：断奶仔猪常出现咬尾、吸吮耳朵与包皮现象，主要是因刚断奶的仔猪企图继续吮乳造成的，也有因为饲料营养不全、饲养密度过大、通风不良等引起的。防止的方法是在改善饲养管理条件的同时，为仔猪设立玩具，分散其注意力。玩具分放在圈内的球与悬挂在空中的铁环链两种。球易脏，以铁环链为好，悬挂高度以仔猪仰头可咬到为宜。这样不仅可预防仔猪咬尾等恶癖，也满足了仔猪好动玩耍的习性。

（6）建议网床饲养断奶仔猪：网床饲养断奶仔猪的优点，一是仔猪离开地面，减少了冬季地面传导散热损失；二是粪尿、污水可随时通过漏缝网格漏到粪尿沟内，减少了污染，对预防疫病起到一定的作用。

第四节 育肥猪的饲养管理

育肥阶段饲料消耗占猪一生总采食量的75%以上，是养猪收获阶段，要根据猪的生长发育规律采取相应的技术措施，力求提高增重速度，降低饲料消耗，增加瘦肉产量，缩短育肥期，加速资金周转，提高经济效益。

猪的育肥，就是对不作种用的生长猪和淘汰种猪（统称育肥猪或肉猪）进行育肥饲养，把饲料转化为猪肉和脂肪。育肥效果的好坏受许多因素的影响，在组织猪的育肥时，要搞清楚这些因素及其相互关系，以便更好地指导生产。

一、影响育肥的因素

（一）品种和类型

品种类型不同，要求的育肥条件及育肥的实际效果都有很大差异。优良早熟品种通常比晚熟品种增重快、省饲料、屠宰率高。在以精料为主的条件下，国外引入猪种的增重速度比地方猪种快；在以青粗饲料为主的条件下，国外引入猪种的增重速度则不如地方猪种。因而，为提高育肥效果，应因地制宜地选择容易育肥的品种类型，合理调整饲养水平。如早熟品种适宜用一贯丰富的饲养水平，晚熟品种适宜用先低后高的饲养水平。

（二）经济杂交

利用猪的杂种优势是提高育肥效果的有效措施之一。杂交后代生命力强，生长发育快，育肥时日增重高，并能提高饲料报酬、降低饲养成本。大量实验表明日增重的杂交优势为8%～15%，饲料报酬的杂交优势为5%～10%，瘦肉率的杂交优势为2%左右。

（三）年龄和体重

在正常饲养条件下，生长猪随年龄增长而体重增加，单位体重的饲料消耗，随年龄和体重的增长而增加，但对饲料的采食量及利用率随之下降。所以，猪的育肥应争取在幼龄时期短时间内完成，这样经济效益高，瘦肉率也高。

（四）饲料

饲料的数量及质量与日粮的合理搭配对育肥效果影响很大，尤其是日粮中蛋白质水平，对提高育肥效果作用显著。实验证明，体重50～60千克前后是猪营养需要的转折点，在此之前对蛋白质和矿物质需要量多，此后对碳水化合物的需要量显著增加。所以，生产上通常把豆饼等含蛋白质多的饲料用于育肥前期，从断奶到体重50千克左右，日龄中粗蛋白质可占15%～18%；育肥后期以玉米、大麦、高粱等含碳水化合物较多的饲料为主。另外，粗饲料的合理搭配对育肥效果也有影响，因粗饲料中含有较多的粗纤维。适宜的粗纤维不仅可促进胃肠蠕动，还能起到充饥作用；但粗纤维不易消化，产生能量少，其中的木质素不能被猪消化利用，若日粮中添加过多的粗饲料，会降低饲料利用率，出现增重缓慢、掉膘或生长停滞的现象。育肥猪日粮中粗纤维的适宜含量为：体重 30~60 千克占 7% 左右，体重 60 千克以上占 8%~10%。

（五）分群和密度

育肥猪通常采取群饲，既可提高劳动生产率，降低育肥成本，又可利用猪的抢食性，使其多吃饲料，从而提高增重效果。因此，要根据猪的体重大小、体质强弱、品种特性进行合理分群，一般每圈养 10~12 头，每头占 1 米^2 面积为宜。

（六）去势

实践证明，去势后的猪好饲养管理，增重快，饲料利用率高，肉的品质好。因此，凡是作肉用的公、母猪均需在育肥前进行去势。

（七）驱虫

驱虫可提高育肥效果，应在断奶后与催肥前各驱 1 次。

（八）温度和光线

猪最适宜的育肥温度为 15~21℃。夏季温度偏高，猪的生长速度比春、秋两季低 3%~5%；冬季气温低，在 4℃ 以下猪增重速度下降 50%。所以，要做好育肥猪的夏季防暑降温和冬季取暖保温工作。另外，催肥期猪舍的光线应暗淡。

二、育肥方法

（一）直线育肥法（一条龙育肥法）

整个育肥期用一种全价平衡日粮，敞开饲喂，全期自由采食，这种方式节省人力，管理方便。

（二）吊架子育肥法

这种方法是在小猪阶段（30 千克之前）加强饲养；在中猪阶段（30~60 千克）吊架子，供给低能低蛋白质饲料，尽量多喂青粗饲料，以撑大肚皮，拉大骨架；在育肥后期（60 千克以后）加强饲养，以高能量催肥，因此期间增重的主要内容是脂肪，所以此种育肥法育肥的猪脂肪含量高，不适合于瘦肉型猪的育肥。

（三）阶段育肥法

1. 两阶段育肥法 这种方法在前期（60 千克以前）以高能高蛋白饲料充分饲喂，在育肥后期限量饲喂（给予相当于自由采食 80%~90% 的饲料）。此种方法既能保持一定的生长速度，又可提高饲料利用率和瘦肉率。

2. 三阶段育肥法 根据猪生长发育规律分为 30 千克之前、30~60 千克、60 千克至出栏 3 个阶段，分别配制不同营养需要的日粮（逐渐降低能量和蛋白质等营养成分含量）。具体方法如下：在 30 千克之前，喂较高水平日粮，自由采食；

在 30～60 千克阶段，适当限制饲喂（限 10% 以内），以保证肌肉生长发挥最大潜力与获得最佳增重效益；在 60 千克至出栏阶段，营养水平进一步下降，实行限量饲喂。喂给相当于自由采食量的 80% 饲料，使其脂肪生长不能过快而保证了瘦肉率的提高。

三、育肥猪的饲养管理

（一）合理分群

一般情况下原窝饲养，需分群时应尽量把体重相近、类型相似的猪组群，公、母要分开饲养，组群前将弱小或有病的猪挑出，单独分批饲养。组群之后，不要再变更猪群，否则每重组一次，会增加咬斗，影响增重，使育肥期延长。

（二）调教和日常管理

调教工作的关键是抓早、抓勤。在合群时人为帮助建立群居位次，对咬斗的猪要勤赶，使用石块杂物等影响猪的注意力，增加料槽长度及料位，使进食时都能吃到料。猪舍要干净清洁，每天打扫两次卫生，将粪便集中到粪场。夏季要淋水降温，冬季少用水冲。保持猪舍安静，使猪休息好，避免突然惊扰。经常观察猪吃、便、休息情况。猪的抗病力较强，若食欲减退或精神沉郁说明病情已严重，粪便异常也是某些病的前兆。

（三）使用配合饲料

根据猪不同阶段营养需要合理使用配合饲料。

（四）饲喂注意事项

少喂勤添或自由采食；不喂冰冻或发霉变质饲料，料槽中剩余饲料要及时清扫收回；饲料要稳定，不能突然变更饲料，需要变换时，需有 3～7 天的过渡期。

（五）创造适宜环境，保证充足饮水

要使温度适宜，通风良好，密度适当，减少咬斗，猪舍干净，定期消毒。猪每采食 1 千克风干饲料需水 5～8 千克（夏季较多、冬季较少），若饮水不足，会影响正常消化和代谢过程，甚至有害健康。

（六）防病和驱虫

发现可疑病猪立即隔离治疗，对疫区要加强免疫预防，定期驱除体内外寄生虫是必须进行的工作，有资料表明，体内外寄生虫可使猪的增重速度减慢 10% 以上。

第六章　猪的尸体剖检技术

猪的尸体剖检是运用病理学的理论与知识及其他相关学科的理论、技术、知识，用解剖学的方法检查死亡猪尸体的病理形态学变化，来诊断疾病的一种技术方法。

第一节　尸体剖检的目的

在临床实践中，通过尸体剖检可以提高临床诊疗工作的质量，并能及时验证生前诊断的正确与否，从而避免医疗工作的失误。

通过对病猪或因病死亡猪的尸体剖检，观察体内各组织脏器的病理变化，根据其病理变化，为确诊提供依据。有许多疾病在临床上往往不显示任何典型症状，而剖检时却有一定的特征性病变，尤其是对猪传染病的诊断更是不可缺少的重要诊断方法。

通过尸体剖检资料的积累，可为各种疾病的研究提供重要的依据。

第二节　尸体剖检前的准备

一、剖检场地

为方便消毒和防止病原扩散，剖检最好在室内进行。若因条件所限需在室外剖检时，应选择距猪舍、道路和水源较远，地势高的地方剖检。在剖检前先挖 2 米左右的深坑（或利用废土坑），坑内撒一些石灰。坑旁铺上垫草或塑料布，将尸体放在上面剖检。剖检结束后，把尸体及其污染物掩埋在坑内，并做好消毒工作，防止病原扩散。

二、剖检的器械和药品

剖检常用的器械有剥皮刀、解剖刀、大小手术剪、镊子、骨锯、凿子、斧子、量尺、量杯、天平、搪瓷盘、桶、酒精灯、量筒、广口瓶、工作服、胶手套、口罩、防护眼镜、胶靴等。

常用的消毒药有3%来苏儿、0.1%新洁尔灭、2%碘酒、70%乙醇、百毒杀、易克林及含氯消毒剂等。固定液有10%福尔马林溶液、95%乙醇。

三、剖检注意事项

（一）剖检对象的选择

剖检猪最好是选择临床症状比较典型的病猪或病死猪。有的病猪，特别是最急性死亡的病例，特征性病变尚未出现。因此，为了全面、客观、准确地了解病理变化，可多选择几头疫病流行期间不同时期出现的病、死猪进行解剖检查。

（二）剖检时间

剖检应在病猪死后尽早进行，死后时间过长（夏天超过12个小时）的尸体，因发生自溶和腐败而难判断原有病变，失去剖检意义。剖检最好在白天进行，因为灯光下很难把握病变组织的颜色（如黄疸、变性等）。

（三）正确认识尸体变化

猪死亡后，血液循环停止，机体组织器官的功能与代谢过程先后停止，受体内细胞酶和肠道内细菌的作用，以及外界环境的影响，逐渐发生一系列的死后变化。其中包括尸冷、尸僵、尸斑、血液凝固、尸体自溶与腐败等。正确地辨认尸体的变化，可以避免把某些死后变化误认为生前的病理变化。

（四）剖检人员的防护

剖检人员在剖检过程中要时刻警惕感染人畜共患病以及尚未被证实，而可能对人类健康有害的微生物，所以剖检人员应尽可能采取各种防护手段，穿工作服、胶靴，戴胶手套及工作帽、口罩、防护眼镜。剖检过程中要经常用低浓度的消毒液冲洗器械上及手套上的血液和其他分泌物、渗出物等。剖检中若不慎皮肤被损伤，应立即停止剖检，妥善消毒包扎；若液体溅入眼中，要迅速用2%硼酸水冲洗，并滴入消炎杀菌的眼药水。剖检后，双手用肥皂洗数次后，再用0.1%新洁尔灭洗3分钟以上；为除去腐败臭味，可先用5%高锰酸钾溶液浸洗，再用3%草酸溶液洗涤脱色，然后用清水清洗；口腔可用2%硼酸水漱口；面部可用香皂清洗，然后用70%乙醇擦洗口腔附近面部。

（五）尸体消毒和处理

剖检前应在尸体体表喷洒消毒液，如怀疑患炭疽时，取颌下淋巴结涂片染色检查，确诊患炭疽的尸体禁止剖检。死于传染病的尸体，可采用深埋或焚烧法处理。搬运尸体的工具及尸体污染场地也应认真清理消毒。

（六）注意综合分析诊断

有些疾病特征性病变明显，通过剖检可以确诊，但大多数疾病缺乏特征病变。另外，原发病的病变常受混合感染、继发感染、药物治疗等诸多因素的影响。在尸体剖检时应正确认识剖检诊断的局限性，结合流行病学、临床症状、病理组织学变化、血清学检验及病原分离鉴定，综合分析诊断。

（七）做好剖检记录，写出剖检报告

尸体剖检记录是尸体剖检报告的重要依据，也是进行综合分析诊断的原始资料。记录的内容要力求完整、详细，能如实地反映尸体的各种病理变化。记录应在剖检当时进行，按剖检顺序记录。记录病变时要客观地描述病变，对于无肉眼可见变化的器官，不能记录为"正常"或"无变化"，因为无肉眼变化，不一定就说明该器官无病变，可用"无肉眼可见变化"或"未发现异常"来描述。

（八）尸体剖检报告内容

其中病理解剖学诊断是根据剖检发现的病理变化和它们的相互关系，以及其他诊断检查所提供的材料，经过详细的分析而得出的结论。结论是对疾病的诊断或疑似诊断。

第三节　剖检顺序及检查内容

一、体表检查

在进行尸体解剖前，先仔细了解死猪的生前情况，尤其是比较明显的临床症状，以缩小对所患疾病的考虑范围，使剖检有一定导向性。体表检查首先注意品种、性别、年龄、毛色、体重及营养状况，然后再进行死后征象、天然孔、皮肤和体表淋巴结的检查。

（一）死后征象

猪死后会发生尸冷、尸僵、尸斑、腐败等现象。根据这些现象可以大致判定猪死亡的时间、死亡时的体位等。

1. 尸冷　尸体温度逐渐与外界温度一致，其时间长短与外界的气温、尸体大小、营养状况、疾病种类有关，一般需要 1～24 小时。因破伤风而死的，其尸体的体温有短时间的上升，可达 42℃ 以上。

2. 尸僵　尸僵发生在死亡后 1～6 小时，先从头部开始，依次发展到颈部、前肢、躯干至后肢。经 24～48 小时后，尸僵按发生顺序开始缓解，尸僵的特点是若人为地破坏后，不能再出现。凡高温、急死或死前挣扎的，尸僵发生较快；而寒冷、消瘦的，较迟缓。

3. 尸斑　尸体剥皮后，常在死亡时着地的一侧皮下呈暗红色，指压红色消失。出现时间为死亡后 24 小时左右。

4. 血液凝固　猪死亡后血液循环停止，不久心脏和大血管内的血液发生凝固。血液凝固的程度与速度不完全一致，有时可以完全不凝固或不完全凝固。如死于窒息的猪尸体，因血液中含有较多的二氧化碳，死亡后血液不凝固；死于败血症的猪血液凝固也不完全。

5. 腐败 尸体腐败时腹部膨大，肛门突出，有恶臭气味，组织呈暗红色或污绿色。脏器膨大、脆弱，胃肠中充满气体。

（二）天然孔

注意检查口、鼻、眼、肛门、生殖器等有无出血现象，有无分泌物、渗出物和排泄物，可视黏膜的色泽，以及有无出血、水疱、溃疡、结节、假膜等病变。

（三）皮肤

注意检查皮肤的色泽变化，有无充血、出血、创伤、炎症、溃疡、结节、脓疱、肿瘤、水肿等病变，有无寄生虫和粪便黏着等变化。

（四）体表淋巴结

注意有无肿大、硬结。

二、内部检查

猪的剖检一般采用背位姿势。为了使尸体保持背位，需切断四肢内侧的所有肌肉和髋关节的圆韧带，使四肢平摊在地上，借以抵住躯体，保持不倒。然后再从颈、胸、腹的正中切开皮肤，腹侧剥皮。如果是大猪，又不是传染病死亡，皮肤可以加工利用时，建议仍按常规方法剥皮，然后再切断四肢内侧肌肉，使尸体保持背位。

常规的剥皮方法为：首先使尸体仰卧，然后做一条纵切线、四条横切线。一条纵切线是猪腹侧正中线，从下颌间隙开始沿气管、胸骨，再沿腹壁白线侧方直至尾根做一条线切开皮肤。切线在脐部、生殖孔、乳房、肛门等时，应使切线在其前方左右分为两切线绕其周围切开，然后又汇合为一线，尾部通常不剥皮，仅在尾根部切开腹侧皮肤，在3~4尾椎部切断椎间软骨，使尾部连于皮肤上。四条横切线即每肢一条横切线，在四肢内侧与正中线成直角切开皮肤，止于球节做环状切线。头部剥皮，从口角后方与眼睑周围做环状切开，然后沿下颌间隙正中线向两侧剥开皮肤，切断耳壳，外耳部连在皮肤上一并剥离，以后沿上述各切线逐渐把全身皮肤剥下。注意剥皮时要拉紧皮肤，刀刃切向皮肤和皮下组织结合处，只切离皮下组织，切忌使过多的皮肌、皮肤脂肪残留在皮肤上，也不应割破皮肤，而降低利用价值。

（一）皮下检查

皮下检查主要注意皮下有无充血、炎症、出血、瘀血、水肿（多呈胶冻样）等病变。

（二）腹腔及腹腔脏器的检查

第一切线，从胸骨的剑状软骨处距白线2厘米左右做一长10~15厘米的切口，切开腹壁肌层，然后用刀尖将腹膜切一小口，此时左手的食指及中指，伸入腹壁的切口中，用手指的背面抵住肠管，同时两手指张开，刀尖夹于两手指之间，刀刃向上，由剑状软骨切口的末端，沿腹壁的线切至耻骨联合处。第二切线，由耻骨联合切口处分别向左、右两侧沿髂骨体前缘切开腹壁。第三切线，由剑状软骨处的切口分别向左、右两侧沿肋骨弓切开腹壁，根据腹腔内脏器官和内容物情况逐步切至腰椎横突处。观察腹腔中有无渗出物及其颜色、性状和数量；腹膜及腹腔器官浆膜是否光滑，肠壁有无粘连。

脾脏：脾脏摘出后，检查脾门部血管和淋巴结，观察其大小、形态和色泽，检查包膜的紧张度，有无肥厚、梗死、脓肿及瘢痕形成。用手触摸脾的质地（坚硬、柔软、脆弱），然后做一两个纵切，检查脾髓、滤泡和脾小梁的状态，有无结节、坏死、梗死和脓肿等。以刀背轻刮切面，检查脾髓的质地。患败血症的脾脏，常显著肿大，包膜紧张，质地柔软，暗红色，切面突出，结构模糊，往往流出多量煤焦油样血液。脾脏瘀血时，脾也显著肿大变软，切面有暗红色血液流出。患增生性脾炎时脾稍肿大，质地较实，滤泡常显著增生，其轮廓明显可见。萎缩的脾脏，被膜肥厚而皱缩，脾小梁纹理粗大明显。

肝脏：正常的肝脏为酱紫色，色调均匀而有光泽，肝小叶的纹理鲜明，触摸时有弹性，不易破碎。肝脏的检查，先检查肝门部的动脉、静脉、胆管和淋巴结，然后检查肝脏的形态、大小、色泽、包膜性状，有无出血、结节、坏死等，最后切开肝组织，观察切面的色泽、质地和含血量等情况，切面是否隆突，肝小叶结构是否清晰，有无脓肿、寄生虫性结节和坏死等。

根据肝的颜色与质地可判定肝出血、瘀血、颗粒变性，脂肪变性、坏死，肝硬化等。急性营养不良时，肝表面、切面肝小叶混浊不清，颜色变黄色，质地柔软脆弱，肝肿胀。肝组织发生坏死时，坏死灶和周边界限明显，黄白色，肝质地如泥状，指压即碎裂，可出现点状、斑状、菊花样等形态不一的坏死灶，也有出血。肝急性瘀血时静脉努张，肝组织含血量多，肝小叶中央静脉明显可见，呈暗红色。肝慢性瘀血时呈槟榔肝景象，肝还可出现脂肪浸润，胆汁色素沉着；含铁血红素沉着，肝脏在结缔组织增多时，质地坚硬如橡皮样，肝表面凸凹不平，呈大小不等的颗粒状、岛屿状，严重时肝整个形态发生改变。

胆囊和胆管：先检查胆囊和胆管的大小、颜色，再用剪刀剪开胆囊，观察胆汁的颜色、黏稠度及胆囊有无出血、溃疡、结石等，对胆管检查应注意胆管内有无寄生虫、结石等。

胰脏：检查形态、颜色、质量、重量，必要时用探针插入胰管，并沿之切开，检查管腔内膜状态及管壁的性状和管腔内容物有无异常变化。

肾脏：检查肾脏的形态、大小、色泽和韧度。注意包膜的状态，是否光滑透明和容易剥离。包膜剥离后，检查肾表面的色泽，有无出血、充血、瘢痕、梗死等病变。然后沿肾脏的外侧面向肾门部将肾脏纵切为相等的两半，检查皮质和髓质的厚度、色泽、交界部血管状态和组织结构纹理。最后检查肾盂，注意其容积，有无积尿、积脓、结石等，以及黏膜的性状。

胃：先观察胃的大小，浆膜色泽，胃壁有无破裂和穿孔等，然后由贲门沿大弯至幽门剪开，检查胃内容物的数量、性状、气味、色泽、成分、寄生虫等。最后检查胃黏膜的色泽，注意有无水肿、出血、充血、溃疡、肥厚等病变。

肠：从十二指肠、空肠、大肠、直肠分段进行检查。先检查肠系膜、淋巴结有无肿大、出血等，再检查肠管浆膜的色泽，有无粘连、肿瘤、寄生虫结节等。最后剪开肠管，检查肠内容物数量、性状、气味，有无血液、异物、寄生虫等。除去肠内容物，检查肠黏膜的性状，注意有无肿胀、发炎、充血、出血、寄生虫和其他病变。

（三）胸腔及胸腔脏器的检查

胸腔打开之前，首先应检查胸腔是否真空，在胸壁 5~6 肋间处，用刀尖刺一小口，此时如听到空气进入胸腔时发生的摩擦音，同时膈后退，即证明正常，用刀刺膈肌的方法也可。一般剖开胸腔是用刀先分离胸壁两侧表面的脂肪和肌肉，再用力切断两侧肋骨与软骨的接合部，然后切断其他软组织，胸腔即可露出。检查胸腔、心包腔有无积液及其性状，胸膜是否光滑，有无粘连。分离咽、喉头、气管、食道周围的肌肉和结缔组织，将喉头、气管、食道、心和肺一同采出。

肺脏：检查之前先切断基础支气管干，将肺脏的背面向上放置，然后检查肺的大小、色泽、质地，弹性表面是否平坦，有无出血、气肿、萎陷、结节、纤维素、病灶及表面附着物等，同时检查肺小叶硬度与含气量，以及确定是否有坏死、结节、钙化、炎症等病灶；然后用剪刀将支气管剪开，注意检查支气管黏膜的色泽，表面附着物的数量、黏稠度，最后将整个肺脏纵横切数刀，观察切面有无病变，切面流出物的数量、色泽变化等。

心脏：先检查心脏纵沟、冠状沟的脂肪量和性状，有无出血；然后检查心脏的外形大小、色泽及心外膜的性状；最后切开心脏检查心腔。方法是沿前纵沟左侧 2 厘米处与前纵沟平行做切口，切至肺动脉半月瓣、左心室及右心室的内膜和乳头肌；再沿前纵沟右侧平行切开直到主动脉的起始部，检查主动脉半月瓣、心内膜和乳头肌；然后再沿另一侧纵沟的左侧和右侧切开，与前两切开相连，再检查右心和左心的房室瓣与内心膜。

检查心脏时，注意检查心脏内血液的含量及性状。检查心内膜的色泽、光滑度，有无出血，各个瓣膜、腱索是否肥厚，有无血栓形成和组织增生或缺损等病变。对心肌的检查，注意各部心肌的厚度、色泽、质地，有无出血、瘢痕、变性和坏死等。

（四）骨盆腔脏器的检查

首先检查膀胱的体积大小，内容物的数量，以及膀胱浆膜有无出血等变化。然后自膀胱基部剪开至尿道口上端，检查膀胱内尿液数量、色泽、性状，有无结石，再翻开膀胱内腔，检查黏膜的状态，有无出血、溃疡等变化。最后剪开输尿管检查黏膜状态和内容物性状。

公猪生殖器：首先检查其外部形态，再检查包皮有无瘢痕、溃疡、肿胀。用剪刀由尿道口沿阴茎腹侧中线剪至尿道骨盆部，剪开后观察尿道黏膜性状，有无出血等异常变化，可做整个横切口检查阴茎海绵体。最后检查前列腺、精囊和尿道球腺，确定其大小、外形与质度，切开后检查切面状态及内容物性状。

检查卵巢和输卵管时，先注意卵巢外形、大小，卵泡的数量、色泽，有无充血、出血、坏死等病变。观察输卵管浆膜面有无粘连，有无膨大、狭窄、囊肿；然后剪开，注意腔内有无异物或黏液、水肿液，黏膜有无肿胀、出血等病变。检查阴道和子宫时，除观察子宫大小及外部病变外，还要用剪刀沿阴道上部正中线剪开阴道，依次再沿正中线剪开子宫颈与子宫体的大部分，然后斜向两侧剪开子宫角部。检查各部的内容物性状、黏膜色泽、硬度，有无破裂、瘢痕、出血、溃疡等。

（五）头颈部

检查口腔黏膜、舌、扁桃体、气管、食道、淋巴结等，注意舌上有无水疱、烂斑、增生物，扁桃体有无肿胀、溃疡、化脓等变化，喉头有无出血等。检查脑时注意脑膜有无充血、出血、炎症等。另外，要特别注意颌下淋巴结、颈浅淋巴结，观察其大小、颜色、硬度、与其周围组织的关系及切面变化。

第四节　病理变化与相应的疾病

一、淋巴结

选择的淋巴结为下颌淋巴结、颈浅腹侧淋巴结、纵隔前淋巴结、肾淋巴结、腹股沟淋巴结、肝淋巴结。

淋巴结萎缩见于高龄、放射性障碍和慢性疾病末期所见到的恶病质时。

浆液性淋巴结见淋巴结显著肿大，质地变软。切面红润，有时有出血点，指压时流出多量黄色或红色混浊液体，多见于急性传染病、感染创伤并伴有大量毒素形成时。

慢性增生性淋巴结炎，这种变化往往是某些病理损害的结局，淋巴结因结缔组织增生而显著肿大，质地坚实，切面呈灰白色。当病变扩展到淋巴结周围时，则淋巴结与周围组织发生粘连，如钩端螺旋体病。在结核、鼻疽、布鲁杆菌病时，增生性淋巴结炎又有其特殊表现，即呈现特殊的肉芽组织增生，此时淋巴结肿大、坚硬、切面灰白色，可见粟粒大到蚕豆大的结节，中心坏死，呈干枯样，常常间有钙化颗粒。

急性增生性淋巴结炎常见淋巴结肿大、松软。切面隆起、多汁，呈灰白色混浊颗粒状，可见到黄白色小坏死灶，外观如脑髓一样，故称"髓样变"，常见于伤寒、弓形虫及其他急性传染病。

化脓性淋巴结炎，淋巴结柔软，表面或切面有大小不等的黄白色脓灶，挤压时有脓汁流出，有时整个淋巴结形成脓包，多半是由于某组织器官有化脓性炎症的结果，是继发性病变，常见于化脓菌性传染病和化脓创伤，如猪链球菌病。

出血性坏死性炎症，即在出血基础上出现坏死性炎症过程。淋巴结通常肿大，质地变硬，切面干燥，呈砖红样，其中存在一个或数个灰黄色、灰黑色、紫红色斑纹状或巢穴状坏死，周围组织有胶样浸润，此为猪慢性局限性炭疽的典型病变。

出血性淋巴结炎，见淋巴结肿大，富有光泽，外观呈深红或暗红色。切面稍隆起，呈现出深红至黑红色与灰白色相间的大理石样花纹，常见于猪瘟；若切面表现为暗红色斑点散在其中，或呈不同程度的弥漫性红染，主要见于败血症及传染病的败血过程。

淋巴结肿大，切面苍白、隆凸，质地松软，并流出多量透明液，多见于各种消耗性疾病后期、外伤和长途急促赶运。

淋巴结充血肿大、发硬，外观呈紫红色，切面潮红，指压时血液渗出，常见于炎症初期。有时切面呈弥散樱桃红色或周边呈樱桃红色，指压切面流血液，常见于败血型猪丹毒。

二、肝

肝有坏死小灶，见于沙门杆菌病、弓形体病、李氏杆菌病、伪狂犬病。

胆囊出血见于猪瘟、胆囊炎。

三、脾

脾边缘有出血性梗死灶，见于猪瘟、链球菌病。

脾稍肿大，呈樱桃红色，见于猪丹毒。

脾瘀血肿大，灶状坏死，见于弓形体病。

脾边缘有小点状出血，见于仔猪红痢。

四、胃

胃黏膜斑点状出血、溃疡，见于猪瘟、胃溃疡。

胃黏膜充血、卡他性炎症，呈大红布样，见于猪丹毒、食物中毒。

胃黏膜下水肿，见于水肿病。

五、小肠

黏膜小点状出血，见于猪瘟。

节段状出血性坏死，浆膜下有小气泡，见于仔猪红痢。

以十二指肠为主的出血性、卡他性炎症，见于仔猪黄痢、猪丹毒、食物中毒。

六、大肠

盲肠、结肠黏膜灶状或弥漫性坏死，见于慢性副伤寒。

盲肠、结肠黏膜扣状溃疡，见于猪瘟。

卡他性、出血性炎症，见于猪痢疾、胃肠炎、食物中毒。

七、肺

出血斑点，见于猪瘟。

纤维素性肺炎，见于猪肺疫、传染性胸膜肺炎。

心叶、尖叶、中间叶肝样变，见于气喘病。

水肿，小点状坏死，见于弓形体病。

粟粒性、干酪样结节，见于结核病。

八、心脏

心外膜斑点状出血，见于猪瘟、猪肺疫、链球菌病。

心肌条纹状坏死带，见于口蹄疫。

纤维素性心外膜炎，见于猪肺疫。

心瓣膜菜花样增生物，见于慢性猪丹毒。

心肌内有米粒大灰白色包囊泡，见于猪囊尾蚴病。

九、肾

苍白，小点状出血，见于猪瘟。

高度瘀血，小点状出血，见于急性出血。

十、膀胱

黏膜层有出血斑点，见于猪瘟。

十一、浆膜及浆膜腔

浆膜出血，见于猪瘟、链球菌病。

纤维素性胸膜炎及粘连，见于猪肺疫、气喘病。

积液，见于传染性胸膜肺炎、弓形体病。

十二、睾丸

1个或2个睾丸肿大、发炎、坏死或萎缩，见于乙型脑炎、布鲁杆菌病。

十三、肌肉

臀肌、肩胛肌、咬肌等处有米粒大囊泡，见于猪囊尾蚴病。

肌肉组织出血、坏死，含气泡，见于恶性水肿。

腹斜肌、大腿肌、肋间肌等处见有与肌纤维平行的毛根状小体，见于住肉孢子虫病。

十四、血液

血液凝固不良，见于链球菌病、中毒性疾病。

第五节　实验室检查材料选取的方法及要求

尸体剖检的目的是对疾病做出正确的诊断，但有许多疾病，根据剖检症状在诊断上有困难和疑问，需要做进一步的实验室检查，如进行病理组织学、病毒学、细菌学、血清学、毒物学等方面的检查，因而正确地掌握送检材料的选取、保存具有重要意义。现就实验室检查材料的方法和要求介绍如下。

一、病理组织学检查材料

1. 病料采取的脏器种类与部位　无论任何疾病，采取病料时，对猪的机体构成的各种器官应具有代表性，所以，应采取生命重要器官，如心、肝、肾、脑、脾、胃肠、淋巴结、肺、胰，但病变器官要重点采集，一个器官不同部位采取多块，取病变典型部位、可疑部位，取样最好能反映出疾病发展过程的不同时期形成的病变。每个组织块应含有病变组织和正常组织，肠应有淋巴滤泡，黏膜器官应含有从浆膜到黏膜各部，心脏应有房室、瓣膜各部，大的病变组织不同部位可分段采取多块。

2. 采取病料的工具　刀尖要锋利，切割时要采取拉切法，避免组织受压造成人为的损伤，组织块固定前勿沾水。

3. 组织块大小 长、宽为 1～1.5 厘米，厚约 0.4 厘米，有时可采取稍大的病料块，待固定几小时后，再切小切薄。

4. 固定 胆囊、胃肠等在固定时易发生弯曲，扭转的可将组织块浆膜面向下平放在硬质泡沫板上或硬纸片上，两端结扎放入固定液中。肺组织块常漂浮于固定液面上，可盖上薄片，用脱脂棉或纱布包好，内放入标签，再放入固定液的容器中。

5. 固定液 10% 福尔马林水溶液（市售甲醛，用常水按 1:9 稀释），其他固定液也应备齐。

6. 编号 组织块固定时，要把尸检病例号用铅笔写在小纸片上，沾 70% 乙醇固定后投入瓶内。也可将所用固定液，病料种类器官名称、块数编号、采取时间写在瓶签上。

7. 送检 通常派专人送检，将送检病料固定好后，把组织块用脱脂纱布包裹好，放入塑料袋，再结扎备用。送检应将整理过的尸体剖检记录和临床流行病学材料、送检目的要求、组织块名称和数量等一并送检。

二、病毒学检查材料的采取

需要做组织学检查的材料，最好用包音氏液与岑克氏液固定。

包音氏液：甲醛原液 25 毫升，冰醋酸 5 毫升，苦味酸饱和液 75 毫升。

岑克氏液：硫酸钠 1 克，氯化汞 5 克，重铬酸钾 25 克，蒸馏水 100 毫升，冰醋酸 5 毫升。

中枢神经系统的病毒性疾病，海马角、大脑皮层、中脑、小脑、丘脑、延脑、脑桥，颈段脊髓，各数块分别用纱布包好，并标记各部名称，固定在包音氏液与岑克氏液。同时灭菌，采取有关部分放入灭菌的盛有 50% 甘油盐水的试管中密封瓶口。

三、细菌学检查材料的采取

细菌学检查材料的基本要求是防止被检材料的细菌污染和病原的扩散，因而采集时应无菌操作。

1. 无菌操作法 采取病料时，首先用点燃酒精棉球烧焦器官表面以消灭被采器官表面的杂菌，然后立即用无菌器材采取深层组织做细菌培养，采好后要将组织块在酒精灯火焰上烧数十秒，再迅速放入无菌器皿中。

2. 培养物的采取 如心血、病灶的内含物等，以无菌注射器经无菌的心房处刺入心脏内吸取血液，然后取出立即注入灭菌试管中，紧塞管口并用蜡封闭。

通常心肌、肝、肺、胃、淋巴结、脑，根据需要可采取有关器官，但脾及淋巴结必采。

3. 涂片　对心血、心包液、脑脊液、脓汁、尿采集同时应涂片 2～3 张，标明编号。

四、血清学检查材料

无菌采血 10～15 毫升，放室温待血清析出移入灭菌试管内，并加入 0.5％碳酸防腐，密封瓶口放冰箱保存。做中和试验的血清不加防腐剂。

五、毒物学检查材料

剖检有毒物中毒可疑的尸体时，因毒物的种类、投入途径不同，材料的采取也各有不同。注意采取材料不得被酚、甲醛、乙醇等常用的化学物质污染，以免影响毒物定性、定量分析。一般做毒物检查应采取下列材料。

胃肠内容物：服毒后病程短，急性死亡的取胃内容物 500～1 000 毫升，肠内容物 200 克。

肝：500～1 000 克（应有胆囊）。

肾：取两侧。

血液：200 克。

尿液：全部采取。

经皮肤、肌内注射的毒物，取注射部位皮肤肌肉和血液、肝、脾、肾等送检。

采取的每一种材料，应分别放入清洗的平皿内，外贴标签，记好材料名称与编号。

第七章　猪场的消毒技术

第一节　猪场消毒要点

一、人员消毒

工作人员进入生产区净道及猪舍要经过洗澡、更衣、紫外线消毒。猪场通常谢绝参观，严格控制外来人员，必须进入生产区时，要在洗澡后换上场区工作服与工作鞋，并遵守场内防疫制度，按指定路线行走。进入养殖场的人员，必须在场门口更换鞋靴，并在消毒池内进行消毒，场门口设消毒池，用2%～4%氢氧化钠溶液，3天更换一次。有条件的猪场，在生产区入口设置消毒室，在消毒室内洗澡、更换衣物，穿戴清洁消毒好的工作服、帽、靴经消毒池后进入生产区。消毒室要经常保持整洁、干净。工作服、工作靴及更衣室要定期洗刷消毒，一般每立方米用42毫升福尔马林熏蒸消毒20分钟。工作人员在接触猪群、饲料等之前须洗手，并用1:1 000的新洁尔灭溶液浸泡消毒3～5分钟。

二、环境消毒

猪舍周围环境每2～3周撒生石灰一次或用2%氢氧化钠溶液消毒，场周围和场内排粪坑、污水池、下水道出口，每月用漂白粉消毒一次。在大门口、猪舍入口设消毒池，使用5%来苏儿或2%氢氧化钠溶液，要注意定期更换消毒液。每隔1～2周，用2%～4%氢氧化钠溶液喷洒消毒道路，用3%～5%甲醛、2%～4%氢氧化钠或0.5%过氧乙酸喷洒消毒场地。

被病猪的排泄物及分泌物污染的地面土壤，可用5%～10%漂白粉溶液、10%氢氧化钠溶液或百毒杀消毒。停放过芽孢所致传染病（如炭疽、气肿疽等）病猪尸体的场所，或是此种病猪倒毙的地方，应严格加以消毒，首先用5%～10%优氯净或10%～20%漂白粉乳剂喷洒地面，然后将表层土壤掘起30厘米左右，撒上干漂白粉并和土混合，把此表土运出掩埋。在运输时要用不漏土的车以免沿途漏撒。若无条件将表土运走，要加大漂白粉的用量（每平方米加漂白粉5千克），将漂白粉与土混合，加水湿润后原地压平。

三、猪舍消毒

每批猪只调出后要彻底将猪舍清扫干净，用高压水枪冲洗，然后进行喷雾消毒或熏蒸消毒。据实验，采用清扫方法，可以使猪舍内的细菌减少21.5%，如果清扫后再用清水冲洗，则猪舍内细菌数可减少54%~60%。清扫、冲洗后再用药物喷雾消毒，猪舍内的细菌数可减少90%。用化学消毒药消毒时，消毒液的用量通常为猪舍内每平方米面积1~1.5升药液。消毒时，先喷洒地面，然后喷洒墙壁，先从离门远处开始，喷完墙壁后再喷天花板，最后再开门窗通风，用清水刷洗饲槽，将消毒药味除去。在进行猪舍消毒时，也要将附近场院、病猪污染的地方及物品同时进行消毒。

（一）猪舍的预防消毒

在通常情况下，猪舍应每年进行两次（春、秋各一次）预防消毒，在进行猪舍预防消毒的同时，凡是猪停留过的处所都需进行消毒。在采取"全进全出"管理方法的机械化养猪场，应在每次全出后进行消毒。产房的消毒在产仔结束后再进行一次。猪舍的预防消毒，可用福尔马林和高锰酸钾熏蒸消毒，用量为每立方米空间用甲醛40毫升、高锰酸钾20克（或以生石灰代替）。计算好用量后倒入高锰酸钾，再加入福尔马林。熏蒸时猪舍的室温应不低于正常的室温（8~15℃），紧闭门窗，经过12~24小时后可将门窗打开通风。

（二）猪舍的临时消毒与终末消毒

发生各种传染病而进行临时消毒与终末消毒时，用来消毒的消毒剂随疫病的种类不同而异。通常肠道菌、病毒性疾病，可选用2%氢氧化钠或5%漂白粉溶液。但若发生细菌芽孢引起的传染病（如炭疽、气肿疽等）时，则需使用4%氢氧化钠溶液、10%~20%漂白粉乳剂或其他强力消毒剂。在消毒猪的同时，病猪舍、隔离舍的出入口应放置设有消毒液的麻袋片或草垫。

四、带猪消毒

（一）带猪消毒的作用

在饲养猪的过程中，猪舍内及猪的体表存在大量的病原微生物，病原微生物不断地滋生繁殖，达到一定数量，可引起猪发生传染病。带猪消毒就是对饲养着猪的舍内一切物品及猪体、空间用一定浓度的消毒液进行喷洒或熏蒸消毒，以清除猪舍内的多种病原微生物，阻止其在舍内积累。带猪消毒是现代集约化饲养条件下综合防疫的重要组成部分，是控制猪舍内环境污染和疫病传播的有效手段之一。实践证明，坚持每日或隔日对猪群进行喷雾消毒，能大大减少疫病的发生。带猪消毒的作用主要包括以下几个方面。

1. 杀灭病原微生物 病原微生物可通过空气、饲料、饮水、用具或人体等进入猪舍。通过带猪消毒，能彻底全面地杀灭环境中的病原微生物，并可杀灭猪体表的病原微生物，避免病原微生物在舍内积累而导致传染病的发生。

2. 防暑降温　在夏季每天进行喷雾消毒，不仅可减少猪舍内病原微生物的含量，而且能降低舍内温度，缓解热应激，减少死亡率。

3. 净化空气　带猪消毒可以有效地降低猪舍空气中浮游的尘埃与尘埃上携带的微生物，使舍内空气达到净化，减少猪呼吸道疾病的发生，确保猪群健康。

（二）带猪消毒的种类

1. 一般性带猪消毒　定期进行带猪消毒，有利于减少环境中的病原微生物。猪体消毒常用喷雾消毒法，即将消毒药液用压缩空气雾化后，喷到猪体表上，以减少或杀灭体表和猪舍内空气中的病原微生物。常用的药物有 0.2% ~ 0.3% 过氧乙酸，每立方米空间用药 20 ~ 40 毫升；也可用 0.1% 新洁尔灭溶液或 0.2% 次氯酸钠溶液。消毒时从猪舍的一端开始，边喷雾边匀速走动，使舍内各处喷雾量均匀。带猪消毒在疫病流行时，可作为综合防治措施之一，及时进行消毒对扑灭疫病起到一定作用。0.5% 以下浓度的过氧乙酸对人畜无害，为减小对工作人员的刺激，在消毒时可佩戴口罩。

此消毒方法全年均可使用，通常情况下每周消毒 1 ~ 2 次；春秋疫情常发季节，每周消毒 3 次；在有疫情发生时，每天消毒 1 ~ 2 次。带猪消毒时可选择 3 ~ 5 种消毒药交替进行使用。

2. 猪体保健消毒　妊娠母猪在分娩前 5 天，最好用热毛巾对全身皮肤进行清洁，然后用 0.1% 高锰酸钾水擦洗全身；在临产前 3 天再消毒 1 次，重点要擦洗乳头和会阴部，保证仔猪在出生后和哺乳期间免受病原微生物的感染。

哺乳期母猪的乳房要定期清洗与消毒，若有腹泻等病的发生，可用带猪消毒药进行消毒，通常每隔 7 天消毒 1 次，严重发病的可按猪场的污染状况进行消毒处理。

新生仔猪，在分娩后用热毛巾对全身皮肤进行擦洗，要保证舍内温度（舍温在 25℃以上），然后用 0.1% 高锰酸钾水擦洗全身，再用毛巾擦干。

（三）带猪消毒药的选用

1. 选用原则

（1）有较强的消毒能力。所选用的消毒药能够在短时间内杀灭入侵猪场的病原。病原一旦侵入猪体，消毒药将无能为力。同时，消毒能力的强弱还体现在消毒药的穿透能力上。因此消毒药应有一定的穿透能力，这样才能真正达到杀灭病原的目的。

（2）有广谱的杀菌能力。选择的消毒药具有广谱的杀菌能力，不仅能减少猪舍内细菌的数量，而且可减少细菌的种类。

（3）性质要稳定，便于贮存。每个养猪场都贮备有一定量的消毒药，且消毒药在使用以后还要求能长时间保持杀菌力。这就要求消毒药本身性质稳定，在存放和使用过程中不易被氧化或分解。

（4）价格要低廉，使用方便。养猪场要尽可能地选择低价高效的消毒药。消毒药的使用应尽可能方便，以降低不必要的开支。

（5）要不受有机物的影响。猪舍内脓汁、血液、机体的坏死组织、粪便及尿液等的存在，往往会降低消毒药物的消毒能力，所以选择消毒药时，应尽量选择那些不受有机物影响的消毒药。

（6）无腐蚀性和低毒性。目前养猪场所使用的养殖设备大多采用金属材料制成，因而在选用消毒药时，要特别注意消毒药的腐蚀性，以免造成猪舍设备生锈，同时也应避免消毒引起的工作人员衣物蚀烂、皮肤损伤。带猪消毒时猪舍内有猪存在，消毒药液要喷洒、喷雾或熏蒸，如果毒性大，可能损害猪只。

（7）要无色、无味，对环境无污染。有刺激性气味的消毒药易引起猪的应激，有色消毒剂不利于圈舍的清洁卫生。

2. 常用带猪消毒药

（1）二氧化氯：具有极强的氧化力，能通过氧化分解微生物蛋白质中氨基酸而将其杀灭。因为二氧化氯不仅杀菌力强，而且在完成其氧化分解过程后的生成物是水、氯化钠、微量二氧化碳和有机物，因此无致癌物质。

（2）新洁尔灭：有较强的除污和消毒作用，能在几分钟内杀死多数细菌，0.1%新洁尔灭溶液用于带猪消毒，使用时要避免与阳离子活性剂（如肥皂等）混合，否则会降低效果。

（3）百毒杀：为广谱、长效、速效消毒剂，能杀灭病毒、细菌、霉菌、芽孢和球虫等，效力可维持10～14天，0.015%百毒杀用于日常预防性带猪消毒，0.025%百毒杀用于发病季节的带猪消毒。

（4）强力消毒灵：是一种广谱、高效、强力、对人畜无害、无刺激性和腐蚀性的消毒剂，易于储运，使用方便，成本低廉，不使衣物着色是其突出优点。它对细菌、病毒、霉菌均有强大的杀灭作用，按比例配制的消毒液，不仅用于带猪消毒，还可进行浸泡、熏蒸消毒，带猪消毒浓度为0.5%～1%。

（5）过氧乙酸：广谱杀菌剂，消毒效果好，能杀死病毒、细菌、芽孢和真菌。0.3%～0.5%溶液带猪消毒。本品稀释后不能久贮，应现用现配，以免失效。

五、用具消毒

定期对保温箱、补料槽、饲料车、针管等进行消毒。一般先将用具冲洗干净后，再用0.1%新洁尔灭或0.2%～0.5%过氧乙酸消毒，然后在密闭的室内进行熏蒸。

六、粪便的消毒

猪的粪便消毒方法有多种，如焚烧法、化学药品消毒法、掩埋法、生物热消毒法等。实践中常用的是生物热消毒法，此法能使非芽孢病原微生物污染的粪便变为无害，且不丧失肥料的应用价值。

七、垫料消毒

对于猪场垫料的消毒，可以采用阳光照射的方法进行。这是一种最经济、最简单的方法，将垫料放在烈日下暴晒 2 ~ 3 小时，能杀灭多种病原微生物。对于少量的垫料，可以直接用紫外线照射 1 ~ 2 小时，可杀灭大部分微生物。

第二节 猪场消毒的方法

病原微生物多种多样，微生物种类以及所处的环境条件不同，其适应能力和抵抗力存在差异，需要不同的消毒方法。消毒方法一般有物理消毒法、化学消毒法及生物消毒法。

一、物理消毒法

物理消毒法是指应用物理因素包括清扫、辐射、煮沸、干热、湿热、火焰焚烧及滤过除菌、超声波、激光、X 射线消毒等，是简便、经济而较常用的一种消毒方法，常用于猪场的场地、设施设备、卫生防疫器具和用具的消毒。

（一）清扫消毒

通过清扫、冲洗、洗擦和通风换气等达到清除病原体的目的，是最常用的一种消毒方法，也是日常的卫生工作之一。

养猪场的场地、猪舍、设备用具上存在大量的污物和尘埃，含有大量的病原微生物，用清扫、铲刮、冲洗等机械方法清除浮尘、污物及沾染在墙壁、地面和设备上的粪便、残余的饲料、废物、垃圾等，可除掉 70% 的病原体，并为药物消毒创造条件。对清扫不彻底的猪舍进行化学消毒，即使用高于规定剂量的消毒剂，效果也不理想，因为消毒剂只要接触少量的有机物便会迅速丧失杀菌能力。但机械清除不能杀灭病原体，所以此法只能作为消毒工作中的一个辅助环节，必须结合其他消毒方法同时使用。

通风换气也是消毒的一种，由于清扫地面、猪的排泄物等导致舍内空气含有大量的尘埃、水汽、氨气等，微生物容易附着。特别是猪发生呼吸道传染病时，空气中病原微生物的含量会增高，所以要适当通风，借助通风经常排出污秽气体和水汽，尤其是在冬、春季，通风可短时间内迅速降低舍内病原微生物的数量，加快舍内水分蒸发，保持干燥，可使芽孢、虫卵以外的病原失活，起到消毒作用。

（二）辐射消毒

辐射消毒有两种，一种是紫外线照射消毒，另一种是电离辐射消毒。

1. 紫外线照射　紫外线照射是一种最经济、方便的方法，是将消毒的物品放在日光下暴晒或放在人工紫外线灯下，利用紫外线、灼热以及干燥等作用使病原微生物灭活而达到消毒的目的。此法较适用于猪舍的垫料、用具、进出人员的消毒。

（1）紫外线作用机制：紫外线是一种肉眼看不见的辐射线，可划分为三个波段：UV－A（长波段），波长320～400纳米；UV－B（中波段），波长280～320纳米；UV－C（短波段），波长100～280纳米。强大的杀菌作用由短波段UV－C提供。由于100～280纳米具有较高的光子能量，当它照射微生物时，能穿透微生物的细胞膜和细胞核，破坏其DNA的分子键，使其失去复制能力或失去活性而死亡。空气中的氧在紫外线的作用下可产生部分臭氧，当臭氧的浓度达到10～15毫升/米^{3}时也有一定的杀菌作用。

紫外线可以杀灭各种微生物，包括细菌、真菌、病毒和立克次体等。一般说来，革兰氏阴性菌对紫外线敏感，其次是革兰氏阳性球菌，细菌芽孢与真菌孢子抵抗力最强。病毒也可被紫外线灭活，其抵抗力介于细菌繁殖体和芽孢之间。

一般常用的灭菌消毒紫外线灯是低压汞气等，在C波段的253.7纳米处有一强线谱，用石英制成灯管，两端各有一对钨丝自燃氧化电极。电极上镀有钡和锶的碳酸盐，管内有少量的汞和氩气。紫外线灯开启时，电极放出电子，冲击汞气分子，从而放出大量波长253.7纳米的紫外线。

（2）紫外线灯消毒的应用：紫外线灯可用于对空气、水、被污染表面的消毒。

1）对空气的消毒：紫外线灯的安装可采取固定式，用于房间（猪栏、猪舍和超净工作台）消毒。将紫外线灯吊装在天花板或墙壁上，离地面2.5米左右，灯管安装金属反光板，使紫外线照射在与水平面成30°～80°角。这样全部空气会受到紫外线照射，而当上下层空气对流产生时，整个空气都会受到消毒。通常以每6～15米^{3}空间用1支15瓦紫外线灯。在直接照射时，普通地面照射以3.3瓦/米^{2}电能。例如：9米^{2}地面需1支30瓦紫外线灯；如果是超净工作台，以5～8瓦/米^{2}电能。移动式照射主要应用于传染病病房的空气消毒，在养猪场较少应用。在建筑物的出入口安装带有反光罩的紫外线灯，可在出入口形成一道紫外线的屏障。一个出入口安装5支20瓦紫外线灯管，这种装置可用于烈性菌实验室的防护，空气经过这一屏障，细菌数量减少90%以上。

2）对水的消毒：紫外线在水中的穿透力，随着深度的增加而降低，也受水中杂质的影响，杂质越多紫外线的穿透力越差。常用的装置有：直流式紫外线水液消毒器，使用 30 瓦灯管每小时可处理 2 000 升水；一套管式紫外线水液消毒器，每小时可生产 10 000 升灭菌水。

3）对污染表面的消毒：紫外线对固体物质的穿透力和可见光一样，不能穿透固体物质，只能对固体物质的表面进行消毒。照射时，灯管距离污染表面不宜超过 1 米，所需时间 30 分钟左右，消毒有效区为灯管周围 1.5~2 米。

（3）影响紫外线辐射强度和灭菌效果的因素：紫外线辐射强度和灭菌效果受许多因素的影响，常见的影响因素有电压、温度、湿度、距离、角度、空气含尘率、紫外线灯的质量、照射时间和微生物数量等。

1）电压对紫外线灯辐射强度的影响：国产紫外线灯的标准电压为 220 伏。电压不足时，紫外线的辐射强度大大降低。研究发现，当电压 180 伏时，其辐射强度只有标准电压的一半。

2）温度对紫外线灯辐射强度的影响：室温在 10~30℃，紫外线灯辐射强度变化不大。室温低于 10℃，则辐射强度显著下降。研究发现，在其他条件不变的情况下，0℃的辐射强度只有 10℃的 70%，只有 30℃的 60%。

3）湿度对紫外线灯辐射强度的影响：相对湿度不超过 50%，对紫外线灯辐射强度的影响不大。随着室内相对湿度的增加，紫外线灯辐射强度呈下降的趋势。当相对湿度达到 80%~90% 时，紫外线灯辐射强度和杀菌效果降低 30%~40%。

4）距离对紫外线灯辐射强度的影响：受照物与紫外线灯的距离越远，辐射强度越低。

5）角度对紫外线灯辐射强度的影响：紫外线灯辐射强度与投射角也有很大的关系。直射光线的辐射强度远大于散射光线。

6）紫外线灯质量和型号对辐射强度的影响：紫外线灯用久后即衰老，影响辐射强度，一般寿命为 4 000 小时左右。使用 1 年后，紫外线灯的辐射强度会下降 10%~20%。因此，紫外线灯使用 2~3 年后应及时更新。

7）空气含尘率对紫外线灯灭菌效果的影响：灰尘中的微生物比水滴中的微生物对紫外线的耐受力高。空气含尘率越高，紫外线灯灭菌效果越差。每毫升空气中含有 800~900 个微粒时，可降低灭菌率 20%~30%。

8）照射时间对紫外线灯灭菌效果的影响：每种微生物都有其特定的紫外线照射下的死亡剂量阈值。杀菌剂量（K）是辐射强度（I）与照射时间（T）的乘积（即 $K = IT$）。可见，照射时间越长，灭菌的效果越好。

（4）养猪场紫外线灯的合理使用：因为影响紫外线灯消毒效果的因素是多方面的，养猪场应该根据各自不同的情况，因地制宜，因时制宜，合理配置、安装和使用紫外线灯，才能达到灭菌消毒的效果。

1）紫外线灯的配置和安装：养猪场入口消毒室宜按照不低于 1 瓦/米³ 配置相应功率的紫外线灯。例如：消毒室面积 15 米²，高度为 2.5 米，其空间为 37.5 米³，则宜配置 40 瓦紫外线灯 1 支，最好是 20 瓦紫外线灯 2 支。

紫外线灯安装的高度应距天棚有一定的距离，使被照物与紫外线灯之间的直线距离在 1 米左右。有的养猪场将紫外线灯紧贴天棚安装，有的将紫外线灯安装在墙角，这些都影响紫外线灯的辐射强度和消毒效果。如果整个房间只需安装 1 支紫外线灯即可满足要求的功率，则紫外线灯应吊装在房间的正中央，与天棚有一定的距离。人工房间需配置 2 支紫外线灯，2 支紫外线灯最好互相垂直安装。

2）紫外线灯的照射时间：紫外线灯的照射时间长短应根据气温、空气湿度、环境的卫生情况等决定。通常养猪场入口消毒室按照 1 瓦/米^3 配置紫外线灯，其照射的时间应不少于 30 分钟。如果配置的紫外线灯功率大于 1 瓦/米^3，则照射时间可适当缩短，但不能低于 20 分钟。

3）照射时间和照射强度的选择：在欲达到相同照射剂量的情况下，高强度照射比延长时间的低强度照射灭菌效果要好。

4）其他注意事项：为保持电压的稳定，在电压不稳定的地区，应使用稳压器，同时保持消毒室的环境卫生，保持干燥，尽量减少灰尘和微生物的数量。

因紫外线不能穿透不透明的物体和普通玻璃，受照物应在紫外线灯的直射光线下，被消毒物品应尽量展开。紫外线灯灯管应经常擦拭，保持清洁，否则会影响消毒效果。

2. 电离辐射 利用 γ 射线、X 射线或电子辐射能穿透物品，杀死其中的微生物的低温灭菌方法，统称为电离辐射。电离辐射是低温灭菌，不发生热的交换，没有压力差别和扩散层干扰，所以，适用于怕热的灭菌物品，具有优于化学消毒、热力消毒等其他消毒灭菌方法的许多优点，也是在医疗、制药、卫生、食品、养殖业应用广泛的消毒灭菌方法。

（三）高温消毒和灭菌

高温对微生物有明显的致死作用。所以，应用高温进行灭菌是比较切实可靠而且常用的物理方法。高温可以灭活包括细菌及繁殖体、真菌、病毒和抵抗力最强的细菌芽孢在内的一切微生物。

1. 高温消毒或灭菌的机制 高温杀灭微生物的基本机制是通过破坏微生物蛋白质、核酸的活性导致微生物的死亡。蛋白质构成微生物的结构蛋白和功能蛋白。结构蛋白主要包括构成微生物细胞壁、细胞膜及细胞质内含物等。功能蛋白构成细菌的酶类。湿热对细菌蛋白的破坏机制是通过使蛋白质分子运动加速，互相撞击，致使肽链连接的副键断裂，并使其分子由有规律的紧密结构变为无秩序的散漫结构，大量的疏水基暴露于分子表面，并互相结合成为较大的聚合体而凝固、沉淀。干热灭菌主要通过热对细菌细胞蛋白质的氧化作用，并不是蛋白质的凝固，因为干燥的蛋白质加热到 100℃ 也不会凝固。细菌在高温下死亡加速是由于氧化速率增加的缘故。无论是干热或湿热对细菌与病毒的核酸均有破坏作用，加热可使 RNA 单链的磷酸二酯键断裂；而单股 DNA 的灭活是通过脱嘌呤。实验证明，单股 RNA 对热的敏感性高于单股 DNA 对热的敏感性，但都随温度升高灭活速率加快。

2. 高温消毒与灭菌的常用方法　高温消毒与灭菌方法主要分为干热消毒灭菌和湿热消毒灭菌。

（1）干热消毒与灭菌法：有灼烧或焚烧消毒法和热空气灭菌法。

1）灼烧或焚烧消毒法：灼烧是指直接用火焰灭菌，适用于栏具、地面、墙壁以及兽医使用的接种针、剪、刀等不怕热的金属器材，可立即杀死全部微生物。在没有其他灭菌方法的情况下，对剖检器材也可灼烧灭菌。接种环、注射器针头等体积较小的物品可直接在酒精灯火焰上或点燃的酒精棉球火焰上直接灼烧，栏具、地面、墙壁的灼烧必须借助火焰消毒器进行。焚烧主要是对病猪尸体、垃圾、污染的杂草、地面和不可利用的物品器材采用焚烧的方法，点燃或在焚烧炉内烧毁，从而消灭病原体。体积较小、易燃的杂物可直接点燃；体积较大、不易燃烧的病死猪尸体、污染的垃圾和粪便等可泼上汽油后直接点燃，也可在焚烧炉内或架在易燃的物品上焚烧。焚烧处理是最为彻底的消毒方法。

2）热空气灭菌法：即在干燥的条件下，利用热空气灭菌的方法。此法适用于干燥的玻璃器皿（如烧杯、烧瓶、吸管、试管、离心管、培养皿、玻璃注射器）、针头、滑石粉、凡士林及液状石蜡等的灭菌。在干燥的情况下，由于热的穿透力较低，灭菌时间较湿热法长。干热灭菌时，一般细菌的繁殖体在 100℃ 经 1.5 小时才能被杀死，芽孢则需在 140℃ 经 3 小时才能被杀死，真菌的孢子在 100～115℃ 经 1.5 小时才能被杀死。干热灭菌法是在特别的电热干烤箱中进行的。灭菌时，将待灭菌的物品放入烘烤箱内，使温度逐渐上升到 160℃ 维持 2 小时，可以杀死全部细菌及其芽孢。干热灭菌时需注意以下几点。

第一，不同物品器具干热灭菌的温度和时间不同，见表 7-1。

表7-1　不同物品器具干热灭菌的温度和时间

物品类别	温度（℃）	时间（分）
金属器材（刀、剪、镊等）	150	60
注射油剂、口服油剂（甘油、石蜡等）	150	120
凡士林、粉剂	160	60
玻璃器材（试管、吸管、注射器、量筒、量杯等）	160	60
装在金属筒内的玻璃器材	160	120

第二，消毒灭菌器材应洗净后再放入电烤箱内，以防附着在器械上面的污物炭化。玻璃器材灭菌前应洗净并干燥，勿与烤箱底壁直接接触，灭菌结束后，应

待烤箱温度降至40℃以下再打开烤箱，以防灭菌器具炸裂。

第三，物品包装不宜过大，干燥物品体积不能超过烤箱容积的2/3，物品之间应留有空隙，有利于热空气流通。粉剂和油剂不宜太厚（小于1.3厘米），有利于热的穿透。

第四，棉制品、合成纤维、塑料制品、橡胶制品、导热差的物品及其他在高温下易损坏的物品，不可用干烤灭菌。灭菌过程中，高温下不得中途打开烤箱，以免引燃灭菌物品。

第五，灭菌时间计算应从温度达到要求时算起。

（2）湿热消毒与灭菌法：湿热灭菌法是灭菌效力较强的消毒方法，应用较为广泛。常用的有以下几种。

1）煮沸消毒：利用沸水的高温作用杀灭病原体，是使用较早的消毒方法之一。该方法简单、方便、安全、经济、实用、效果可靠，常用于金属器械、针头、工作服、工作帽等物品的消毒。煮沸消毒温度接近100℃，10～20分钟可以杀死所有细菌的繁殖体，若在水中加入5%～10%的肥皂、碱或1%碳酸钠，使溶液中pH值偏碱性，可使物品上的污物易于溶解，同时还可提高沸点，增强杀菌力。水中若加入2%～5%的石炭酸，能增强消毒效果，经15分钟的煮沸可杀灭炭疽杆菌的芽孢。对不耐热的物品，在水中加入0.2%的甲醛或0.01%氯化汞，80℃维持60分钟也可达到灭菌的目的。应用此法消毒时，要掌握消毒时间，通常以水沸腾时算起，煮沸20分钟左右，对于寄生虫性病原体，消毒时间应加长。

2）流通蒸汽消毒：又称常压蒸汽消毒，此法是利用蒸笼或流通蒸汽灭菌器进行消毒灭菌。通常在100℃加热30分钟，可杀死细菌的繁殖体，但不能杀死芽孢和霉菌孢子，因此常在100℃经30分钟灭菌后，将消毒物品置于室温下，待其芽孢萌发，第二天、第三天再用同样的方法进行处理和消毒。这样连续3天3次处理，即可保证杀死全部细菌及其芽孢。这种连续流通蒸汽灭菌的方法，称为间歇灭菌法。此消毒方法常用于易被高温破坏的物品如血清培养基、牛乳培养基、糖培养基等的灭菌。若为了不破坏血清等，还可用较低一点温度如70℃加热1小时，连续6次，也可达到灭菌的目的。

3）巴氏消毒法：此法常用于啤酒、葡萄酒、鲜牛奶等食品的消毒，以及血清、疫苗的消毒。主要是消毒怕高温的物品，温度通常控制在61～80℃。根据消毒物品性质确定消毒温度，牛奶为62.8～65.6℃，血清为56℃，疫苗为56～60℃。

4）高压蒸汽灭菌：通常情况下，101千帕下水的沸点是100℃，当超过101千帕时，水的沸点则超过100℃，压力越大，水的沸点越高。高压灭菌就是根据这一原理，在一个密封的金属容器内，通过加热来增加蒸汽压力，提高水蒸气的温度，达到短时间灭菌的效果。

高压蒸汽灭菌具有灭菌速度快、效果可靠的特点，常用于玻璃器皿、纱布、金属器械、培养基、橡胶制品、生理盐水、针具等的消毒灭菌。

高压蒸汽灭菌应注意以下几点：

第一，排净灭菌器内冷空气，排气不充分易导致灭菌失败。一般当压力升至13 790帕或20 684帕时，缓缓打开气门，排出灭菌器中的冷空气，然后再关闭气门，使灭菌器内的压力再度上升。

第二，合理计算灭菌时间，要从压力升到所需压力时计算。

第三，消毒物品的包装和容器要合适，不要过大、过紧，否则不利于空气穿透。

第四，注意安全操作，检查各部件是否灵敏，控制加热速度，防止空气超高热。

3. 影响高温消毒和灭菌的因素

（1）微生物方面：微生物的类型、细菌的菌龄和发育的温度、细菌的浓度等都会影响高温消毒和灭菌的效果。

1）微生物的类型：由于不同的微生物具有不同的生物学与理化特性，故不同的微生物对热的抵抗力不同，如嗜热菌由于长期生活在较高的温度条件下，因而对高温的抵抗力较强；无芽孢细菌、真菌和细菌的繁殖体以及病毒对高温抵抗力较弱，一般在60～70℃下短时间内即可死亡。细菌的芽孢和真菌的孢子均比其繁殖体耐高温，细菌芽孢往往可耐受较长时间的煮沸，如肉毒梭菌孢子能耐受6小时的煮沸，破伤风杆菌芽孢能耐受3小时的煮沸。

2）细菌的菌龄和发育的温度：在对数生长期的细菌对热的抵抗力相对较小，老龄菌的抵抗力较大。一般在最适温度下形成的芽孢比其在最高或最低温度下产生的芽孢抵抗高温的能力要大。如肉毒梭菌在24～37℃时，随着培养温度的升高，其芽孢对热的抵抗力逐渐加强，但在41℃时所形成的芽孢对热的抵抗力较37℃时形成的芽孢对热的抵抗力为低。

3）细菌的浓度：细菌和芽孢在加热时，并不是在同一时间内全部被杀灭，通常来说，细菌的浓度越大，杀灭最后的细菌所需要的时间也越长。

（2）介质（水）的特性：水作为消毒杀菌的介质，在一定范围内，其含量越多，杀菌所需要的温度越低。这是由于水具有良好的传热性能，能促进加热时菌体蛋白的凝固，使菌体死亡。芽孢之所以耐热，是由于它含水分比繁殖体要少。若水中加入2%～4%的碳酸能增强杀菌力。细菌在非水的介质中比水作为介质时对热的抵抗力大。如热空气条件下，杀菌所需温度要高、时间要长。在浓糖和盐溶液中细菌脱水，对热的抵抗力增强。

（3）加热的温度与时间：许多无芽孢杆菌（如伤寒杆菌、结核杆菌等）在62～63℃下，20～30分钟死亡。大多数病原微生物的繁殖体在60～70℃条件下

30分钟内死亡，通常细菌的繁殖体在100℃下数分钟内死亡。

二、化学消毒法

化学消毒法就是利用化学药物（或消毒剂）杀灭或清除微生物的方法，因微生物的形态、生长、繁殖、致病力、抗原性等都受外界环境因素，特别是化学因素的影响。各种化学物质对微生物的影响是不相同的，有的使菌体蛋白变性或凝固而呈现杀菌作用，有的可阻碍微生物新陈代谢的某些环节而呈现抑菌作用。即使是同一种化学物质，由于其浓度、作用时的环境温度、作用时间的长短及作用对象等的不同，也表现出不同的作用效果。生产中，根据消毒的对象，选用不同的药物（消毒剂），进行清洗、浸泡、喷洒、熏蒸，以杀灭病原体。化学药物消毒是生产中最常用的消毒方法，主要应用于养殖场内外环境中、猪栏、猪舍、食槽、各种物品表面及饮水消毒等。

（一）化学消毒的作用机制

通常来说，消毒和防腐之间并没有严格的界限，消毒药在低浓度时仅能抑菌，而防腐药在高浓度时也可能有杀菌作用，因此，一般统称为消毒防腐药。各种消毒防腐药的杀菌或抑菌作用机制也有所不同，归纳起来有以下几个方面。

（1）使病原体蛋白变性、发生沉淀：大部分消毒防腐药都是通过这个原理而起作用的，其作用特点是无选择性，可损坏一切生活物质，属于原浆毒，可杀菌又可破坏宿主组织，如酚类、醇类、醛类等，此类药仅适用于环境消毒。

（2）干扰病原体的重要酶系统，影响菌体代谢：有些消毒防腐药通过氧化还原反应损害细菌酶的活性基因，或因化学结构与代谢物相似，竞争或非竞争地同酶结合，抑制酶活性，引起菌体死亡。如重金属盐类、氧化剂及卤素类消毒剂。

（3）增加菌体细胞膜的通透性：某些消毒药能降低病原体的表面张力，增加菌体细胞膜的通透性，引起重要的酶和营养物质漏失，水渗入菌体，使菌体破裂或溶解，如双链季铵盐类消毒剂。

（二）化学消毒的方法

化学消毒的方法常用的有浸泡法、喷洒法、熏蒸法和气雾法等。

1. 浸泡法 适用于对一些器械用具、衣物等的浸泡。通常应洗涤干净后再行浸泡，药液要浸过物体，浸泡时间要长些、水温要高些。养猪场入口和猪舍入口消毒槽内，可用浸泡药物的草垫或草袋对人员的鞋靴消毒。

2. 喷洒法 喷洒地面、墙壁、舍内固定设备等，可用细眼喷壶；对舍内空间消毒，则用喷雾器。喷洒要全面，药液要喷到物体的各个部位。通常喷洒地面，药液量2升/米^2；喷洒墙壁、顶棚，药液量1升/米^2。

3. 熏蒸法 适用于可以密闭的猪舍和其他建筑物。这种方法简便、省事，对房屋结构无损，消毒全面。如保育舍、饲料厂库等常用。所用的药物有福尔马林（40%的甲醛水溶液）、过氧化氢水溶液。为加速蒸发，常利用高锰酸钾的氧化作用。实际操作中要严格遵守以下两点：一是猪舍及设备必须清洗干净，因为气体不能渗透到粪便和其他污物中去，如不干净不能发挥应有的效力；二是猪舍要密封，不能漏气，应将进出气口、门窗和排风扇等的缝隙糊严。

4. 气雾法　气雾粒子是悬浮在空气中的气体与液体的微粒，直径小于200纳米，相对分子质量极小，能悬浮在空气中较长时间，可到处飘移穿透到鸡舍周围及其空隙。气雾是消毒液倒进气雾发生器后喷射出的雾状微粒，是消灭空气携病原微生物的理想方法，猪舍的空气消毒和带猪消毒等常用。如全面消毒猪舍空间，每立方米用5%的过氧乙酸溶液25毫升喷雾。

5. 涂擦法　用抹布蘸取消毒液在物体表面擦拭消毒，或用脱脂棉球浸湿消毒液在皮肤、黏膜、伤口等处进行涂擦等。驱除猪体表寄生虫亦常用此法。

6. 撒布法　将粉剂型消毒药均匀地撒在消毒对象表面。如用生石灰加适量水使之松散后，撒布在潮湿地面、粪池周围及污水沟进行消毒。

（三）化学消毒剂的类型

用于杀灭或消毒外环境中的病原微生物或其他有害微生物的化学药物，称为消毒剂。包括杀灭无生命物体上的微生物和生命体皮肤、黏膜、浅表体腔微生物的化学药品。消毒剂一般并不要求其能杀灭芽孢，但能杀灭芽孢的化学药物是更好的。

消毒剂按用途分为环境消毒剂和带猪体表消毒剂（包括饮水、器械等）；按杀菌能力分为灭菌剂、高效消毒剂、中效消毒剂、低效消毒剂；常用的是按化学性质划分。

1. 含氯消毒剂　含氯消毒剂是指在水中能产生杀菌作用的活性次氯酸的一类消毒剂，包括有机含氯消毒剂和无机含氯消毒剂，目前生产中使用较为广泛。

含氯消毒剂通常有以下几种：

（1）漂白粉：杀菌作用快而强，但不持久。用于消毒猪舍、猪栏、排泄物、炭疽芽孢污染的场所。5%～20%的悬浮液用于环境消毒；饮水消毒每升水加0.3～1.5克；1%～5%的澄清液消毒食槽、玻璃器皿、非金属用具等；10%～20%乳剂可用于猪舍、车辆和排泄物的消毒；将干粉剂与粪便以1∶5的比例均匀混合，可进行粪便消毒。宜现用现配。

（2）漂白粉精：0.5%～1.5%用于地面、墙壁消毒；0.3～0.4克/千克饮水消毒。

（3）氯胺－T：0.2%～0.5%水溶液喷雾用于室内空气及表面消毒；1%～2%浸泡物品、器械消毒；3%的溶液用于排泄物和分泌物的消毒；黏膜消毒用0.1%～0.5%；饮水消毒，每升水加2～4毫克。配制消毒液时，如果加入一定量的氯化铵，可大大提高消毒能力。

（4）二氯异氰尿酸钠：能迅速杀灭各种细菌、病毒、真菌孢子和细菌芽孢，溶液的 pH 值越低，杀菌作用越强。加热可加强杀菌效力。有机物对杀菌作用影响很小。通常 0.5% ~1% 的溶液可以杀灭细菌和病毒；5% ~10% 的溶液用作杀灭芽孢；环境器具消毒，0.015% ~0.02%；饮水消毒，每升水加 4 ~6 毫克，作用 30 分钟。本品宜现用现配。另外，三氯异氰尿酸钠的性质特点及作用和二氯异氰尿酸钠基本相同。

（5）二氧化氯：可用于猪舍、场地、器具、屠宰场、饮水消毒和带猪消毒。含有效氯 5% 时，环境消毒，每升水加药 5 ~10 毫升，泼洒或喷雾；饮水消毒，每 100 升水加药 5 ~10 毫升；用具、饲槽消毒，每升水加药 5 毫克，浸泡 5 ~10 分钟。现用现配。

2. 碘类消毒剂 碘类消毒剂是碘与表面活性剂（载体）及增溶剂等形成稳定的络合物。包括传统的碘制剂，如碘水溶液、碘酊（俗称碘酒）、碘甘油和碘伏类制剂。碘伏类制剂又可分为非离子型、阳离子型及阴离子型三大类。其中非离子型碘伏是使用最安全、最广泛的碘伏，主要有聚维酮碘和聚醇醚碘，尤其是聚维酮碘，被世界各国药典收录。

常用碘类消毒剂的使用方法如下：

（1）碘酊（碘酒）：用作皮肤及手术部位消毒。涂擦患部，治疗皮肤慢性炎症和关节炎等。不宜用于破损皮肤、眼及口腔黏膜的消毒。2% ~2.5% 用于皮肤消毒。

（2）碘伏（络合碘）：是碘与表面活性剂的不定型结合物，随表面活性剂种类的不同，其性状各有异同，通常为气味小、无毒、对黏膜无刺激性，无染色性，无腐蚀性，贮存稳定，稀释后能慢慢放出碘。碘伏能杀灭多种病原体、芽孢。在酸性（pH 值为 2 ~4）环境中杀菌效果最好，有机物存在时可降低其杀菌力。0.5% ~1% 用于皮肤消毒；12 ~25 毫克/升浓度用于饮水消毒；50 毫克/升水溶液用作环境消毒；75 毫克/升水溶液用作饲槽和水槽消毒。

（3）威力碘：1% ~2% 用于猪舍、猪体表及环境消毒。5% 用于手术器械、手术部位消毒。

3. 醛类消毒剂 能产生自由醛基，在适当条件下与微生物的蛋白质及某些其他成分发生反应。包括甲醛、戊二醛、聚甲醛等。

（1）常用醛类消毒剂的使用方法：

1）福尔马林（含 36% ~40% 甲醛水溶液）：1% ~2% 环境消毒，与高锰酸钾配伍熏蒸消毒猪舍等，可使用不同级别的浓度。

2）戊二醛：2% 水溶液，用 0.3% 碳酸氢钠调整 pH 值在 7.5 ~8.5 范围可消毒，用于不能用热灭菌的精密仪器、器材的消毒。

3）多聚甲醛（含甲醛 91%～99%）：多聚甲醛的气体与水溶液均能杀灭各种类型病原微生物。1%～5%溶液作用 10～30 分钟，可杀灭除细菌芽孢以外的各种细菌和病毒；杀灭芽孢时，需 8%浓度作用 6 小时；用于熏蒸消毒时，用量为每立方米 3～10 克，消毒时间为 6 小时。

（2）醛类熏蒸消毒的应用和方法：甲醛熏蒸消毒可用于密闭的舍、室或容器内的污染物品消毒，也可用于猪舍、仓库、饲养用具的消毒。其穿透性差，不能消毒用布、纸和塑料薄膜包装的物品。

1）气体的产生：消毒时，最好使气体在短时间内充满整个空间。产生甲醛气体有以下四种方法：第一种方法是福尔马林加热法。每立方米空间用福尔马林 25～50 毫升，加等量水，然后直接加热，使福尔马林变成气体，舍（室）温度不低于 15℃，相对湿度为 60%～80%，消毒时间为 12～24 小时。第二种方法是福尔马林化学反应法。福尔马林为强有力的还原剂，当与氧化剂反应时，能产生大量的热将甲醛蒸发。常用的氧化剂有高锰酸钾和漂白粉等。第三种方法是多聚甲醛加热法。将多聚甲醛干粉放在平底金属容器（或铁板）上，均匀铺开，置于火上加热（150℃），即可产生甲醛气体。第四种方法是多聚甲醛化学反应法。醛氯合剂：将多聚甲醛与二氯异氰尿酸钠干粉按 24：76 的比例混合，点燃后可产生大量有消毒作用的气体。由于两种药物相混可逐渐自然产生反应，因此本合剂的两种成分平时要用塑料袋分开包装，临用前混合。微胶囊醛氯合剂：将多聚甲醛用聚氯乙烯微胶囊包裹后，与二氯异氰尿酸钠干粉按 10：90 的比例混合压制成块，使用时用火点燃，杀菌作用与没有包装胶囊的合剂相同。此合剂由微胶囊将两种成分隔开，因此虽混在一起也可保存 1 年左右。

2）熏蒸消毒的方法：甲醛熏蒸消毒，在养猪场可用于猪舍、用具及工作服的消毒。

消毒时，要充分暴露舍、室及物品的表面，并去除各角落的灰尘和物体上的污物。消毒前将舍、室密闭，避免漏气。室温保持在 20℃ 以上，相对湿度在 60%～80%，必要时加入一定量的水（30 毫升/米³），随甲醛蒸发。达到规定消毒时间后，敞开门、窗通风换气，必要时用 25%氨水中和残留的甲醛（用量为甲醛的 1/2）。

操作时，先将氧化剂高锰酸钾放入容器中，然后注入福尔马林，而不要把高锰酸钾加入福尔马林中。反应开始后药液沸腾，在短时间内即可将甲醛蒸发完毕。由于反应产生的热较高，容器不要放在地板上，避免把地板烧坏，也不要使用易燃、易腐蚀的容器。使用的容器容积要大些（约为药液的 10 倍）。徐徐加入药液，防止反应过猛药液溢出。为调节空气中的湿度，需要蒸发定量水分时，可直接将水加入福尔马林中，这样还可减弱反应强度。

4. 氧化剂类 氧化剂是一些含不稳定结合态氧的化合物。常用的氧化剂及其使用方法为：

（1）过氧乙酸：作用产生快，能杀死细菌、真菌、病毒和芽孢，在低温下仍有杀菌和抗芽孢能力，主要用于猪舍、器具和空气等消毒。腐蚀性强，有漂白作用，稀释液对呼吸道和眼结膜有刺激性；浓度较高的溶液对皮肤有强烈刺激性。有机物可降低其杀菌能力。0.1%～0.5%溶液用于擦拭物品表面；0.5%～5%溶液用于环境消毒；0.2%溶液用于器械消毒。

（2）过氧化氢（双氧水）：主要用于化脓创口、深部组织创伤及坏死灶等的消毒。1%～2%溶液用于创面消毒，0.3%～1%溶液用于黏膜消毒。

（3）过氧戊二酸：2%溶液用于器械浸泡消毒和物体表面擦拭，0.5%溶液用于皮肤消毒，雾化、气溶胶用于空气消毒。

（4）臭氧：30毫克/米³15分钟，用于室内空气消毒；0.5毫克/升10分钟，用于水消毒；15～20毫克/升，用于传染源污水消毒。

（5）高锰酸钾：本品为强氧化剂，遇有机物即起氧化作用，氧化后分解出氧具有杀菌作用。0.1%高锰酸钾水溶液能杀灭多种病原体，用于皮肤、黏膜创面冲洗和水槽消毒。2%～5%溶液能在24小时内杀死芽孢，多用于器具消毒。

5. 酚类消毒剂　酚类消毒剂是消毒剂中种类较多的一类化合物，含酚41%～49%。醋酸为22%～26%的复合酚制剂，是我国生产的一种新型、广谱、高效的消毒剂。

酚类消毒剂的使用方法如下：

（1）苯酚：杀菌力强，3%～5%溶液用于车辆、猪舍与器械消毒，2%的溶液用于皮肤止痒。

（2）复合酚（农福、消毒净、消毒灵）：由冰醋酸、混合酚、十二烷基苯磺酸、煤焦油按一定比例混合而成，为棕色黏稠状液体，有煤焦油臭味，对多种细菌和病毒有杀灭作用。用水稀释100～300倍后，用于环境、猪舍、器具的喷雾消毒，稀释用水温度不低于8℃；1:200稀释用于烈性传染病；1:（300～400）稀释后药浴或擦拭皮肤，药浴25分钟，可以防治皮肤寄生虫病。

（3）煤酚皂（来苏儿）：由煤酚和植物油、氢氧化钠按一定比例配制而成。3%～5%溶液用于环境消毒，5%～10%溶液用于器械消毒、处理污物，2%的溶液用于术前、术后和皮肤消毒。

（4）氯甲酚溶液：为甲酚的氯代衍生物，一般为5%的溶液。杀菌作用强，毒性较小，主要用于猪舍、用具、污染物的消毒。用水稀释33～100倍后用于环境、猪舍的喷雾消毒。

6. 表面活性剂　表面活性剂又称清洁剂或除污剂，生产中常用阳离子表面活性剂，其抗菌谱广，对细菌、真菌、藻类和病毒均具有杀灭作用。

表面活性剂的使用方法如下：

（1）新洁尔灭（苯扎溴铵）：本品为阳离子表面活性剂，能破坏细胞膜，改变其通透性而起杀菌作用，但不能杀灭芽孢。皮肤、器械消毒用0.1%的溶液（以苯扎溴铵计），黏膜、创口消毒用0.02%以下的溶液，0.5%～1%溶液用于手术局部消毒。

（2）度米芬（杜米芬）：皮肤、器械消毒用0.05%～0.1%的溶液，带猪消毒用0.05%的溶液喷雾。

（3）葵甲溴铵溶液（百毒杀）：能迅速杀灭各种病毒、病原菌及有害微生物。市售浓度通常为10%葵甲溴铵溶液。饮水消毒，日常1:（2 000～4 000）稀释，可长期使用；疫病期间1:（1 000～2 000）稀释，连用7天。猪舍及带猪消毒，日常1:600倍稀释；疫病期间1:（200～400）稀释后喷雾、洗刷、浸泡。

（4）双氯苯双胍己烷：0.5%溶液用于环境消毒，0.3%溶液用于器械消毒，0.02%溶液用于皮肤消毒。

（5）环氧乙烷（烷基化合物）：50毫克/升溶液密闭容器内用于器械、敷料等消毒。

（6）氯己定（洗必泰）：0.022%～0.05%水溶液，用于术前洗手，浸泡5分钟；0.01%～0.025%溶液用于腹腔等的冲洗。

7. 醇类消毒剂 可快速杀灭多种微生物，如细菌繁殖体、真菌和多种病毒。醇类消毒剂与戊二醛、碘伏等配伍，可以增强其作用。

醇类消毒剂的使用方法如下：

（1）乙醇（酒精）：70%～75%溶液用于皮肤、手术、注射部位、器械和手术台、实验台面消毒，作用时间3分钟，注意不能作为灭菌剂使用，不能用于黏膜消毒。浸泡消毒时，消毒物品不能带有过多水分，物品要清洁。

（2）异丙醇：50%～70%的水溶液涂擦与浸泡，作用时间50～60分钟。只能用于物品表面和环境消毒。杀菌效果优于乙醇，但毒性也高于乙醇。有轻度的蓄积和致癌作用。

8. 强碱类消毒剂 消毒效果好，特别是对病毒和革兰氏阴性杆菌的杀灭作用最强，但其腐蚀性也强。

强碱类消毒剂的使用方法如下：

（1）氢氧化钠（火碱）：对病毒和细菌具有强杀灭能力，对寄生虫虫卵也有作用。2%～4%溶液可杀死病毒和繁殖期细菌；30%溶液10分钟可杀死芽孢；4%溶液45分钟杀死芽孢，如加入10%食盐能增强杀芽孢能力。2%～4%的热溶液用于喷洒或洗刷消毒，如猪舍、仓库、墙壁、工作间、入口处、运输车辆、饮饲用具等；5%用于炭疽消毒。

（2）生石灰（氧化钙）：加水配制10%～20%石灰乳涂刷猪舍墙壁消毒。

（3）草木灰：取筛过的草木灰10～15千克，加水35～40千克，搅拌均匀，持续煮沸 1 小时，补足蒸发的水分即成 20% ~30% 草木灰。20% ~30% 草木灰可用于猪舍、活动场、墙壁与饲槽的消毒。应注意水温在 50 ~70℃。

9. 重金属类消毒剂　重金属指汞、银、锌等，因其盐类化合物能与菌体蛋白质结合，使蛋白质沉淀而发挥杀菌作用。硫柳汞高浓度可杀菌，低浓度时仅有抑菌作用。

重金属类消毒剂使用方法如下：

（1）甲紫（龙胆紫）：1% ~3% 溶液用于浅表创面消毒、防腐。

（2）硫柳汞：0.01% 用于生物制品防腐，1% 用于皮肤或手术部位消毒。

10. 酸类消毒剂　酸类的杀菌作用在于高浓度时能使菌体蛋白质变性和水解，低浓度时可以改变菌体蛋白质两性物质的离解度，抑制细胞膜的通透性，影响细菌的吸收、排泄、代谢和生长。还可以与其他阳离子在菌体表现为竞争性吸附，妨碍细菌的正常活动。有机酸的抗菌作用比无机酸强。

酸类消毒剂使用方法如下：

（1）无机酸（硫酸与盐酸）：0.5 摩/升的硫酸处理排泄物、痰液等，30 分钟可杀死多数结核杆菌。2% 盐酸用于皮肤消毒。

（2）乳酸：其蒸气用于空气消毒，也可用于与其他醛类配伍。

（3）醋酸：5 ~10 毫升/米^3 加等量水，蒸发消毒房间空气；5% 醋酸溶液有抗绿脓杆菌、嗜酸杆菌和假单胞菌属的作用。

（4）十一烯酸：5% ~10% 十一烯酸乙醇溶液用于皮肤、物体表面消毒。

11. 高效复方消毒剂　在化学消毒剂长期应用的实践中，单方消毒剂存在的不足，已不能满足消毒的需要，使用新型、复方消毒剂可以提高消毒的质量、应用范围和使用效果。

（1）复方化学消毒剂配伍类型：复方化学消毒剂配伍类型主要有两大类。

1）消毒剂与消毒剂：两种或两种以上消毒剂复配，例如季铵盐类与碘的复配、戊二醛与过氧化氢的复配，其杀菌效果达到协同和增效。

2）消毒剂与辅助剂：一种消毒剂加入适当的稳定剂和缓冲剂、增效剂，以改善消毒剂的综合性能，如稳定性、腐蚀性、杀菌效果等。

（2）常用的复方消毒剂：

1）复方含氯消毒剂：复方含氯消毒剂中，常用的含氯成分主要为次氯酸钠、次氯酸钙、二氯异氰尿酸钠、氯化磷酸三钠、二氯二甲基海因等，配伍成分主要为表面活性剂、助洗剂、防腐剂、稳定剂等。

在复合含氯消毒剂中，二氯异氰尿酸钠有效氯含量较高，易溶于水，杀菌作用受有机物影响较小，溶液的 pH 值不受浓度的影响，故作为主要成分应用最多。如用二氯异氰尿酸钠和多聚甲醛配成醛氯合剂用于室内消毒的烟熏剂，使用时点燃合剂，在 3 克/米^3 剂量时，能杀灭 99.99% 的白色念珠菌；用量提高到 13

克/米^3，作用3小时对蜡样芽孢杆菌的杀灭率可达99.94%，该合剂可长期保存，在室温下32个月杀菌效果不变。

2）复方季铵盐类消毒剂：表面活性剂通常有和蛋白质作用的性质，特别是阳离子表面活性剂的这种作用比较强，具有良好的杀菌能力，特别是季铵盐型阳离子表面活性剂使用较多。作为复配的季铵盐类消毒剂主要以十二烷基、二甲基乙基苄基氯化铵、二甲基苄基溴化铵为多，其他的季铵盐为二甲乙基苄基氯化铵以及双癸季铵盐如甲癸甲溴化铵、溴化双（十二烷基二甲基）乙甲二胺等。

常用的配伍剂主要有醛类（戊二醛、甲醛）、醇类（乙醇、异丙醇）、过氧化物类（二氧化氯、过氧乙酸）以及氯己定等。另外，还有两种或两种以上阳离子表面活性剂配伍，如用二甲基苄基氯化铵与二甲基乙基苄基氯化铵配合能增加其杀菌力。

3）含碘复方消毒剂：碘液和碘酊是含碘消毒剂中最常用的两种剂型，但并非复配的首选。碘与表面活性剂的不定型络合物碘伏，是碘类复方消毒剂中最常用的剂型。阳离子表面活性剂、阴离子表面活性剂和非离子表面活性剂均可作为碘的载体制成碘伏，但其中以非离子型表面活性剂最稳定，所以被较多选用。

常见的为聚乙烯吡咯烷酮、聚乙氧基乙醇等。

4）醛类复方消毒剂：在醛类复方消毒剂中应用较多的是戊二醛，这是因为甲醛对人体的毒副作用较大并有致癌作用，限制了甲醛复配的应用。常见的醛类复配形式有戊二醛与洗涤剂的复配，降低了毒性，增强了杀菌作用；戊二醛与过氧化氢的复配，远高于戊二醛和过氧化氢的杀菌效果。

5）醇类复方消毒剂：醇类消毒剂具有无毒、无色、无特殊气味及较快速杀死细菌繁殖体及分枝杆菌、真菌孢子、亲脂病毒的特性。由于醇的渗透作用，某些杀菌剂溶于醇中有增强杀菌的作用，并可杀死任何高浓度醇类都不能杀死的细菌芽孢。因此，醇与物理因子和化学因子的协同应用逐渐增多。

醇类常用的复配形式中以次氯酸钠与醇的复配为最多。用50%甲醇溶液和浓度为2 000毫克/升有效氯的次氯酸钠溶液复配，其杀菌作用高于甲醇和次氯酸钠水溶液。乙醇与氯己定复配的产品很多，也可与醛类和碘类等复配。

（四）影响化学消毒效果的因素

1. 药物方面

（1）药物的特异性：同其他药物一样，消毒剂对微生物具有一定的选择性，某些药物只对某一部分微生物有抑制或杀灭作用，而对另一些微生物效力较差或不发生作用。也有一些消毒剂对各种微生物均具有抑制或杀灭作用（称为广谱消毒剂）。不同种类的化学消毒剂，因为其本身的化学特性和化学结构不同，所以对微生物的作用方式也不相同，有的化学消毒剂作用于细胞膜或细胞壁，使之通透性发生改变，不能摄取营养；有的消毒剂通过进入菌体内使细胞质发生改变；

有的以氧化作用或还原作用毒害菌体；碱类消毒剂是以其氢氧根离子、酸类消毒剂是以其氢离子的解离作用阻碍菌体正常代谢；有些消毒剂则是使菌体蛋白质、酶等生物活性物质变性或沉淀而达到灭菌消毒的目的。故而在选择消毒剂时，一定要考虑到消毒剂的特异性，科学地选择消毒剂。

（2）消毒剂的浓度：消毒剂的消毒效果，通常与其浓度成正比，也就是说，化学消毒剂的浓度愈大，其对微生物的毒性也愈强。但这并不意味着浓度加倍，杀菌力也随之加倍。有的消毒剂，低浓度时对细菌无作用，当浓度增加到一定程度时，可刺激细菌生长，再把消毒剂浓度提高时，可抑制细菌生长，只有将消毒剂浓度增高到有杀菌作用时，才能将细菌杀死。如0.5%的石炭酸只有抑制细菌生长的作用而作为防腐剂，当浓度增加到2%～5%时，则呈现杀菌作用。但是消毒剂浓度的增加是有限的，超越此限度时，并不一定能提高消毒效力，有时一些消毒剂的杀菌效力反而随浓度的增高而下降，如70%～75%的乙醇杀菌效力最强，使用95%以上浓度，杀菌效力反而降低，并造成药物浪费。

2. 微生物方面

（1）微生物的种类：由于不同种类微生物的形态结构及代谢方式等生物学特性的不同，其对化学消毒剂所表现的反应也不同。不同种类的微生物，如细菌、真菌、病毒、衣原体、支原体等对各种消毒剂的敏感性不相同。即使同一种类中不同类型对各种消毒剂的敏感性也不完全相同，如细菌中的革兰氏阳性细菌与革兰氏阴性细菌，因革兰氏阳性细菌的等电点比革兰氏阴性细菌低，所以在一定的值下携带的负电荷多，容易与带正电荷的离子结合，易与碱性染料的阳离子、重金属盐类的阳离子及去污剂结合而被灭活；而病毒对碱性消毒剂比较敏感。因此在生产中要根据消毒和杀灭的对象选用消毒剂，效果才能比较理想。

（2）微生物的状态：同一种微生物处于不同状态时对消毒剂的敏感性也不相同。如同一种细菌，其芽孢因有较厚的芽孢壁和多层芽孢膜，结构坚实，消毒剂不易渗透进去，所以比繁殖体对化学药品的抵抗力要强得多；静止期的细菌要比生长期的细菌对消毒剂的抵抗力强。

（3）微生物的数量：同样条件下，微生物的数量不同对同一种消毒剂的作用也不同。通常来说，细菌的数量越多，要求消毒剂浓度越大且消毒时间也越长。

3. 外界因素方面

（1）有机物质的存在：当微生物所处的环境中有如粪便、痰液、血液及其他排泄物等有机物质存在时，会严重影响到消毒剂的效果。其原因有：

1）有机物能在菌体外形成一层保护膜，而使消毒剂无法直接作用于菌体。

2）消毒剂可能与有机物形成一种不溶性化合物，而使消毒剂无法发挥其消毒作用。

3）消毒剂可能与有机物进行化学反应，而其反应产物并不具备杀菌作用。

4）有机悬浮液中的胶质颗粒状物可能吸附消毒剂离子，而将大部分抗菌成分由消毒液中滤除。

5）脂肪可能会将消毒剂去活化。

6）有机物可能引起消毒剂的 pH 值变动，而使消毒剂不活化或效力低下。

所以要先用清水将地面、器具、墙壁、皮肤或创口等清洗干净，再使用消毒药。对于有痰液、粪便及有猪的猪舍消毒要选用受有机物影响比较小的消毒剂，同时提高消毒剂的用量，延长消毒时间，才能达到较好的效果。

（2）消毒时的温、湿度与时间：许多消毒剂在较高温度下消毒效果比较低温度下好，湿度升高可以增强消毒剂的杀菌能力，并能缩短消毒时间。温度每升高 10℃，金属盐类消毒剂的杀菌作用增强 2~5 倍，石炭酸则增加 5~8 倍，其他酚类消毒剂增加 8 倍以上。湿度作为一个环境因素也能影响消毒效果，如用过氧乙酸或甲醛熏蒸消毒时，保持温度在 24℃ 以上，相对湿度 60%~80% 时，效果最好。如果湿度过低，则效果不良。在其他条件都一定的情况下，作用时间越长，消毒效果越好。消毒剂杀灭细菌所需时间的长短取决于消毒剂的种类、浓度及其杀菌速度，同时也与细菌的种类、数量和所处的环境有关。

（3）消毒剂的酸碱度及物理状态：许多消毒剂的消毒效果受消毒环境 pH 值的影响。如碘制剂、酸类、来苏儿等阴离子消毒剂，在酸性环境中杀菌作用增强。而阳离子消毒剂如新洁尔灭等，在碱性环境中杀菌力增强。如 2% 戊二醛溶液，在 pH 值 4~5 的酸性环境下，杀菌作用很弱，对芽孢无效，若在溶液中加入 0.3% 碳酸氢钠碱性激活剂，将 pH 值调到 7.5~8.5，即成为 2% 的碱性戊二醛溶液，杀菌作用显著增强，能杀死芽孢。另外，pH 值也影响消毒剂的电离度。通常来说，未电离的分子，较易通过细菌的细胞膜，杀菌效果较好。物理状态影响消毒剂的渗透，只有溶液才能进入微生物体内，发挥应有的消毒作用，而固体和气体则不能进入微生物细胞中。因此固体消毒剂必须溶于水中，气体消毒剂必须溶于微生物周围的液层中，才能发挥作用。所以，使用熏蒸消毒时，增加湿度有利于消毒效果的提高。

三、生物消毒法

生物消毒法是利用自然界中广泛存在的微生物在氧化分解污物（如垫草、粪便等）中的有机物时所产生的大量热能来杀死病原体。在养猪场中常用粪便和垃圾进行堆积发酵，它是利用嗜热细菌繁殖产生的热量杀灭病原微生物的。但这种方法只能杀灭粪便中的非芽孢性病原微生物和寄生虫卵，不适用于芽孢菌和患危险疫病时猪的粪便消毒。粪便和土壤中有大量的嗜热菌、噬菌体及其他抗菌物质，嗜热菌可以在高温下发育，其最低温度界限为 35℃，适温为 50~60℃，高温界限为 70~80℃。在堆肥内，开始阶段由于一般嗜热菌的发育使堆肥内的温度高到 30～35℃，此后嗜热菌便发育而将堆肥的温度逐渐提高到 60～75℃，在此温度下，大多数病毒及除芽孢以外的病原菌、寄生虫和虫卵在几天到 3～6 周内死亡。粪便、垫料采用此法比较经济，消毒后不会失去其作为肥料的价值。生物消毒方法多种多样，在生产中常用的有地面泥封堆肥发酵法、坑式堆肥发酵法等。

（一）地面泥封堆肥发酵法

堆肥地点应选择在距离猪舍、水池、水井较远处。挖一宽 3 米、两侧深 25 厘米向中央稍倾斜的浅坑，坑的长度根据粪便的多少而定，坑底用黏土夯实。用小树枝条或小圆棍横架于中央沟上，以利于空气流通。沟的两端冬天关闭，夏天打开。在坑底铺一层 30～40 厘米厚的干草。然后将要消毒的粪便堆积于上。粪便堆放时要疏松，掺 10% 马粪或稻草。干粪需加水浸湿，冬天应加热水。粪堆高 1.2 米。粪堆好后，在粪堆的表面覆盖一层厚 10 厘米的稻草或杂草，然后再在草外面封盖一层 10 厘米厚的泥土。这样堆放 1～3 个月后即达消毒目的。

（二）坑式堆肥发酵法

在适当的场所设粪便堆放坑池若干个，坑池的数量和大小视粪便的多少而定，坑池内壁最好用水泥或坚实的泥土筑成。堆粪之前，在坑底垫一层稻草或其他秸秆，然后堆放待消毒的粪便，上方要堆一层稻草等，堆好后表面加约 10 厘米厚的土或草泥。粪便堆放发酵 1～3 个月即达目的。堆粪时，若粪便过于干燥，应加水浇湿，以便迅速发酵。另外，在生产沼气的地方，可把堆放发酵与生产沼气结合在一起。值得注意的是，生物发酵消毒法不能杀死芽孢。因此，若粪便中含有芽孢杆菌时，则应焚毁或加有效化学药品处理。

堆肥发酵应注意以下几点：

（1）微生物的数量：堆肥是多种微生物作用的结果，但高温纤维分解菌起着更为重要的作用。为增加高温纤维菌的含量，可加入已腐熟的堆肥土（10%～20%）。

（2）堆料中有机物的含量：有机物含量占 25% 以上，碳氮比（C:N）为 25:1。

（3）水分：30%～35% 为宜，过高会形成厌氧环境，过低会影响微生物的繁殖。

（4）pH 值：中性、弱碱性环境适合纤维分解菌的生长繁殖。为减少堆肥过程中产生的有机酸，可加入适量的草木灰、石灰等调节 pH 值。

（5）空气状况：需氧性堆肥需氧气，但通风过大会影响堆肥的保温、保湿、保肥，使温度不能上升到 50～70℃。

（6）堆表面封泥：对保温、保肥、防蝇和减少臭味都有较大作用，通常以 5 厘米厚为宜，冬季可增加厚度。

（7）温度：堆肥内温度一般以 50～60℃ 为宜，气温高有利于堆肥效果和堆肥速度提高。

第八章　猪的免疫接种技术

第一节　免疫接种的概念和分类

免疫接种是根据特异性免疫的原理，采用人工方法给动物接种疫苗、类毒素或免疫血清等生物制品，使动物机体产生对相应病原体的抵抗力，即主动免疫或被动免疫。也是使易感动物转化为非易感动物，以保护个体乃至群体而达到预防和控制疫病的目的。在预防疫病的众多措施中，免疫预防接种是最经济、最方便、最有效的手段，对动物以及人类健康均起重要作用。

根据免疫接种的时机不同，可分为预防免疫接种、紧急免疫接种与临时免疫接种。

一、预防免疫接种

为预防传染病的发生，平时有计划地给健康动物进行免疫接种，叫预防免疫接种。如根据免疫接种计划而进行的猪的常规免疫。预防接种要有针对性，预防什么疫病应根据该地区的具体情况而定，如本地区哪些疫病有潜在威胁，邻近地区有哪些疫情，针对所掌握的这些情况，制订每年的预防接种计划。免疫接种前要根据被接种猪的用途、数量准备好疫苗、器械。

二、紧急免疫接种

发生疫病时，为迅速控制和扑灭疫病的流行，而对疫区和受威胁区内尚未发病动物进行的免疫接种叫紧急免疫接种。紧急接种使用高免血清，它具有安全、产生免疫快的特点，但免疫期短，用量大，价格高，不能满足实际使用。有些疫病（如猪瘟、口蹄疫）紧急接种使用疫苗，也可取得较好的效果。紧急接种必须与疫区的隔离、封锁、消毒等综合措施配合。必须注意紧急接种的目的是建立"免疫带"以防止疫病扩散，将传染病控制在疫区内就地扑灭。

三、临时免疫接种

临时为避免某些疫病发生而进行的免疫接种叫临时免疫接种，如引进、外调、运输动物时，为避免途中或到达目的地后暴发某些疫病而进行的免疫接种；又如家畜去势、手术时，为防止发生某些疫病而进行的临时免疫接种等。

第二节 猪用疫苗的种类与接种方法

一、猪用疫苗的种类

凡接种动物后能产生主动免疫、预防疾病的一类生物制剂均称为疫苗。猪用疫苗是指用于预防猪传染病的疫苗。

1. 根据抗原的种属分类 分为细菌性疫苗、病毒性疫苗和寄生虫性疫苗。

2. 根据抗原的活性分类 分为弱毒疫苗（冻干疫苗）和灭活疫苗。

（1）冻干疫苗：又称为活疫苗，注入猪体内后疫苗所含有的微生物不断增殖刺激动物机体产生免疫应答。冻干疫苗的优点是产生抗体速度快，生产成本低。缺点是研制周期较长且科研投入较大，免疫期相对于油佐剂灭活苗较短，抗体水平较低，且免疫效果受母源抗体影响大。

（2）灭活疫苗：其优点是安全性和免疫原性好，不受母源抗体的干扰；缺点是注射剂量大，只有添加辅助剂后才能延长免疫保护期，同时成本较高。

3. 根据佐剂不同分类 分为蜂胶灭活疫苗、油乳剂灭活疫苗、铝胶灭活疫苗等。

（1）蜂胶灭活疫苗：是以提纯的蜂胶为辅助剂制成的灭活疫苗，蜂胶具有增强免疫的作用，可增强免疫的效果，减轻注射疫苗反应。这类灭活疫苗作用时间比较快，但制作工艺要求高，需要高浓度抗原配苗。2~8℃保存，不宜冻结，用前充分摇匀。

（2）油乳剂灭活疫苗：是以白油为辅助剂乳化而成，大多数病毒性灭活疫苗采用这种方式。油乳剂灭活疫苗注入肌肉后，疫苗中的抗原物质缓慢释放，从而延长疫苗作用时间。这类疫苗必须2~8℃保存，禁止冻结。

（3）铝胶灭活疫苗：是铝胶按一定比例混合而成的，大多数细菌性灭活疫苗采用这种形式，疫苗作用时间比油佐剂疫苗快。2~8℃保存，不宜冻结。

4. 根据制备方法分类 分为普通疫苗和基因工程疫苗。

基因工程疫苗包括基因缺失疫苗、重组活载体疫苗、合成肽疫苗以及核酸疫苗。目前应用比较成功的疫苗为基因缺失疫苗。基因缺失疫苗是利用重组 DNA 技术去掉病毒致病基因组中的某一片段，使缺损毒株难以自发地恢复成强毒株，但并不影响其增殖或复制，且保持了其良好的免疫原性。基因缺失冻干疫苗，生产成本较低，价格低廉，免疫保护期较长，但是使用后可能与野毒株发生基因重组而使毒力返强，具有一定的风险性，通常不能用于种猪。但是基因缺失活疫苗不仅具有免疫期长的优点，而且可以通过分子生物学手段进行鉴别诊断。

二、疫苗的接种方法

1. 皮下注射　是目前使用最多的一种方法，大多数疫苗都是经这一途径免疫。皮下注射是将疫苗注入皮下组织后，经毛细血管吸收进入血液，通过血液循环到达淋巴组织，从而产生免疫反应。注射部位多在耳根皮下，皮下组织吸收比较缓慢而均匀，油类疫苗不宜皮下注射。

2. 肌内注射　是将疫苗注射于肌肉内，多接种在颈部和臀部。优点是操作方便，吸收快；缺点是有些疫苗会损伤肌肉组织，如果注射部位不当，可能引起跛行。注射时注意针头要足够长，以保证疫苗确实注入肌肉内。

3. 超前免疫　又称零时免疫，是指仔猪未吃乳时注射疫苗，注苗后 1~2 小时才给吃初乳，目的是避开母源抗体的干扰和使疫苗毒尽早占领病毒复制的靶位，尽可能早刺激产生基础免疫，这种方法常用于猪瘟的免疫。

4. 口服接种　由于消化道温度和酸碱度都对疫苗的效果有很大的影响，所以这种方法很少使用。

5. 滴鼻接种　属于黏膜免疫的一种，目前使用比较广泛的是猪伪狂犬病基因缺失疫苗的滴鼻接种。

6. 穴位注射　在注射有关预防腹泻的疫苗时多采用后海穴注射，能诱导较好免疫反应。

7. 气管内注射和肺内注射　这两种方法多用在猪喘气病的预防接种。

第三节　使用疫苗的注意事项

使用疫苗时，应注意以下几个问题。

1. 疫苗是否能使用　应根据实际情况选择可靠的和适用于自己猪场的疫苗及相应的血清型，基本原则是选用好疫苗，在接种前要对疫苗质量进行检查，若遇以下情形之一者，应弃之不用。

（1）没有标签，无头份和有效期或不清者。

（2）疫苗瓶破裂或瓶塞松动者。

（3）疫苗质量和说明书不符，如发生色泽、沉淀变化，瓶内有异物或已发霉者。

（4）过了有效期的。

（5）未按产品说明和规定进行保存的疫苗。

疫苗是生物制品，有严格的运输、保存条件。冻干疫苗运输时，必须放在装有冰块的疫苗专用运输箱内，或用卫生纸或报纸将疫苗和冰块包裹好，在运输过程中严禁阳光直接照射和接触高温，应尽量缩短运输时间。疫苗保存，通常病毒性冻干疫苗在 -15℃ 以下保存，保存期为 2 年。细菌性冻干疫苗在 -15℃ 保存时，保存期 2 年；0 ~ 8℃ 保存时，保存期 9 个月。灭活疫苗一般在 2 ~ 8℃ 下冷藏运输和贮藏，严禁冻结和日光直射。

疫苗使用前必须详细阅读使用说明书，了解其用途、用法、用量及注意事项等。各种疫苗使用的稀释剂、稀释方法都有一定的规定，必须严格按照说明书规定稀释，否则会影响疫苗效果。疫苗稀释后应充分摇匀，并立即使用，使用过程中要随时振摇均匀，超过规定时间（一般弱毒疫苗 3 ~ 6 小时内用完，灭活疫苗当天用完）未使用完毕的疫苗应废弃。

2. 疫苗使用时机是否恰当　成功的免疫接种，有赖于正确剂量的疫苗，在正确的时机里，注射到适当的猪身上。免疫时机不科学，过早或过晚都会影响疫苗的效果。疫苗接种前，应向饲养员询问猪群近期饮食、大小便等健康情况，必要时可对个别猪进行体温测量和临床检查。凡食欲、精神、体温不正常的，有病的，体质瘦弱的，幼小的，年老体弱的，怀孕后期的等免疫接种禁忌证对象，不予接种或暂缓接种。

3. 操作是否正确　无菌操作不可忽视，疫苗接种用的注射器、针头、镊子、稀释用的瓶子等要事先清洗，并用沸水煮 15 ~ 30 分钟消毒，有条件的可将所用器械清洗干净后高压灭菌，切不可用消毒药消毒。吸取疫苗时，先用 75% 酒精棉球擦拭消毒瓶盖，再用注射器抽取疫苗，如果一次吸取不完，应另换一个消毒针头进行免疫接种，不要把插在疫苗瓶上的针头拔出，以便继续吸取疫苗，并用干棉球盖好。严禁用给猪注射过疫苗的针头去吸取疫苗，以防止疫苗污染。注射部位要先用碘酒消毒，再进行注射，每注射一头猪应更换消毒针头。疫苗稀释时要准确掌握稀释液用量，确保稀释倍数和浓度准确；注射要准确，不能少注、漏注。

4. 免疫程序是否科学　免疫程序的内容包括疫苗种类、接种对象、接种方法、时间、次数、剂量。免疫接种前必须制定免疫程序。制定免疫程序时要考虑以下因素：当地猪病流行情况及严重程度；传染病流行特点；仔猪母源抗体水平；上次免疫接种后存余抗体水平；猪的免疫应答；疫苗的特性；疫苗接种对猪健康的影响；免疫接种方法等。对当地未发生且没有从外地传入可能的传染病，没有必要进行免疫接种，特别是毒力较强的活疫苗更不能轻率地使用。国内外没有一个可供各地统一使用的猪免疫程序，要在实践中总结经验，制定出符合本场具体情况的免疫程序。

5. 过敏反应的解救　预防接种后，要加强饲养管理，减少应激。遇到不可避免的应激时，可在饮水中加入抗应激剂，如电解多维、维生素 C 等，能有效缓解各种应激反应，增强免疫效果。个别猪只因个体差异，在注射油佐剂疫苗及一些用牛血清培养的细胞疫苗（如猪瘟疫苗）时，注苗后半小时左右开始出现呼吸急促、全身潮红或苍白等可疑过敏症状，可注射肾上腺素、地塞米松等解救。

6. 接种前后慎用药物 在免疫前后一周，不要用肾上腺皮质酮类等抑制免疫应答作用的药物；对于弱毒菌苗，在免疫前后一周不要使用抗菌药物；口服疫苗前后 2 小时禁止饲喂酒糟、发酵饲料，以免影响免疫效果。

第四节 猪参考免疫程序

一、商品猪参考免疫程序

商品猪的参考免疫程序见表 8 – 1。

表 8 – 1 商品猪参考免疫程序

免疫时间	使用疫苗	接种方法
1 日龄	猪瘟弱毒疫苗	肌内注射
7 日龄	猪喘气病灭活疫苗	肌内注射
20 日龄	猪瘟弱毒疫苗	肌内注射
21 日龄	猪喘气病灭活疫苗	肌内注射
23～25 日龄	高致病性猪蓝耳病灭活疫苗	肌内注射
	猪传染性胸膜肺炎灭活疫苗	肌内注射
	猪链球菌灭活疫苗	肌内注射
28～35 日龄	口蹄疫灭活疫苗	肌内注射
	猪丹毒、猪肺疫单苗或二联苗	肌内注射
	仔猪副伤寒弱毒疫苗	皮下注射
	传染性萎缩性鼻炎灭活疫苗	肌内注射
55 日龄	猪伪狂犬基因缺失弱毒疫苗	皮下注射
	传染性萎缩性鼻炎灭活疫苗	肌内注射
60 日龄	口蹄疫灭活疫苗	肌内注射
	猪瘟弱毒疫苗	肌内注射
70 日龄	猪丹毒、猪肺疫单苗或二联苗	肌内注射

注：①猪瘟弱毒疫苗建议使用脾淋疫苗。②1 日龄猪瘟弱毒疫苗免疫仅在母猪带毒严重、垂直感染引发哺乳仔猪猪瘟的猪场实施。

二、种母猪参考免疫程序

种母猪的参考免疫程序见表 8 – 2。

表8-2 种母猪参考免疫程序

免疫时间	使用疫苗	接种方法
每隔4~6个月	口蹄疫灭活疫苗	肌内注射
初产母猪配种前	猪瘟弱毒疫苗	肌内注射
	高致病性猪蓝耳病灭活疫苗	肌内注射
	猪细小病毒灭活疫苗	肌内注射
	猪伪狂犬基因缺失弱毒疫苗	皮下注射
经产母猪配种前	猪瘟弱毒疫苗	肌内注射
	高致病性猪蓝耳病灭活疫苗	肌内注射
产前4~6周	猪伪狂犬基因缺失弱毒疫苗	皮下注射
	大肠杆菌双价基因工程苗	肌内注射
	猪传染性胃肠炎、流行性腹泻二联苗	肌内注射

注：①种母猪70日龄前免疫程序同商品猪。②猪瘟弱毒疫苗建议使用脾淋疫苗。③乙型脑炎流行或受威胁地区，每年3~5月（蚊虫出现前1~2个月），使用乙型脑炎疫苗间隔一个月皮下或肌内注射免疫两次。

三、猪公猪参考免疫程序

种公猪参考免疫程序见表8-3。

表8-3 种公猪参考免疫程序

免疫时间	使用疫苗	接种方法
每隔4~6个月	口蹄疫灭活疫苗	肌内注射
每隔6个月	猪瘟弱毒疫苗	肌内注射
	高致病性猪蓝耳病灭活疫苗	肌内注射
	猪伪狂犬基因缺失弱毒疫苗	皮下注射

注：①种公猪70日龄前免疫程序同商品猪。②乙型脑炎流行或受威胁地区，每年3~5月（蚊虫出现前1~2个月），使用乙型脑炎疫苗间隔一个月皮下或肌内注射免疫两次。

第五节 猪免疫失败的原因及对策

一、猪免疫失败的原因

（一）疫苗及稀释剂存在问题

猪用的疫苗同其他生物制品一样，必须在低温条件下保存和运输，高温、阳光照射、使用方法错误或没有按照规定时间使用都会造成疫苗失效。有些生产场在预防注射时，稀释药液过多，在气温条件 15～27℃状况下，使用时间超过 3 小时而使疫苗逐渐失去抗原性。另外，对稀释疫苗的稀释液 pH 值也有一定的要求，如稀释猪瘟疫苗的稀释液 pH 值应在 6.8～7.4，实际操作中，由于对稀释液 pH 值测试不严格，使用过酸或过碱的稀释液，造成病毒蛋白变性破坏了疫苗抗原性。

（二）不同疫苗间相互干扰

接种时间安排不合理，同时接种两种或两种以上的疫苗，由于不同疫苗之间会产生一定的干扰，从而影响免疫接种效果。如猪繁殖与呼吸障碍综合征疫苗和猪瘟疫苗同时使用，就会产生一定的干扰。

（三）免疫程序不合理

一成不变照搬其他猪场的免疫程序，没有从自己猪场实际情况考虑并根据相应的具体情况做出调整，或免疫接种项目不完善、不全面，均可导致免疫失败。

（四）应激因素

猪的免疫功能在一定程度上受神经、体液和内分泌的调节，在饲养条件、外界环境突然变化时，猪会发生一系列的变化，体内肾上腺皮质激素分泌增加，血中淋巴细胞减少，同时蛋白质的分解代谢增加，用于产生免疫球蛋白的原料相对减少，导致抗体形成减少和抗体水平下降；应激还会使脾脏、淋巴结解毒功能下降而造成抗体产生能力下降。所以在猪应激状态下进行接种必然会影响免疫效果。

（五）母源抗体干扰

母源抗体是幼龄仔猪从母猪处获取来的抗体，可通过胎盘传递和吸食初乳两种途径获取。进行首次免疫时，如果仔猪的母源抗体较高，则会干扰后天的疫苗免疫应答，极大地影响了疫苗的免疫效果，从而导致免疫失败。

（六）管理因素

1. 饲养管理　由于饲料配制不合理，营养不全、缺乏维生素、盐分过量或饲喂发霉变质的饲料等因素，均对机体免疫力产生影响，致使猪的抵抗力下降，免疫接种后不能刺激猪体产生特异性抗体。如为追求利润，某些预混料厂家不按质量标准配制预混料，或某些原材料供应商供给客户劣质假冒原料，都会影响免疫效果。

研究证明：机体维生素、氨基酸及某些微量元素的缺乏或不平衡等都会使机体免疫应答能力降低。如维生素 A 的缺乏会导致淋巴细胞的萎缩，影响淋巴细胞的分化、增殖，受体表达与活化，使体内的 T 淋巴细胞减少，吞噬细胞的吞噬能力下降，B 淋巴细胞的抗体产生能力下降，造成机体免疫应答能力降低。

当饲料发霉产生的一系列霉菌毒素如黄曲霉毒素能影响机体免疫效果，生长育肥猪日粮含黄曲霉毒素 200 ~ 400 微克/千克时,临床反应为生长受阻和饲料利用率降低,并且还可能出现免疫抑制现象;含量为 400 ~ 800 微克/千克,临床反应为肝脏轻微损伤、肝炎、胆管炎,还有免疫抑制作用。

2. 环境卫生 养殖场不重视猪舍的环境卫生和消毒工作,未制定规范的消毒程序,致使猪长期生活在脏、乱、差的环境中,这种情况下给猪注射疫苗很容易受到环境中病原微生物的干扰,直接降低疫苗的免疫效果,甚至诱发疾病。同时,免疫接种过程中,不按要求消毒注射器、针头等,可使免疫接种变成带毒传播,而引发疫病流行。

3. 药物干扰 许多药物均能干扰免疫应答,如肾上腺皮质激素就可明显损伤 T 淋巴细胞,对巨噬细胞产生抑制作用;氟苯尼考、卡那霉素、四环素、磺胺类药物等抗生素类药物对 B 淋巴细胞的增殖有一定抑制作用,会影响病毒疫苗的免疫效果。因此,在接种弱毒苗前后,应停止使用疫苗敏感或损伤猪免疫功能的药物。

二、对策

(一)使用优质疫苗免疫

在选择疫苗时,一定要结合当地的实际,总结各种猪病的发病及流行情况,有针对性地选择最适当的毒株和血清型,购买符合国家法律规范要求的正规厂家出售的疫苗,按照疫苗使用说明书中固定的条件正确运输和保存疫苗。

在对猪进行免疫前,养殖户要最后一次检查疫苗的各项状态:首先,要检查疫苗的生产日期和有效期,判断疫苗是否在有效期内;其次,要认真对照说明书中的描述,逐瓶观察疫苗的性状,如是否松散、是否变质等,若有一项与说明书中的描述不相符合,即判断该瓶疫苗质量不合格,不能用于猪的免疫接种。

(二)制定科学合理的免疫程序

结合当地猪病流行情况和猪场自身的发病史及母源抗体水平检测结果制定合理的免疫程序,可以根据猪的品种、种类及生长阶段的不同,进行针对性的免疫接种。同时,应根据免疫检测结果和疫病流行情况,及时对免疫程序做出调整,淘汰有先天免疫性缺失的种猪群。

(三)规范免疫操作

不同种类的疫苗都有特定的接种剂量和接种方法,为猪注射疫苗时,要严格按照疫苗使用说明书所规定的接种方式接种疫苗,如果用连续注射器接种疫苗,要注意反复校正注射剂量。

(四)注意免疫时机

在免疫接种时要考虑母源抗体,特别是仔猪初次免疫,应按母源抗体的消长情况选择适宜的时机进行接种。如果接种过早,疫苗会受母源抗体的干扰而影响免疫效果；如果接种过晚，造成免疫空白，猪群发生传染病的危险性就会增大。此时最好通过免疫监测，依抗体水平来确定最佳免疫时机。

（五）加强饲养管理

1. 减少各种应激因素　在接种疫苗前后，应尽可能避免剧烈刺激的操作，如转群、采血等。在应激不可避免的情况下应添加一些抗应激药物，如维生素、微量元素、氯丙嗪等，以提高猪只特异性抗体的产生。接种疫苗动作要轻，尽量避免惊吓猪群。

2. 增加营养，确保饲料质量　饲喂全价饲料，适当增加蛋氨酸、维生素 A、维生素 B、维生素 C 及部分脂肪酸的比例，同时对饲料中营养成分进行定期检测，随时去除变质或污染的饲料，确保饲料不含霉菌和其他有害物质。

3. 避免药物影响疫苗免疫效果　在免疫的前后几天内，最好不使用抗生素、抗病毒药物和消毒剂，合理选用具有增强免疫效果的药物，如投喂维生素等免疫促进剂。

（六）做好免疫抑制病的预防

有许多疾病能使猪产生免疫抑制，如猪伪狂犬病、弓形体病、霉菌毒素中毒、猪繁殖与呼吸障碍综合征等，要做好这些病的预防，以免影响猪的免疫应答。

（七）做好消毒灭源工作

做好消毒灭源工作是增强猪体抵抗力，提高免疫接种效果的基本保证。平时要定期对圈舍、用具、活动场所进行清洗和消毒，控制好温度、湿度及饲养密度，保持圈舍通风良好，为猪群创造一个舒适、卫生的环境。接种时，保证一猪一针头，及时对接种器械进行严格的消毒，同时做好猪体注射部位的消毒。禁止非工作人员随意进出猪舍。

第九章 猪的用药技术

第一节 药物的作用

一、药物作用的概念

药物的作用是指药物作用于机体所引起的机体功能（生理的、生化的）变化。药物作用于机体后所产生的、在临床上所能观察到的器官系统的结构和功能上的变化称为药物的效应。如肾上腺素与心肌细胞上的受体结合引起的心肌细胞的生理、生化的变化就是药物的作用，心肌细胞生理、生化的变化所产生的心肌收缩力加强、心输出量增加、血液循环功能改变就是药物的效应。药物的作用和药物的效应经常是相互通用的，有时也不能严格区分。

（一）药物作用的类型

根据药物作用发生的顺序，有直接作用与间接作用之分。直接作用是指药物进入机体以后首先发生的原发性作用，又称原发作用；间接作用是指由直接作用所产生的继发性作用，又称为继发作用。如洋地黄强心苷直接作用于心脏，加强心肌收缩力，增加充血性心力衰竭病猪的心输出量等是直接作用；强心后，使心性水肿病病猪的全身循环改善，肾血流量增加，所产生的利尿作用等是间接作用。

根据药物的作用部位，有局部作用与全身作用之分。局部作用是药物在吸收进入血液之前在用药部位所发生的作用，如乙醇对皮肤表面的消毒作用、局麻药对神经末梢或神经干的神经传导阻滞作用等。全身作用是指药物吸收血液循环以后被运送到全身各个组织器官所产生的作用，又称为吸收作用，如抗生素吸收入血后所发挥的抗菌作用。因为神经与体液的联系，有些药物的局部作用也能通过反射作用，引起全身性的反应。

另外，药物的作用还有选择性作用和非选择性作用、治疗作用和不良反应之分。

（二）药物作用的基本形式

药物作用的基本形式有两种，即兴奋和抑制。凡能使机体原有的功能加强的

（即从无到有、由弱到强的）称为兴奋，如腺体分泌增加、肌肉收缩等。凡能使机体的功能活动减弱的（即从有到无、由强到弱的）称为抑制，如腺体分泌减少或停止、肌肉松弛等。除兴奋和抑制作用外，有时还有其他有关概念，如使机体过高的机能活动降低、恢复至正常或接近正常水平的，称为镇静；使机体低下的机能相对提高、恢复至正常或接近正常水平的，称为回苏或强壮。

药物的作用极其复杂，兴奋和抑制不是固定不变的。兴奋药用量过大或作用时间过长会产生超限抑制状态；有些药物在产生抑制之前也会出现短时兴奋；过度抑制常使机体机能活动接近停止状态而不能恢复，称为麻痹。此外，同一种药物作用于不同器官的同一类组织，可能引起相反的效应，如肾上腺素对支气管平滑肌表现为松弛作用，而对小血管平滑肌表现为收缩作用。

二、药物作用的机制

药物作用的机制是为什么起作用、如何起作用、在何处起作用的问题。药物作为外因，它必须通过干扰或参与机体的生理或生化过程而发挥作用。研究药物作用机制有助于阐明药物的治疗作用和不良反应本质，提高药物的疗效；同时还可为探讨生命活动规律、设计新药提供有益资料。

大多数药物是通过与机体细胞的特殊大分子物质结合而产生药理作用的，称为特异性药物；部分药物是通过物理性质起作用的，称为非特异性药物。其中，特异性药物又分两种情况，一是指特异性地作用于受体，二是指特异性地作用于受体以外的其他大分子物质。

（一）特异性作用于受体的药物

受体是指位于细胞膜上或细胞内的一类具有特异性功能的大分子蛋白质或酶等，它能和药物（包括激素、神经递质等）发生特异性结合，从而导致组织或器官发生特定的生物学效应。

特异性作用于受体的药物所产生的作用，是药物与受体发生结合的结果。药物和受体间相互作用的过程通常包括两个步骤：一是药物与受体结合成复合体，即药物的初始作用；二是结合后的复合物进一步激活一系列生物化学反应，继而产生特定的生物效应，即药物和受体作用后的继发作用。

药物和受体结合具有以下特点：①高度特异性。药物只和与其具有高度特异性立体结构的受体发生结合，而和细胞的其他受体或成分不发生结合或很少发生结合。也就是说，药物和受体的构型具有互补的性质，或药物可诱导受体发生构象变化，才能相互结合，继而产生效应。只有当药物的浓度很高时，药物才能与几种受体结合。②高度亲和力。药物在极低浓度下也可与相应的受体发生特异性结合。药物的活性越高，所需的浓度越小。③内在活性。一种药物要产生生物效应，只有亲和力还不够，还必须具有内在活性或效应力。那些和受体之间既具有亲和力又具有内在活性的药物，称为激动剂（或激动药），如乙酰胆碱对胆碱受体而言是激动药。若某药与受体的亲和力大，但其结合后的复合物无内在活性，结果是起了阻断受体正常机能的作用，此药称为拮抗剂（或阻断剂），如阿托品可与 M-胆碱受体相结合，但结合后的复合物没有内在活性，且阻碍乙酰胆碱等激动剂与受体结合。还有一些药物，虽然与受体具有较强的亲和力，但当有其他激动剂存在时，它阻断激动剂的部分生物效应，这类药物称为部分激动剂。④可逆性。药物与受体结合是几种弱的化学力协同作用的结果，这些化学力包括范德华力、氢键、离子键、疏水键等。当药物的浓度很低时，药物从与其结合的受体上脱落下来，药物的作用也就停止。所以，药物与受体的结合往往是可逆的。少数药物与受体的结合由较强的共价键参与，这种结合是不可逆的。

药物-受体复合物所引起的继发性反应是一系列的生物化学与生物物理的过程，其基本形式是酶的激活，引起一系列连锁反应而逐渐放大的生物效应。受体的种类不同，反应也不同。主要包括以下三种情况：①细胞膜通透性改变。如乙酰胆碱和 N-胆碱受体结合所形成的复合物使细胞膜对离子的通透性发生改变，钠、钾离子的转运增加，加速膜电位的变化。②细胞膜上的酶被激活。肾上腺素与 β-受体结合后，激活细胞膜上的腺苷酸环化酶，使环磷腺苷的浓度增加，环磷腺苷又进一步激活蛋白激酶、磷酸化酶、酯酶和其他酶。这一系列的酶促反应，促进糖原与脂肪的分解，最后出现 β-受体兴奋的各种效应。③蛋白质合成加速。位于细胞质中的类固醇激素受体与相应的药物或激素结合以后形成的复合物，移入细胞核内，与染色体上的脱氧核酸结合，并产生相互作用而诱导蛋白质的合成。

（二）特异性作用于受体以外的药物

1. 影响转运系统的药物 影响转运系统的药物很多，如丙磺舒是一种弱的有机酸，可影响其他有机酸从肾小管排泄而用于治疗痛风或延长青霉素在体内的作用时间，利尿药影响肾小管细胞对钠、氯离子的转运，密胆碱和胆碱竞争神经末梢上的载体，影响乙酰胆碱的合成。

2. 影响酶活性的药物 影响酶活性的药物归纳起来有两种作用，即增强酶的活性和抑制酶的活性。增强酶活性的药物，如儿茶酚胺和 β-肾上腺素受体结合后激活腺苷酸环化酶，巴比妥类诱导肝药酶的活性而影响其他药物的代谢，各种维生素及微量元素常作为各种功能酶的辅酶或辅基而增强酶的活性。抑制酶活性的药物，如青霉素与转肽酶相结合而抑制细菌细胞壁的合成，磺胺药与对氨基苯甲酸竞争二氢叶酸合成酶而抑制细菌二氢叶酸的合成，一些络合剂除去酶所必需的重金属离子而使酶失去活性等。

（三）非特异性药物

非特异性药物产生药理作用大体有以下几种情况：①氧化还原，如消毒药中的高锰酸钾与过氧乙酸等。②影响体液渗透压，如血容量扩充剂、渗透性泻药、渗透性利尿剂等。③中和酸、碱，如酸碱平衡调节药、抗酸药等。④络合或螯合作用，如 D－青霉胺、依地酸钠等。⑤干扰细胞的功能，如局部麻醉药普鲁卡因，全身麻醉药氯仿、乙醚、氟烷等。⑥产生物理屏障，如润滑性泻药、胶性或油性物质覆盖在溃疡或伤口表面，以减轻刺激和疼痛的药物。⑦吸附作用，如矽炭银、药用炭等。⑧表面活性作用，如防腐消毒药中的阳离子表面活性剂等。⑨沉淀蛋白质，如收敛药中的鞣酸、铝盐、锌盐等，消毒药中的酚类、醛类、醇类、重金属盐类等。

三、药物作用的基本规律

药物的品种繁多，药理作用形形色色，但在某些方面又存在着相同或大致相同的特点，表明药理作用之间有某些内在联系或基本规律。掌握这些规律，可提高用药水平。

（一）选择性

很多药物在适当剂量时仅对某一组织或器官发生作用，而对其他组织或器官不发生作用，这是药物作用的选择性。如麦角新碱选择性作用于子宫平滑肌；洋地黄强心苷选择性作用于心肌，而对骨骼肌无作用；化学治疗药（如抗寄生虫药）只对病原体有选择性作用，而对宿主的组织细胞并无显著影响等。选择性高的药物，应用时针对性强；选择性低的药物针对性不强，作用范围广，常常副作用多。药物对机体各个器官或系统的不同选择性，是药物分类和寻找、开发新药的依据。药物的选择作用有明显的适应证，因而也是对症下药、指导临床合理用药的依据。

药物的选择性作用发生的条件是：①药物分布不同。药物必须以适当浓度到达作用部位才能产生作用，因此，药物的分布和其选择性作用有着密切关系。如碘浓集在甲状腺内发挥作用；雌二醇分布于生殖系统而产生作用。应当指出，分布只是选择性作用的条件之一，药物与受体结合才是选择性作用的基础，因为很多药物在肝、肾内含量很高，但不产生效应。②组织结构不同。生物体组织结构不同对药物的反应也不同。如细菌有细胞壁，青霉素抑制细胞壁合成，所以有选择作用；而动物机体细胞没有细胞壁，不受青霉素的影响。③细胞的生化机能不同。不同种属的生物或同一种属的不同组织，其生化机能不同，对药物的敏感性就不同。如磺胺药能抑制敏感菌的二氢叶酸合成酶，阻止细菌合成核蛋白，具有选择性。而动物是从食物中吸收叶酸自身并不合成，不受磺胺药的影响。

药物作用的选择性是相对的，不能绝对化。如青霉素在常规剂量下对革兰氏阳性菌有选择性作用，但在高剂量下对部分革兰氏阴性菌也有作用。小剂量的咖啡因对大脑皮层有高度选择性兴奋作用，但当剂量过大时，兴奋作用就会出现在延髓乃至脊髓，甚至引起惊厥。此外，还有一些无选择性或选择性很低的物质，它们几乎对所有的组织、生活细胞均表现出沉淀蛋白质或使蛋白质变性的作用（这种作用称为普遍细胞作用），这些物质称为原生质毒或原浆毒。防腐消毒药中的酚、酸、碱、重金属等多属于这类物质。

（二）构效关系

除少数药物外，大多数药物所产生的生物学效应均和其化学结构密切相关。药物结构和药物效应之间的关系称为构效关系，将构效关系明显的称为特异性结构药物，构效关系不明显的称为非特异性结构药物。

通常来说，药理作用相同的药物中具有相同的化学基团（如醇类消毒药的消毒作用），或相同的基本结构（如儿茶酚胺类），或相同的电子密度（如甲烷及卤代甲烷的麻醉作用）等。有些药物具有相同的主要结构，作用性质也大致相同，但作用强度因碳链的长短而异（如巴比妥类、雌激素类）。药物的立体异构性对其作用有较大的影响。在光学异构体中，通常左旋异构体的药理作用强，右旋异构体的药理作用弱或无作用，如肾上腺素、左旋咪唑等。有些药物的顺式异构体作用强，有的则反式异构体作用强。应该注意的是，有些化合物的结构相似，但药理作用相反或拮抗，如组胺和抗组胺药苯海拉明、乙酰胆碱和阿托品等。

了解药物的构效关系，不仅有助于理解药物的作用、提高用药水平，而且还有助于发现和研制新药，因为在明了药物基本结构的基础上，改变或增加某些功能基团便可衍生出一系列作用类似的新药来。

（三）量效关系

量效关系指在一定的范围内，同一药物的剂量（或浓度）增加或减少时，药物的效应也相应增加或减少。

药物的最大效应又称为药物的效能，效能是各药本身固有的性质，可以不等。效价强度只表示该药达到一定效应时所需的剂量，不能认为该药的效价强度高就胜过另一种药，它不是唯一重要的指标。

（四）时效关系

从给药开始到效应出现、达高峰、消失，直至药物从体内全部消除，经过一段长或短的时间称为时效关系。时效关系通常分为三期：从给药开始到效应出现为潜伏期；从效应出现到效应消失为持续期，其中包括效应达到高峰的高峰期；从效应消失到体内药物完全消除的一段时间称为残留期。残留在体内的药物虽然无效应，但对随后用药有影响。这三期和药物在体内的吸收、分布、代谢、排泄有关。也有一些药物，此三期和血药浓度无关，如有些药物需要在体内产生活性代谢产物，效应和代谢物的血中浓度有关而与自身的血药浓度无关。

（五）差异性

大多数药物对不同种属和不同个体的动物都有相似的作用，但有时却表现出量的或质的差异性。药物在动物种属间存在的差异称为种属差异，在动物个体间存在的差异称为个体差异。

种属差异是由于各种动物在进化过程中所表现的解剖结构、生理机能、生化特点不同而对同一药物的敏感性不同所引起。如水合氯醛对马是良好的麻醉药，但牛、羊比较敏感，猪却耐受。

在年龄、性别、体重因素基本相同的情况下，同种动物中个体之间对同一药物有不同的敏感性，甚至同一个体在不同的时间内对同一药物的反应也不同。在不同的个体需要不同的剂量（有少数药物对不同个体的需要量可相差10倍）才能产生相同的反应，这种差异就是个体差异。个体差异包括质的差异和量的差异。

由于体质的特殊性，个别个体对某一药物表现出与众不同的反应，这是质的差异，质的差异包括特异质和变态反应等。特异质反应大半是因为个体生化机制异常所致，多与遗传因素有关。变态反应是机体受药物刺激后所发生的不正常的免疫反应，如青霉素能和体内的蛋白质结合而形成完全抗原，引起免疫反应，这种反应仅见于少数个体，可能是易感个体代谢机能不同或对免疫反应的遗传控制不同所致。变态反应的共同特点是：①患者出现反应前曾接触过药物，引起敏感化，血中有特异性抗体存在。②变态反应的发生和剂量无关或关系较小，常用量与极小量均可发生。③药物不同而症状相同。常见的症状有发热、皮疹等，通常不严重，但也能引起过敏性休克或其他严重反应。

量的差异包括高敏性和耐受性两种情况。个别个体对某种药物的敏感性高于一般个体，给予较小剂量就能引起强烈的反应甚至中毒，此为高敏性或高反应性。另外，也有个别个体对某种药物的敏感性比一般个体低，必须给予大剂量才能产生应有的效果，此为耐受性或低反应性。

引起个体差异的原因很多，包括机体内外环境的变化、生理和病理状态、遗传等。差异性主要影响药动学环节，使同一量在不同个体的血药浓度出现很大的差异，导致药效不同。也有许多因素可影响药效学过程，如改变受体的数量而导致药效的增减。

（六）两重性

药物具有两重性，一方面可以改变机体的生理生化过程或病理过程，达到预防和治疗疾病的效果，称为治疗作用；另一方面又可引起机体生理、生化过程紊乱或结构改变等危害机体的反应，称为不良反应。

治疗作用可分为对因治疗和对症治疗两种。针对疾病发生原因进行治疗，目的在于根除病因的，称为对因治疗（或治本）；针对疾病的症状进行治疗，目的在于改善或减轻症状的，称为对症治疗（或治标）。临床上常常采用对因、对症兼顾的综合治疗法。如对于细菌感染性疾病，应用抗微生物药消灭体内的病原菌以清除体内的病因固然很重要，但在临床上病因未明、病情严重的情况下（如处于休克、心力衰竭和惊厥时），就必须采取有效的对症治疗法，以缓解症状，赢得治疗时间。

不良反应包括毒性作用、副作用、后遗效应及特异质和变态反应等。毒性作用是指药物引起的机体生理生化机能和结构的病理性变化，主要是用药剂量过大或时间过长所致。高敏性病猪或肝肾功能不全的病猪，给予常规剂量也可出现毒性反应；容易蓄积的药物，反复给予治疗剂量也可引起中毒。毒性反应可能立即出现，称为急性毒性；也可能长期蓄积后逐渐发生，称为慢性毒性。每种药物均可出现特定的中毒症状，因此毒性作用是可预知、预防的。控制药物的剂量或给药的间隔时间和疗程，用药时定期检查机体的有关指标，可在一定程度上防止或减少毒性反应的发生。有些药物不受常用剂量等的制约而产生致突变、致畸胎或致癌的特殊毒性反应，一经发现，应予以限用或淘汰。

大多数药物都同时具有几种药理作用，用药时除了出现符合防治目的的效应外，还会出现其他效应。药物在治疗剂量下引起的与治疗目的无关的作用称为副作用。副作用是药物固有的作用，是能预知的，通常都较轻微，可自然恢复；严重的，也可设法加以纠正或消除。容易引起副作用的药物通常选择性低、作用广。当用其某一作用作为治疗目的时，其他的作用就成为副作用；若改变治疗目的，所谓的副作用就可能成为治疗作用。如使用阿托品解除胃肠平滑肌痉挛所引起的疼痛时，可出现腺体分泌减少、口腔干燥的副作用；但当使用阿托品防治腺体分泌过多症时，也必然出现胃肠平滑肌弛缓的副作用。

继发效应是继发于药物治疗作用之后的一种不良反应，又称为治疗矛盾。如长期使用广谱抗生素，使体内许多敏感菌株被抑制，肠道菌群间的平衡状态遭到破坏，而使某些抗药性细菌与真菌大量繁殖，引起细菌性肠炎或白色念珠菌病等的二重感染。

后遗效应是指停药后血药浓度降至有效浓度以下时所残存的生物效应，如长期使用肾上腺皮质激素，一旦停药后所出现的肾上腺皮质功能低下、内源性肾上腺皮质激素不足的病理变化，就是后遗效应。

四、影响药物作用的因素

药物作用是药物与机体相互作用的综合表现，因此总会受到来自药物方面、机体方面、用药方法与环境方面诸多因素的影响。这些因素不仅影响药物作用的强度，而且有时甚至改变药物作用的性质。在临床用药时，除应熟知各种药物固有的药理作用外，还必须了解影响药物作用的各种因素。只有这样，才能更好地运用药物防治疾病，收到理想的治疗效果。

（一）动物因素

药物的作用不仅存在于种属差异和个体差异，而且受年龄、性别、体重、机能状态等因素的影响。

1. 年龄和性别　幼龄、老龄猪只和母猪通常对药物比较敏感，容易发生中毒。这是因为幼猪的肝药酶活性较低，肝、肾功能发育不全；而老龄猪功能衰退，对药物代谢或排泄的能力下降。另外，幼猪对吗啡的敏感性较大，是因为血脑屏障的功能较弱；对青霉素和四环素的反应较强，是排泄缓慢所致。

性别对药物作用影响，与性激素可改变某些药物的代谢活性有关，如雄性激素能促进细胞色素 P－450 的活性。对怀孕母猪用药更要注意，某些药物在怀孕初期使用易致胎儿畸形，在怀孕后期使用易引起流产（如拟胆碱药、刺激性泻药），在泌乳期使用易引起幼猪中毒或药物在乳中残留。

2. 体重　品种相同而体重不同的猪对相同剂量的药物的反应常常不同。要获得同等的反应或相等的血液、组织药物浓度，必须按照体重计算给药剂量。脂溶性药物容易贮积在脂肪组织中，因而对脂肪多或肥胖的猪应适当增加剂量。

3. 机体状态　机体的功能状态可影响药物的作用，处于病理状态的猪通常对药物比较敏感。如治疗剂量的解热药对正常的体温无影响，但可以使升高的体温恢复到正常；洋地黄强心苷只有在心脏功能衰竭时，才能产生治疗效果；尼可刹米对处于抑制状态的呼吸有兴奋作用，处于抑制状态的中枢神经能耐受较大剂量的兴奋剂。

肝是药物代谢的主要器官，肝硬化、肝坏死、肝炎等会降低细胞色素 P－450 含量及葡萄糖醛酸与硫酸结合等代谢，使主要经肝代谢的药物消除变慢，药物与血浆蛋白结合减少，内服的首过效应降低。肾是药物排泄的主要器官，肾功能低下不仅使主要经肾排泄的药物消除减慢，血浆蛋白结合减少，而且改变药物在体内的分布与在肝脏的代谢等。心脏功能衰竭、循环功能低下、脱水及休克等，会使药物的胃肠吸收减少、表观分布容积降低、生物转化变慢等，这些都会改变药物的作用。因而，对肝脏功能障碍的病猪用药时，不应使用对病变脏器有毒的药物，且要减少药物的用量或延长给药间隔时间，以免蓄积中毒。

（二）药物因素

1. 理化性质　包括药物的物理性状（溶解度、挥发性、吸附力等）和化学性质（酸碱性、稳定性、解离度等）都影响药物体内过程和作用。如水溶性高的药物容易吸收进入血液循环（但硫酸镁除外）；解离度弱的有机酸或有机碱类药物通常脂溶性较低，不易穿过类脂质的生物膜屏障。

2. 给药时间　许多药物在适当时间给药可提高疗效。如健胃药在饲喂前投喂效果好，驱虫药在空腹时给药疗效确实。内服药物通常空腹给药吸收快，也较安全；但对胃肠有刺激的药物要求在饲喂后给药。机体各种功能活动的昼夜规律性变化也影响药物的作用，如小剂量镇静剂在夜间对破伤风病猪就有镇静作用。通常来说，药物在白天代谢较快，在夜间代谢较慢，这是时辰药理学研究的内容。

3. 给药途径 不同给药途径能影响药物的吸收速度和数量，进而影响药效出现的快慢与强度。从药物发挥全身作用而言，静脉注射可立即产生作用，其次为肌内注射，再次为皮下注射。口服吸收最差，容易受消化道内容物影响，常缓慢而不规则。吸入气体、挥发性药物及气雾剂吸收很快，起效有时仅次于静脉注射，在大规模养殖条件下，有给药方便的优点。给药途径不同有时还影响药物作用的性质，如硫酸镁注射有抗惊厥作用，内服则只有导泻作用。此外，内服通常适用于大多数在胃肠道能够吸收的药物，但也可用于在胃肠道难以吸收而发挥局部作用的药物，如肠道抗菌药、泻药、制酵药等。

4. 剂量与剂型 同一药物在不同剂量或浓度时，其作用有质的或量的差别。如乙醇按重量计算在70%或按容积计算约为75%时杀菌作用最强；浓度增高或降低，杀菌效力降低。水合氯醛随剂量的增减可产生镇静、催眠与麻醉作用。药物的剂型能影响药物的吸收和消除。通常来说，气体剂型吸收最快，液体剂型次之，固体剂型吸收慢。同一药物剂量相同而剂型不同，甚至同一药厂不同批号的相同制剂，在内服后其血药浓度相差很大。这是由于药物颗粒、赋形剂、制造工艺等因素影响药物的生物利用度。

5. 用药次数与间隔时间 用药的次数取决于病情需要，给药的间隔时间依据药物在体内的消除速度而变。通常消除快的药物应增加给药次数，消除慢的药物应延长给药间隔时间。为了达到治愈的目的，大多数药物需要反复用药一段时间，这段时间称为疗程。必要时，还可继续第二个疗程。如治疗感染性疾病时，若剂量或疗程不足时，病原体很容易产生耐药性。

有些药物在连续反复给药后，机体对药物的反应会逐渐降低或减弱，这种现象称为耐受性。这时只有增加药物剂量，才能达到原来的疗效。这种耐受性是反复用药引起的，和先天性的个体耐受性不同，停药一段时间后机体能逐渐恢复对药物的敏感性。麻黄碱与垂体后叶激素等，在短期内连续使用几次后，作用明显减弱，这种迅速产生的耐受性称为快速耐受性。有些药物除产生耐受性外，还产生成瘾性。成瘾性是机体对药物产生的依赖性，一旦停药还出现戒断现象。易引起成瘾性的药物不得滥用。

6. 联合用药 临床上为了增强治疗效果，减少或消除药物的不良反应，或治疗不同症状或并发症，往往同时或在短期内使用两种或两种以上的药物，称为联合用药。联合用药时药物间常有相互作用，使药物的疗效、作用及不良反应等发生质的或量的变化。

药物合用所产生的效应大于各药单用效应总和的，称为协同作用或增强作用。如磺胺药与抗菌增效剂合用时，抗菌效果增强几十倍；肾上腺素与阿托品合用，使阿托品的瞳孔散大作用增强。药物合用的效应等于单独应用各药时效应之和的，称为相加作用。如两种磺胺药合用产生的抗菌效果是两药效果之和。药物合用后总的效果减弱的，称为对抗作用或拮抗作用。如红霉素或四环素与青霉素合用，会破坏青霉素的杀菌条件；普鲁卡因与磺胺药合用，能降低磺胺药的抗菌效能。药物的拮抗作用经常用于药物中毒的解毒，或用以抵消某些药物的副作用。如麻醉药所引起的支气管腺体分泌增加的副作用，可用阿托品对抗；中枢兴奋药士的宁中毒可用中枢抑制药水合氯醛解毒。

协同作用、相加作用与拮抗作用不仅发生在药物的靶组织、靶器官上，而且还发生于药物的吸收、分布、代谢及排泄的各个环节。如丙磺舒延缓青霉素的肾排泄；苯巴比妥钠诱导保泰松等的生物转化；保泰松能通过血浆蛋白结合部位的置换作用而增加苯妥英钠、肾上腺皮质激素、磺胺药的作用和毒性；含钙、镁、铁、铝的药物与四环素合用时，可形成难溶性的复合物而降低吸收率。

药物的相互作用还常常发生于体外。理化性质不同的药物相互配伍时可能发生沉淀、变色、分解、吸附、潮解、溶化或产生气体、燃烧、爆炸等物理化学变化，使药效减弱或消失，甚至毒性增加。药物的这种体外相互作用，称为配伍禁忌。如用碳酸氢钠注射液稀释盐酸四环素，会析出四环素结晶；吸附药与抗生素配合，抗生素被吸附而疗效降低；氨基苷类抗生素和羧苄青霉素混用，使羧苄青霉素的化学结构破坏。配伍禁忌也有发生在体内的，如洋地黄与钙制剂都是强心药，两者合用增加洋地黄对心脏的毒性，此属药理性配伍禁忌。

药物相互作用所产生的不良反应是临床的严重问题，应引起足够的重视。要注意药物的合理与正确联合使用，控制药物的滥用。通常单个药物可发挥疗效的不要用多个药，用两种药可解决问题的，不要用两种以上的药物。特别是在不了解药物是否会产生相互作用时，不要盲目地配合使用。

（三）环境因素

药物的作用和饲养管理条件及外界环境因素（如温度、湿度、时辰等）有着密切的关系。凡经皮肤或呼吸道吸收的药物在高温环境中可加快吸收，高温伴随高湿的环境更加速经皮吸收。在低温环境会增加阿托品、士的宁、马拉硫磷等的毒性，减弱对硫磷的毒性。猪对强心苷在炎热天时比在寒冷时敏感。环境温度还影响挥发性麻醉药的麻醉速度。许多防腐消毒剂的抗菌作用不仅受到环境温度和湿度的影响，而且还受有机物的影响，如氯化汞的抗菌作用会因周围蛋白质的存在而大大减弱。

猪群拥挤能增加药物的毒性，疲惫不堪的猪对药物的反应强烈。当猪饲养在黑暗和通风不良的圈舍中时，药物的副作用表现得更为强烈，治疗作用减弱。对士的宁中毒或患破伤风的猪只，在整个治疗过程中应强调安静、黑暗环境的重要性。

　　猪在白天和黑夜对药物的敏感性也不一样，夜间往往比白天弱。另外，季节对药物的作用也有较大影响。

第二节　猪的安全用药原则

一、正确诊断，准确用药

　　根据流行病学、临床诊断、病理学诊断及实验室诊断，查清病原，有的放矢地选择药物。所选药物要安全、可靠、方便、价廉，切勿自以为是，不明病情，滥用药物，特别是抗菌药物。

二、正确配伍，协同用药

　　熟悉药物性质，掌握药物的用途、用法、用量、适应证、不良反应、禁忌证，正确配伍，合理组方，协同用药，增加疗效，避免拮抗作用和中和作用，能收到事半功倍的效果。如磺胺类药物、喹诺酮类药物加入增效剂，可增加疗效；泰妙菌素与盐霉素、莫能霉素联用则产生拮抗。

三、辨证施治，综合治疗

　　经过综合诊断，查明病因以后，迅速采取综合治疗措施。一方面，针对病原，选用有效的抗生素或抗病毒药物；另一方面，调节和恢复机体的生理功能，缓解或消除某些严重症状，如解热、镇痛、强心、补液等。

四、按疗程用药，勿频繁换药

　　现在的商品药物多为抗生素加增效剂、缓释剂，加辅助治疗药物复合而成，疗效确切。一般情况下，磺胺药首次用量应加倍，以后按常量用药；其他药物按说明量应用，用药时间一般为 3～5 天。药物预防时，可按常量或适当减量，3～4 天为一疗程，拌料混饲。

五、正确投药，讲究方法

　　不同的给药途径可影响药物吸收的速度和数量，影响药效的快慢和强弱。静脉注射可立即产生作用，肌内注射慢于静脉注射。选择不同的给药方式要考虑到机体因素、药物因素、病理因素和环境因素。如内服给药，药效易受胃肠道内容物的影响，给药一般在饲前，而刺激性较强的药物应在饲后喂服。不耐酸碱、易被消化酶破坏的药不宜内服。全身感染注射用药好，肠道感染口服用药好。

六、正确计算药物使用剂量

首先，看清药物的重量、容量单位，不要混淆。其次，注意药物的国际单位（IU）与毫克（mg）的换算，多数抗生素 1 毫克等于 1 000 国际单位。再次，注意药物浓度的换算，用百分比表示，纯度百分比指重量的比例，溶液百分比指 100 毫升溶液中含溶质多少克。

七、选用高敏药物

选用高敏药物，可以通过药敏试验来实现。药敏试验主要有纸片法和试管法两种。

（一）纸片法

纸片法操作简单，应用也最广泛。可以根据实际情况自己制备药敏片，也可直接购买商品化药敏片用于药敏试验。

1. 抗生素纸片的制备　将质量好的滤纸用打孔机打成直径 6 毫米的圆片，每 100 片放入一小瓶中，160℃干热灭菌 1~2 小时，或用高压灭菌后 60℃条件下烘干。

2. 抗菌药物的浓度　青霉素为 200 国际单位/毫升，其他抗生素为 1 000 微克/毫升，磺胺类药物为 10 毫克/毫升，中草药制剂为 1 克/毫升。

3. 抗生素纸片的烘干　用无菌操作法将待测的抗菌药物 1 毫升加入 100 片纸片中，置冰箱内浸泡 1~2 小时，如立即试验可不烘干，若保存备用可用下法烘干（干燥的抗生素纸片能保存 6 个月）。

（1）真空抽干法：将放有抗菌药物纸片的试管放在干燥器内，用真空抽气机抽干，通常需 18~24 小时。

（2）培养皿烘干法：将浸有抗菌药液的纸片摊平在培养皿内，置 37℃温箱中保持 2~3 小时即可干燥，或放在无菌室内过夜干燥。

4. 抗生素纸片的药效测定　将制备好的各种药物纸片装入无菌小瓶内，置冰箱中保存备用，并用标准敏感菌株做敏感性试验，记录抑菌圈的直径，若抑菌圈比原来的缩小，则表明该抗菌药物已失效，不能再用。

5. 培养基　通常细菌如肠道杆菌与葡萄球菌等可用普通琼脂平板；巴氏杆菌、链球菌与肺炎球菌等可用血液琼脂平板；测定对磺胺类药物的敏感试验时，应使用无蛋白胨琼脂平板。

6. 菌液　为培养 10~13 小时的幼龄菌液（抑菌圈的大小受菌液浓度的影响较大，因而菌液培养的时间通常不宜超过 17 小时）。

7. 操作方法　用火焰灭菌的接种环挑取待试菌的纯培养物（量要适当多一点），以画线法涂布于琼脂平板上，尽可能涂布得密而匀。用灭菌尖头镊子夹取各种干燥抗菌药物纸片，分别紧贴在上述涂布平板上，稍压一下，每个平板放置4～5片。各纸片间要有一定的距离，并分别做上标记。将培养皿置于37℃温箱内培养16～18小时后，观察结果。

8. 结果判定 经培养后，凡对该菌有抑制力的抗菌药物，在其纸片周围出现一个无细菌生长的圆圈，称为抑菌圈。抑菌圈越大，表示该菌对此药物敏感性越高。若无抑菌圈，则说明该菌对此药具有耐药性。青霉素抑菌圈的标准见表9－1，其他抗生素及磺胺类药物的敏感标准见表9－2，中药抑菌圈的标准见表9－3。

表9－1　青霉素抑菌圈的标准

抑菌圈直径	敏感性
小于10毫米	抗药
10～20毫米	中度敏感
大于20毫米	极度敏感

表9－2　其他抗生素及磺胺类药物的敏感标准

抑菌圈直径	敏感性
小于10毫米	抗药
10～15毫米	中度敏感
大于15毫米	极度敏感

表9－3　中药抑菌圈的标准

抑菌圈直径	敏感性
小于15毫米	抗药
15毫米	中度敏感
15～20毫米	极度敏感

（二）试管法

试管法是将药物做倍比稀释，观察不同含量对细菌的抑制能力，以判定细菌对药物的敏感性，常用于测定抗生素及中草药对细菌的抑制能力。

1. 试验方法 取无菌试管10支，排放在试管架上，于第一管中加入肉汤1.9毫升，其余各管加1毫升。吸取配好的抗菌药物原液0.1毫升，加入第一管中，充分混合后，吸取1毫升至第二管；混合后，再由第二管移1毫升至第三管，依此类推；直至第九管，吸取1毫升弃掉，第十管不加药液作对照。然后，向各管内加入试验菌0.05毫升（培养17小时的菌液做1:1 000稀释，培养6小时的菌液做1:10稀释），置于37℃温箱中培养18~24小时观察结果。

2. 结果判定　培养18小时后，凡无细菌生长的药物最高稀释管中药物浓度即为该菌对药物的敏感度。若因为加入药物（如中药）而使培养基变为混浊，眼观不易判断时，可进行接种或涂片染色镜检判定结果。试管法药物敏感性参考标准见表9-4。

表9-4　试管法药物敏感性参考标准

药物名称	敏感 （微克/毫克）	中度敏感 （微克/毫克）	抗药 （微克/毫克）
青霉素	小于0.1	0.1~0.2	大于2
链霉素	小于5	5~20	大于20
磺胺类药	小于50	50~1 000	大于1 000
多黏菌素、庆大霉素	小于1	1~10	大于10
金霉素、土霉素、四环素、红霉素、新霉素、氟苯尼考	小于2	2~6	大于6

第三节　抗菌药的合理应用

抗菌药在控制猪传染病、促进猪生长中起着极为重要的作用。但不合理使用及滥用抗菌药的现象十分严重，所造成的不良后果也是严重的，如：对猪产生毒副作用与不良反应，细菌产生耐药性，药物在猪肉食品中残留，药物浪费和丧失控制疾病的良机等。这些不良后果使抗菌药物对细菌感染性疾病的使用价值降低，并且还使人类健康与公共安全受到威胁。因而，合理使用抗菌药，是充分发挥抗菌药的作用，提高治疗水平，避免或减少对猪的不良反应，减少或延缓细菌耐药性产生的主要措施，是广大畜牧兽医工作者必须高度重视的问题。

抗菌药合理使用的基本原则包括：严格掌握适应证，制订合理的给药方案，防止细菌产生耐药性，采取综合治疗措施，科学地联合用药。

一、严格掌握适应证

每种抗菌药有特定的抗菌谱和适应证，正确诊断是确定适应证、合理使用抗菌药的先决条件。对于常见的一般感染性疾病，通过观察临床症状与化验检查常规的生理生化指标，结合临床经验是不难做出正确诊断的。对于严重的感染性疾病要尽可能进行病原学即细菌学检查，必要时还要进行药敏试验，以作为临床选用抗菌药的重要参考依据。但是，抗菌药的抗菌作用还与猪机体内的药动学过程（吸收、分布、代谢、排泄）有关，也受环境诸因素的影响，故实验室条件下的药敏试验和临床疗效的符合率只有80%。所以在临床上应根据疾病的确诊、抗菌药物的抗菌谱及抗菌作用进行综合考虑，选择使用那些疗效高、作用强、毒副作用小的药物。通常来说，对于一般细菌感染，可用杀菌药，也可用抑菌药；而对于危重病例及免疫功能低下的病例则要选用杀菌药。可用窄谱抗菌药的则不用广谱抗菌药。一种抗菌药可以控制感染的不得合用几种抗菌药。

兽医临床中常见病原菌的首选药和替代药如下（仅供临床应用参考）。

（一）革兰氏阳性菌

1. 金黄色葡萄球菌

所致的主要疾病：化脓创，败血症，呼吸道、消化道感染，心内膜炎，乳腺炎等。

首选药物：青霉素 G。

替换药物：红霉素、头孢菌素、强力霉素、增效磺胺药。

2. 耐青霉素金黄色葡萄球菌

所致的主要疾病：化脓创，败血症，呼吸道、消化道感染，心内膜炎，乳腺炎等。

首选药物：耐青霉素酶的半合成青霉素类。

替换药物：红霉素、卡那霉素、庆大霉素、杆菌肽、林可霉素。

3. 溶血性链球菌

所致的主要疾病：猪链球菌病。

首选药物：青霉素 G。

替换药物：红霉素、增效磺胺药、头孢菌素。

4. 化脓性链球菌

所致的主要疾病：化脓创、肺炎、心内膜炎、乳腺炎等。

首选药物：青霉素 G。

替换药物：红霉素、四环素类、增效磺胺药。

5. 肺炎双球菌

所致主要疾病：肺炎。

首选药物：青霉素 G。

替换药物：红霉素、四环素类、头孢菌素。

6. 炭疽杆菌

所致主要疾病：炭疽病。

首选药物：青霉素 G。

替换药物：红霉素、四环素类、庆大霉素、头孢菌素。

7. 破伤风杆菌

所致主要疾病：破伤风。

首选药物：青霉素 G。

替换药物：四环素类、磺胺药。

8. 猪丹毒杆菌

所致主要疾病：猪丹毒、关节炎、创伤感染等。

首选药物：青霉素 G。

替换药物：红霉素。

9. 气肿疽梭菌

所致主要疾病：气肿疽。

首选药物：青霉素 G。

替换药物：四环素类、红霉素、磺胺药。

10. 产气荚膜杆菌

所致主要疾病：气性坏疽、败血症等。

首选药物：青霉素 G。

替换药物：四环素类、红霉素。

11. 李氏杆菌

所致主要疾病：李氏杆菌病。

首选药物：四环素类。

替换药物：红霉素、青霉素 G、磺胺药、增效磺胺药。

12. 结核杆菌

所致主要疾病：各种结核病。

首选药物：异烟肼 + 链霉素或利福平。

替换药物：卡那霉素。

（二）革兰氏阴性菌

1. 大肠杆菌

所致主要疾病：幼猪白痢，呼吸道、泌尿道感染，败血症，腹膜炎等。

首选药物：环丙沙星或诺氟沙星。

替换药物：庆大霉素、卡那霉素、增效磺胺药、多黏菌素、链霉素、磺胺药、其他氟喹诺酮类。

2. 沙门杆菌

所致主要疾病：肠炎、下痢，败血症，幼猪副伤寒。

首选药物：头孢唑啉。

替换药物：四环素类 + 链霉素、磺胺药、氨苄青霉素、氟喹诺酮类。

3. 绿脓杆菌

所致主要疾病：烧伤创面感染，尿道、呼吸道感染，败血症，乳腺炎，脓肿等。

首选药物：多黏菌素或庆大霉素。

替换药物：羧苄青霉素、四环素类、丁胺卡那霉素、头孢菌素、氟喹诺酮类。

4. 巴氏杆菌

所致主要疾病：巴氏杆菌病、出血性败血病、运输热、肺炎等。

首选药物：链霉素。

替换药物：增效磺胺药、四环素类、青霉素 G、磺胺药、氟喹诺酮类。

5. 坏死杆菌

所致主要疾病：坏死杆菌病、腐蹄、脓肿、溃疡、乳腺炎、肾炎、坏死性肝炎、肠道溃疡等。

首选药物：复方磺胺类或磺胺类。

替换药物：四环素类。

6. 布鲁杆菌

所致主要疾病：布鲁杆菌病、流产。

首选药物：四环素类＋链霉素。

替换药物：磺胺药、多黏菌素。

7. 嗜血杆菌

所致主要疾病：肺炎、胸膜肺炎等。

首选药物：四环素类、氨苄青霉素。

替换药物：链霉素、卡那霉素、头孢菌素、氟喹诺酮类。

（三）螺旋体及霉形体

1. 猪痢疾密螺旋体

所致主要疾病：猪痢疾。

首选药物：痢菌净。

替换药物：林可霉素、泰乐菌素。

2. 钩端螺旋体

所致主要疾病：钩端螺旋体病。

首选药物：青霉素 G。

替换药物：链霉素、四环素类。

3. 猪肺炎霉形体

所致主要疾病：猪喘气病。

首选药物：单诺或恩诺沙星。

替换药物：土霉素、泰乐菌素、卡那霉素。

二、制订合理的给药方案

合理的给药方案是使所选择的抗菌药达到预期疗效、减少不良反应的基本保证。临床兽医应熟悉抗菌药的药动学特征，根据病猪的具体情况，选择合适的药物品种，并制订合理的给药方案（即确定剂量、给药途径、给药间隔时间与使用疗程）。

1. 剂量要适当　剂量不足易致病情迁延、复发或转为慢性，细菌也很容易产生耐药性；剂量过大既造成药物浪费，又可能导致毒性反应。

2. 给药途径　应根据抗菌药物的理化性质、剂型、剂量和治疗需要而定。除子宫、乳管内注入外，临床上不要把用于控制全身性感染的抗菌药作局部使用，对于皮肤、黏膜等局部感染应选择供局部使用的抗菌药，如杆菌肽、甲磺灭脓、新霉素、磺胺嘧啶银等。对胃肠道感染，可内服肠道难吸收的抗菌药，对全身感染可注射给药或内服易吸收的抗菌药；轻度感染可内服给药，中度感染可经皮下或肌内注射给药，危重急性感染则应静脉注射给药。

3. 给药间隔时间取决于抗菌药的消除半衰期　通常每3～4个半衰期给药一次，每日内给药间隔应大致相等。时间间隔过长，难以维持有效治疗浓度；时间间隔过短，血药浓度过高，易致中毒。

4. 疗程要充足　疗程长短依病情而定，一般性传染病和病情不易迁延的急性感染，如急性肺炎、猪丹毒，连续用药3～5天，症状消失后再用1～2天即可。某些病例（如伤寒）过早停药可致复发或转为慢性。对那些病情易迁延的急性感染或特殊疾病，如结核等要适当延长疗程。

如果所选用的药物及其给药方案不能收到应有的效果，就必须换用其他药物和调整给药方案。当猪的肝功能发生障碍时，应避免选用那些主要经肝脏代谢或对肝脏有损害的药物，如四环素、红霉素等；当肾功能受损时，应避免选用主要经肾排泄或对肾脏有损害的药物，如氨基苷类、多黏菌素B和E、万古霉素等。肝或肾功能异常而又必须使用上述药物时，应减少用药剂量或延长给药间隔时间。

三、防止细菌产生耐药性

随着抗菌药广泛日久的使用，细菌耐药性现象日益严重。用药品种不当、剂量不足、时间过久等"滥用"是造成细菌产生耐药性的主要原因。为了防止细菌产生耐药性，应采取以下措施：严格掌握适应证，避免滥用抗菌药；确定有效的剂量和疗程；严格遵守抗菌药物局部应用、预防应用、饲料添加及联合使用的有关原则；有计划地分期交替使用抗菌药；根据细菌耐药机制与抗菌结构的关系，寻找和研制出新的特别是对耐药菌有抗菌活性的抗菌药。

四、采取综合治疗措施

机体的免疫力是协同抗菌药的重要因素，外因通过内因才能起作用，在治疗过程中过分强调抗菌药的功效而忽视机体内在因素，常常是导致抗菌药治疗失败的重要原因之一。抗菌药只是对病原菌起抑制和杀灭作用，它不能清除病原也不能恢复机体受损的功能，而要消除体内的菌体及其毒素、恢复机体的功能，除了要加强管理提高机体自身的抵抗力外，还应根据患病动物的种属、年龄、生理、病理特点及免疫状态，在使用抗菌药物的同时采取综合治疗措施，努力改善机体功能状况，增强抗病能力，如补充能量、扩充血容量，纠正水盐失调与酸碱平衡，采取对症措施改善机体的功能状态，进行辅助治疗以强壮机体等，促进疾病康复。

五、科学地联合用药

（一）抗菌药联合应用的意义

抗菌药物联合应用的目的是扩大药物的抗菌范围、减少用药剂量、提高临床效果、降低毒副反应、减少或延缓细菌耐药性发生。

（二）抗菌药联合应用范围

抗菌药联合使用应比单一使用更具明确指征。通常认为抗菌药物联合使用适用于下述情况：①毒性较大，联合用药减少剂量后可降低毒副反应的抗菌药。②一般抗菌药不易透入病灶的感染，如细菌性脑炎。③较长期治疗、细菌易产生耐药性的慢性感染，如结核病、慢性尿路感染。④单一抗菌药不能有效控制的混合感染与严重感染，如败血症、腹膜炎、创伤感染等。⑤病因不明而又危及生命的严重感染。

临床上多数细菌感染单用一种抗菌药即可得到控制，仅少数情况需要联合用药。需要联合用药时，通常二药合用即可达到目的，不需三药或四药联用。

（三）抗菌药联合应用的结果

两种抗菌药联合应用可获四种效果，即无关、相加、协同及拮抗作用。无关作用指联合后总的作用不超过联合中作用较强者，两药合用未取得应有的效果。相加作用又称累加作用，指联合后总的作用相当于两药作用相加的总和。协同作用指总的作用超过两药作用相加的总和。拮抗作用指两药合用时，其作用相互抵消，不及其中一种单独应用的效果。抗菌药使用应尽可能争取协同作用，至少也应是相加作用，要避免无关作用和拮抗作用，尤其是拮抗作用。

临床上根据抗菌药作用特点，将抗菌药物分为四类。第一类为繁殖期杀菌剂（速效杀菌剂），如青霉素类、头孢菌素类；第二类为静止期杀菌剂（慢效杀菌剂），如氨基苷类、多黏菌素类（对繁殖期和静止期细菌均有杀灭作用）；第三类为速效抑菌剂，如四环素类、大环内酯类；第四类为慢效抑菌剂，如磺胺类、抗菌增效剂。不同类的抗菌药物联合使用可产生不同的后果。通常来说，第一类与第二类合用有协同作用（如青霉素与链霉素合用），因第一类破坏细菌的细胞壁，使第二类易于进入细菌细胞内而发挥作用。第一类与第三类合用与用药顺序有关，如果先用或同时使用第三类则迅速阻断细菌细胞壁合成，细菌基本处于静止状态，使第一类的作用减弱，出现拮抗作用；若先用第一类，则不至于出现拮抗作用。第三类与第二类合用可获相加或协同作用。第三类与第四类合用可获得相加作用。第四类对第一类通常无重要影响，合用时可能产生相加作用，如青霉素与磺胺嘧啶合用可治疗细菌性脑膜炎。临床上除了青霉素与链霉素合用、磺胺与抗菌增效剂合用有确实的协同作用而值得提倡外，对其他抗菌药物的合用应持慎重态度。

第四节　猪常用药物

一、抗菌药物

（一）青霉素类

1. 青霉素 G 钠（钾）

剂型：针剂。

用法与用量：肌内注射，1 万 ~ 1.5 万国际单位/千克体重，8 ~ 12 小时/次。

用途及注意事项：用于治疗链球菌病、葡萄球菌病、炭疽、气肿疽、恶性水肿、螺旋体病、乳腺炎、子宫炎、化脓性腹膜炎、创伤感染、肾盂肾炎、膀胱炎，也可与破伤风抗毒素合用治疗破伤风。临床上应注意该药易发生过敏反应，与四环素等酸性药物及磺胺类药有配伍禁忌。

2. 氨苄青霉素（氨苄西林）

剂型：片剂、针剂。

用法与用量：片剂内服，5 ~ 20 毫克/千克体重，2 次/天。粉针肌内注射，2 ~ 7 毫克/千克体重，2 次/天。

用途及注意事项：作用类似于青霉素 G，但对革兰氏阳性菌作用弱于青霉素 G，对革兰氏阴性菌作用强于青霉素 G。临床上用于肺炎、肠炎、子宫炎、胆管和尿路等感染的治疗，与链霉素、庆大霉素、卡那霉素有协同作用。

3. 羟氨苄青霉素（阿莫西林）

剂型：胶囊、针剂。

用法与用量：胶囊口服，100 毫克/千克体重，2 次/天。针剂肌内注射，11

毫克/千克体重，2 次/天。

用途及注意事项：用于呼吸道、泌尿道及胆管感染，疗效优于青霉素，该药口服吸收好。对肠道菌属和沙门杆菌的作用较氨苄西林强 2 倍。不可在体外与氨基糖苷类混用。

（二）头孢菌素类

1. 头孢噻酚钠（先锋霉素 I）

剂型：针剂。

用法与用量：肌内注射，10～20 毫克/千克体重，2 次/天。

用途及注意事项：临床用于呼吸道、泌尿道感染及乳腺炎、骨髓炎、败血症等。可用于对青霉素耐药的金黄色葡萄球菌感染，本品不宜与庆大霉素合用。

2. 头孢氨苄

剂型：针剂。

用法与用量：肌内注射，10～15 毫克/千克体重，1～2 次/天。

用途及注意事项：对革兰氏阳性菌和革兰氏阴性菌有强的抗菌作用，不宜与红霉素、卡那霉素、四环素、硫酸镁合用。

3. 头孢曲松钠

剂型：针剂。

用法与用量：肌内注射，10～20 毫克/千克体重，1 次/天。

用途及注意事项：对革兰氏阳性菌和革兰氏阴性菌有较强的抗菌效果，适用于呼吸道、泌尿道等的感染，与氨基糖苷类有增效作用，要分别注射。

（三）氨基糖苷类

1. 硫酸链霉素

剂型：针剂。

用法与用量：肌内注射，12 毫克/千克体重，2 次/天。

用途及注意事项：临床上主要用于治疗结核病和革兰氏阴性菌引起的感染，如肺炎、细菌性肠炎、子宫炎、膀胱炎、败血症、放线菌病等，与青霉素合用治疗各种细菌性感染可增强疗效。

2. 硫酸庆大霉素

剂型：针剂。

用法与用量：肌内注射或静脉注射，1～1.5 毫克/千克体重，3～4 次/天。

用途及注意事项：临床上主要用于治疗耐金黄色葡萄球菌及其他敏感菌引起的呼吸道、消化道、泌尿道感染和乳腺炎、坏死性皮炎、败血症等。

3. 硫酸卡那霉素

剂型：针剂。

用法与用量：肌内注射，10～15 毫克/千克体重，2 次/天。

用途及注意事项：对革兰氏阴性菌作用较强，对革兰氏阳性菌作用较弱。可用于败血症、菌血症、呼吸道及泌尿道感染的治疗。

4. 丁胺卡那霉素

剂型：针剂。

用法与用量：肌内注射，5～7.5 毫克/千克体重，2 次/天。

用途及注意事项：作用类似于卡那霉素，对卡那霉素、庆大霉素有耐药性菌株疗效好，临床主要用于败血症、菌血症、呼吸道与肠道及腹膜炎症的治疗，与青霉素、氨茶碱不混合使用。

（四）四环素类

1. 土霉素

剂型：粉剂、针剂。

用法与用量：粉剂混饲，300～500 毫克/千克饲料。针剂肌内注射或静脉注射，5～10 毫克/千克体重，1～2 次/天。

用途及注意事项：本品为广谱抗生素，对革兰氏阳性、阴性菌，对支原体、衣原体、立克次体病、螺旋体等引起的临床感染均有疗效，也可用于治疗子宫炎、坏死杆菌病等局部疾病，不可与青霉素联用。

2. 强力霉素（多西环素）

剂型：粉剂、针剂。

用法与用量：粉剂混饲，100～200 毫克/千克饲料。针剂肌内注射，1～3 毫克/千克体重，1～2 次/天。

用途及注意事项：本品广谱、高效、低毒，抗菌作用类似土霉素与四环素，但作用强 2～10 倍，临床上用于治疗支原体病、立克次体病、大肠杆菌病、沙门杆菌病及巴氏杆菌病。不可与青霉素联用。

3. 金霉素

剂型：粉剂。

用法与用量：内服 10～20 毫克/千克体重，3 次/天。混饲 200～500 毫克/千克饲料，连用 3～5 天。

用途及注意事项：本品为广谱抗生素，对革兰氏阳性、阴性菌和支原体、衣原体、立克次体、螺旋体等引起的临床感染均有疗效，与阿莫西林、支原净或氟苯尼考联合使用疗效更好。

（五）磺胺类

1. 磺胺嘧啶

剂型：粉剂、针剂。

用法与用量：粉剂内服，首次量 140～200 毫克/千克体重，维持量减半。针剂肌内注射，140～200 毫克/千克体重，2 次/天。

用途及注意事项：抗菌谱广，抗菌作用强，对革兰氏阳性菌和阴性菌等引起的各种感染疗效较好。副作用小，吸收较快而排泄较慢，是治疗脑部细菌性疾病的首选药物，适用于呼吸道、消化道、泌尿道等细菌感染性疾病，内服应配合等量的碳酸氢钠。

2. 磺胺二甲氧嘧啶

剂型：粉剂、针剂。

用法与用量：粉剂内服，首次量140～200毫克/千克体重，维持量减半。针剂肌内注射，140～200毫克/千克体重，2次/天。

用途及注意事项：抗菌谱与抗菌效力和磺胺嘧啶相似，对革兰氏阳性菌及阴性菌等引起的各种感染疗效较好。副作用小，吸收较快而排泄较慢，是治疗脑部细菌性疾病的首选药物，适用于呼吸道、消化道、泌尿道等细菌感染性疾病，内服应配合等量的碳酸氢钠。

3. 磺胺对甲氧嘧啶（磺胺–5–甲氧嘧啶）

剂型：粉剂、片剂、针剂。

用法与用量：粉剂混饲，1 000毫克/千克饲料，维持量减半。片剂内服，首次量50～100毫克/千克体重，维持量减半。针剂肌内注射，50毫克/千克体重，1～2次/天，连用2～3天。

用途及注意事项：对革兰氏阳性菌及阴性菌如化脓性链球菌、沙门杆菌和肺炎杆菌等均有良好的抗菌作用。本品内服吸收迅速，对尿路感染疗效显著，对生殖、呼吸系统与皮肤感染也有效。与三甲氧苄胺嘧啶合用，可增强疗效，内服应配合等量的碳酸氢钠，肾功能受损时慎用。

4. 磺胺间甲氧嘧啶（磺胺–6–甲氧嘧啶）

剂型：粉剂、片剂、针剂。

用法与用量：同磺胺对甲氧嘧啶。

用途及注意事项：为长效磺胺药，对革兰氏阳性、阴性菌均有良好的抗菌作用，对球虫和弓形体作用显著，临床可用于治疗消化道、呼吸道和泌尿道感染。内服应配合等量的碳酸氢钠，肾功能受损时慎用。

（六）喹诺酮类

1. 诺氟沙星（氟哌酸）

剂型：胶囊、针剂。

用法与用量：胶囊内服，10～20毫克/千克体重，2～3次/天。针剂肌内注射，10毫克/千克体重，2次/天。

用途及注意事项：广谱杀菌药，特别对大肠杆菌、变形杆菌、肺炎克雷白氏病菌、奇异变形杆菌、产气杆菌、沙门杆菌等革兰氏阴性菌和葡萄球菌、链球菌等革兰氏阳性菌有强的杀菌作用，多用于泌尿系统、呼吸系统感染，不可与致酸药合用。

2. 恩诺沙星

剂型：粉剂、针剂。

用法与用量：粉剂内服，2.5～5毫克/千克体重。针剂肌内注射，2.5毫克/千克体重，2次/天，连用3天，必要时停用2天，再连用3天。

用途及注意事项：本品为广谱杀菌药，对革兰氏阳性、阴性菌均有杀灭作用，对支原体有特效，用于仔猪腹泻、断奶仔猪大肠杆菌－肠毒血症和腹泻、猪支原体肺炎、胸膜肺炎、嗜血杆菌感染，乳腺炎、子宫炎及无乳综合征等。禁止和丁胺卡那霉素或庆大霉素混合使用。

3. 环丙沙星

剂型：针剂。

用法与用量：肌内注射2.5～5毫克/千克体重，2次/天。静脉注射2毫克/千克体重，2次/天，连用3～5天。

用途及注意事项：抗菌谱和氟哌酸相似，对葡萄球菌、链球菌、肺炎双球菌、绿脓杆菌作用强。对内酰胺类及庆大霉素耐药菌也有效。多用于泌尿系统、呼吸系统感染，不可与氨茶碱合用。

4. 单诺沙星

剂型：针剂。

用法与用量：肌内注射或皮下注射，1.25毫克/千克体重，2次/天，连用3～5天。

用途及注意事项：本品为动物专用的第三代喹诺酮类广谱抗菌药，抗菌作用和抗菌谱与恩诺沙星相似。经各种途径给药均能迅速而完全吸收，其分布特点是肺组织中浓度较高，为血浆浓度的5～7倍，因而对敏感菌所致的肺部感染有高效。对本品敏感的病原菌有巴氏杆菌、放线菌、大肠杆菌及各种霉形体。临床主要用于猪放线杆菌性胸膜肺炎、霉形体肺炎。

（七）林可胺类

1. 盐酸林可霉素（洁霉素）

剂型：片剂、针剂。

用法与用量：片剂口服，10～15毫克/千克体重，3～4次/天。针剂肌内注射，5～20毫克/千克体重；静脉注射5～10毫克/千克体重，2次/天。

用途及注意事项：本品抗菌作用和红霉素类似，但抗菌谱较窄，对革兰氏阳性球菌作用较强，特别是对厌氧菌作用强，可用于支气管炎、肺炎、败血症、乳腺炎、骨髓炎、化脓性关节炎、蜂窝织炎与泌尿道感染等。对革兰氏阴性菌无效。不可与卡那霉素、磺胺类及红霉素合用。

2. 克林霉素

剂型：胶囊、针剂。

用法与用量：按林可霉素用药量减半。

用途及注意事项：抗菌作用与林可霉素相同，但抗菌效力比林可霉素强 4 ~ 8 倍。内服比林可霉素好。

（八）其他抗菌药物

1. 泰妙菌素（支原净）

剂型：粉剂。

用法与用量：混饲 10 ~ 35 毫克/千克饲料，连用 5 ~ 10 天。混饮预防量为 40 毫克/升水，连用 3 天；治疗量加倍，连用 10 天。

用途及注意事项：抗菌谱与大环内酯类相似，对革兰氏阳性菌、支原体、猪胸膜肺炎及猪密螺旋体等有较强的抗菌作用。本品禁止与莫能菌素、盐霉素等离子载体类抗生素混合使用。

2. 氟苯尼考（氟甲砜霉素）

剂型：粉剂、针剂。

用法与用量：粉剂混饲，预防 20 ~ 40 毫克/千克饲料，连用 7 天；治疗量加倍。针剂肌内注射，20 ~ 30 毫克/千克体重，2 次/天，连用 3 ~ 5 天。

用途及注意事项：广谱抗菌制剂，对革兰氏阳性菌和革兰氏阴性菌均有强大的杀灭作用，对其他抗生素产生耐药性菌株引起的感染防治效果显著，可有效控制猪的呼吸道和消化道疾病以及多种病因引起的继发感染和并发症，用于细菌所致的猪细菌性疾病，如猪的喘气病、传染性胸膜肺炎和黄白痢等。

3. 痢菌净

剂型：片剂、针剂。

用法与用量：片剂口服，5 ~ 10 毫克/千克体重，2 次/天。针剂肌内注射，2.5 ~ 5 毫克/千克体重，2 次/天，连用 3 天。

用途及注意事项：广谱抗菌素，对多种革兰氏阴性菌如大肠杆菌、巴氏杆菌、沙门杆菌、李氏杆菌等有较强的抑制作用，对某些革兰氏阳性菌如金黄色葡萄球菌、链球菌等也有抑制作用，对密螺旋体有特效，对真菌抑制作用较差。

二、抗寄生虫药物

1. 敌百虫

剂型：结晶粉末。

用法与用量：内服，80 ~ 100 毫克/千克体重（最大量为 7 克）。外用，配制 1% ~ 3% 溶液局部涂擦或喷雾。

用途及注意事项：为有机磷制剂，驱虫范围广，对猪体内外寄生虫均有杀虫作用，临床主要用于驱除猪胃肠道线虫及体外寄生虫，如蜱、螨、蚤、虱、蚊、蝇等。但治疗量与中毒量接近，中毒时可用解磷定、阿托品等解救。禁止与碱性药物或碱水合用。

2. 左旋咪唑（左噻咪唑）

剂型：片剂、针剂。

用法与用量：片剂内服，8毫克/千克体重。针剂肌内注射，7.5毫克/千克体重。

用途及注意事项：广谱、高效、低毒驱虫药，对多种消化道线虫有较好作用，对猪蛔虫、类圆线虫和后圆线虫有良好驱除效果，对猪肾虫也有效，并有免疫调节作用。

3. 伊维菌素

剂型：针剂。

用法与用量：肌内注射0.3毫克/千克体重，通常用药一次，必要时间隔7~9天重复注射一次。

用途及注意事项：本品为具有广谱、高效、用量小和安全等优点的大环内酯类抗寄生虫药，对猪后圆线虫、猪蛔虫、有齿冠尾线虫、食道口线虫、兰氏类圆线虫以及后圆线虫幼虫有高效作用。对外寄生虫如猪疥螨、猪血虱等也有极好的杀灭作用。

4. 三氮脒（贝尼尔、血虫净）

剂型：针剂。

用法与用量：肌内注射轻病例3.5毫克/千克体重即可，重病例5~9毫克/千克体重。

用途及注意事项：本品能抑制虫体DNA合成，从而影响其生长繁殖，是治疗猪附红细胞体病的高效药物。用药前或用药时注射阿托品，可减少副作用。

三、作用于呼吸系统的药物

1. 咳必清（托可拉斯）

剂型：粉剂、片剂。

用法与用量：内服50~100毫克/千克体重，3次/天。

用途及注意事项：有镇咳功效，用于呼吸道炎症的干咳嗽。

2. 复方甘草合剂

剂型：合剂。

用法与用量：内服10~30毫克/千克体重，3次/天。

用途及注意事项：有祛痰、镇咳、解毒和抗炎等作用。常用于无痰咳喘。

3. 氨茶碱

剂型：针剂。

用法与用量：肌内注射，0.25~0.5克/千克体重。

用途及注意事项：具有松弛支气管平滑肌、平喘作用，也有强心利尿作用。主要用于支气管及心性水肿。不宜与酸性药合用。

四、作用于消化系统的药物

1. 大黄末

剂型：粉剂。

用法与用量：口服，健胃，2~5克/次；下泻，仔猪，2~5克/次；止泻，5~10克/次。

用途及注意事项：大黄末小剂量内服，味苦，有健胃作用；中剂量有收敛和抗菌作用；大剂量有泻下作用。临诊上主要用于健胃，也可与硫酸钠合用治疗便秘。大黄苏打片因含有碳酸氢钠还有中和胃酸的作用。

2. 硫酸钠（镁）

剂型：粉剂。

用法与用量：内服，健胃，3~10克/次；下泻，25~50克/次。

用途及注意事项：小剂量内服，对消化道黏膜产生适度刺激而呈现健胃作用；大剂量有泻下作用，可用于大肠便秘和排除肠内容物等，因泻下作用的快慢与给水量有密切关系，通常配成4%~6%溶液，同时还必须给病猪灌服大量饮水。严禁浓度过高，否则易引起下泻，继发肠炎，加重机体脱水；禁与钙盐配合应用。

3. 鞣酸蛋白

剂型：粉剂。

用法与用量：内服，2~5克/次。

用途及注意事项：内服后，在肠内被分散为鞣酸与蛋白质，鞣酸起收敛止泻作用。主要用于急性肠炎和非细菌性腹泻。

4. 药用炭

剂型：粉剂。

用法与用量：内服，10~25克/次。

用途及注意事项：内服后，能吸收胃肠内的细菌毒素、气体及化学物质，并机械地保护黏膜，减少有害物质刺激，使肠蠕动减弱而呈现止泻作用。常用于肠炎、腹泻和毒物中毒。

5. 人工盐

剂型：粉剂。

用法与用量：口服，健胃，10~30克/次；缓泻，50~100克/次。

用途及注意事项：小剂量内服，可增加胃肠分泌、蠕动，促进物质消化，也有微弱中和胃酸作用，用于消化不良、胃肠迟缓与卡他等；大剂量内服，同时大量给水能引起缓泻，用于早期肠便秘。禁与酸性物质或酸类健胃药、胃蛋白酶等药物配合应用。

6. 干酵母（食母生）

剂型：片剂。

用法与用量：内服，5~10克/次。

用途及注意事项：含多种B族维生素等生物活性物质，这些物质是机体内某些酶系统的重要组成成分，能参与糖、蛋白质、脂肪的生物转化和转运。用于食欲减退、消化不良及维生素B缺乏的辅助治疗。用量过大可致腹泻。

五、作用于泌尿生殖系统的药物

1. 双氢克尿噻（双氢氯噻嗪）

剂型：粉剂、片剂、针剂。

用法与用量：粉剂和片剂内服，50~100毫克/次，1~2次/天；针剂肌内注射，50~75毫克/次。

用途及注意事项：有较强的利尿作用。用于各种类型水肿。长期服用，需服氯化钾。

2. 孕酮（黄体酮）

剂型：针剂。

用法与用量：肌内注射，15~25毫克/次。

用途及注意事项：有安胎作用。主要用于习惯性流产、先兆性流产以及母猪同期发情等。

3. 垂体后叶素（脑垂体后叶素）

剂型：针剂。

用法与用量：肌内注射，10~50国际单位/次。

用途及注意事项：为激素类药。小剂量增强子宫节律性收缩，大剂量引起子宫强直性收缩而止血。用于胎位不正，产道无障碍，而子宫收缩无力，子宫颈口已开放的母猪催产；治疗胎衣不下；治疗产后出血。因作用时间短，宜配合麦角新碱应用。

4. 催产素

剂型：针剂。

用法与用量：肌内注射，10~50国际单位/次。

用途及注意事项：子宫收缩作用同垂体后叶素，且不含抗利尿素。用于分娩时子宫收缩无力、产后出血、催产、胎衣不下及排出死胎等。

六、作用于中枢神经系统的药物

1. 复方氨基比林

剂型：针剂。

用法与用量：肌内注射，5～10毫升/次。

用途及注意事项：本品为氨基比林与巴比妥组成的复合制剂，解热镇痛作用持久而强。广泛用于神经痛、肌肉痛、关节痛，急性风湿性关节炎。本品长期连续使用，可引起粒性白细胞减少症。

2. 硫酸镁注射液

剂型：25%针剂。

用法与用量：静脉注射或肌内注射，2.5～7.5克/次。

用途及注意事项：镁离子对中枢神经系统有抑制作用，并可阻断神经肌肉的运动终板部位的传导，而使骨骼肌松弛。常用于破伤风、士的宁中毒等。

3. 安乃近（诺瓦经）

剂型：片剂、针剂。

用法与用量：片剂内服，2～5克/次；针剂肌内注射，1～3克/次。

用途及注意事项：解热作用显著，镇痛作用也较强，有一定的消炎和抗风湿作用。本品长期应用，可引起粒细胞减少，加重出血的倾向。

4. 阿司匹林（乙酰水杨酸）

剂型：片剂。

用法与用量：内服，1～3克/次。

用途及注意事项：解热、镇痛效果好，消炎和抗风湿作用强，还可抑制炎性渗出，对急性风湿症有特效。常用于发热，风湿症，神经、肌肉、关节疼痛，软组织炎症和痛风症的治疗。不宜空腹投药，胃炎、胃溃疡、出血和肾功能不全病猪慎用；治疗痛风时，应同服等量碳酸氢钠。

5. 柴胡注射液

剂型：针剂。

用法与用量：肌内注射，5～10毫升/次。

用途及注意事项：解热作用明显，有一定的镇静、镇咳、镇痛、抗炎等作用。用于感冒、上呼吸道感染等发热性疾病。

七、作用于传出神经系统的药物

1. 肾上腺素

剂型：针剂。

用法与用量：0.1%针剂，肌内注射，0.01～0.02毫升/千克体重；静脉注射，应用生理盐水稀释10倍，隔15分钟可重复一次。

用途及注意事项：可兴奋心脏，使心肌收缩力加强，心率加快，心输出量增多，收缩血管，导致血压急剧上升。常用于急性麻醉过深、急性心力衰竭的心跳减弱或骤停以及过敏性休克等。禁与洋地黄、钙剂和碱性药物配伍，水合氯醛中毒病猪禁用。

2. 阿托品

剂型：针剂。

用法与用量：皮下或肌内注射，0.02～0.05毫克/千克体重。

用途及注意事项：为抗胆碱药。具有缓解平滑肌痉挛、抑制腺体分泌、扩大瞳孔、解除迷走神经对心肌的抑制、抗休克、兴奋呼吸中枢等作用。用于胃肠痉挛、有机磷农药和胆碱药中毒，以及全身麻醉前给药，以减少腺体分泌。阿托品中毒时可用巴比妥类或水合氯醛解救。

八、作用于血液循环系统的药物

1. 止血敏（酚磺乙胺）

剂型：针剂。

用法与用量：肌内注射或静脉注射，0.25～0.5克/次。

用途及注意事项：有很好的止血作用。用于手术前后的预防出血和止血、鼻出血、内脏出血、分娩时异常出血、紫癜等。本品过量可致血栓形成。

2. 维生素 K_3

剂型：针剂。

用法与用量：肌内注射或静脉注射，0.5～2.5毫克/千克体重。

用途及注意事项：参与肝脏内凝血酶原及凝血因子Ⅶ、Ⅸ和Ⅹ的合成。临床上用于各种原因引起的出血性疾病和低血酶原血症（水杨酸钠中毒）及长期服用抗生素药物引起的维生素K缺乏症。静脉注射时应缓慢，且用生理盐水稀释，成年猪不超过10毫克/分，幼猪不超过5毫克/分。

3. 维生素 B_{12}

剂型：针剂。

用法与用量：肌内注射，0.3～0.4毫克/次。

用途及注意事项：用于恶性贫血，也用于神经炎、肝脏疾病和再生障碍性贫血等。

4. 牲血素（右旋糖酐铁注射液）

剂型：针剂。

用法与用量：肌内注射，100～200毫克/次。

用途及注意事项：用于仔猪贫血、创伤性贫血、营养障碍性贫血、寄生虫性贫血等。不宜与其他药物同时或混合使用。

九、影响组织代谢的药物

1. 氢化可的松、地塞米松

剂型：针剂。

用法与用量：氢化可的松静脉注射，20～80 毫克/次。地塞米松肌内注射或静脉注射，4～12 毫克/次。

用途及注意事项：临床上用于抗炎、抗风湿、抗过敏及抗休克的治疗。地塞米松没有钠潴留和钾损失的作用，但抗炎作用强可的松 25～30 倍。

2. 维生素 D_2、维生素 D_3

剂型：针剂。

用法与用量：维生素 D_2，肌内注射，0.5 万～2 万国际单位/次。维生素 D_3，肌内注射，1 500～3 000 国际单位/千克体重。

用途及注意事项：维持体内钙、磷正常代谢。用于维生素 D 缺乏症，如佝偻病、骨软症等，以及骨折、类风湿性关节炎和干燥性皮肤病等。

3. 维生素 E（生育酚）

剂型：针剂。

用法与用量：皮下注射或肌内注射，0.1～0.5 克/次。

用途及注意事项：可用于猪白肌病、猪肝坏死和黄脂病等。常和硒配合用，效果佳。

4. 维生素 C（抗坏血酸）

剂型：片剂、针剂。

用法与用量：片剂内服，0.2～0.5 克/次。针剂静脉注射或肌内注射，0.2～0.5 克/次。

用途及注意事项：参与体内氧化还原反应；有解毒作用；参与体内活性物质和组织代谢；增强机体抵抗能力。用于由于缺乏维生素 C 引起的坏血病，也用于各种传染病、高热、慢性消耗性疾病、外伤、过敏性疾病和某些中毒病的辅助治疗。

5. 复合维生素 B

剂型：针剂。

用法与用量：肌内注射，2～6 毫升/次。

用途及注意事项：含有多种 B 族维生素。用于营养不良、食欲减退、多发性神经炎、糙皮症和缺乏维生素 B 而导致的各种疾病的辅助治疗。

6. 亚硒酸钠

剂型：0.1%针剂。

用法与用量：肌内注射，仔猪 1～2 毫升/次；母猪 5～10 毫升/次。

用途及注意事项：具有抗氧化作用和促进抗体生成，增强免疫力的作用。主要用于猪缺乏硒症、营养性肝病和桑葚心等，对母猪流产、胎衣不下、乳腺炎也有辅助疗效，常与维生素 E 合用，效果佳。

十、特效解毒药

1. 碘解磷定（解磷定、派姆）

剂型：晶粉。

用法与用量：静脉注射，用前以注射用水稀释成 4%，15～30 毫克/千克体重，重度中毒可重复给药，2 小时/次。

用途及注意事项：为胆碱酯酶复活剂，可使被抑制的胆碱酯酶迅速复活。常用于有机磷酸酯类急性中毒的解救。本品必须在中毒早期使用，同时应与阿托品合用；静脉注射速度应慢，药液勿漏出血管外；禁与碱性药物配伍。

2. 氯磷定

剂型：针剂。

用法与用量：肌内注射或静脉注射，30 毫克/千克体重。

用途及注意事项：作用与碘解磷定相似，但其复活酶能力较强，且性质较稳定，作用快，毒性低，本品必须在中毒早期使用，同时应与阿托品合用。

3. 双复磷

剂型：针剂。

用法与用量：肌内注射或静脉注射，15～30 毫克/千克体重。

用途及注意事项：作用与碘解磷定相似，复活酶能力强，可通过血脑屏障，并有阿托品样作用。对缓解病猪的腹痛及呕吐等效果显著。

4. 亚硝酸钠

剂型：针剂。

用法与用量：静脉注射，0.2 克/次。

用途及注意事项：主要用于氰化物中毒的解毒，本品应配合使用硫代硫酸钠，以增强解毒效果。

5. 硫代硫酸钠

剂型：针剂。

用法与用量：肌内注射，1～3 克/次。

用途及注意事项：能与游离的氰离子或氰化高铁血红蛋白中的氰离子结合生成无毒的硫氰酸盐排出体外。主要用于氰化物中毒。另外，本品还具有还原剂特征，可与多种金属、类金属结合生成无毒硫化物由尿排出体外，故也可用于碘、汞、砷、铝和铋等的中毒。不能与亚硝酸钠混合应用。早期用药，用量要足，并配合巴比妥及抗心律失常药物。

6. 解氟灵（乙酰胺）

剂型：针剂。

用法与用量：肌内注射或静脉注射，50～100毫克/千克体重。

用途及注意事项：常用于氟乙酰胺和氟乙钠等农药的中毒。

7. 亚甲蓝

剂型：针剂。

用法与用量：静脉注射，0.1～0.2毫升/千克体重（解救高铁血红蛋白血症）；0.25～1毫升/千克体重（用于氰化物中毒）。

用途及注意事项：为氧化还原剂。小剂量有还原作用，使高铁血红蛋白恢复其携带氧功能。用于缓解亚硝酸盐中毒，也可用于治疗氨基比林、磺胺类药引起的高铁血红蛋白血症。大剂量有氧化作用，可使血红蛋白变成高铁血红蛋白，再与氰化物结合解除组织缺氧，用于氰化物中毒，当用于氰化物中毒时，须与硫代硫酸钠合用，但其效果不如亚硝酸钠和硫代硫酸钠合用。禁皮下注射或肌内注射，可引起组织坏死；不可与其他药物混合使用。

第五节 猪的给药技术

一、经口给药法

（一）拌料法

在养猪生产中，经常将药物混合到饲料中以预防或治疗疾病，此法简单易行、适合群体给药。拌料所用药物应无特殊气味，容易混匀。在拌料前，要根据用药剂量、疗程和猪的采食量准确计算出所需药物及饲料的量，然后采用递加稀释法将药物混入饲料中，即先将药物加入少量饲料中混匀，再与10倍量饲料混合，依此类推，直至与全部饲料混匀。混好的饲料可供猪自由采食。

（二）饮水法

此方法是将药物溶解于水中，供猪自由饮用。饮水给药时应注意了解不同药物在水中的溶解度，只有易溶于水的药物和难溶于水但经过加温或加助溶剂后可溶的药物才能混水给药；同时要了解药物水溶液的稳定性，一些在水中稳定性差的药物，配好后应在规定的时间内饮完。

（三）灌服法

体格较小的猪灌服少量药液时可用汤匙或注射器（不接针头），较大的猪若需灌服较大剂量的药液时，可选用胃管投入。胃管投药可选择猪专用的胃管，经口腔插入，首先要将猪站立或侧卧保定，用开口器将口打开，或用特制的中央钻一圆孔的木棒塞入其口中将嘴撑开，然后将胃管沿圆孔向咽部插入，当胃管尖端到达咽部，会感触到明显阻力，操作者可轻微抽动胃管，促使其吞咽，此时随猪的吞咽动作顺势将胃管插入食管。必须通过多种方法判断，以确认胃管插入食管后才能投药。

二、灌肠法

灌肠法常用于猪的大便秘结、排便困难的治疗，也用于盲肠炎的治疗。临床上采用将温水或肥皂水、药液灌入直肠内的方法，来软化粪便促进排粪。操作时猪采用站立或侧卧保定，并将猪尾拉向一侧。操作者一只手提举盛有药液的灌肠器或吊桶，另一只手将连接于灌肠器或吊桶上的胶管在涂布润滑油后缓慢插入直肠内，然后抽压灌肠器或举高吊桶，使药液自行流入直肠内。可根据猪个体大小确定灌肠所用药液的量，通常每次 200～500 毫升。

三、注射法

（一）皮下注射法

皮下注射法系将药物注射于皮下结缔组织内，经毛细血管、淋巴管的吸收而进入血液循环的一种注射方法。皮下注射法适合于各种刺激性较小的注射药液及疫苗、血清等的注射。皮下注射要选择皮肤较薄而皮下疏松的部位，猪通常在耳根或股内侧。

1. 方法 将猪保定后，局部消毒，操作者用左手的拇指与中指捏起皮肤，食指压皱褶的顶点，使其呈陷窝。右手持连接针头的注射器，迅速刺入陷窝处皮下约 2 厘米。此时，感觉针头无抵抗，可自由摆动。左手按住针头接合部，右手抽动注射器活塞未见回血时，可推动活塞注入药液。如果注入的药量较多时，要分点注射，不能在一个注射点注入过多的药液。注射完毕，以酒精棉球压迫针孔，拔出注射针头，最后用 5% 的碘酊消毒。

2. 特点
（1）皮下有脂肪层，吸收较慢，通常经 5～10 分钟才能呈现药效。
（2）皮下注射时，根据药物的种类，有时可引起注射局部的肿胀和疼痛。
（3）与血管内注射比较，没有危险性，操作容易，大量药液也可注射，且药效作用持续时间较长。
（4）药物的吸收比经口给药和直肠给药快，药效确实。
（5）皮下注射的药液，可由皮下结缔组织分布广泛的毛细血管吸收而进入血液。

3. 注意事项

（1）刺激性强的药品不能做皮下注射，尤其是对局部刺激较强的钙制剂、砷制剂、水合氯醛及高渗溶液等，易诱发炎症，甚至组织坏死。

（2）大量注射补液时，需将药液加温后分点注射。

（3）注射后应轻轻按摩或进行温敷，以促进吸收。

（4）长期注射者应经常更换注射部位，建立轮流交替注射计划，达到在有限的注射部位吸收最大药量的效果。

（二）肌内注射法

肌内注射应选择肌肉发达、厚实，且能避开大血管和神经干的部位，多选择猪的颈部、臀部。由于肌肉内血管丰富，注入药液吸收迅速，所以大多数注射用针剂，一些刺激性强、较难吸收的药剂（如乳剂、油剂等）和许多疫苗，均可进行肌内注射。

1. 方法 注射部位消毒后，手持连接有针头的注射器进行注射，刺入后左手固定针头，右手持注射器并回抽活塞，检查有无回血，若判定刺入正确，随即推动活塞，注入药液，注射后迅速拔出针头，5%碘酊消毒。

2. 特点

（1）由于猪的骚动或操作不熟练，注射针头或注射器（玻璃或塑料注射器）的接合头易折断。

（2）肌肉比皮肤感觉迟钝，因此注射具有刺激性的药物，不会引起剧烈疼痛。

（3）肌内注射由于吸收缓慢，可长时间保持药效、维持血药浓度。

3. 注意事项

（1）针体通常只刺入2/3，不可将针头全部刺入，以防针头从根部衔接处折断。强烈刺激性药物如水合氯醛、浓盐水、钙制剂等，不能肌内注射。注射针头如接触神经时，则猪感觉疼痛不安，此时应变换针头方向，再注入药液。

（2）万一针体折断，应保持猪局部和肢体不动，迅速用止血钳夹住断端拔出。若不能拔出时，先将猪保定好，防止骚动，局部麻醉后迅速切开注射部位，用小镊子、止血钳或持针钳拔出折断的针体。

（3）长期进行肌内注射时，注射部位应交替更换，以减少硬结的发生。两种以上药液同时注射时，要注意药物的配伍禁忌，必要时在不同部位注射。根据药物的量、黏稠度及刺激性的强弱，选择适当的注射器和针头。避免在瘢痕、硬结、发炎、皮肤病及有针眼的部位注射。瘀血和血肿部位不宜进行注射。

（三）静脉注射法

静脉注射法系将药液直接注入静脉内，随着血液很快分布到全身，不会受消化道和其他脏器的影响而发生变化或失去作用，药效迅速，作用强，注射部位疼痛反应轻，但其代谢也快。本法适用于大量的补液、输血和对局部刺激性大的药液（如水合氯醛、氯化钙），以及急需奏效的药物（如急救强心药等）。猪的静脉注射常采用耳静脉或前腔静脉进行注射。

1. 耳静脉注射法

（1）部位：耳背侧静脉。

（2）方法：将猪站立保定或侧卧保定，耳静脉局部消毒。助手用手指按压耳根部静脉管处或用胶带在耳根部扎紧，使静脉血回流受阻，静脉管充盈、努张。操作者用左手把持猪耳，将其托平并使注射部位稍有隆起，右手持连接针头的注射器，沿静脉管方向使针头与皮肤成30°~45°角，刺入皮肤和血管内，轻轻回抽活塞如可见回血即为已刺入血管，然后将针管放平并沿血管稍向前刺入。此时，可撤去压迫脉管的手指或解除结扎的胶带。操作者用左手拇指压住注射针头，右手徐徐推进药液，直至药液注完。如大量输液时，可用输液器、输液瓶替代注射器，操作方法相同。注药完毕，左手拿酒精棉球紧压针孔，右手迅速拔出针头。为了防止血肿，要继续紧压局部片刻，最后用5%的碘酊消毒。

2. 前腔静脉注射法

（1）部位：前腔静脉为左、右两侧的颈静脉与腋静脉至第一对肋骨间的胸腔入口处于气管腹侧面汇合而成。注射部位在第一肋骨与胸骨柄结合处的正前方，由于左侧靠近膈神经，易损伤，故多在右侧进行注射。针头刺入方向呈近似垂直并稍向中央及胸腔方向，刺入深度根据猪大小而定，通常为2~6厘米。用于大量输液及采血。

（2）方法：对猪采取站立保定或仰卧保定。站立保定时，在右侧耳根至胸骨柄的连线上，距胸骨端1~3厘米处刺入针头，进针时稍微向中央并刺向第一肋骨间胸腔入口处，边刺边回抽活塞观察是否有回血，如果见有回血，表明针头已刺入前腔静脉，可注入药液。猪取仰卧保定时，固定好其前肢及头部，局部消毒后，操作者持连有针头的注射器，由右侧沿第一肋骨与胸骨结合部前侧方的凹陷处刺入，并且稍微向中央及胸腔方向，一边刺入一边回抽，当见到回血后即表明针头已刺入前腔静脉，即可徐徐注入药液。注射完毕后拔出针头，局部消毒。

（四）胸、腹腔注射法

1. 胸腔注射法　注入胸腔的药液吸收快，当猪发生胸膜炎时，可将某些药物直接注射到其胸腔内进行局部治疗；或在进行猪胸腔积液的实验室检查时，对胸腔进行穿刺，也可进行疫苗接种（如猪喘气病疫苗）。

（1）部位：在猪左侧第六肋间，右侧第五肋间，选择于胸外静脉上方2厘米处。

（2）方法：将猪站立保定，注射部位消毒。操作者左手将注射部皮肤稍向前拉动1~2厘米，以便刺入胸膜腔的针孔与皮肤上针孔错开，右手持连接针头的注射器，在靠近肋骨前缘处垂直皮肤刺入（深度3~5厘米）。针头通过肋间肌时有一定阻力，进入胸膜腔时阻力消失，有空虚感。注入药液（或吸取胸腔积液）后，拔出针头，使局部皮肤复位，局部消毒。

（3）注意事项：①刺针时，针头应靠近肋骨前缘刺入，以免刺伤肋间血管或神经。②刺入胸腔后，要立即闭合好针头胶管，以防止空气窜入胸腔形成气胸。③必须在确定针头刺入胸腔内后，才可注入药液。④胸腔内注射或穿刺时避免伤及心脏和肺脏。

2. 腹腔注射法　腹腔注射法是将药液注入腹膜腔内，由于腹腔具有强大的吸收功能，药物吸收快，注射方便，适用于腹腔内疾病的治疗和通过腹腔补液（特别在猪脱水或血液循环障碍，采用静脉注射较困难时更为实用）。

（1）部位：在猪耻骨前缘前方3~5厘米处的腹中线旁。

（2）方法：对体重较轻的猪提举两后腿倒立保定，体重较大的猪采用横卧保定。注射局部消毒后，操作者左手把握猪的腹侧壁，右手持连接针头的注射器或输液管垂直刺入2~3厘米，使针头穿透腹壁，刺入腹腔内。然后左手固定针头，右手推动注射器注入药液或输液。注射完毕，拔出针头，注射部消毒处理。

（五）气管注射法

气管注射法系将药液直接注射到气管内，是用于治疗病猪气管和肺部疾病，以及驱虫的一种方法。

（1）部位：颈部上段腹侧面的正中，可明显触到气管，在两气管环之间进针。

（2）方法：对病猪采取仰卧保定，使其前躯稍高于后躯。注射部位消毒后，操作者左手触摸气管并找准两气管环的间隙，右手持连有针头的注射器，垂立刺入气管内，而后缓慢注入药液。若操作中猪出现咳嗽，要停止注射，直至其平静下来再继续注入。注射完毕拔出针头，注射部消毒。

（3）注意事项：①药液注射前，应将其加温至接近猪体温以减轻刺激反应。②注射速度不宜过快，可一滴一滴注入，以免刺激气管黏膜，咳出药液。③注射药液量不宜过大，避免量大引发气管阻塞而发生呼吸困难，猪的注药量通常为3~5毫升。④如果猪咳嗽剧烈或防止注射诱发猪咳嗽，可先注入2%普鲁卡因液2~5毫升，降低气管的敏感反应，然后再注入所需药液。

第十章 猪疫病防控关键技术

第一节 猪的病毒病

猪 瘟

一、病原

猪瘟病毒（HCV）属黄病毒科瘟病毒属。病毒粒子呈圆球状，直径 40～45 纳米；基因组为单股 RNA，约 12 千碱基长；核衣壳的直径约 29 纳米，为 36 000 克/摩的蛋白质构成，20 面体对称；有囊膜，囊膜厚约 6 纳米，有 55 克/摩和 46 000 克/摩两种糖蛋白。

乙醚、氯仿、去氧胆酸盐等脂溶剂可很快使病毒失活，对碱性消毒药最为敏感，如氢氧化钠、生石灰等，2% 氢氧化钠是最合适的消毒药。

二、流行病学

各种品种的猪对猪瘟病毒均易感，野猪亦可感染，且和猪的年龄、性别及营养无关。病猪是最主要的传染源。病毒分布在病猪体内各种组织器官和体液中，其中以血液、脾、淋巴结含毒量最高。每克含毒量可达数百万个猪最小感染量，病毒可通过母体胎盘感染给胎儿。病猪的排泄物与分泌物污染环境而散发病毒。另外，病猪的肉尸、脏器等，病后带毒猪、隐性带毒猪、潜伏期带毒猪也是重要传染来源。被猪瘟病毒污染的饲料、饮水、运输工具、饲养工具、管理人员、饲养人员、屠宰人员及和病猪直接接触的工作服、鞋靴等如未被彻底消毒均可成为传播媒介。

猪瘟的流行主要是猪瘟病毒在易感猪之间传递而发病，其次才是由其他方式传递而引起。规模猪场群体暴发猪瘟时，主要传播途径是通过病猪的粪便、尿液、眼和鼻的分泌物，直接接触病毒水平感染。个体饲养者主要是病死猪处理不当，如随意将尸体投放田间、野外，由家犬采食而散布污染周围环境。患病及弱毒株感染的母猪，经胎盘垂直感染胎儿，产出弱仔猪、死胎、木乃伊胎等。在自然条件下猪瘟病毒的感染途径是口、鼻腔，间或通过结膜、生殖道黏膜、皮肤擦伤进入。经口或注射感染后，病毒复制的主要部位是扁桃体，然后经淋巴管进入淋巴结，继续增殖，随即到达外周血液，从这时起病毒在脾脏、骨髓、内脏淋巴结及小肠的淋巴组织繁殖到高滴度，导致高水平的病毒血症。

本病一年四季均可发生，通常以春、秋季较为严重。急性暴发时，先是几头猪发病，往往突然死亡。继而病猪数量不断增多，多数猪呈急性经过和死亡，3周后逐渐趋向低潮，病猪多呈慢性或亚急性，若无继发感染，少数慢性病猪在1个月左右恢复或死亡，流行终止。非典型（温和型）猪瘟呈散发性流行，其临床症状较轻或不明显，死亡率低。

三、临床症状

自然感染潜伏期为 5～7 天，短的 2 天，最长达 21 天，人工感染强毒株，通常在 36～48 小时体温升高。根据临床症状及特征，猪瘟可分为最急性型、急性型、亚急性型、慢性型、温和型几种类型。

1. 最急性型　体温高达 41℃以上稽留 1 至数天死亡，病程 1～4 天，多突然发病死亡，可视黏膜与腹部皮肤有针尖大密集出血点。

2. 急性型　急性型猪瘟由强毒引起，体温 41℃以上稽留不退，死前降至常温以下。开始时猪群内仅几只显示临床症状，表现呆滞，精神沉郁，全身无力，行动迟缓，摇摆不定，发抖，呈弓背或怕冷状。初期眼结膜潮红，后期苍白，眼角开张不全，眼角处初期有多量黏液，后期转为脓性分泌物，呈褐色而粘着两眼，不能张口。口腔黏膜不洁，在口角、齿龈等黏膜处可见出血点。病初减食或停食，饲喂时，缓慢走近食槽，吃数口后，即退槽回床卧下，有时可见呕吐。初期病猪便秘，排球状干粪，附有带血的黏液或伪膜，有的病猪可出现腹泻，或便秘与腹泻交替。皮肤初期潮红充血，后期变为紫绀或出血，以腹下、鼻端、耳根和四肢内侧等部位常见。在猪包皮内常积有尿液，排尿时流出异臭、混浊有沉淀物的尿液。血液学变化有一定的规律，病猪随体温升高白细胞数减少，约 13×10^9/升以下，有的可降至 4×10^9/升，一般发病后 4～7 天最低。急性型猪瘟大多数病猪在感染后 10～20 天死亡。

3. 亚急性型　症状和急性型相似，体温先升高后下降，然后又升高，直至死亡。病程长达 21～30 天，皮肤有明显的出血点，耳、腹下、四肢、会阴等处可见陈旧性或新旧交替出血点，仔细观察可见扁桃体肿胀溃疡，舌、唇、齿龈结膜有时也能看到。病猪日渐消瘦衰竭，行走摇晃，后躯无力，站立困难，转归死亡。此型多见于流行中后期或老疫区。

4. 慢性型　病程 1 个月以上，体温时高时低，精神不振，食欲不佳，全身衰弱，消瘦，贫血，便秘与腹泻交替，皮肤有陈旧性出血斑或坏死痂。

5. 温和型　温和型（非典型）猪瘟症状轻、不典型，体温通常在40～41℃。有的病猪耳、尾、四肢末端皮肤坏死，发育停滞，到后期步态不稳，后肢瘫痪，部分跗关节肿大。发病率和死亡率均低，死亡的多是幼猪，成猪一般可耐过。从这类病猪可分离到毒力弱的猪瘟病毒，但经易感猪传几代后，毒力增强，可使易感猪发生典型症状死亡。

四、病理变化

（一）眼观病变

1. 最急性型　常见于猪瘟流行早期，突发高热而无明显症状且迅速死亡，浆膜、黏膜及肾脏中仅有极少数的点状出血，淋巴结轻度肿胀、潮红或出血。

2. 急性型　具有典型的败血症变化，又称败血型猪瘟。皮肤出血主要见于四肢内侧、腹部、腹股沟部、颈、胸、耳根。病初可见淡红色充血区，以后红色加深，有明显小出血点。随病程发展，出血点能相互融合形成扁豆大小的紫红色斑块（出血红斑）。病程久者，出血部组织常继发坏死形成黑褐色干固痂皮，切开皮肤后皮下组织、脂肪和肌肉均可见到出血。淋巴结变化具有特征性，几乎全身淋巴结均具有出血性淋巴结炎的变化，淋巴结肿胀、呈深红色乃至紫红色，切面呈红白相间的大理石状外观，特别是腹股沟、颌下、咽背、耳下、支气管、胃门、肝门、脾门、肾门、肠系膜、颌下等淋巴结的病变最明显。脾脏通常不肿胀，脾边缘有粟粒至黄豆大、深于脾颜色呈紫红色隆起的出血性梗死灶，呈结节状，表面稍膨隆，切面多呈楔形，有时多数梗死灶连接成带状，一个脾可出现几个或十几个梗死灶，其检出率为30%～40%，具有诊断意义。肾脏的出血差异很大，量少时可见出血点散在，量多时密布整个肾脏表面，切面肾皮质与髓质均见有点状或线状出血，肾乳头、肾盂常见有出血，输尿管、膀胱黏膜处有出血，少数病例可见膀胱黏膜有大面积的出血性浸润。在口角、颊部、齿龈、舌面黏膜有出血点或坏死灶，舌底部偶见有梗死灶，大、小肠系膜及胃肠浆膜常见有小点出血，胃底部黏膜可见出血溃疡灶，大肠与直肠黏膜随病程发展出现淋巴滤泡溃疡，也常见有大量出血点。回盲瓣口的淋巴滤泡常肿大出血和坏死。在喉与会厌软骨黏膜有出血斑点，扁桃体常见有出血或坏死，胸膜有点状出血，胸腔液增多，淡黄红色，肺有局灶性出血斑块，有时可见肺瘀血水肿。心包积液，心外膜、冠状沟及两侧纵沟和心内膜均见有出血斑点。脑膜和脑实质有针尖大小的出血点。

3. 亚急性型　败血性病变轻微，有新旧交替的出血点。主要病变在淋巴结、脾、肾，在皮肤的耳根、股内侧常出现出血坏死样病灶，断奶仔猪的胸壁肋骨与肋软骨结合处的骨骺线明显增宽。

4. 慢性型　可见有败血症的变化，但较轻微，即器官出血性变化出现降低，出血点数量少，可见有陈旧性出血斑点，淋巴结切面可见有出血吸收灶。此型特征性病变为回肠末端和盲结肠，尤其是回盲口处有轮层状溃疡。慢性型断奶仔猪肋骨末端和软骨交界部位发生钙化，呈黄色骨化线，检查肋软骨联合处，在骺线下 1~4 毫米的骨化线是一个经常可见的变化，这在慢性猪瘟诊断上有一定价值。

（二）病理组织学变化

组织学变化以淋巴结和血管变化具有特征意义。

淋巴结是猪瘟病毒最早攻击的靶器官，其病理变化根据病程经过可分以下三种类型：一型（水肿型）多见于最急性型和急性型。淋巴结被膜、小梁与毛细血管周围发生水肿，其中可见有红色的纤维素。淋巴滤泡及其生发中心增大，但滤泡的总数显示减少。淋巴组织中的血管扩张，血管周围白细胞浸润。淋巴组织内的网状细胞及窦内皮细胞发生变性和坏死。二型多见于急性型和亚急性型。出现大理石样外观，是淋巴结出血性炎的变化，主要表现淋巴窦内有大量红细胞、炎性水肿液及少量嗜中性粒细胞，毛细血管壁肿胀、变圆而淡染。网状细胞变性肿胀，滤泡中的细胞变性坏死因而萎缩，有时坏死可涉及被膜和小梁。三型是二型的进一步发展，出血更为严重，红细胞密集，散布于全身淋巴组织，滤泡完全消失，残存的淋巴组织好像在一片血海中呈孤岛状散在。

猪瘟病毒主要侵害微血管，其次是中、小血管，而很少侵害大血管。其病变在皮肤、淋巴结、肾、肝等组织内的毛细血管或小动脉，表现为管壁内皮细胞肿胀、核增大、淡染、缺乏染色质。病变严重时，小动脉壁均匀红染、呈玻璃样透明变性，病程较长的病例，见小血管内皮增殖，使血管腔狭窄，闭塞形成内皮细胞瘤样。在肺、肝、肾、脾、淋巴结及小肠的微血管内常见有微血栓，纤维素性坏死，血管内皮细胞肿胀增生、变性、坏死和脱落，使血管通透性增强导致多发性出血及微血栓的形成。

五、诊断

猪场一旦发生猪瘟，迅速做出早期诊断具有重要意义。因猪瘟扑灭的有效方法是在猪群中尚未大批感染时，早期紧急接种猪瘟弱毒苗，使猪群又获得一次免疫应答，可抵抗猪瘟野毒的攻击，及时控制猪瘟的发生与流行。

本病依据流行病学特点、临床症状和病理变化，综合分析不难做出诊断。但确诊需进行实验室检验。

（一）猪瘟 PPA（酶标记的葡萄球菌 A 蛋白）-酶联免疫试验

1. 试验准备

（1）器材：酶联反应板，25 微升、50 微升、100 微升微量移液器，血清稀释板，洗瓶，酶标测定仪，水浴箱，温箱等。

（2）PPA 按使用说明书保存和使用。

（3）猪瘟兔化弱毒部分纯化抗原：按使用说明书保存和使用。

（4）血清：被检血清、阴性参考血清、阳性参考血清、强阳性参考血清。

（5）试验溶液及配制：

1）包被液（0.05摩尔 pH9.6碳酸盐缓冲液）：碳酸钠1.59克，碳酸氢钠2.93克，蒸馏水加至1 000毫升。

2）洗涤液（pH7.4磷酸盐缓冲液吐温-20）：磷酸氢二钠（12H$_2$O）2.9克，磷酸二氢钠0.2克，氯化钾0.2克，氯化钠8克，吐温-20 0.5毫升，蒸馏水加至1 000毫升。

3）封闭液：洗涤液1 000毫升加入5克明胶溶解即成。

4）pH5.0碳酸盐-柠檬酸盐缓冲液：

甲液（0.1摩尔柠檬酸）：柠檬酸19.2克，加蒸馏水至1 000毫升。

乙液（0.2摩尔磷酸氢二钠）：磷酸氢二钠28.4克，加蒸馏水至1 000毫升。

取甲液24.3毫升，乙液25.7毫升，蒸馏水50毫升，混合而成。

5）底物溶液：pH5.0柠檬酸-磷酸盐缓冲液100毫升，邻苯二胺（OPD）40毫升，30%过氧化氢（H$_2$O$_2$）0.15毫升。临用前现配现用。

6）终止液（2摩尔硫酸）：将浓硫酸22.2毫升加到177.8毫升蒸馏水中即成。

2. 操作方法

（1）包被抗原：将抗原用包被液做1:80稀释，加入酶联反应板孔内，每孔100微升，将酶联反应板加盖或置盒内，在37℃感作1小时，再移至4℃过夜。每块板D行的第10孔（即最后1孔）不加抗原作调零用。

（2）洗涤：取出酶联反应板，甩干板中洗液，用洗涤液洗涤3次，每次3分钟。

（3）加入被检血清：用封闭液将被检血清稀释成1:40、1:80、…、1:20 480，在酶联反应板的A、B、C行的第1~10孔加入不同稀释倍数的被检血清，D行第1~9孔加入与被检血清同样稀释倍数的阴性对照血清，每孔100微升，调零孔不加血清。将酶联反应板加盖或置湿盒内，在37℃温箱中培育2小时。

（4）洗涤：倒去板中血清，用洗涤液洗涤3次，每次3分钟。

（5）加入PPA：用洗涤液将PPA按使用说明书稀释至最适工作浓度，每孔100微升，将酶联反应板加盖或置湿盒中，放37℃温箱内培育2小时。

（6）洗涤：倒去板中液体，用洗涤液洗涤3次，每次3分钟。

（7）加底物溶液：加入新配制的底物溶液，每孔100微升，置37℃温箱中感作20分钟，或室温避光感作30分钟。

（8）终止反应：每孔加入终止液25微升，室温避光5分钟终止反应。

3. 结果判定 用酶标检测仪测取各孔OD（光密度）值（490纳米）。试验孔 OD 值（P）与阴性对照孔 OD 值（N）之比 P/N>2 判为阳性。被检血清抗体滴度以呈现阳性反应孔的血清最高稀释倍数表示。

（二）微量间接炭凝集试验

1. 试验准备

（1）炭凝集反应抗原：凝集效价不低于 1:256（++），放 -15℃ 保存，也可于普通冰箱 0℃ 冰槽保存，有效期半年。

（2）阳性标准血清：凝集价不低于 1:512（++）。阴性标准血清：凝集价不高于 1:8（++）。置 2~15℃ 干燥冷暗处，有效期 1 年。

（3）器材：聚苯乙烯 96 孔 "U" 形微量反应板、单联或四联 25 微升微量移液器、标准滴管等。

（4）被检血清：猪耳静脉试管采血或注射器采血，分离血清，血清不应腐败变质。

（5）试验溶液（0.01 摩尔 pH7.2 磷酸盐缓冲液）配制：

甲液：称取磷酸二氢钠（2H₂O）15.601 克，用蒸馏水加至 1 000 毫升。

乙液：称取磷酸氢二钠（12H₂O）35.816 克，用蒸馏水加至 1 000 毫升。

取甲液 33 毫升，乙液 67 毫升混匀，再加氯化钠 8.767 5 克溶解并加蒸馏水至 1 000 毫升，校正 pH 至 7.2 后，以 120℃ 高压灭菌 30 分钟，放 4℃ 冰箱保存备用。

2. 操作方法

（1）被检血清稀释：在微量反应板中任意取一排孔，用微量移液器每孔滴加磷酸盐缓冲液（PBS 液）25 微升，然后用微量移液器吸取被检血清 25 微升加于第 1 孔内，反复吹吸 3 次混匀后吸出 25 微升移至第 2 孔中，依此类推至第 10孔，最后将第 10 孔内稀释血清弃去 25 微升。

（2）对照阳性血清稀释：稀释方法同被检血清。

（3）对照阴性血清稀释：稀释方法同被检血清。

（4）PBS 对照：每排的第 11、12 两孔作 PBS 液对照。

（5）抗原稀释及加入：按使用说明书要求用 PBS 液将炭抗原稀释 10~15倍，然后每孔滴加 25 微升。

上述各排孔成分加完，适当振荡（勿强烈振荡）后放入 37℃ 温箱感作 1 小时，取出置室温 2 小时后观察并记录结果。

3. 结果判定

（1）"++++" 表示 100% 发生凝集，孔底呈现致密的凝集物，边缘不整齐，呈伞状。

（2）"+++" 表示 75% 发生凝集，孔底形成微密的凝集薄膜，边缘稍整齐。

（3）"＋＋"表示50%发生凝集，孔底中央可见炭粒沉积点，但周围呈微密薄膜状凝集。本实验以"＋＋"表示阳性判定标准，即效价终点。

（4）"＋"表示孔底有明显炭粒沉积点，周围尚见凝集物。

（5）"－"表示孔底呈清晰炭粒沉积圆点。

（6）免疫临界标准：血清最终稀释度1:8以下为免疫抗体阴性（无免疫力）；等于或大于1:16为免疫抗体阳性（具有免疫力）。

（三）间接红细胞凝集试验

本试验用于检测猪只是否注射过猪瘟疫苗；检测猪只接种猪瘟疫苗后抗体效价水平；检测仔猪的母源抗体效价水平，从而确定免疫程序；在未注射疫苗地区检测猪只是否有猪瘟抗体存在，从而判定是否消灭了猪瘟。

1. 试验准备

（1）猪瘟间接红细胞凝集抗原：用绵羊红细胞作载体，经醛化、鞣化，再以猪瘟兔化弱毒犊睾细胞致敏而成。此抗原呈紫红色悬液，静置后紫红色红细胞沉瓶底，上清液澄清。置4℃冰箱中保存，4～12℃保存6个月，使用无影响。由农业部成都药械厂生产。

（2）阳性血清：兽医生物药品厂生产。

（3）阴性血清：兽医生物药品厂生产。

（4）被检血清：将被检猪只固定，从前腔静脉或耳静脉采血，盛于灭菌试管或小瓶中，待其自然凝固，析出血清，取血清备用。

（5）稀释液：为0.3%兔血清pH7.0 PBS液，农业部成都药械厂生产，置4℃冰箱中保存。

（6）器械：微量凝集反应板（聚苯乙烯96孔"V"形或"U"形均可）、微量移液器等。

2. 操作方法（微量法）　　首先用蜡笔在反应板的一边标明被检猪血清号，阴、阳性对照血清及抗原对照，各一横排孔。再用微量移液器每孔加25微升稀释液。然后用微量移液器，分别吸取血清25微升加入已加稀释液25微升的第1孔中，反复冲洗稀释数次后，吸出25微升移入第2孔中，再反复冲洗稀释数次后，吸出25微升移入第3孔中，依此类推，直至稀释到第8孔，最后1孔弃去25微升。最后用微量移液器吸取猪瘟间接血凝抗原25微升加入每孔中。

抗原对照为25微升稀释液加猪瘟间接血凝抗原25微升。

将上述加样完毕后的微量反应板振荡1～3分钟后，在室温静置60～90分钟，观察记录结果。

3. 结果判定

（1）"＋＋＋"表示红细胞形成薄层凝集，布满孔底，边缘不整齐，有时卷曲呈荷叶状。

（2）"＋＋"表示红细胞呈薄层，面积小，中心致密，边缘松散，呈锯齿状凝集。

（3）"＋"表示红细胞沉积在中央，周围有小点凝集。

（4）"－"表示红细胞在中央沉积呈圆点。

出现"＋＋"以上凝集者，为该血清的凝集价，且凝集价在1：16以上者，判为猪瘟免疫抗体阳性，并能经得起猪瘟强毒攻击。

4. 注意事项 微量反应板必须洗净、烘干后使用，否则，影响试验效果。抗原不能冻结，否则，会破坏抗原的敏感性；抗原在使用前应充分摇匀。

（四）琼脂扩散试验

1. 试验准备

（1）抗原、阳性标准血清：由兽医生物药品厂生产。

（2）被检血清：猪耳静脉或前腔静脉采血，分离血清。

（3）器材：平皿、打孔器、眼科镊子等。

（4）琼脂板的制备：①称取琼脂糖置三角瓶中，加蒸馏水使成1.6%的浓度，置高压锅内以115℃加热溶化，再加入等量在沸水预热的Tris - Glycine - HCl缓冲液［Tris（三羟甲基氨甲烷）6克，Glycine（甘氨酸）29克，NaN$_3$（叠氮钠）0.2克，蒸馏水500毫升，用1摩/升的HCl调至pH8.1］，充分混匀，趁热按板量分装于试管中（每管约15毫升），装上胶塞，冷凝后置4℃冰箱保存备用。②取90毫米洁净并经干燥灭菌的平皿放水平台上，每平皿倒入15毫升琼脂糖凝胶，厚度为2毫米，冷凝后打孔。

2. 操作方法

（1）打孔：先将6孔型梅花式图案放平皿下（中央1孔，周围5孔），用4毫米及9毫米直径的打孔器，对准图案打孔，中央孔直径为4毫米，周围孔直径为9毫米，孔间距为2毫米，用眼科镊子轻轻挑出孔中的凝胶片，将平皿在酒精灯火焰上加温融封。

（2）抗原和血清滴加：用记号笔将周围5孔按顺时针方向做1、2、3、4、5标记，先向中央孔滴加抗原，然后向1、3、4孔滴加被检血清，2、5孔滴加2～4倍稀释的阳性标准血清，每孔加满为止，不要溢出孔外。加完后平皿加盖，放在铺有数层湿纱布的带盖搪瓷盘内，置30℃温箱或室温中扩散。

（3）观察：将平皿平举在灯光的斜上方，平皿下放一黑布，利用斜射光线透视观察。每天观察1次，48小时最终记录结果。因加入的血清量较多，当孔内液体未扩散完时，切勿将平皿倾斜或翻转，以免血清溢出。

3. 结果判定

（1）阳性：当猪瘟标准阳性血清孔与抗原孔之间形成一条明显致密的沉淀线时，被检血清孔与抗原孔之间形成一条沉淀线并与猪瘟阳性标准血清的沉淀线吻合；或者阳性标准血清沉淀线的末端向毗邻被检血清的抗原孔明显偏弯者，该被检血清即判为阳性。个别被检血清虽发生偏弯，但不太明显，不易判定时，可将抗原孔改为 3 毫米进行复试，出现较明显的沉淀线时，仍判为阳性。

（2）阴性：被检血清孔与抗原孔之间不形成沉淀线，阳性标准血清的沉淀线向该血清孔直伸者，即判为阴性。

（五）免疫荧光抗体检查

本法主要用于检查白细胞涂片、脏器压片和冰冻切片中的猪瘟病毒抗原，可作为猪瘟生前诊断和宰后检验之用。

1. 试验准备

（1）猪瘟荧光抗体：兽医生物制品厂供给。

（2）器材：荧光显微镜、冰冻切片机、眼科镊子、染色缸、载玻片等。

（3）试验溶液的配制：

1）0.015 摩尔 pH7.2 磷酸盐缓冲液 PBS。

A 液（0.2 摩尔磷酸氢二钠溶液）：称取磷酸氢二钠（$12H_2O$）71.64 克，加蒸馏水至 1 000 毫升。

B 液（0.2 摩尔磷酸二氢钠溶液）：称取磷酸二氢钠（$2H_2O$）31.21 克，加蒸馏水至 1 000 毫升。

取 A 液 72 毫升，B 液 28 毫升混合后，加蒸馏水 1 300 毫升，再加氯化钠（NaCl）10 克，溶解，即为 0.015 摩尔 pH7.2 磷酸盐缓冲液。

2）丙酮–乙醇固定液：4 份丙酮加 6 份无水乙醇。

3）缓冲甘油：纯甘油 9 份，加上述磷酸盐缓冲液 1 份，混合装于小瓶。

4）载玻片、盖玻片的处理：先用中性洗涤液充分洗净，浸于 3% 盐酸乙醇中 12 ~ 24 小时，冲洗后贮于纯乙醇中备用。使用过的玻片需及时消毒灭菌，以中性洗涤剂洗后，浸于浓硫酸中 48 小时，冲洗晒干备用。

2. 操作方法

（1）标本的制作。

1）脏器压片的制作：取被检猪的脾或肾，去净结缔组织和脂肪，用锋利的刀片横断肾、脾，用灭菌滤纸吸去透出的液体，清洁的载玻片在火焰上略加温，用组织断面轻轻触压，并略加旋转，使之粘 1 ~ 2 层细胞，置室温干燥，用丙酮–乙醇固定液固定 10 分钟。

2）脏器冰冻切片制作：取被检猪扁桃体、淋巴结、肾脏等组织，尽可能及时切片，以防组织自溶、腐败而破坏抗原活性。

修块：用锋利的刀片，将组织块修成 1 厘米 ×2 厘米 ×0.3 厘米左右的组织块。

冻结：打开冷冻切片机循环水和电源，并调电流至最大，数分钟内，致冷台、冷刀温度急剧下降，见冷台上结霜后，将上述修整的组织块贴冻于冷台速冻，转动冷台（或推拉冷刀）使组织块位于冷台、冷刀之间加速冷冻。

切片：组织块全部冻结后，如果组织温度低于 -25℃ 时，应调电流回升温度，以免冻结过硬损坏刀片和切不成片，一般组织冷冻至 -23 ~ -20℃ 时，切片最合适，此时电流常调在 7 ~ 10 安。切片厚度 5 ~ 7 微米。切至组织块只剩 0.1 厘米时退刀。如切片卷于冷冻组织块上时，须用毛笔展平，立即粘贴于洁净载玻片上。

固定：待切片在室温中晾干，在将干而未全干时，投入丙酮 - 乙醇固定液或纯丙酮中，室温固定 15 分钟。

（2）洗涤：固定后，从固定液中取出，迅速放入 PBS 液中漂洗 3 次，每次 3 分钟，自然干燥，以备染色。如果不能尽快染色时，可用塑料纸密封于低温（-20℃）冰箱中保存。

（3）染色：于载玻片上滴加 1 个工作浓度的猪瘟荧光抗体，以盖满组织为度，放湿盒中置 37℃ 温箱（或 37℃ 水浴箱中），感作 30 分钟。在此期间注意勿使荧光抗体流掉而使标本干燥。

（4）漂洗：取出后首先放入蒸馏水（pH 值 7.4）中，即可取出，以洗去大量的荧光抗体，再放入 0.015 摩尔 pH7.2 PBS 液中漂洗 3 次，每次 3 ~ 5 分钟，将未反应的荧光抗体洗净，甩干。

（5）封固：自然干燥后，加 1 滴缓冲甘油，加盖盖玻片封固。

（6）镜检：标本封固后立即置荧光显微镜下检查，时间久了荧光会逐渐减弱（若将标本放在塑料袋中 4℃ 保存，可延缓荧光减弱时间）。同时应设有用猪瘟血清做抑制染色试验，以鉴定荧光的特异性。

3. 结果判定　发现有亮绿色或黄绿色荧光细胞，轮廓清楚，胞质有色，胞核不着色时判为阳性。

4. 注意事项　制备标本的载玻片宜薄，要求厚度不大于 1.2 毫米，应无色透明。压印片宜薄不宜厚，以干后放在报纸上字迹清晰为佳。盖玻片通常用 0 号或 1 号。太厚不利于观察，发出荧光也不亮。

标本检查如需用油镜，可用无荧光镜油、液状石蜡或缓冲甘油代替柏油，放载玻片时，需先在聚光器镜面上加 1 滴缓冲甘油，以防光束散射。在同一标本区不宜连续观察 3 分钟，以免荧光猝灭。

六、防制

猪瘟一旦发生，有很高的发病率和病死率，会造成严重的经济损失，所以要加强平时的预防工作。

（一）预防工作的基本原则

（1）提倡自繁自养，必须引进种猪时，对将要购入的种猪采血制备血清，用单克隆抗体鉴别诊断，猪瘟强毒阴性猪方可引入。

（2）要加强饲养管理和卫生工作，舍内外定期消毒，粪便在指定地点做生物热处理，出入猪舍应严格消毒，一般情况下杜绝进场参观。

（3）定期做猪瘟抗体监测，种猪场应每月或每季采猪群总数的 10% 血样，应用中和试验或猪瘟间接血凝试验等，然后根据每种方法要求的抗体水平，及时进行适时的疫苗接种和淘汰阳性猪。

（二）免疫防治

在免疫监测的基础上，确定免疫时间、免疫次数、免疫剂量，制定出一个既可抵抗猪瘟临床感染又可防止亚临床感染、阻止强毒在体内复制和散毒的一种防病措施，免疫防治是目前控制猪瘟可靠的措施。

疫苗多用猪瘟兔化弱毒苗，有细胞苗和组织苗，接种后 3~5 天产生免疫力。通常种公猪每年免疫两次，每次每头猪 4 头份；哺乳仔猪为了排除母源抗体干扰，21~24 日龄时一律注 4 头份，55~60 日龄时二免同样剂量；繁殖母猪和后备母猪在配种前 30 天注 4 头份。另外也可根据猪瘟疫苗种类与质量和流行情况确定剂量。

（三）猪瘟流行时的防治措施

1. 紧急接种疫苗　一旦强毒株侵入猪群内暴发流行，应及时将猪群划分为病猪群、可疑感染猪群和假定健康猪群，对病猪群集中做无害化处理。对猪场的可疑猪群和假定健康猪群，进行舍内外及猪体消毒后，用猪瘟兔化弱毒苗进行紧急接种，注意一猪换一针头。接种首次大剂量，10~12 天后，再接种一次，其剂量比第一次高 2~4 倍为好。初生仔猪在进行产后处理后，即接种猪瘟疫苗 2~4 头份，放保温护仔箱内 1.5~2 小时后哺乳，断奶后 3~5 天二免 4 头份。

2. 临床上用以下方剂治疗猪瘟，也有一定效果

方一：白信或红矾，在发病初期用，在猪耳郭中部稍靠下方，避开血管，用宽针穿一个 1.7~1.9 厘米深的皮下囊后，在囊内塞入绿豆大小的白信或红矾即可。

方二：红藤 40 克，制白附子 10 克，蛤蟆胆 10 克，百草霜 20 克，金龟莲 40 克，紫花地丁 40 克，刘寄奴 40 克，广木香 20 克，明雄 15 克，乳香 20 克，黄连 15 克，没药 20 克，麝香 1 克，大黄 20 克，冰片 15 克，月石 20 克，山慈菇 20 克，朱砂 20 克。用法：以上各药共研细末，混合均匀，大猪每次喂 25 克，中猪每次喂 15 克，小猪每次喂 7.5 克，每日 2 次。

方三：加减黄连解毒汤（用于拉稀，以下为 10 千克体重的剂量），黄连 5 克，黄芩 15 克，黄柏 10 克，连翘 15 克，金银花 25 克，木香 10 克，白扁豆 25

克。用法：以上各药水煎去渣，分早晚服。

方四：大承气汤加味（用于恶寒发热，大便燥结，以下为 10 千克体重的剂量），大黄 15 克，枳实 15 克，厚朴 20 克，芒硝 25 克，麦冬 10 克，玄参 10 克，连翘 20 克，金银花 15 克，石膏 50 克。用法：以上各药煎水去渣，分早晚灌服。

方五：金银花藤、大血藤、败酱草、夏枯草各 15 克。用法：以上各药煎水灌服，或研末加水，每天 1 次灌服。

方六：白头翁 25 克，栀子 15 克，地榆炭 25 克，川乌 10 克，雄黄 10 克，生草乌 10 克，连翘 10 克，狼毒 10 克，牙皂 10 克，郁李仁 15 克，泽泻 15 克，锅底泥（灶心土）100 克。用法：水煎灌服。

方七：车前子 30 克，何首乌 75 克，茯苓 75 克，贯众 75 克，绿豆 120 克，苍术 12 克。用法：水煎灌服。

方八：板蓝根 90 克，穿心莲 60 克，金银花 60 克，玄参 60 克，白术 30 克，生地 30 克，竹叶 30 克，甘草 9 克。用法：水煎，日服 2 次，连用 2~3 天。

方九：连翘 10 克，寒水石 5 克，桔梗 10 克，葛根 15 克，升麻 15 克，花粉 10 克，白芍 10 克，双花 10 克，雄黄 5 克。用法：共研末，温水灌服。

猪伪狂犬病

一、病原

伪狂犬病病毒（PRV）属于疱疹病毒科疱疹病毒亚科猪疱疹病毒属。病毒完整粒子呈圆形或椭圆形，直径为 150~180 纳米，核衣壳直径为 105~110 纳米，有囊膜和纤突，基因组为线状双股 DNA。

本病毒可耐受 3% 的酚，但不耐受 5% 的酚。5% 石灰乳和 0.5% 苏打，0.5% 硫酸和盐酸 3 分钟，0.5%~1% 氢氧化钠均可将其杀死，在胃蛋白酶、胰蛋白酶于 pH7.6 经 90 分钟能破坏本病毒。

二、流行病学

猪、牛、羊、犬、猫、兔、鼠等多种动物，都可自然感染本病。病猪、带毒猪及带毒鼠类是本病重要的传染源。病毒主要从病猪的鼻分泌物、唾液、乳汁及尿中排出。有的带毒猪能持续排毒 1 年，其他动物的感染和接触猪、鼠类有关。健康猪可经直接或间接接触病猪、带毒猪而发生感染，其他家畜主要由于吃食病尸及病畜污染的饲料后经消化道感染。另外，本病还可经呼吸道黏膜破损处、配种等发生感染。妊娠母猪感染本病时可经胎盘侵害胎儿。泌乳母猪感染本病后 6~7 天乳中有病毒，持续 3~5 天，乳猪可因吃奶而感染本病。牛常因接触病毒而感染发病，牛和猪之间可以互相传播。

本病一年四季均可发生，但以冬、春两季和产仔旺季多发。发病猪主要为15日龄以内的仔猪，发病最早是4日龄，发病率98%，死亡率85%，随着年龄的增长，死亡率可逐渐下降，成年猪多轻微发病，但极少死亡。主要发病的母猪舍病程约15天；其他母猪舍流行时间稍长，达1~2个月；而育肥猪舍1周左右即可停息。

三、临床症状

本病潜伏期通常为3~6天，短者36小时，长者达10天。临床症状随年龄增长有差异。

2周龄以内哺乳仔猪，病初眼眶发红，闭目昏睡，接着体温升高至41~41.5℃，精神沉郁，口角有大量泡沫或流出唾液，有的病猪呕吐或腹泻，其内容物为黄色。病猪眼睑与嘴角有水肿，腹部大多有粟粒大小的紫色斑点，有的甚至全身呈紫色，病初站立不稳或步履蹒跚，有的只能向后退行，步态与姿势异常，容易跌倒，进一步发展为四肢麻痹，完全不能站立，头向后仰，四肢划游，或出现两肢开张与交叉。几乎所有病猪都有神经症状，初期以神经紊乱为主，如发病仔猪神经紧张眼发直，后期以麻痹为特征，最常见而又突出的是间歇性抽搐，肌肉痉挛性收缩，癫痫发作，仰头歪颈，角弓反张，通常持续4~10分钟，症状缓解后病猪又站起来，盲目行走或转圈。有的则呆立不动，头触地或头抵墙，持续几分钟至10分钟左右，才缓解。间歇10~30分钟后，上述症状又重复出现。病程最短4~6小时，最长为5天，大多数为2~3天，发病24小时以后表现为耳朵发紫，出现神经症状的乳猪几乎100%死亡，发病的仔猪耐过后常常发育不良或成为僵猪。

20日龄以上的仔猪到断奶前后的仔猪，症状轻微，体温41℃以上，呼吸急促，被毛粗乱，不食或食欲减少，耳尖发紫，发病率及死亡率均低于15日龄以下的乳猪。但断奶前后的仔猪若拉黄色水样粪便，则100%死亡。

4月龄左右的猪，发病后只有轻微症状，有数天的轻热、呼吸困难、流鼻液、咳嗽、精神沉郁、食欲减退，有的呈犬坐姿势，有时呕吐和腹泻，几天内可完全恢复，严重者可延长半个月以上，这样的猪表现为四肢僵直（特别是后肢）、震颤、惊厥等，行走相当困难，也有部分猪出现神经症状而往往预后不良。

怀孕母猪表现为咳嗽、发热、精神不振。随着发生流产，产下木乃伊胎、死胎或弱仔，这些弱仔猪1~2天内出现呕吐和腹泻、运动失调、痉挛、角弓反张，一般在24~36小时内死亡。

四、病理变化

由于病毒的泛嗜性，使病理变化呈现多样性，在诊断上具有参考价值的变化是鼻腔卡他性或化脓性出血性炎，扁桃体充血、水肿、坏死，并伴以咽炎和喉头水肿，杓状软骨及会厌皱襞呈浆液性浸润，且常有纤维素性假膜覆盖，肺充血、出血、水肿，上呼吸道内含有大量泡沫样的水肿液，喉黏膜与浆膜可见点状或斑状出血。淋巴结（尤其是肠淋巴结和下颌淋巴结）充血、肿大、间有出血。心肌松软、心内膜有斑状出血。肝表面有大小不等坏死灶，肾点状出血，肾上腺切面散在坏死点，胃底部可见大面积出血，小肠黏膜充血、水肿、黏膜形成皱褶且有稀薄黏液附着，胸、腹腔液和脑脊液均明显增多。

组织学病变表现为肝实质中有大量大小不等、分界明显的坏死灶，多位于肝小叶周边区，坏死组织呈凝固性、粉红色，但色彩深浅不一，其中分布着多量蓝紫色坏死崩解的细胞核碎粒，周围附近小血管充血，血管周围间隙有少量单核细胞和淋巴细胞浸润，其他部分肝细胞肿大、颗粒变性，各级小血管、肝窦充满红细胞，肝小叶结构紊乱。脾组织内有许多分界清晰的坏死区，在坏死区内粉红色坏死物中混杂着多量蓝色的细胞核崩解颗粒和一些红细胞，脾小体多数变成坏死区而消失，小血管多数坏死，红细胞漏出，少数和残存的各级血管周围有淋巴细胞聚集。脾索网状细胞大量增生，脾窦及其周围有多量红细胞分布，窦内皮细胞、巨噬细胞数目增多，脾窦界限不清。肺组织内有少量的界限明显的坏死灶，灶内主要是核崩解的蓝色颗粒，衬以少量的粉红色坏死灶崩解物，灶内血管呈充血、瘀血状态，坏死灶周围肺泡壁和间质充血。肺泡腔与间质内有浆液渗出和红细胞分布及少量淋巴细胞，单核细胞浸润，肺泡上皮与气管黏膜上皮轻度坏死，同时扁桃体化脓性坏死。脑实质中小血管扩张充血，周围有淋巴样细胞，组织细胞呈围管浸润，即形成"脑血管套"。神经胶质细胞弥漫性或局灶性增生，可见多个神经细胞坏死崩解，神经细胞和胶质细胞的核内可见嗜酸性包涵体，大脑枕叶有胶质细胞增生，形成胶质细胞结节，脑桥、延脑内毛细血管周围也有单核细胞、小淋巴细胞形成的血管套。

五、诊断

根据临床症状以及流行病学资料分析，可初步诊断为本病，确诊必须进行实验室检查。

（一）动物接种试验

无菌采取病猪脑组织一小块，称重后将其剪碎并研成糊状，加灭菌生理盐水制成10%悬浮液。并于每毫升悬浮液中加青霉素、链霉素各1 000国际单位，静置2小时，以1 500转/分离心沉淀10分钟，然后取上清液接种健康家兔2只，每只 5 毫升，皮下或臀部肌内接种。如病料中含有伪狂犬病毒，家兔在接种后 3～5 天发病，体温升高，食欲减退，精神狂暴、出现惊恐，呼吸促迫，转圈运动，并在接种局部呈现特殊的奇痒，用牙啃咬接种局部，最后角弓反张，抽搐而死。病料亦可接种于小鼠，但要用脑内或鼻腔接种，症状可持续 12 小时，有痒的症状，但小鼠不如兔敏感。病料还可直接接种猪肾或鸡胚的红细胞，能产生典型的病变。分离出的病毒再用已知血清做病毒中和试验以确诊本病。

（二）血清学诊断

血清学诊断可直接用血清中和试验、荧光抗体检查、间接血凝抑制试验、琼脂扩散试验、补体结合试验、酶联免疫吸附试验等。其中血清中和试验最灵敏，假阳性少。

六、防制

本病尚无特效药物治疗，紧急情况下用高免血清治疗，可降低死亡率。目前有多种疫苗可用，如活疫苗、灭活疫苗、基因缺失疫苗等。一般繁殖母猪只用灭活疫苗免疫，育肥猪或断奶仔猪在 2～4 月龄时用活疫苗或灭活疫苗免疫。应用疫苗可有效减缓猪感染后的临床症状，大大降低本病的发生，减少经济损失，但靠疫苗接种不能消灭本病。通常无本病猪场禁用疫苗。

其他防治方法包括隔离、消毒、灭鼠等相结合，将未受感染的猪与受感染的猪隔离管理，以防机械传播。在暴发本病的猪舍，每天将地面、墙壁、设施及用具消毒 1 次，可用 3% 来苏儿喷雾，粪尿放发酵池处理，分娩栏及病猪死后的栏用 2% 氢氧化钠消毒，哺乳母猪乳头用 2% 高锰酸钾水洗后，才允许仔猪吃初乳。病死猪要深埋，全场范围内进行灭鼠和扑灭野生动物，禁止犬、猫进入场区。

实践中用以下方剂，有一定疗效：

方一：菊花 15 克，法夏 15 克，天麻 25 克，钩藤 30 克，南星 25 克，杭菊花 15 克，竹黄 10 克，黄连 35 克，僵虫 15 克，广皮 10 克，焦栀 15 克，防风 15 克，木香 15 克，枳壳 15 克，茯苓 15 克，胆草 15 克。用法：水煎内服。

方二：细辛 10 克，白芷 15 克，南星 15 克，石菖蒲 15 克，僵虫 15 克，竹黄 10 克，大黄 10 克，桔梗 15 克，杏仁 15 克，法夏 15 克，广香 15 克，全虫 15 克，秦艽 15 克，防风 15 克。用法：水煎内服（用于病的初期）。

方三：韭菜（生的）200 克，搓烂取汁对白酒 200 克。用法：冲白开水分 2 次服完。

方四：细辛 10 克，白芷 10 克，延胡索 15 克，川芎 10 克，麦冬 10 克，天冬 10 克，黄柏 10 克，花粉 10 克，玄参 10 克，黄芩 10 克，银花 15 克，芍药 10 克，贝母 10 克，知母 15 克，甘草 10 克，前胡 10 克。用法：煎水内服。

猪细小病毒感染

一、病原

猪细小病毒（PPV）属于细小病毒科细小病毒属。病毒粒子呈圆形或六角形，无囊膜，直径为 20~28 纳米，衣壳由 32 个壳粒组成，基因组为单股线状DNA。本病毒在猪原代细胞（如猪肾、猪睾丸细胞等）及传代细胞（如 PK15、ST、IBRS2 细胞等）上均可生长繁殖。受感染的细胞表现为变圆、固缩与裂解等病变，并可用免疫荧光技术查出胞质中的病毒抗原，病毒可在细胞中产生核内包涵体。

病毒对乙醚、氯仿等脂溶性溶剂有抵抗力，甲醛蒸气及紫外线需要相当长的时间才能杀灭本病毒，0.5% 漂白粉或 2% 氢氧化钠溶液 5 分钟可杀灭病毒。

二、流行病学

猪是已知的唯一易感动物，不同性别、年龄的家猪和野猪都可感染。据报道，在牛、绵羊、猫、大鼠、小鼠、豚鼠的血清中也存在本病病原的特异性抗体，来自病猪场的鼠类，其抗体阳性率高于阴性猪场的鼠类。

感染本病的母猪、公猪及污染的精液是本病的主要传染源。病毒可通过胎盘传给胎儿，感染本病毒的母猪所产死胎、活胎、仔猪及子宫分泌物均含有高滴度的病毒。垂直感染的仔猪至少可带毒 9 周以上，有些具有免疫耐受性的仔猪可能终生带毒和排毒。被感染公猪的精索、精细胞、附睾、副性腺中均可带毒，在交配时很容易传给易感母猪。急性感染猪的分泌物和排泄物中病毒的感染力可保持几个月。本病除可经胎盘感染和交配、人工授精感染外，母猪、育肥猪、公猪主要是通过被污染的食物、环境经消化道和呼吸道感染。此外，鼠类也可机械性地传播本病，出生前后的猪最常见的感染途径是胎盘和口鼻。

本病常见于初产母猪，通常呈地方流行性或散发。据报道本病的发生与季节有密切关系，多发生在每年 4~10 月或母猪产仔和交配后的一段时间。一旦发生本病后，可持续多年，病毒主要侵害新生仔猪、胚胎、胚猪。母猪怀孕早期感染时，其胚胎、胚猪死亡率可高达 80%~100%。猪在感染细小病毒后 3~7 天开始经粪便排出病毒，1~6 天产生病毒血症，以后不规则地进行排毒，污染环境。1周以后可测出血凝抑制抗体，21 天内抗体滴度可达 1∶15 000，且能持续多年。

三、临床症状

仔猪与母猪的急性感染一般都表现为亚临床症状，但在其体内很多组织器官

（特别是淋巴组织）均可发现有病毒存在。猪细小病毒感染的主要症状表现为母源性繁殖失能。感染的母猪也许重新发情而不分娩，或只产出少数仔猪，或产出大部分死胎、弱仔、木乃伊胎等。当怀孕中期胎儿死亡，死胎连同其内的胎液均被吸收时，唯一可见的外表症候是母猪的腹围减小。发生繁殖障碍的母猪除出现流产、死产、弱仔、木乃伊胎和不孕等现象外，大部分无其他明显的临床症状，个别母猪有体温升高、后躯运动不灵活或瘫痪、关节肿大或体表有圆形肿胀等。在一窝胎儿中有木乃伊胎存在时，可使怀孕期及分娩间隔时间延长，这就易造成外表正常的同窝仔猪的死产。

通常怀孕 30～50 天感染时主要是产木乃伊胎；怀孕 50～60 天感染时多出现死产；怀孕 70 天感染的母猪常出现流产症状；怀孕 70 天以后感染的母猪多能正常产仔，但这些仔猪常带有抗体和病毒。另外，本病还可引起产仔瘦小、弱胎、母猪发情不正常、久配不孕等症状。

四、病理变化

妊娠初期（1～70 天）是猪细小病毒增殖的最佳时期，因为该病毒适于在增殖能力旺盛的、有丝分裂的细胞内繁殖，所以在此阶段一旦被细小病毒感染，则病毒集中在胎盘与胎儿中增殖，故胎儿出现死亡、木乃伊化、骨质溶解、腐败、黑化等病理变化，母猪流产。肉眼可见母猪有轻度子宫内膜炎变化，胎盘部分钙化，胎儿在子宫内有被溶解与吸收的现象。大多数死胎、死仔、弱仔皮肤及皮下充血或水肿，胸、腹腔积有淡红或淡黄色渗出液。肝、肾、脾有时肿大脆弱或萎缩发暗，个别死胎、死仔皮肤出血。弱仔生后半小时先在耳尖，后在颈、胸、腹部和四肢上端内侧出现瘀血、出血斑，半天内皮肤全变紫而死亡。此种情况多见于产前 2 个月左右曾流行过猪瘟的猪场。除上述变化外，还可见畸形胎儿、干尸化胎儿（木乃伊胎）和骨质不全的腐败胎儿。

组织学变化为妊娠母猪黄体萎缩、子宫内膜上皮及固有层有局灶性或弥漫性单核细胞浸润。死胎或死产的仔猪取脑做组织学检查，可见非化脓性脑炎变化，血管外膜细胞增生，浆细胞浸润，在血管周围形成细胞性"管套"主要见于大脑灰质、白质、脑软膜、脊髓与脉络丛。肝、肾、肺等的血管周围也可见炎性细胞浸润，还可见间质性肝炎、肾炎及伴有钙化的胎盘炎。

五、诊断

如果发生流产、死胎、胎儿发育异常等情况而母猪没有明显的临床症状，同时有其他证据可认为是一种传染病时，应考虑到细小病毒感染的可能性，但最后确诊必须依靠实验室检验。可将一些木乃伊化胎儿或这些胎儿的肺送实验室进行诊断，但大于 70 日龄的木乃伊化胎儿、死产仔猪、初生仔猪则不宜送检，因其中含有相应的抗体而干扰检验。检验方法可进行病毒的细胞培养和鉴定，也可进行血凝试验或荧光抗体染色试验。用荧光抗体检查病毒抗原是一种可靠而敏感的诊断方法。

在血清学诊断方法中，血清中和试验、血凝抑制试验、琼脂扩散试验、酶联免疫吸附试验、补体结合试验等均可用于本病毒的体液抗体检测，其中最常用的是血凝抑制试验。红细胞凝集抑制试验（HI 试验）是操作简单、检出率较高的一种诊断方法。超过 12 月龄的猪只，几乎均有自动免疫力，其 HI（红细胞凝集抑制）滴度在 1：256 以上，且可持续 4 年之久。而由母体获得被动免疫力的仔猪，平均在 21 周龄时抗体滴度即消失。妊娠 70 天后子宫内感染的仔猪，其形成的自身抗体，在 10 ~ 12 周龄时，仍保持在 1：256 的较高水平。因此，当抽检 1 岁以上猪只或生后 10 ~ 12 周龄仔猪的抗体滴度时，仍可获得可靠的诊断依据。

（一）红细胞凝集抑制试验

1. 试验准备

（1）抗原：选择对红细胞凝集价高的毒株，接种于胎猪肾或未吃初乳仔猪肾细胞的组织培养物制备，HI 试验用 8 单位或 4 单位。

（2）被检血清：自被检猪的前腔静脉采血分离血清或耳静脉采血用滤纸吸附血液晾干。然后将血清或滤纸血清按下述方法处理后，用作检验。

1）血清的处理：吸取 0.1 毫升血清加稀释液 0.4 毫升，再加 25% 白陶土 0.5 毫升（相当于 10 倍稀释），充分摇匀，置室温 20 分钟，其间摇动 2 ~ 3 次，2 000 转/分离心 10 分钟，取其上清液作试验用。

2）滤纸血的处理：用长 7 厘米、宽 1 厘米的灭菌滤纸吸取被检猪的血液至 6 厘米长，约吸 0.1 毫升血液，干燥后保存于室温，检验时剪成小片，置小试管内，加稀释液 0.5 毫升，在 4℃ 冰箱过夜，取其 0.1 毫升置于另一试管内，加 25% 白陶土 0.5 毫升（可视作 20 倍稀释），其后处理方法与血清相同。

处理后的被检材料置 4℃ 条件下 24 小时内检查有效。

（3）红细胞：选择 HA（红细胞凝集）价高的青年成鸡，按抗凝剂（枸橼酸钠 17.26 克、枸橼酸 4 克、葡萄糖 11 克、无离子水 500 毫升，溶解后 115.6℃ 高压灭菌 10 分钟，置 4℃ 备用）与血液 1:4 的比例自鸡（或僵猪）的心脏采血，按实验室常规方法洗 3 次，用沉积红细胞配成 0.4% 悬液备用。

（4）稀释液：配制以下两种稀释液。

1）0.05 摩尔 pH7.2 磷酸盐缓冲液配制：磷酸二氢钾 0.54 克，磷酸氢二钠（12H$_2$O）7.5 克，氯化钠 29.3 克，无离子水 5 000 毫升。

115℃ 灭菌 10 分钟，置 4℃ 冰箱保存备用。

2）巴比妥缓冲液：巴比妥 5.75 克，巴比妥钠 3.75 克，氯化钠 85 克。

将巴比妥 5.75 克加蒸馏水 1 000 毫升，加热使其完全溶解，再加入氯化钠和巴比妥钠，然后加蒸馏水至总量为 2 000 毫升。115℃ 高压灭菌 10 分钟，置于 4℃ 冰箱保存备用。使用时再用蒸馏水稀释 5 倍，调 pH 值为 7.2。

（5）25% 白陶土的制备：取白陶土 25 克加入适量 1 摩/升盐酸溶液，充分搅匀，2 000 转/分离心 10 分钟，弃去上清液，再加 1 摩/升盐酸溶液搅匀，离心，如此洗 3 次，沉淀白陶土用 0.15 摩尔生理盐水 100 毫升配成 25% 溶液（呈糊状），然后用 5 摩/升氢氧化钠溶液调整 pH 值至 7.2，高压灭菌，置于 4℃ 冰箱保存备用，保存不超过 4 个月为宜。

2. 操作方法 红细胞凝集试验（HA 试验）和红细胞凝集抑制试验（HI 试验）采用微量平板滴定法，用 96 孔聚苯乙烯 "U" 形板。定量滴管和稀释棒均为 25 微升。

（1）HA 试验：将滴定板横放，用定量滴管从第 1 孔至试验所需稀释倍数孔，每孔滴加稀释液 1 滴（25 微升，下同）。于第 1 孔滴加抗原 1 滴，用稀释棒从第 1 孔开始依次稀释后，每孔补加稀释液 1 滴。置微量振荡器上振荡 15 秒，最后滴加 0.4% 红细胞悬液 1 滴。振荡 30 秒后，置室温 1 小时判定结果并做记录。

若 HA 价为 128，如做 HI 试验使用 8 个单位抗原，则抗原稀释为 128/8 = 16 倍。

（2）HI 试验：将滴定板横放，用滴管从第 1 孔至所需稀释倍数孔各加稀释液 1 滴。于第 1 孔滴加被检血清或滤纸血浸出液 1 滴，用稀释棒从第 1 孔开始按顺序稀释，然后每孔加 8 单位抗原 1 滴。振荡 15 秒，置 4℃ 18 小时或室温 4 小时，每孔加 0.4% 红细胞悬液 1 滴。振荡 30 秒，置室温 1 小时，判定结果。以完全抑制的最高稀释倍数作为 HI 价。同时设已知阳性血清、已知阴性血清，不加抗原的被检血清及抗原（第二次滴定，复核使用单位）红细胞为对照。

3. 结果判定

（1）判定时应首先检查对照各孔是否正确，如正确则证明操作和使用材料无误。

（2）红细胞凝集像的判定：有以下几种。

1）红细胞均匀地平铺于孔底者，可判为 " + + + + "。

2）基本上与 1）项相同，但边缘有下滑者可判为 " + + + "。

3）红细胞于孔底形成圆环或小团，四周有小凝集块者为 " + + "。

4）红细胞于孔底形成团块但边缘不整齐，或者有少量小凝集块者为 " + "。

5）红细胞于孔底形成小团块，边缘整齐光滑，稀释液清亮者为 " - "。

" + + " 以上凝集的最高稀释倍数作为 HA 价。

（3）凝集抑制：本试验红细胞集中于孔底呈团块状，边缘光滑整齐为阳性，以 " - " 表示，说明抗原凝集红细胞的特性已被抑制，反之红细胞呈 " + + "

以上凝集像者，判为阴性。

（4）凝集抑制价：以被检血清最大稀释倍数能抑制红细胞凝集者为该血清的凝集抑制价。

（5）结果：应用本法检查被检血清的红细胞凝集抑制价在 1:40 以上者判为阳性。

4. 注意事项 进行判定时的时间与温度有一定关系。温度高时需要时间短，30~40 分钟即可出现凝集像；温度低时判定时间可适当延长，但不能超过 1 小时。

（二）鉴别诊断

本病应注意与猪伪狂犬病、猪乙型脑炎、猪布鲁杆菌病的鉴别诊断。

六、防制

本病尚无特效的治疗方法。主要采取的措施为：

1. 控制带毒猪进入猪场 在引进猪时应加强检疫，当 HI 抗体滴度在 1:256 以下或阴性时，方可准许引进。引进猪应隔离饲养 2 周后，再进行一次 HI 抗体测定，证实是阴性者，方可与本猪场猪混饲。

2. 对猪进行免疫接种，有良好的预防效果 美国研制了弱毒疫苗和灭活疫苗，弱毒疫苗对未怀孕的初产母猪进行免疫接种，能有效预防母猪感染细小病毒；灭活疫苗免疫期可达 4 个月以上。我国研制的灭活疫苗，在母猪配种前 1~2 个月免疫，可预防本病发生。仔猪的母源抗体可持续 14~24 周，在抗体效价大于 1:80 时可抵抗猪细小病毒的感染，因此，在断奶时将仔猪从污染猪群移到没有本病污染的地方饲养，可培育出血清阴性猪群，这有利于本病常发区猪场的净化。

3. 将发病猪隔离、淘汰、检疫 一旦发病，应将发病母猪、仔猪隔离或淘汰。所有猪场环境、用具应严密消毒，并用血清学方法对全群猪进行检查，对阳性猪应采取隔离或淘汰，以防疫情进一步发展。

猪繁殖与呼吸综合征

一、病原

猪繁殖与呼吸综合征病毒（PRRSV）属于动脉病毒科动脉炎病毒属。病毒粒子呈卵圆形，直径 50~65 纳米。在感染的肺泡巨噬细胞的超薄切片中，PRRSV 为直径 45~65 纳米的球状颗粒。有囊膜，20 面体对称，为单股 RNA 病毒，在氯化铯中的浮密度为 1.19 克/毫升。

病毒对乙醚和氯仿敏感，在 pH 6.5 ~ 7.5 稳定。在 – 70℃可保存 18 个月，4℃保存 1 个月，37℃保存 48 小时，56℃ 45 分钟可完全失去感染力。

二、流行病学

本病传播迅速，污染严重，是一种高度接触性传染病。可通过空气传播，也可垂直传播。因主要经呼吸道感染，所以健康猪与病猪接触，如同圈饲养、频繁调运、高度集中易导致本病的发生和流行。

怀孕中后期的母猪和胎儿对 PRRSV 最易感。公猪感染后 3 ~ 27 天和 43 天所采集的精液中均可分离到病毒。7 ~ 14 天从血液中能查出病毒，以含有病毒的精液感染母猪，可引起母猪发病，在 21 天后能检出 PRRSV 抗体。

本病主要侵害繁殖母猪和仔猪，而育肥猪发病温和。病猪和带毒猪是主要的传染源。感染母猪鼻分泌物、粪便、尿液中均含有病毒，有明显的排毒。耐过猪可长期带毒且不断向体外排毒。

猪场卫生条件差、气候恶劣、饲养密度大可促进本病的流行，造成严重的经济损失。许多国家已经禁止从感染地区或猪场引进活猪及其精液。

三、临床症状

根据病的严重程度和病程不同，临床表现也不相同。本病潜伏期长短不一，人工感染 6 日龄 SPF（无特定病原体）仔猪，潜伏期 2 天，妊娠母猪 4 ~ 7 天；人工感染通常为 14 天，也可能更短。感染本病的猪，临床表现是各种年龄病猪均拒食，母猪流产，仔猪出生后呼吸困难。死胎率和哺乳仔猪死亡率极高。因年龄不同，临床表现也有较大的差异。

1. 仔猪症状　以 2 ~ 28 日龄仔猪感染后症状最为明显，死亡率可高达 80%，临床症状和日龄有关。早产的仔猪出生当时和几天后死亡。大多数新生仔猪出现呼吸困难（腹式呼吸）、肌肉震颤、后肢麻痹、共济失调、打喷嚏、精神沉郁、嗜睡、食欲减退。有的仔猪耳朵及躯体末端皮肤发绀。哺乳仔猪发病率为 11%，最高达 54%。除上述症状外，吮乳困难，断乳前死亡率可达 30% ~ 50%，甚至 100%。存活下来的仔猪体质衰弱、腹泻，对刺激敏感或呆滞，遭受再次感染概率增加。人工哺喂的仔猪很少死亡，但常出现继发感染，且产生和呼吸及肠道疾病相关的临床症状。

2. 育肥猪症状　发病率低，仅为 2%，有时可达 10%。感染初期出现轻微呼吸道症状，随后病情加重，除咳嗽、气喘外，普遍出现高热、肺炎、腹泻，还可出现耳部、腹部、尾部和腿发绀，眼肿胀，结膜炎，血小板减少，排血便，两腿外展等症状。

3. 繁殖母猪症状　母猪感染本病后反复出现食欲减退、高热（40 ~ 41℃）、精神沉郁、嗜睡、呼吸加速、呈腹式呼吸，偶见呕吐和结膜炎。少数母猪（1%～5%）耳朵、乳头、腹部、外阴、尾部和腿发绀，以耳尖最为常见，这就是"蓝耳病"的来源。有5%～35%的妊娠晚期发生流产、早产（妊娠107～113天）。另外可出现死胎、弱仔、木乃伊胎。这种产仔情况常持续数周。每窝产死胎数差别很大，有的窝次死胎高达80%～100%，有的窝次无死胎。少数母猪皮下出现一过性血斑，有的母猪出现肢麻痹性中枢神经症状。另外，还可出现乳汁减少，分娩困难，重发情等症状。

4. 公猪症状　表现为咳嗽、打喷嚏、食欲减退、精神沉郁、嗜睡、呼吸急促与运动障碍。有性欲，但射精量少，精子质量下降。少数公猪耳朵变色，继发膀胱炎和白细胞减少。

四、病理变化

发育成熟的死胎猪体表淋巴结（如下颌、股前淋巴结）肿大，有充血、出血的变化；肌肉呈"鱼肉样"；心肌柔软，发育不良，右心轻度肥大，心冠脂肪周围有时有少量的出血点；脾无明显变化；肺暗红色，轻度瘀血水肿，有局灶性肺炎灶；肾外形不整，表面有弥漫性出血点；胃肠无明显变化，有的小肠淋巴结轻度肿大。

仔猪皮下、头部水肿，胸腹腔积液，肺多出现局灶性肺炎灶，表现为充血、出血、水肿，病程长的可出现胸膜肺炎及地方性肺炎。耐过猪呈多发性浆膜炎、关节炎、非化脓性脑膜炎和心肌炎等病变。

育肥猪可见全身淋巴结肿大、灰白色，尤以颌下、股前、肺门淋巴结更为明显。肝脏有弥漫性灰白色病灶。脾通常不肿大，有时边缘有丘状突起，所属淋巴结轻度肿大，边缘充血。肺轻度水肿，暗红色，有局灶性出血性肺炎灶。肾轻度肿大，外观暗红色，有弥漫性暗红色瘀血，切面有弥漫性条纹状出血。胃肠道病变不明显，有轻度的卡他性炎症，小肠系膜淋巴结轻度肿胀，切面灰白色。血液检查可见白细胞与血小板减少。

母猪真皮内形成色斑、水肿和坏死，剖检可见肺水肿、肾盂肾炎及膀胱炎。

组织学检查可见鼻甲骨黏膜上皮鳞状变性，纤毛脱落，细胞肿胀、变圆，出现小囊腔，嗜中性粒细胞增多，黏膜下层出现嗜中性粒细胞炎性浸润。肺脏见有炎性间质性肺炎变化，是 PRRSV 感染最常见的组织病理损害。肺泡壁增厚，间隔被巨噬细胞与淋巴细胞浸润，泡腔出现蛋白碎片聚集物及嗜酸性胞质过多而胞核缩小的衰老细胞。有时可见细胞轻度肿胀，空泡化。细支气管上皮细胞变性，有的细支气管内充满脱落的细胞。可见脑干、中脑和大脑的白质特别是髓质呈多灶性单核细胞性脑炎，出现巨噬细胞、淋巴细胞、浆细胞与核碎片等组成的"血管套"。母猪可见脑内灶性血管炎，脑髓质可见单核淋巴细胞性小血管套；可见非特异性脾炎，动脉周围淋巴鞘的淋巴细胞减少，细胞核破裂和细胞空泡化。另外，在心、肾、胃等部位偶见血管周围炎及间质组织炎性浸润。胸腺皮质、扁桃体滤泡和肠系膜淋巴结淋巴细胞减少。肝窦扩大，内含大量嗜中性粒细胞，细胞变性坏死。

五、诊断

根据妊娠母猪后期发生流产，新生仔猪死亡率高，而其他猪临床表现温和，以及间质性局灶性肺炎变化，可做出初步诊断。或参考荷兰制定的三项诊断指标，即流产母猪至少为 80% 以上，死产至少 20% 以上，断奶仔猪的死亡率至少26% 以上。取其中两项作为初步诊断依据，但确诊有赖于实验室诊断。

1. 病毒分离与鉴定　将病猪的肺、死胎儿的肠及腹水、胎儿血清、母猪血液、鼻拭子和粪便等进行病毒分离。病料经处理后，再经 0.45 纳米滤膜过滤，取滤液接种猪肺泡巨噬细胞培养，培养 5 天后，用免疫过氧化物酶法染色，检查肺泡巨噬细胞中 PRRSV 抗原。或将上述处理好的病料接种 CL－2621 或 MarC－145 细胞培养，37℃培养 7 天观察 CPE（细胞病变效应），并用特异血清制备间接荧光抗体，检测 PRRSV 抗原，也可以在 CL－2621 或 MarC－145 细胞培养中，进行中和试验鉴定病毒。

2. 应用间接酶联免疫吸附试验（ELISA）法检测抗体　其敏感性和特异性均较好，法国将此法作为监测和诊断 PRRS 的常规方法。

3. RT－PCR（逆转录－聚合酶链反应）试验　RT－PCR 法检测 PRRSV 有高度特异性，能直接检测出细胞培养中和精液中的 PRRSV。

六、防制

本病目前尚无特效药物治疗，主要采取综合防制措施和对症疗法。最根本的方法是消除病猪、带毒猪，彻底消毒，切断传播途径这项工作应反复进行；清除感染的断奶猪，保持保育室无 PRRS 猪，这样在断奶转栏时，只要不和污染猪舍共用通风系统，则不会发生 PRRS 传染；另外，应加强进口猪的检疫和本病检测，以防本病的扩散。

地方流行性区域内给猪接种疫苗对预防繁殖障碍是比较有效的。疫苗有弱毒疫苗和灭活疫苗，通常认为弱毒苗效果较佳，多半在受污染猪场使用。后备母猪在配种前进行 2 次免疫，首免在配种前 2 个月，间隔 1 个月进行二免。仔猪在母源抗体消失前首免，母源抗体消失后进行二免。公猪及妊娠母猪不能接种。弱毒疫苗使用时应注意以下问题：①疫苗毒株在猪体内可持续数周至数月；②接种疫苗猪可散毒感染健康猪；③疫苗毒株能跨越胎盘导致先天感染；④有的毒株保护性抗体产生较慢；⑤有的免疫猪不产生抗体；⑥疫苗毒株持续在公猪体内可通过精液散毒；⑦成年母猪接种效果较佳。灭活疫苗是很安全的，可单独使用或与弱毒疫苗联合使用。

PRRS 病猪从恢复期开始即可产生免疫力，对于再次感染 PRRSV 均有抵抗力。通过血清学方法可以检测到 PRRS 体液免疫应答，通常感染后 7 天出现特异性 IgM（免疫球蛋白 M），14 天出现特异性 IgG（免疫球蛋白 G），5~6 周抗体滴度达到最高值，PRRSV 特异性抗体能持续 1 年以上。而中和抗体产生较迟，通常在感染后 4~5 周开始出现，10 周达最高值。通过 Western bloting 法在接种 PRRSV 后 7 天可检出 N 蛋白（15 000 克/摩、ORF7）特异抗体，9~35 天出现 M 蛋白（19 000 克/摩、ORF6）和 E 蛋白（25 000 克/摩、ORF5）的抗体，N 蛋白具有很强的免疫原性。感染猪免疫应答首先是针对 N 蛋白，随后是其他蛋白。Bautista 和 Molitor 对猪感染 PRRSV 后，通过淋巴细胞芽生试验和皮肤试验研究，表明 PRRSV 能诱导感染猪产生特异性的细胞免疫反应。

发病猪早期应用白细胞干扰素或猪基因工程干扰素肌内注射，每天 1 次，连续 3 天，可收到较好的效果。可适当配合免疫增强剂以提高猪体免疫力和抵抗力，但不能同时联合使用多种免疫增强剂，以免无谓地增加治疗成本。无继发感染时应用抗生素治疗对本病的康复几乎起不到任何效果，反而会加速病猪的死亡；有继发感染时可适当应用抗生素以防治细菌病的混合或继发感染。

口蹄疫

一、病原

口蹄疫病毒（FMDV）属于微核糖核酸病毒科口蹄疫病毒属，形态呈球形或六角形，由 60 个结构单位构成二十面体，病毒粒子直径 23~25 纳米，所含核酸为 RNA，全长 8.5 千碱基。FMDV 具有多型性、易变性的特点。病毒有 7 个血清型，即 O、A、C，SAT1、SAT2、SAT3（即南非 1、2、3 型）以及 Asia1（亚洲 1 型）。各型之间无交叉免疫，同型内各亚型间交叉免疫程度变化幅度较大，亚型内各毒株之间也有明显的抗原差异。各型之间无交叉免疫，同型内各亚型间交叉免疫程度变化幅度较大，亚型内各毒株之间也有明显的抗原差异。我国分布的口蹄疫病毒型为 O、A 型和亚洲 1 型。

FMDV 在病猪的水疱皮内及其淋巴液中含毒量最高。在水疱发展过程中，病毒进入血流，分布到全身各种组织和体液。在发热期血液内的病毒含量最高，退热后在奶、口涎、泪、尿、粪便中均含有一定量的病毒。

口蹄疫病毒对乙醚有抵抗力，在 50% 甘油生理盐水中保存的水疱皮在 5℃环境下，其中的病毒能存活 1 年以上，但在直射阳光下 1 小时即可被杀死。本病毒对酸非常敏感，在 pH6.5 的缓冲液中，在 4℃ 条件下 14 小时可灭活 90%；在 pH5.5 时，1 分钟可灭活 90%；在 pH5.0 时，1 秒钟可灭活 90%。所以根据此特点，肉品可用酸化处理，利用肌肉后作用时产生的微量乳酸来杀死病毒。但骨髓、脂肪、淋巴结、腺器官中产酸少，所以往往有病毒长期存活。本病毒对碱十分敏感，1% 氢氧化钠 1 分钟可杀死病毒，猪舍的消毒常应用 2% 氢氧化钠、4% 碳酸钠、1%～2% 甲醛溶液、30% 草木灰水。本病毒对化学消毒药抵抗力很强，3% 的来苏儿、1∶1 000 的升汞溶液，6 小时不能将病毒杀灭。病毒在 1% 的石炭酸中可存活 5 个月，70% 乙醇中可存活 2～3 天。病愈之后的猪仍然带毒和排毒（随尿排出），一般可超过 150 天。

二、流行病学

偶蹄动物对本病敏感，单蹄动物不发病。家畜以牛易感，其次是猪，再次为绵羊、山羊和骆驼。仔猪和犊牛不仅易感而且死亡率高。性别对易感性无影响，但幼龄动物较老龄者易感性高。

病猪、带毒猪是最主要的直接传染源。尤以发病初期的病畜是最危险的传染源。另外，病猪的乳、粪、尿、唾液、呼出的气、污染的精液、毛、肉、内脏等，以及污染的猪舍、饲料、水、饲养用具等均可有病毒存活，成为间接传染源。牛、羊、猪、骆驼可互相传染，但也有牛、羊感染而猪不感染或猪感染而牛、羊不感染的情况报道。

本病主要通过呼吸道、消化道、破损的皮肤、黏膜、眼结膜、人工授精直接或间接性地传播，鸟类、昆虫、鼠类等野生动物也可机械性地传播本病。病毒能随风传播到 10～60 千米以外的地方，如大气稳定、气温低、湿度高、病毒毒力强，本病常可发生远距离气源性传播。

本病的发生没有严格的季节性，但其流行却有明显的季节规律。往往在不同地区，口蹄疫流行于不同季节。有的国家和地区以春、秋两季为主。通常冬、春季较易发生大流行，夏季减缓或平息。但在大群饲养的猪舍，本病并无明显的季节性。

口蹄疫的传染性极强，常呈大流行，传播方式有蔓延式和跳跃式两种，还有呈 2～5 年一次的周期性流行。

三、临床症状

潜伏期 1～2 天，病猪以蹄部水疱为主要特征。病初体温升高至 40～41℃，精神不振、食欲减少，随着病程的发展，在硬地上行走时呈明显的跛行，相继在蹄冠、蹄踵、蹄叉、口腔的唇、齿龈、舌面、口、乳房的乳头、鼻镜等部位出现一个、几个或更多的米粒大小的水疱，小水疱可相互融合成豆粒大、蚕豆大或更大。水疱内的液体初期淡黄色透明，以后变成粉红色，其内可有多量的白细胞而变成混浊液疱。水疱自行破裂后形成鲜红色烂斑，表面渗出一层淡黄色渗出物，干燥后形成黄色痂皮，若无继发感染，通常约一周左右结痂痊愈。当继发细菌感染时，病变向深层组织扩散形成溃疡，可发生化脓性炎与腐败性炎，严重时造成蹄壳脱落，在硬地上行走时呈明显的跛行。其他部位如睾丸、阴唇的病变少见。哺乳母猪乳头上的病灶比较常见，可导致泌乳下降。当口腔出现病灶时会影响猪的咀嚼吞咽，导致食欲减退。

本病通常呈良性经过，大猪很少发生死亡。但初生仔猪及哺乳仔猪，尤其是日龄很小的仔猪往往呈急性胃肠炎和心肌炎而突然死亡，病死率可达60%～80%。

四、病理变化

病死猪尸体消瘦，鼻镜、唇内黏膜，齿龈、舌面上发生大小不一的圆形水疱疹及糜烂病灶，个别猪局部感染化脓，有脓样渗出物，10日龄以内的仔猪由于疾病呈急性经过，往往口蹄疫典型的病理解剖学变化未及形成。有些猪见有卡他性、纤维素性口炎，卡他性出血性胃肠炎，偶见有糜烂。重症猪的心脏病变具有诊断意义，心包膜有弥漫性及点状出血，心肌柔软，心肌切面有灰白色或淡黄色斑点或条纹，好似老虎皮上的斑纹，故称"虎斑心"。大多数仔猪呈现败血症的症状，剖检因并发症死亡的病猪除上述病变外，可见吸入性支气管炎，严重的化脓性病变或各组织器官内转移性脓肿，可出现脓毒败血症。

组织学变化：病毒侵入表皮和真皮，并在其细胞内进行复制，使上皮细胞逐渐肿大，周围发生水疱变性和坏死，以后细胞间隙出现浆液性渗出物，而后形成一个或多个小水疱，胞膜由棘细胞上面的颗粒细胞层和角质构成，其底为真皮的乳头层，内容物混有坏死的上皮细胞、白细胞。极少量的红细胞和浆液，棘细胞层以上的表皮各层细胞，因为相互之间联合比较紧密，所以在变性时还保持了相互之间的联系而形成网状变性。在出现网状结构之前，细胞的原生质内产生大量的小空泡。乳头层的炎性变化为充血，血管周围有细胞浸润及白细胞游出，游出的白细胞大多积聚在棘细胞层的损伤细胞中间，其数量一般不多，有化脓伴发时例外。淋巴系统发生凝栓性变化，造成淋巴淤滞而潴留在表皮内，淋巴内混有渗出物，使损伤的棘细胞层细胞之间的距离更加大了。这样，开始先形成只有在显微镜镜下可见的小疱，逐渐联合而成为肉眼可见的小疱和口蹄疮疱。继发死亡的病猪还表现心肌颗粒变性、脂肪变性、蜡样坏死与急性心肌炎等。

五、诊断

根据临床症状、病理变化，并结合流行病学，一般即可做出初步诊断。但本病临床上往往与水疱性口炎、猪水疱疹、猪传染性水疱病、猪痘等极易混淆，为了鉴别诊断和鉴定口蹄疫病毒，必须进行实验室检验。

由于口蹄疫具有多型性，所以在诊断本病时，应了解当地流行的口蹄疫病毒型。具体方法为：取病猪水疱皮或水疱液，置50%甘油生理盐水中，迅速送往能检验的有关单位做补体结合试验或微量补体结合试验来鉴定病毒型，或送检恢复期的病猪血清进行中和试验来鉴定毒型。确定毒型的目的在于正确使用口蹄疫疫苗。因为口蹄疫疫苗多为单价苗，若不检测毒型，疫苗与毒型不符合，就不能收到预期的预防效果。

口蹄疫的鉴别诊断为：①从病原上。猪口蹄疫为口蹄疫病毒；猪水疱病为猪水疱病病毒；猪水疱疹为猪水疱性疹病毒；猪水疱性口炎为猪水疱性口炎病毒；猪痘为猪痘病毒、痘苗病毒。②从易感动物上。猪口蹄疫各种年龄、品种的猪均易感，人亦可感染；猪水疱病各种年龄、品种的猪易感，人亦可感染；猪水疱疹各种年龄、品种的猪均易感；猪水疱性口炎猪、牛、马、绵羊、兔易感，人亦可感染；猪痘仔猪最易感，各种年龄猪均易感。③从流行特点上。猪口蹄疫一年四季均可发生，以冬、春两季多发，常呈流行性或大流行性；猪水疱病一年四季均可发生，以猪只密集、调动频繁的单位传播较快；猪水疱疹地方流行性或散发；猪水疱性口炎有明显的季节性，多发于夏季和秋初，一般呈蹼状散发；猪痘可发生于任何季节，以春、秋两季多发，呈地方流行性。④从发病率上。猪口蹄疫较高；猪水疱病较高；猪水疱疹10%～100%；猪水疱性口炎30%～95%；猪痘仔猪较多，成猪较低。⑤从临床症状与病理剖检上。猪口蹄疫表现发热，蹄部、口唇、鼻镜、乳房等部位出现水疱，虎斑心，急性胃肠炎，口腔水疱较少，细胞原生质内有大量小空泡；猪水疱病表现发热，传播较慢，蹄部、鼻镜、口腔、舌面上形成水疱和溃烂，口腔水疱较少，非化脓性，脑脊髓炎变化；猪水疱疹表现特征性发热，吻、唇、舌、蹄、乳头等部可出现水疱；猪水疱性口炎表现发热，口腔出现水疱，蹄部水疱少见或无；猪痘表现发热，体侧腹下、鼻镜、面部皱褶等无毛少毛处多见，蹄部少见，特征性核空泡。⑥猪口蹄疫血清保护试验。猪口蹄疫能保护，其他不保护。⑦猪水疱病血清保护试验。猪水疱病能保护，其他不保护。

六、防制

防制本病应根据本国实际情况采取相应对策。无病国家一旦暴发本病应采取屠宰病畜、消灭疫源的措施；已消灭了本病的国家通常采取禁止从有病国家输入活畜或动物产品，杜绝疫源传入；有本病的国家或地区，多采用以检疫诊断为中心的综合防制措施，一旦发生疫情，应立即实现封锁、隔离、检疫、消毒等措施，迅速通报疫情，查源灭源，并对易感畜群进行预防接种，以及时拔除疫点。

我国防制口蹄疫的方法，基本上属于第三类，但也有区别。发现口蹄疫后，应迅速报告疫情，划定疫点、疫区，按"早、快、严、小"的原则，及时严格封锁，病畜及同群畜应隔离急宰，同时对病畜舍及污染的场所和用具等彻底消毒，对受威胁区的易感畜进行紧急预防接种，在最后一头病畜痊愈或屠宰后 14 天内，未再出现新的病例，经大消毒后可解除封锁。

（一）预防接种

猪口蹄疫的预防接种可用灭活疫苗或猪用弱毒苗，接种疫苗前应注意先测定发生的口蹄疫型，然后再进行接种。现在生产的猪 O 型口蹄疫灭活疫苗，二乙烯亚胺（BEI）灭活油佐剂苗，免疫效果很好，免疫保护期可达 6 个月，25 千克以后的猪每 6 个月注射一次即可。

（二）治疗

对发病猪首先要加强饲养和护理，并保持猪舍清洁、通风、干燥、暖和，要增加营养，不食者进行人工喂饲。对水疱破溃者，要对破溃面用 0.1% 高锰酸钾、2% 硼酸或 2% 明矾水清洗干净，再涂布 1% 紫药水或 5% 碘甘油（5% 碘酊和甘油等量制成）。蹄部破溃的用 0.1% 高锰酸钾、2% 硼酸或 3% 煤酚皂液清洗干净，并涂青霉素软膏或 1% 紫药水溶液。

另据介绍，对发生本病的猪，可注射口蹄疫病猪发病后 4 周痊愈猪的血清或全血。对新生仔猪，每头 2 ~ 3 毫升，每日一次，连用 2 ~ 3 天，预防和治疗效果均很好。为防止合并感染，可注射抗生素或磺胺类药物。

实践中用以下方剂，也有一定治疗效果：

方一：干姜 30 克，黄柏 60 克。用法：煎汤待冷洗口，对舌疮烂者有效。

方二：贯众 15 克，桔梗、木通、大黄、连翘、荆芥各 12 克，甘草、丹皮、天花粉、赤芍各 9 克，生地 6 克。用法：共研末加蜂蜜 250 克，煎水服。

方三：雄黄 6 克，青黛 3 克，枯矾、冰片各 9 克，硼砂 15 克。用法：研末，吹入口内，每日 2 次。

方四：凡士林 1 份，木焦油 1 份。用法：混匀涂擦蹄部创口。

方五：芒硝 18 克，硼砂 15 克，冰片 15 克。用法：研末，撒布创口。

方六：山豆根、贯众各 16 克，连翘、大黄、桔梗各 13 克，木通、荆芥、花粉、生地、赤芍、甘草各 10 克。用法：共研为末，加绿豆粉 31 克，蜂蜜 120 克，开水冲，候温灌服。

方七：锅底灰 10 克，煅制石膏 10 克，食盐适量。用法：上药共研为细末，撒布蹄部患处。

方八：儿茶、黄柏、地榆、冰片、黄连、明矾、青黛各 10 克。用法：共研为末，局部用消毒药水洗涤后撒布本药。

方九：明矾、儿茶、黄连、硼砂、冰片各 10 克。用法：共研为末，局部用消毒药水洗涤后撒布本药。

猪乙型脑炎

一、病原

乙脑病毒属于黄病毒科黄病毒属。病毒粒子直径 30~40 纳米，呈球形，二十面体对称，是一种单股 RNA 病毒，在氯化铯中的浮密度为 1.24~1.25 克/厘米³。有囊膜，外层为含糖蛋白的纤突。

病毒对化学药品较敏感，常用的消毒药都有良好的抑制和杀灭作用，如 3% 来苏儿、2% 氢氧化钠等。病毒对乙醚、氯仿、胰酶等亦敏感。

二、流行病学

本病为人畜共患的自然疫源性传染病，多种动物和人感染后都可成为本病的传染源。乙脑病毒必须依靠雌蚊作媒介而进行传播，三带喙库蚊是本病的主要媒介。有人证实从猪舍捕捉的蚊虫 90% 以上属此蚊种，并特嗜猪血。流行环节是猪－蚊－猪，病毒能在蚊体内繁殖和越冬，且可经卵传代，带毒越冬蚊能成为次年感染人和动物的来源。因此蚊不仅是传播媒介，也是病毒的贮存宿主。

本病主要通过带病毒的蚊虫叮咬而传播。已知库蚊、伊蚊、按蚊属中不少蚊种及库蠓等均可传播本病。此蚊虫吸血即带有病毒，叮咬人和动物后传播。病毒侵入新的动物经血行到各脏器，然后突破"血脑屏障"，在中枢神经系统繁殖，但多数情况下病毒仅停留于内脏，因而不引起神经症状，而是无症状的隐性感染。

猪感染是经蚊的叮咬吸血排毒这一专一性方式引起的，因而本病在热带地区全年均可发生；在亚热带和温带地区具有明显的季节性，主要在夏季至初秋的 7~9 月流行，这与蚊的生态学有密切关系。

三、临床症状

人工感染潜伏期通常为 3~4 天，常突然发病，体温升高达 40~41℃，呈稽留热，精神沉郁、嗜睡，食欲减退、饮欲增加。粪便干燥呈球状，表面常附有灰白色黏液，尿呈深黄色。有的猪后肢轻度麻痹，步态不稳，也有后肢关节肿胀、疼痛而跛行。个别表现明显神经症状，视力障碍，摆头，乱冲乱撞，最后后肢麻痹、倒地不起而死亡。

妊娠母猪常突然发生流产。流产前仅有轻度减食或发热，常不被人们所注意。流产多在妊娠后期发生，流产后症状减轻，体温、食欲恢复正常。少数母猪流产后从阴道流出红褐色乃至灰褐色黏液，胎衣不下。母猪流产后对继续繁殖无影响。

流产胎儿多为死胎或木乃伊胎，或濒于死亡。部分存活仔猪虽然外表正常，但衰弱不能站立，不会吮乳；有的出生后出现神经症状，全身痉挛，倒地不起，1～3天死亡。有些仔猪哺乳期生长良莠不齐，同一窝仔猪有很大差别。

公猪常发生睾丸炎。一侧或两侧睾丸明显肿大，较正常睾丸大半倍至一倍，触诊有热痛感，数日后炎症消退，睾丸逐渐萎缩变硬，性欲减退，并通过精液排出病毒，精液品质下降，失去配种能力而被淘汰。

四、病理变化

流产母猪子宫内膜显著充血、水肿，黏膜表面覆盖多数黏液性分泌物，刮去分泌物可见黏膜糜烂和小点状出血，黏膜下层与肌层水肿，胎盘呈炎性反应。早产仔猪多为死胎，死胎大小不一，黑褐色，小的干缩而硬固；中等大的茶褐色、暗褐色，皮下有出血性胶样浸润；发育到正常大小的死胎，常由于脑水肿而头部肿大，皮下弥散性水肿，腹水增量，肌肉呈熟肉样，各实质器官变性，散在点状出血，血液稀薄不凝固，胎膜充血并散在点状出血，脑、脊髓膜出血并散发点状出血。

出生后存活的仔猪剖检多见脑内水肿，颅腔和脑室内脑脊液增量，大脑皮层受压变薄。皮下水肿，体腔积液，肝脏、脾脏、肾脏等器官可见多发性坏死灶。

公猪睾丸肿大，多为一侧性，或两侧肿大程度不一。阴囊皱襞消失、发亮。鞘膜腔内潴留有多数黄褐色不透明液体。睾丸实质全部或部分充血，切面可见大小不等的黄色坏死灶，周边有出血，特别常见的是楔状或斑点出血和坏死。慢性病例，可见睾丸萎缩、硬化，睾丸与阴囊粘连，实质大部分结缔组织化。

组织学变化：产后的死胎和出生出现神经症状的仔猪，在中枢神经系统中见有明显的非化脓性脑炎变化。神经细胞变性和坏死，且有充血、出血变化，胶质细胞增生，围管性细胞浸润（管套）。成年猪这些病变程度较轻。公猪睾丸鞘膜结缔组织水肿及单核细胞浸润，睾丸间质充血、出血、水肿及单核细胞浸润，睾丸实质初期曲细精管上皮变性。随着病程发展，精细胞排列紊乱、坏死、脱落，曲细精管管腔狭窄，充满细胞、坏死碎屑。

五、诊断

根据本病发生在蚊虫活跃的季节，母猪发生流产、死胎、木乃伊胎，公猪睾丸炎，可做出初步诊断。确诊必须进行实验室诊断，进行病毒分离、荧光抗体试验、补体结合试验、中和试验、血凝抑制试验等。鉴别诊断本病易和布鲁杆菌病混淆，但布鲁杆菌病不仅仅发生在蚊虫活跃的季节，体温不高，流产主要是死胎，很少木乃伊化，没有非化脓性脑炎变化，公猪的睾丸肿多为两侧性且是化脓性炎症，还可有关节炎、淋巴结脓肿等，与本病不同。

六、防制

按本病流行的特点，消灭蚊虫是消灭乙型脑炎的根本方法，但由于灭蚊技术措施尚不完善，控制猪乙型脑炎目前采用疫苗接种以减少猪乙型脑炎的危害。疫苗免疫通常在蚊虫季节到来之前（3～4月）1个月免疫一次，1个月后加强免疫一次。

本病无特效疗法，应积极采取对症疗法和支持疗法，同时加强护理。

实践中用以下方剂，有一定治疗效果：

方一：5%葡萄糖液500毫升，20%磺胺嘧啶钠10～20毫升，维生素C注射液5毫升，安溴注射液（或10%水合氯醛）10～20毫升，40%乌洛托品10～20毫升。用法：一次静脉注射。

方二：青霉素80万～120万国际单位，硫酸链霉素50万～100万国际单位。用法：肌内注射，每日2次。

方三：板蓝根、生石膏各120克，大青叶60克，紫草、连翘、生地各30克，黄芩18克。用法：水煎后一次灌服，小猪可分为2次灌服。

方四：生石膏120克，大青叶30克，黄芩12克，芒硝6克，紫草10克，丹皮10克，栀子10克，鲜生地60克，黄连15克。用法：除芒硝外，加水煎去渣，冲入芒硝候温灌服。

猪流行性感冒

一、病原

猪流行性感冒病毒属于正黏病毒科甲型流感病毒属。典型的病毒粒子呈球形，直径80～120纳米，有些毒株在分离的初期呈丝状，长短不一。

普通的消毒剂对猪流行性感冒病毒均有灭活作用。猪流行性感冒病毒对碘蒸气和碘溶液特别敏感。

二、流行病学

各个年龄、品种、性别的猪对猪流行性感冒病毒均有易感性。本病的流行有明显的季节性，天气多变的秋末、早春和寒冷的冬季易发生。

本病接触性传染性极强，寒冷而潮湿的天气使猪受凉可能是暴发的原因。本病传播迅速，常呈地方性流行或大流行。病的潜伏期短，仅数小时至数天，一般自然感染病例的潜伏期为2～7天，人工感染为1～2天。病程短，无并发症的病例病程为 2 ~ 6 天。本病具有极高的发病率，但通常死亡率低，低于 4%，在某些情况下也可高达 10%。

病猪和带毒猪是本病传染源，患病痊愈后猪带毒 6 ~ 8 周。呼吸道是主要的传播途径，猪或人经呼吸道感染。猪也可由于食入含病毒的肺丝虫的幼虫而感染。多数病猪于 7 ~ 10 天即可康复，发病前后鼻腔分泌物中含病毒最多，传染性最强。

母源性免疫力在本病流行病学中可起一定作用，免疫母猪所生的小猪，根据其母猪血清抗体效价的高低，能受保护长达 13 ~ 18 周，初乳抗体除了对仔猪有保护力外，还能抑制病毒在宿主体内增殖，从而抑制了主动免疫力的产生。

三、临床症状

发病初期，病猪体温突然升高至 40 ~ 42℃，厌食或食欲废绝，极度虚弱或虚脱。精神委顿，常卧地。呼吸急促，腹式呼吸，阵发性咳嗽。从眼和鼻流出黏液性分泌物，鼻分泌物有时带血。触诊肌肉僵硬、疼痛，出现膈肌痉挛，呼吸顿挫，一般称之为打呃。病程较短，如无并发症，多数病猪可于 6 ~ 7 天后康复。如有继发性感染，则可使病势加重，发生格鲁布性出血性肺炎和肠炎而死亡。个别病例可转为慢性，持续咳嗽、消化不良、瘦弱，长期不愈，能拖延 1 个月以上，也常引起死亡。

四、病理变化

猪流行性感冒的病理变化主要在呼吸器官。鼻、咽、喉、气管和支气管的黏膜充血、肿胀，表面覆有黏稠的液体，小支气管和细支气管内充满泡沫样渗出液。胸腔蓄积大量混有纤维素的浆液，病例较重者在肺胸膜和肋胸膜有纤维素附着。支气管的大量渗出液伴有肺下部的萎陷。肺脏的病变常发生于尖叶、心叶、中间叶、膈叶的背部和基底部，与周围组织有明显的界线，颜色由红至紫，塌陷、坚实，韧度似皮革。肺病变区膨胀不全，其周围常有苍白色的气肿，并有许多出血点。虽然尖叶及心叶受损害最严重，且右肺较左肺严重，但这种肺膨胀不全区是广泛的，常呈不规则分布。心包腔蓄积含纤维素的液体。胃肠黏膜发生卡他性炎。胃黏膜充血严重，尤其是胃大弯部。大肠发生斑块状充血，并有轻微的卡他性渗出物，但无黏膜糜烂。脾脏肿大。颈部淋巴结、纵隔淋巴结、支气管淋巴结肿大多汁。

组织学观察，在病中期多发生渗出性支气管炎，小支气管和终末细支气管充满含有大量嗜中性粒细胞、淋巴细胞和少量脱落上皮的渗出物。支气管黏膜上皮破碎、脱落，上皮细胞空泡变性，纤毛成团状或消失。支气管周围有大量淋巴细胞和巨噬细胞浸润。肺泡萎陷，内含脱落的肺上皮细胞、少量单核细胞，肺泡壁皱缩、增厚，并伴有单核细胞浸润。肺间质增宽、间质内淋巴管扩张，有淋巴细胞浸润。在病的后期，严重病例可见更为明显的气管和支气管黏膜上皮细胞破坏，其管腔完全被白细胞填塞，肺泡充满红细胞、白细胞及凝固的浆液，肺泡壁皱褶、增厚，其中有大量的淋巴细胞。

五、诊断

根据病的流行特点、临诊表现和病理变化可做出初步诊断。暴发性地出现上呼吸道综合征，包括结膜炎、打喷嚏和咳嗽以及低死亡率，可以将猪流行性感冒与猪的其他上呼吸道疾病区别开。在鉴别诊断时，应注意猪气喘病和本病的区别，二者最易混淆，但猪气喘病的发作比较隐袭，病程缓慢，组织学变化有明显的不同；猪瘟的死亡率高，病变在全身各组织器官广泛存在，呼吸道受损程度轻；猪萎缩性鼻炎病程比猪流行性感冒长得多，并伴有面部骨骼的严重变形。

确诊须进行实验室诊断。可采取发病 2~3 天急性病猪的鼻分泌物、气管或支气管的渗出物作为病料，也可采取急性病猪的脾、肝、肺、肺区淋巴结、支气管淋巴结等组织作为病料。将病料用灭菌生理盐水适当稀释后，以 3 000 转/分离心 10 分钟，取上清液，每毫升加入青霉素、链霉素 1 000 国际单位，4℃放置 1 小时，接种于 9~12 日龄的鸡胚尿囊腔或羊膜腔内，培养 5 天后，取羊水或细胞培养液做血凝试验。阳性则证明有病毒繁殖，再以此材料做补体结合试验（决定型）和血凝抑制试验（决定亚型）。

六、防制

猪流行性感冒尚无有效疫苗，也无特效疗法，所以阴雨潮湿和气候变化急剧的季节，应特别注意猪群的饲养管理，保持猪舍清洁、干燥，做好防寒、保暖、驱虫工作，尽量不在寒冷多雨、气候骤变的季节长途运输，发现猪流行性感冒流行，要采取隔离措施。病猪急宰，猪圈、工具和饲槽要严格消毒，以防止本病的扩散蔓延。为控制继发感染，可全群投喂抗生素和磺胺类药物。

实践中用以下方剂，有一定疗效。

方一：生石膏 500 克，麻黄、桂枝、甘草各 70 克，陈皮、杏仁、苍术各 100 克，混合共研细末，每 10 千克体重 10~15 克，拌料或煎水喂服，早、晚各 1 次，连用 1~2 天。

方二：薄荷、地骨皮、金银花、桑白皮、茅根、杏仁、紫苏各等份，共研细末，内服，每日 1 次，小猪每次用 5 克，大猪每次用 15 克。

猪轮状病毒病

一、病原

轮状病毒属于呼肠孤病毒科轮状病毒属。由 11 个双股 RNA 片段组成，有双层衣壳，因像车轮而得名。病毒粒子为直径 65～75 纳米的二十面体。

本病毒比较稳定，在 4℃下能保持形态的完整，加热至 56℃经 1 小时不能灭活，对乙醚、氯仿有抵抗力，在 pH 值 3～10 的环境中不能失去传染性。在猪体内轮状病毒的感染主要限于小肠上皮细胞，仔猪小肠下 2/3 处胰蛋白酶浓度最高，轮状病毒在此感染最严重。

二、流行病学

本病的易感宿主很多，犊牛、仔猪、羔羊、幼兔、狗、猴、幼鹿、小鼠、鸡、火鸡、珍珠鸡、鸭、鸽及儿童均可自然感染而发病。其中以犊牛、猪和儿童的轮状病毒病最为常见。轮状病毒有一定的交叉感染作用，人的轮状病毒可感染猴、仔猪和羔羊，并引起发病；犊牛和鹿的轮状病毒可感染仔猪。由此可见，轮状病毒可以从人或一种动物传给另一种动物，只要病毒在人或一种动物中持续存在，就有可能造成本病在自然界中长期传播。尤其是人轮状病毒，在人群中普遍存在，易在牛、猪、羊等哺乳动物中传播。轮状病毒可感染不同年龄的人与动物，成人及成年动物通常呈隐性感染，儿童与幼龄动物的发病率很高。

患病的人、畜和隐性感染的带毒猪，都是重要的传染源。病毒存在于肠道，随粪便排出体外，经消化道途径传染易感的人、畜、禽。

轮状病毒传播迅速，多发生在晚秋、冬季和早春季节。应激因素，特别是寒冷、潮湿、不良的卫生条件、喂不全价的饲料和其他疾病的袭击等，对疾病的严重程度和病死率均有很大影响。

三、临床症状

猪轮状病毒病潜伏期 12～24 小时，呈地方流行性。在疫区由于大多数成年猪都已感染过而获得了免疫，所以得病的多是 8 周龄以内的仔猪。发病率通常为 50%～80%。病初精神沉郁，食欲减退，不愿走动，常有呕吐。以后产生严重腹泻，粪便水样或糊状，色黄白或暗黑。腹泻越久，脱水越明显。严重的脱水常见于腹泻开始后的 3～7 天，体重因此可减轻 30%。症状轻重取决于发病日龄和环境条件，尤其是环境温度下降和继发大肠杆菌病，常使症状严重及病死率增高。一般说来，普通饲养的仔猪，在出生几天之内受到感染，如果断奶或母猪奶中缺少特异性轮状病毒抗体，会出现高死亡率；当用病毒给 0 ~ 5 日龄的初生仔猪或未吃初乳的仔猪接种时，也会出现高死亡率，死亡率可达 100%。通常 10 ~ 21 日龄吃乳的仔猪接种时，临床症状是温和的，腹泻 1 ~ 2 天后迅速康复，残废率低。无论断奶时是在 2 日龄还是在 3 ~ 8 周，轮状病毒所致腹泻的严重性，总是随断奶而增强，此时，死亡率一般是 3% ~ 10%，但可以达到 50%。

四、病理变化

病变主要限于消化道。胃弛缓，内充满凝乳块和乳汁。肠管菲薄，半透明，肠内容物为浆液性或水样，灰黄色或灰黑色，小肠绒毛短缩扁平，肉眼可以看出，若用放大镜或解剖显微镜检查更清楚。小肠黏膜的这些变化，主要出现在空肠、回肠。肠系膜淋巴结水肿，胆囊肿大。

电镜观察发现轮状病毒感染主要局限在小肠绒毛的上皮细胞，所以组织学检查病变主要局限于绒毛部，绒毛顶端柱状上皮由于病毒感染、增殖，导致上皮细胞脱落或坏死溶解。绒毛变短，隐窝上皮未分化成熟就移向发病感染的绒毛顶部上皮的位置，因而在绒毛顶部常见未分化成熟的立方上皮覆盖，固有层可见有淋巴细胞、单核细胞及多形核粒细胞浸润。

五、诊断

根据本病发生在寒冷季节、多侵害幼龄动物、突然发生水样腹泻、发病率高和病变集中在消化道等特点可做出初步诊断。要注意与相似的疫病（猪传染性胃肠炎，猪流行性腹泻，仔猪黄、白痢等）区别诊断。实验室诊断一般在腹泻开始24 小时内采取小肠及内容物或粪便，进行病毒抗原检查，方法有电镜法、免疫电镜法、琼脂扩散试验、对流免疫电泳试验、直接荧光抗体试验、酶联免疫吸附试验双抗体夹心法和放射免疫试验等。ELISA 双抗体夹心法，已被世界卫生组织列为轮状病毒的标准诊断方法。

六、防制

本病无特效治疗药物。发现病猪，立即隔离到清洁、干燥、温暖猪舍，加强护理，尽量减少应激因素，避免猪群密度过大，清除粪便及其污染的垫草，消毒被污染的环境和器物。对病猪进行对症治疗，内服收敛止泻剂，使用抗菌药物以防止继发细菌感染。静脉注射 5% 葡萄糖盐水和 5% 碳酸氢钠溶液，可防止脱水和酸中毒。葡萄糖盐溶液（为氯化钠 3.5%、碳酸氢钠 2.5 克、氯化钾 1.5 克、葡萄糖 20 克、常水 1 000 毫升的混合液）给发病猪口服，有良好效果，用量为每千克体重口服 30 ~ 40 毫升，每日 2 次。

我国用 MA - 104 细胞系连续传代，研制出猪源弱毒疫苗，用猪源弱毒疫苗免疫母猪可使其所产仔猪腹泻率下降60%以上，成活率高。生产中常用猪传染性胃肠炎、猪流行性腹泻与猪轮状病毒三联活疫苗进行免疫，主动免疫接种后7日产生免疫力，免疫期为6个月。仔猪被动免疫的免疫期至断奶后7日。用法为：每瓶疫苗稀释至5毫升或10毫升（根据头份数），妊娠母猪于产仔前40日后海穴位（即尾根与肛门中间凹陷的小窝部位）接种，20日后二免，每次1头份（1毫升）；其所产仔猪于断奶后7～10日内接种疫苗1头份。未免疫母猪所产3日龄以内仔猪接种1头份。进针深度：3日龄仔猪为1.5厘米，成猪4厘米。也有应用猪轮状病毒灭活疫苗免疫仔猪，亦有良好效果。

猪　　痘

一、病原

猪痘的病原有两种：一种是猪痘病毒，这种病毒仅能使猪发病，只能在猪源组织细胞内增殖，并在细胞核内形成空泡和包涵体；另一种是痘苗病毒，能使猪和其他多种动物感染，可在鸡胚绒毛尿囊膜，牛、绵羊及人等胚胎细胞内增殖，并在被感染的细胞质内形成包涵体。

猪痘病原均属于痘病毒科脊椎动物痘病毒亚科猪痘病毒属。基因组为单一分子的双股DNA，病毒粒子为砖形或卵圆形，大小为（200～390）纳米×（100～260）纳米，有囊膜，是最大的病毒。

在pH值为3的环境中病毒会逐渐丧失感染力，直接阳光或紫外线可迅速灭活病毒。3%石炭酸、0.5%福尔马林、0.01%碘溶液、3%硫酸、3%盐酸能在数分钟内杀死病毒，1%～3%氢氧化钠和70%乙醇10分钟即可杀灭病毒。

二、流行病学

猪痘病毒只能使猪感染发病，不能使其他动物发病。以4～6周龄的哺乳仔猪多发，断奶仔猪亦敏感，成年猪有抵抗力。由痘苗病毒引起的猪痘，各种年龄的猪均感染发病，呈地方性流行，还可引起乳牛、兔、豚鼠、猴等动物感染。

本病的传播方式通常认为不能由猪直接传染给猪，而主要由猪血虱、蚊、蝇等体外寄生虫传播。可发生于任何季节，以春、秋天气阴雨寒冷、猪舍潮湿污秽以及卫生差、营养不良等情况下，流行比较严重，发病率高、致死率低。

三、临床症状

潜伏期平均4～7天，病猪体温升高到41.3～41.8℃，精神沉郁，食欲减退，喜卧，寒战，行动呆滞，鼻黏膜及眼结膜潮红、肿胀，且有分泌物，分泌物为黏液性。痘疹主要发生于躯干的下腹部和四肢内侧、鼻镜、眼皮、面部皱褶、耳部等无毛或少毛部位，也有发生于身体两侧和背部的。痘疹开始为深红色的硬结节，突出于皮肤表面，略呈半球状，表面平整，直径达 8 毫米左右，临床观察中见不到水疱阶段即转为脓疱，病变变成中间凹陷，局部贫血、呈黄色，病变中心高度下降而周围组织膨胀，脓疱很快结痂，呈棕黄色痂块，痂块脱落后变成小白斑而痊愈，病程 10~15 天。

腹股沟淋巴结肿大是肉眼可见病变的另一器官。皮内接种的猪，皮肤病变出现 1~2 天，腹股沟淋巴结变大，且容易触摸到，病理发展到脓疱期结束时，淋巴结已接近正常。

猪痘一般无明显的水疱和脓疱过程，病猪病变部位常在擦痒时，使痘疱部破裂，渗出血液或浆液，粘上泥土、垫草后形成痂壳，导致皮肤增厚，呈皮革状，在强行剥离后痂皮下呈现暗红色溃疡，表面附有微量黄白色脓汁，在病程后期，痂皮可裂开、脱落，露出新生肉芽组织，不久又生出新的黑色痂皮，经 2~3 次的蜕皮之后才长出新皮，当有其他病继发感染时，可使病情加重。另外在口、咽、气管、支气管等处若发生痘疹时，常引起败血症而导致死亡。

本病多呈良性经过，病死率不高，所以易被忽视，以致影响猪的生长发育，但在饲养管理不善或继发感染时，常使病死率增高，特别是幼龄猪。

四、病理变化

痘疹病变主要发生于鼻镜、鼻孔、唇、齿龈、颊部、乳头、齿板、腹下、腹侧、肠侧和四肢内侧的皮肤等处，也可发生在背部皮肤。死亡猪的咽、口腔、胃及气管常发生疱疹。

由于猪痘的病情比较轻微，组织学病变可见棘细胞肿胀变性、溶解而出现微细胞化灶，胞核染色质溶解，出现特征性核空泡，当忽视饲养管理时，本病可继发胃肠炎、肺炎，引起败血症而死亡。

五、诊断

一般根据病猪典型痘疹和流行病学材料即可做出诊断。区别猪痘是何种病毒引起，可用家兔做接种试验，痘苗病毒可在接种部位引起痘疹；而猪痘病毒不感染家兔。必要时可进行病毒的分离与鉴定。鉴别诊断：临床上注意本病与圆环病毒感染、口蹄疫、水疱疹、水疱性口炎、水疱病等皮肤病变的区别。

六、防制

对猪群要加强饲养管理，搞好卫生，消灭猪血虱和蚊、蝇等。新购入的猪要隔离观察 1~2 周，防止带入传染源。发现病猪要及时隔离治疗，可试用康复猪血清或痊愈血治疗。对病猪污染的环境和用具要彻底消毒，垫草焚毁。本病尚无有效疫苗，但康复猪可获得坚强免疫力。

实践中用以下方剂，有一定疗效。

方一：局部疗法，痘疹用2%来苏儿或2%硼酸水充分洗涤后，涂擦下列药中任何一种：2%碘酊或碘甘油、1%龙胆紫液、氧化锌软膏、青霉素软膏、碘胺软膏。

方二：葫芦茶、了哥王根、大泽兰各100克，百部藤、耳草、称星木根各150克。用法：煎水3千克，每日2次，连用2天（10头仔猪量）。

方三：桐花、苇叶、茅根各50克。用法：煎水半碗，一次内服。

方四：麻黄、桂枝、干葛、白芍各10克，升麻、甘草各5克，生姜为引。用法：水煎内服。

方五：艾叶、花椒各15克，大蒜几瓣。用法：煎水洗患处，洗后涂消炎软膏。

方六：紫苏15克，葛根15克，地骨皮25克，香椿树内皮25克，升麻30克，石膏15克，荆芥40克。用法：共煎水，一次内服。

方七：核桃10个，清油适量。用法：将核桃烧焦研细末，调清油涂擦。

方八：黑豆250克，甘草50克，绿豆250克。用法：水煎内服。

方九：紫草50克。用法：煎水擦洗患处或内服，每日1次。

方十：地肤子煎水洗。

方十一：桃子核烧后研细调清油擦。

方十二：栀子、黄柏、黄芩、黄连、连翘、银花各适量。用法：水煎喂服。

方十三：葛根10克，升麻10克，赤芍9克，牛蒡子（炒）9克，连翘11克，金银花15克，薄荷11克，紫草12克，芦根13克，生姜为引。用法：煎水内服。

方十四：防风10克，荆芥10克，牛蒡子10克。用法：煎水喂服，并洗患处。

方十五：浮萍草13克，地肤子12克，白矾6克，蝉蜕10克。用法：煎水喂服。

方十六：忍冬藤、地骨皮各60~90克。用法：煎水喂服，并洗患处。

方十七：生葛根50克，香椿白皮50克，荆芥20克，地骨皮（干品）10克，紫苏20克，石膏20克，升麻10克。用法：煎水喂服。

方十八：向日葵蒲1个。用法：煎水喂服。

方十九：生石膏适量。用法：研末，开水调敷。

方二十：山豆根、紫草茸、白药子、黄药子、生黄芪、牛蒡子、香白芷、天花粉、炒白术、生葛根、荆芥穗、炒没药、川贝母、青防风、生甘草、甜桔梗各

6~9克。用法：煎水分2次喂服。

猪水疱性口炎

一、病原

水疱性口炎病毒属于弹状病毒科水疱病毒属，病毒粒子呈子弹状或棒状，有囊膜，大小为176纳米×69纳米，含单股RNA，对脂溶剂敏感。

因为本病毒含有大量磷脂，所以它对乙醚非常敏感。

二、流行病学

本病能侵害多种动物，牛、马、猪、猴较易感，野生动物中野羊、野猪、鹿、浣熊和刺猬等亦可感染。人与病畜接触也易感染。幼龄猪比成年猪易感，随年龄的增长，其易感性逐渐降低。试验证明，易感宿主可因病毒型不同而有所差异，猪主要对新泽西型病毒比较敏感，而印第安纳型病毒不引起猪发病。

病畜和患病的野生动物是主要传染源。病毒从病畜的水疱液和唾液排出，在水疱形成前96小时就可从唾液排出病毒散播传染。病毒通过损伤的皮肤和黏膜而感染；也可通过污染的饲料和饮水经消化道感染；还可通过双翅目的昆虫（厩蝇、虻、蚊等）为媒介由叮咬而感染，曾自白蛉和伊蚊体内分离到该病毒。病的发生具有明显的季节性，多见于夏季和秋初，而秋末则趋平息。本病虽可暴发但并不广泛流行，由于本病和口蹄疫症状相似，因而成为一种需进行区别诊断的重要传染病，又因人偶可感染而使其具有一定的公共卫生意义。

三、临床症状

潜伏期人工感染为1~3天，自然感染为3~5天。猪患本病时，体温先升高，可达40.5~41.6℃，24~48小时后，口腔、鼻端和蹄部出现水疱，由于水疱很容易破裂，所以此期非常短暂，随后表皮脱落，只留下糜烂与溃疡，体温也在几天内恢复正常。有些由于病变的再次感染导致体温升高可持续一周或更长时间。病猪在口腔及蹄部病变严重时，可引起轻微的食欲减退和精神沉郁。当蹄部病变继发感染时，能导致蹄壳脱落，露出鲜红出血面，出现明显的跛行。无并发症时，本病在1~2周内就可康复，一般转归良好，不留疤痕和其他永久性损伤。在继发感染情况下，会延长本病的康复时间，病猪康复后，具有一定程度的免疫力，在血液中较长期存在中和抗体和补体结合抗体。

四、病理变化

由于本病不引起死亡，所以无明显内脏病理变化。

组织学检查，病变始于棘细胞层上皮，细胞间桥伸长和细胞间隙扩张形成海绵样腔，使细胞变小并彼此分离，腔内充满液体，随着腔的融合而形成水疱。在水疱中有胞质破碎的感染细胞、外渗的红细胞和以嗜中性粒细胞为主的炎性细胞。病变能累及基底层细胞和真皮层上部，呈水肿和炎性变化。在水疱破裂后，残留的基底层再生上皮向中心生长，最后修复。镜下细胞的主要表现是棘细胞间水肿，棘细胞中层细胞坏死。坏死细胞质呈强嗜酸性，核浓缩。在黏膜上部的水肿区，尤其是坏死区见炎性细胞浸润。

水疱性口炎的超微结构，表现受害的角质细胞含有很多桥粒，胞质内出现空泡，胞质中张力原纤维减少，胞膜变厚，胞质皱缩，胞质间桥变得明显，常见球形或三角形胞质碎块以桥粒与胞膜相连，在游离角化细胞周围有嗜中性粒细胞、细胞碎片和液体围绕。

五、诊断

根据发病季节（夏季温度高时），发病率和病死率低，以及在病猪的舌面、唇部黏膜上发生水疱与流涎的特征性症状，可做出初步诊断。本病与猪水疱病、猪水疱性疹、猪口蹄疫在临床上表现极为相似，所以要确诊本病，并与其他疾病相区别，必须结合实验室诊断。

实验室检查可用病猪水疱或感染组织乳剂接种鸡胚或组织培养细胞来分离培养病毒，分离出的病毒用中和试验、琼脂凝胶扩散试验、补体结合试验、免疫荧光试验进行鉴定。

六、防制

本病没有特异性治疗方法。当无并发症时，其疾病是轻度且持续性有限，故只需采取保守疗法，如加强饲养管理、饲喂软的食物等，对口腔黏膜有糜烂和溃疡的，可撒布硼酸粉或涂擦甘油。若继发感染出现严重病变时，应直接对原发病灶采取对症治疗。同时，将感染猪进行隔离。

控制本病，应注意改善猪舍条件，要排除或避免容易使猪的吻突或蹄的表面造成擦伤和伤害的物品或地面，因为这些有助于病毒的侵入。由于寄生虫和吸血昆虫与本病的流行有很大关系，所以要建立一个防治吸血昆虫及消灭寄生虫的计划，对预防本病有良好效果。

狂犬病

一、病原

狂犬病病毒属于弹状病毒科狂犬病毒属。病毒粒子直径为 75～80 纳米，长

140~180 纳米，一端钝圆，另一端平凹，呈子弹形或试管状外观。病毒的核酸为单股的 RNA，病毒含有一种糖蛋白（GP）、一种核蛋白（NP）和两种膜蛋白（M1 与 M2）。GP 是一种跨膜蛋白，构成病毒表面的纤突，是狂犬病毒与细胞受体结合的结构，在病毒致病和免疫中起关键作用。NP 是诱导狂犬病细胞免疫的主要成分，常用于狂犬病病毒的诊断、分类与流行病学研究。

狂犬病病毒具有极强的嗜神经性，能抵抗自溶和腐败，在自溶的脑组织中可保持活力达 7~10 天。

二、流行病学

虽然几乎所有的温血动物都对本病易感，但在自然界中主要的易感动物是犬科和猫科动物，以及翼手类（蝙蝠）和某些啮齿类动物。野生动物（狼、狐、貉、臭鼬、蝙蝠等）是狂犬病病毒主要的自然储存宿主。野生啮齿动物如松鼠、野鼠、鼬鼠等对本病易感，在一定条件下可成为本病的危险疫源而长期存在，当其被肉食兽吞食后则可能传播本病。患狂犬病的犬是使人感染的主要传染源，其次是猫，也有外观健康而携带病毒的动物可起传染源的作用。患狂犬病的患者在个别情况下可以从唾液中分离到病毒，虽然由人传播到人的例子极其罕见，但护理病人的人员必须注意个人防护。

多数患病动物唾液中带有病毒，由患病动物咬伤或伤口被含有狂犬病病毒的唾液直接污染是本病的主要传播方式。另外，还存在着非咬伤性的传播途径，人和动物都有经由呼吸道、消化道和胎盘感染的病例，值得注意。

发病率受被咬伤口的部位等因素的影响。一般头面部咬伤比躯干、四肢咬伤者发病率高，因头面部的周围神经分布相对较多，使病毒较易通过神经通路进入中枢神经系统。同样理由，伤口越深、伤处越多者发病率也越高。

三、临床症状

狂犬病的潜伏期变化很大，各种动物都不一样，猪通常为 20~60 天，猪狂犬病的典型过程是突然发作，兴奋不安，横冲直撞，叫声嘶哑，流涎，反复用鼻掘地面，攻击人畜。在发作间隙期常钻入垫草中，一听到音响便一跃而起，无目的地乱跑，最后麻痹，经 2~4 天死亡。

四、病理变化

眼观无特征性变化，一般表现尸体消瘦，血液浓稠、凝固不良，口腔黏膜与舌黏膜常见糜烂和溃疡。胃内常有泥土、石块、毛发等异物，胃黏膜充血、出血或溃疡，脑水肿，脑膜及脑实质的小血管充血，并常见点状出血。

病理组织学检查呈弥漫性非化脓性脑脊髓炎，表现为脑血管扩张充血、出血、轻度水肿，血管周围淋巴间隙有淋巴细胞、单核细胞浸润而构成了明显的脑血管套，脑神经元细胞变性、坏死和嗜神经元现象。在变性坏死的神经元周围见有小胶质细胞积聚，且取代神经元，称之为狂犬病结节，这些变化以脑干、海马角部位最明显。狂犬病最明显的特征病变是在神经细胞浆内出现包涵体－内基氏小体，常在胞质内，直径 2～10 微米。据组织学研究证实，内基氏小体内有蛋白质、α－氨基酸、精氨酸、酪氨酸和 DNA 的存在。用狂犬病荧光抗体染色清楚地显示内基氏小体是由狂犬病病原构成的。电子显微镜观察，内基氏小体是病毒复制部位，含有狂犬病病毒抗原和某些细胞成分。

唾液腺腺泡上皮细胞变性，间质有单核细胞、淋巴细胞、浆细胞浸润，免疫荧光显微镜检查可见腺泡与腺管内有尘埃状病毒粒子积聚。电子显微镜检查，管腔侧细胞膜表面和管腔内也有生芽的病毒粒子。

五、诊断

（一）临床诊断

根据临床症状做出诊断比较困难，若患病动物出现典型的病程，即各个病期的临诊表现非常明显，出现脑炎的症状，则结合病史可做出早期诊断，但因狂犬病病犬早在出现症状前 1～2 周即已从唾液中排出病毒，同时本病的潜伏期长短不定，因此当动物或人被可疑病犬咬伤后，应立即注射狂犬疫苗，将可疑病犬隔离观察至少 2 周或扑杀送实验室检查。

（二）脑组织检查

脑组织检查有非化脓性脑炎变化，在海马角、大小脑、延脑的神经细胞浆内有嗜酸性包涵体（内基氏小体）。新鲜脑组织可用以下方法检查：切取海马角置吸水纸上，切面向上，载玻片轻压切面，制成压印标本，室温自然干燥后，用复红美蓝液（4% 碱性复红饱和无水甲醇溶液 3.5 毫升，2% 美蓝无水甲醇溶液 15 毫升，加无水甲醇 35 毫升即成）染色 8～10 秒，流水冲洗后，待干后镜检。内基氏小体位于神经细胞胞质内，直径 3～20 微米不等，呈椭圆形，鲜红色，间质呈粉红色，红细胞呈橘红色。检出内基氏小体，即可确诊为狂犬病。但并非所有发病动物脑内都能找到包涵体。在检查犬脑时还应注意与犬瘟热病毒引起的包涵体病相区别。

（三）血清学检查

血清学检查可用于病毒鉴定、狂犬病疫苗效价检测和患病动物及人的诊断。常用的方法有中和试验、补体结合试验、血凝抑制试验、交叉保护试验等。

六、防制

（一）控制和消灭传染源

带毒犬是人类和其他家畜狂犬病的主要传染源，因此对狂犬病的控制包括对家犬进行免疫接种和消灭野犬，这是预防狂犬病最有效的措施。在流行地区给家犬和家猫普遍接种疫苗并登记挂牌是最基本的措施。对病猪和患狂犬病死亡的猪一般不剖检，更不允许剥皮食用，以免狂犬病病毒经破损的皮肤黏膜而使人感染，应将病尸焚化或深埋。若因检验诊断需要剖检尸体时，必须做好个人防护和消毒工作。

（二）咬伤后防止发病的措施

猪被可疑动物咬伤后，首先要妥善地处理伤口，用大量肥皂水或 0.1% 新洁尔灭溶液冲洗和清水冲洗，再用 75% 乙醇或 2%~3% 碘酒消毒，局部处理越早越好；其次被咬伤后要迅速注射狂犬病疫苗，使被咬猪在病的潜伏期就产生免疫，可免于发病。

猪传染性脑脊髓炎

一、病原

许多引起猪脑脊髓炎的肠道病毒，均可在组织培养中生长，但其抗原性不同。猪传染性脑脊髓炎病毒属于细小核糖核酸病毒科肠病毒属。病毒呈圆形，直径 20~25 纳米，用磷钨酸负差染色时，其衣壳表现一种六角形轮廓。

病猪的脑脊液、排泄物中均存在病毒，在血液中病毒可短期出现，其他部位病毒极少。在猪肾细胞培养中病毒能产生细胞致病作用，在异种动物组织培养中则未能培养成功。

二、流行病学

血清学的证据表明此病在全世界均有发生。本病的最严重型（捷申病）发病率约为 50%，温和的病型（塔番病）发病率接近 6%。猪脑脊髓炎是一种散发性疾病，仅见于猪和野猪。各种年龄和品种的猪均有易感性，但幼龄猪比成年猪更易感。

本病经由摄食、滴鼻及肌内和脑内注射可试验性传播，自然暴发的途径主要是摄食与滴鼻。病毒在肠道内繁殖，通过粪便排毒达许多周，被污染的饲料和饮水经消化道而感染，因而，隐性感染的猪在传播中起重要作用，呼吸道也是重要传播途径之一。当本病变成地方性流行和产生畜群免疫时，主要局限在断奶猪与生长期幼猪排毒。成年猪一般具有高的循环抗体水平，而吮乳仔猪则因乳中的抗体而不感染。此时，未免疫或抗体水平低的母猪哺乳的仔猪也可能有散发病例，值得注意。

本病的间接传播也有一定意义，通过人、家鼠、动物运输也可能把病毒从一个猪群带到另一个猪群。

三、临床症状

急性病毒性脑脊髓炎（捷申病）实验性疾病和自然疾病非常相似，潜伏期很长，由于接种病毒量不同，其范围为4～28天。病初体温升高，发热数日达40～41℃或更高。精神委顿，厌食，后肢运动稍失调。接着出现脑炎的症状，四肢僵硬，不能站立，倒向一侧，继而肌肉震颤、眼球震颤和出现剧烈的痉挛性惊厥。食欲废绝，呕吐，受到刺激时引起强烈的角弓反张。惊厥期持续24～36小时，体温急剧下降之后可能发生昏迷，于第3～4天死亡。

亚急性传染性脑脊髓炎（塔番病）比急性型温和得多，发病率和死亡率均较低。14日龄内的仔猪常见且最严重，许多病猪痊愈。但极幼龄的一窝猪发病率常为100%，几乎所有病猪都死亡。3周龄以上的猪很少发病。本病发生迅速，消失也迅速。临床表现食欲减退，便秘，经常少量地呕吐，体温正常或略有升高。神经症状出现较晚，数日后出现。14日龄内的仔猪表现感觉过敏，肌肉震颤，关节着地，共济失调，向后退着走，呈犬坐姿势，最终发生脑炎症状。

四、病理变化

心肌和骨骼肌有些萎缩，脑膜水肿及脑膜和脑血管充血。

组织学变化为弥散性的非化脓性脑脊髓炎。局限于中枢神经系统，以脊髓最为严重。神经细胞变性与坏死，神经元被吞噬和神经胶质细胞增生。血管及血管周围有细胞浸润，形成管套现象，血管周围渗出物中淋巴细胞是最多的细胞，还可看到浆细胞与嗜中性粒细胞。

五、诊断

根据流行病学及临诊症状和中枢神经的病理组织学变化，可做出初步诊断。同时必须考虑区别相似的临床综合征，如伪狂犬病和血细胞凝集性脑脊髓炎病毒性疾病。确诊必须进行实验室诊断。

六、防制

防制应依据本病的特征进行，病毒性脑脊髓炎在一个猪群中散发通常呈地方性流行的特征，如果呈暴发，应考虑新毒株的侵入，本病传播迅速，隔离病猪已无意义。采用封闭猪群的方法可明显降低将新毒株引入一个猪群的危险。

患本病的猪恢复后有坚强的免疫力，至少几个月。在欧洲广泛使用一种福尔马林灭活氢氧化铝吸附疫苗，该疫苗是用感染的脊髓制备的。注射2次或3次，间隔10～14天，免疫持续期约为6个月。

本病尚无特效疗法，使用对症疗法，结合护理与营养疗法。若在原来没有本病的国家发生，最好采取扑灭措施以消灭本病。

猪血凝性脑脊髓炎

一、病原

血凝性脑脊髓炎病毒（HEV）属于冠状病毒科冠状病毒属。病毒粒子呈球形，直径 70~130 纳米，有囊膜，囊膜表面有 20~30 纳米的梨状或花瓣状突起。

HEV 对热敏感，56℃ 5 分钟可灭活，37℃ 只能存活 24 小时。在低温和冻干时很稳定，冻干状态下，HEV 能存活 1 年以上。含病毒培养液的冻干制品长期不丧失感染力。HEV 对猪 β - 干扰素高度敏感。对乙醚、去氧胆酸盐、氯仿等脂溶剂敏感。乙醚处理后，失去血凝性和感染性。

二、流行病学

HEV 侵害 1~3 周龄的乳猪，通常经鼻分泌物传播，经呼吸道或消化道传染。成年猪一般呈隐性感染，但可排毒。被感染的乳猪可出现两种病型：一种以脑脊髓炎症状为主；另一种以呕吐 - 消耗病症为主。两者可能出现很多共同症状。多数是在引进种猪之后发病，侵害一窝或几窝乳猪，以后，由于猪群产生了免疫反应而停止发病。被感染仔猪的发病率及死亡率均达 100%。

三、临床症状

脑脊髓炎型病例多发生于 2 周龄以下的仔猪。病猪厌食，继而昏睡，呕吐，便秘，少数病猪体温升高。病猪常出现聚堆、被毛逆立、末梢发绀、打喷嚏、咳嗽或磨牙等症状。发病后 1~3 天，大多数病猪出现中枢神经系统障碍的症状。对声响及触摸过敏，尖叫，共济失调，呈犬坐姿势，后肢麻痹或四肢游泳状运动，呼吸困难，失明，眼球震颤，死前昏迷。病程约 10 天，死亡率高达 100%，幸存的猪能完全恢复。

呕吐 - 消耗型发生于生后几天的仔猪。最初的症状是呕吐，呕吐物有恶臭。某些病例呕吐不明显，但不食，便秘，口渴喜饮，随后咽喉肌麻痹，不能吞咽。发病初期，有时体温升高，以后体温正常。体重下降、消瘦。有些猪在 1~2 周内死亡，大部分转为慢性，可存活数周，最后由于饥饿或继发症而死亡。病程数周，有的病例可恢复。

四、病理变化

猪血凝性脑脊髓炎的病理变化可分为两类，即中枢神经系统的变化和呼吸道的变化。在某些脑脊髓炎病例，可见到轻微的卡他性鼻炎。呕吐－消耗型病例中，只有少数出现胃肠炎变化。组织学检查，大多数脑脊髓炎病例出现非化脓性脑炎变化，部分呕吐型病例也可出现类似的病变。人工实验感染的仔猪神经细胞的胞质中，可见到病毒粒子。其病理变化的特征是脑血管周围有巨噬细胞、淋巴细胞、单核细胞浸润形成细胞套，胶质细胞增生，神经细胞变性死亡和卫星状。大多数病变发生于间脑、脑桥、延脑、脊髓上部等处的灰质部，脑脊髓液增多。在人工感染实验的病例，可见到沿上呼吸道蔓延的黑红色区域。从急性病中康复过来的仔猪体重下降，或转为慢性型疾病，增重慢，病理变化不明显。

五、诊断

猪血凝性脑脊髓炎根据症状和流行情况只能做出推测性诊断，病毒分离鉴定、血清学试验可帮助确诊。

分离病毒需无菌采取刚出现症状的病猪的呼吸道分泌物、脑或脊髓等按常规方法处理后，接种于猪单层胎肾原代细胞或猪甲状腺单层细胞培养。在接种后12小时，观察有无融合细胞形成。若有 HEV 存在，在接种后 24～48 小时可出现融合细胞。分离的病毒可用血凝试验、血凝抑制试验、血细胞吸附试验、血细胞吸附抑制试验、血清中和试验、荧光抗体染色、电镜和免疫电镜检查鉴定。

猪感染 HEV 后第 7 天开始产生抗体，2～3 周达到高峰。从发病的母猪或存活同窝仔猪采取血清，做血凝抑制试验、血细胞吸附抑制试验、琼脂扩散试验、血清中和试验、间接免疫荧光试验等也可确诊。

六、防制

本病无特效疗法。实际工作中主要靠加强综合防疫工作，防止引进病猪。对于发病猪和猪群要及时隔离。临产前 2～3 周使母猪感染 HEV，经过一定时间后可产生免疫抗体，仔猪能通过初乳获得保护。疫苗使用前要检查疫苗玻璃瓶有无破损、污染等异常现象，疫苗打开后限在当天用完。

非洲猪瘟

一、病原

非洲猪瘟病毒（ASFV）过去在分类上属于虹彩病毒科的非洲猪瘟病毒属，原因是它们的形态相似，但是其 DNA 结构和复制方式与痘病毒相似，因而从1995 年起，国际病毒分类委员会（ICTV）将其单列为非洲猪瘟病毒科，该科仅ASFV 一属一种。其病毒粒子的直径为 175～215 纳米，呈二十面体对称，具有囊膜，衣壳内部呈几个同心圆结构。基因组为双股的线状 DNA，大小 170～190 千碱基，末端有颠倒重复。

病毒在低温下稳定，不耐高温，4℃保存有蛋白质存在的条件下，能存活多年，在室温中也可存活数月。实验室应在 -70℃保存，-20℃保存时，两年内按对数值逐渐灭活。在 60℃经 30 分钟可灭活病毒。病毒对 pH 值的耐受幅度较广，对强碱有抵抗力，若有蛋白质存在时，病毒在 pH 值 13.4 能存活 7 天，在 pH 值 4.0 以下可存活几小时。病毒对脂溶剂、福尔马林、次亚氯酸钠都敏感。2% 氢氧化钠 24 小时灭活，最有效消毒药为 10% 苯基苯酚。

二、流行病学

仅猪对非洲猪瘟病毒有天然易感性，在野猪中传染时，不表现临床症状。隐性感染带毒的野猪是本病的主要传染源。主要通过消化道感染，被污染的饲料、饮水、饲养用具、猪舍等是本病传播的重要因素。吸血昆虫、非洲的鸟软壁虱和隐嘴蜱是传播媒介。病猪的各种分泌物、排泄物、各器官均含有病毒，是危险的传染源。

初次暴发本病的猪群，传染速度极快，有很高的发病率和死亡率，以后有所下降。康复猪带毒时间很长，而抗体和对同型病毒的免疫性保持时间较短。

三、临床症状

自然感染潜伏期 5～15 天，人工感染 2～5 天。猪一旦被感染，体温突然升高至 40.5℃，4～6 小时不呈现其他症状，高热持续 4 天，饮食活动不见异常，随后体温下降，才开始出现精神沉郁、厌食、不愿活动、全身衰弱，后躯极度衰弱且步行艰难，腹泻、便血、鼻孔出血、耳、背部皮肤发绀。听诊时心跳急速，呼吸加快，部分病猪呼吸困难，出现浆液性至黏液性鼻漏和眼分泌物。有的暴发群，因不同毒株之故，随病程进展后期体温下降而突然死亡，死前仍吃食。病程 4～7 天，死亡率 95%～100%。体温升高时，白细胞常减少，淋巴细胞也相应减少，幼稚型中性白细胞增多。慢性病猪主要为慢性肺炎症状，呼吸加快以致困难，常见咳嗽，大多数病猪因白蛋白低血症而表现两种球蛋白高血症，血清碘凝集试验呈阳性反应，病程数周至数月。

四、病理变化

非洲猪瘟的病变和猪瘟相似，但非洲猪瘟脾脏高度肿胀，胸腔、腹腔、心包腔积水，肝肿大，大肠扣状肿只偶然出现。

眼观变化：皮肤、鼻端、耳、腹壁、腋、尾、外阴部等无毛或少毛的部位有界限明显的紫绀区。耳部紫绀区常肿起，鼻孔常见出血。四肢、腹壁等处有出血块，中央黑色，四周干枯。淋巴结的变化具有特征性，内脏淋巴结严重出血，尤以胃、肝、肾、肠所属淋巴结最为严重，胸及颌下淋巴结变化较轻，通常呈块状出血变化，体表淋巴结一般仅周围轻度出血。

南非株感染的猪脾严重充血肿大，呈黑紫色、质度柔软、切面脾小梁模糊，脾小体明显可见，在脾边缘有小梗死灶，呈黑红色隆起病状。肠腔积有清凉液体，纵隔见浆液性浸润及小出血点。支气管、纵隔淋巴结肿大，部分或全部出血，胸膜的壁面与脏面散在小出血点，肺充血水肿有实变，心包腔积有大量液体。喉头黏膜发绀，会厌软骨见出血斑点、偶有水肿。气管前部的黏膜散在小出血点，气管、支气管腔内积有不等的泡沫。心肌柔软、常见出血，心外膜和心内膜下散在小出血点，有时可见广泛出血。腹腔积液，腹膜及网膜出血。结肠浆膜下、肠系膜、黏膜下有水肿，且呈胶样浸润。小肠的浆膜有黄褐色至红色小瘀斑。胃与肠黏膜有炎症和斑点状或弥漫性出血变化，或有溃疡。回盲瓣黏膜肿胀、出血及水肿。病程较长的病例，盲肠黏膜可能有类似纽扣状溃疡的病变，但其病变小而深，表面有坏死组织碎屑。

肝脏瘀血，实质变性，与胆囊接触部间质水肿。胆囊肿大，充满胆汁，胆囊壁因水肿而明显增厚，浆膜和黏膜有出血斑点。肾脏出血通常比猪瘟轻，约30%的病例膀胱黏膜有出血点，脑膜充血、出血。

慢性病例尸体极度消瘦，有明显的浆液性纤维素性心包炎，与心外膜及相邻的肺组织粘连，心包增厚，心包腔积有污灰色液体，其中混有纤维素凝块。肠腔有大量黄褐色液体，肺有支气管炎变化。腕、跗、趾、膝关节肿胀，关节腔内积有灰黄色液体，关节囊呈纤维素性增厚。

组织学变化，镜下单核细胞的核破碎是非洲猪瘟组织炎症变化特征，淋巴结触片可见单核细胞严重核破碎。皮肤的小血管与毛细血管血液淤滞，血管内皮细胞肿胀、变性、血管壁呈玻璃样变和血栓形成。心肌变性，间质出血，亦有血管壁玻璃样变及血栓形成。肺出血和间质水肿，肺静脉内有血栓形成，并伴发支气管炎、支气管肺炎、胸膜炎。肝脏有局灶性或弥漫性肝细胞变性坏死，窦状隙扩张充血，且有嗜酸性粒细胞浸润，肝小叶间有大量淋巴细胞、嗜酸性粒细胞及少量浆细胞、巨噬细胞浸润。胰出血及实质坏死，血管内有血栓形成。脾髓中有大量红细胞，淋巴细胞明显减少。脾白髓因淋巴细胞变性坏死而体积缩小，脾髓内的细胞成分排列疏离，脾各种血管内皮细胞碎裂，并有血栓形成，血管壁玻璃样变或纤维素样坏死。肾皮质与髓质出血，皮质间质的毛细血管有血栓形成，肾小管上皮细胞变性，集合管中可见透明蛋白性物质或红细胞性管型。

五、诊断

因为本病的症状和病变与猪的其他出血性疾病，特别是猪瘟很难区分，而且没有疫苗可用，所以快速而准确的实验室诊断就显得尤为重要。

（一）动物接种试验

由病猪采血液、脾、淋巴结或其他病变组织，血液加抗凝剂，病变组织制成1:10悬液，加抗生素处理后，接种猪瘟免疫猪和易感猪，每头10毫升，若两组5天后均发病，为非洲猪瘟，仅有猪瘟易感猪发病为猪瘟。

（二）病毒分离培养

用猪白细胞做单层培养，接种入病猪血液的白细胞层，培养3～4天后检查，若出现红细胞吸附现象，则为非洲猪瘟病毒，后来感染的细胞脱落、溶解。此法是检查和分离最敏感的方法。但有些毒株尤其是弱毒猪和慢性病猪的毒株，需传2～3代后，才出现反应。猪瘟病毒无此反应，可以区别。

另外，红细胞吸附试验、直接免疫荧光试验等也是常用的实验室检测法。

六、防制

对来自病区的车、船、飞机卸下的肉食品废料、废水，应就地进行严格的无害化处理。不准从有病地区进口猪和猪产品，对进口的猪和猪产品进行严格检疫，以防疫病传入。猪群中发现有可疑病猪时，应立即封锁；确诊以后，全群扑杀、销毁，彻底消灭传染源；猪舍、用具彻底消毒，该场地暂不养猪，以杜绝传染。

猪水疱病

一、病原

猪水疱病病毒（SVDV）属于小核糖核酸病毒科肠道病毒属。病毒粒子呈球形，在超薄切片中直径为22～23纳米；用磷钨酸负染法测定为28～30纳米；用沉降法测定为28.6纳米。病毒粒子在细胞质中呈晶格排列，在病变细胞质的空泡内凹陷处呈环形串珠状排列。病毒由裸露的二十面体对称的衣壳和含有单股RNA的核心组成。病毒无类脂质囊膜，在pH值3.0～5.0酸性环境表现稳定。

本病毒不耐热，60℃经30分钟、80℃经1分钟即可灭活。3%氢氧化钠溶液在33℃经24小时可杀死水疱皮中病毒，1%过氧乙酸60分钟可杀死病毒。

二、流行病学

各种年龄、品种的猪均可感染发病，而其他动物不致病，人类有一定的感染性。发病猪是主要传染源，健猪与病猪同居24～45小时，即可从鼻黏膜、咽、直肠检出病毒，经3天在血清中可出现病毒。在病毒血症阶段，各脏器均含有病毒，带毒的时间，口腔 7~8 天，鼻 7~10 天，咽 8~12 天，淋巴结与脊髓 15 天以上。

病毒主要经破损的皮肤、消化道和呼吸道侵入猪体，感染主要通过接触、饲喂含病毒而未经消毒的泔水、屠宰下脚料、牲畜交易、被污染的运输工具等。被病毒污染的饲料、垫料、运动场、用具和饲养员等常造成本病的传播。据报道，本病能通过深部呼吸道传播，气管注射发病率高，经鼻需大量才可感染。所以认为本病通过空气传播的可能性不大。

本病一年四季均可发生。在猪群高度密集、调运频繁的猪场，传播较快，发病率也高，可达 70%~80%，但死亡率很低。在密度小、阳光充足、地面干燥、分散饲养的情况下，很少引起流行。

三、临床症状

潜伏期自然感染通常为 2~5 天，有的延至 7~8 天或更长；人工感染最早为 36 小时。

临床症状可分为典型、温和型和隐性型三种。

1. 典型　典型的猪水疱病，其特征性的水疱常见于主趾和附趾的蹄冠上。有一部分猪体温升高至 40~42℃，上皮苍白肿胀，在蹄冠与蹄踵的角质和皮肤结合处首先看到。在 36~48 小时，小疱明显凸出，如黄豆至蚕豆大小，里面充满水疱液，继而水疱融合，很快发生破裂，形成溃疡，真皮暴露、颜色鲜红。病变常环绕蹄冠皮肤的蹄壳，导致蹄壳裂开，严重时蹄壳脱落。病猪疼痛剧烈，跛行明显。有的病例由于继发细菌感染，局部化脓，导致病猪卧地不起或呈犬坐姿势。严重者精神沉郁，食欲减退，用膝部爬行。水疱有时也见于鼻盘、唇、舌和母猪的乳头上。仔猪多数病例在鼻盘上发生水疱。一般情况下，若无并发其他疾病不易引起死亡，病猪康复较快，病愈后 2 周，创面能痊愈；如蹄壳脱落，则需相当长的时间才能恢复。初生仔猪发生本病可引起死亡。有的病猪偶见中枢神经系统紊乱症状，表现为前冲、转圈、用鼻摩擦或用牙齿咬用具，眼球转动，个别出现强直性痉挛。

2. 温和型　温和型只有少数猪在蹄部出现 1~2 个水疱，全身症状轻微，传播缓慢，且恢复很快，一般不引起察觉。

3. 隐性型　隐性型不表现任何临床症状，但血清学检查有滴度相当高的抗体，能产生坚强的免疫力，这种猪可能排出病毒，对易感猪有很大的危险性，应引起重视。

四、病理变化

猪水疱病的肉眼病变主要在蹄部，约有 10% 的病猪在口腔、鼻端也有病变，口部水疱一般比蹄部出现晚。病理剖检内脏器官通常无明显病变，仅见局部淋巴结出血和偶见心内膜有条纹状出血。

组织学检查：无论病猪生前有无神经症状，组织学检查脑组织均可见轻度或中等程度的弥散性非化脓性脑脊髓炎变化，有以淋巴细胞浸润为主的血管套及神经胶质细胞增生灶，出血不明显。大脑中部病变较背部严重，小脑内的病变仅局限于第四脑室顶部，脊髓受害通常不严重，脑膜含有大量淋巴细胞，血管嵌边明显，多数为网状组织细胞，少数为淋巴细胞及嗜伊红细胞。血管壁一般不受侵害。脑灰质与白质出现软化病灶，脊髓实质有类似变化。神经细胞周围的套细胞有些肥大及增殖，在套细胞内核染色体周围自始至终均发现有圆形或卵圆形呈酸碱两性染色的核内包涵体，这种包涵体亦可见于视神经束细胞内。在电镜下可见包涵体有一层膜，但没有本病病毒。蹄部皮肤开始表现为表皮鳞状上皮（包括毛囊上皮）发生空泡变性、坏死和形成小水疱，棘细胞层的细胞排列松散，细胞间隙比正常清晰，以后细胞相互分离，且发生浓缩和坏死。真皮乳头层小血管充血、出血、水肿及血管周围有淋巴细胞、单核细胞、浆细胞和少量嗜酸性粒细胞浸润，炎症逐渐向表皮层扩散。以后水疱破裂形成浅表溃疡，表面棘细胞和颗粒层细胞发生凝固性坏死，变成均质无结构物质，附在溃疡表面，溃疡底部有炎症反应。

除皮肤病变外，猪水疱病病毒也可侵袭黏膜组织，病猪的肾盂和膀胱黏膜上皮发生水疱变性，膀胱黏膜下水肿，小血管充血，有时胆囊黏膜亦可发生炎症变化。心、肝、肾等实质器官发生程度不等的实质变性。心肌纤维有时有少数小出血灶，血管内皮细胞肿胀、增生。肾小管上皮细胞颗粒变性与空泡变性较明显。腹股沟淋巴结肿胀，被膜下浆膜浸润及散在出血区。

五、诊断

本病和猪口蹄疫、猪水疱性口炎、猪水疱性疹、猪痘等在临床症状上相似，必须依靠实验室诊断加以区别。常用的实验室诊断方法有以下几种。

（一）动物实验

采取病猪的新鲜水疱皮，用磷酸盐缓冲液冲洗 2 次，再用灭菌滤纸吸干水分，放在乳钵中剪碎、研磨，制成 1∶10 悬液，每毫升悬液中加入青霉素、链霉素各 500 国际单位，放 4℃ 冰箱中作用 4～6 小时，取其上清液放入离心管中，3 000 转/分离心 15 分钟后，取上清液接种于 2～4 只豚鼠后肢趾部的皮内 0.2 毫升，同时接种 1～2 日龄和 7～9 日龄乳鼠各 4～8 只，每只背部皮下注射 0.1 毫升，观察 7 天，乳鼠若发病多在 24～96 小时死亡。

判定：如 2 日龄和 7～9 日龄乳鼠都发病死亡，豚鼠趾部发生水疱，可诊断为口蹄疫；如 2 日龄乳鼠发病死亡，而 7～9 日龄乳鼠仍健活，豚鼠趾部不发生水疱，可诊断为水疱病。

在进行试验时应注意选用身体健壮、营养良好，并有母鼠哺乳的乳鼠。在注射时须用镊子夹着小白鼠的背部皮肤提起，不要用手直接接触，以免吃奶小白鼠体表因污染人体的气味而被母鼠吃掉。如果用手碰摸了吃奶小白鼠，则于注射后在它的体表擦少许乙醚除去气味。为避免母鼠吃掉注射后的小白鼠，还可在注射前取出母鼠置于另一容器内，再一一取出乳鼠注射，然后放回容器中，待全部注射完毕，再放回母鼠。

（二）血清保护试验

1. 用已知血清鉴定未知病毒

（1）被检病料的处理：将送检病料洗净、称重、研磨，用生理盐水或磷酸盐缓冲液制成1∶5或1∶10的悬液，在4℃浸出24小时，或在37℃温箱中作用1小时，振荡，以3 000转/分离心10分钟，取上清液即可作为被检的病毒液。

（2）乳鼠血清注射：用5窝2～3日龄的乳鼠，每窝10只，以1只母鼠哺乳，分别注射已知的猪水疱病及口蹄疫A、O、C、Z、B型5种血清。每窝注射7只，留3只不注射，作病毒对照。注射的猪水疱病血清不稀释，口蹄疫血清做1∶3或1∶5稀释，每只乳鼠皮下注射0.1毫升。

（3）接种病毒液（攻毒）：注射血清后6～24小时，接种制备好的被检病毒浸出液。每窝注射过血清的乳鼠7只，其中5只接种病毒，留2只作血清健康对照，3只未注射血清的乳鼠，也同时接种病毒，每只皮下注射0.1毫升。

（4）观察与判定：接种病毒后，每天观察2～3次，连续观察6～7天。若注射猪水疱病血清的乳鼠被保护，血清对照乳鼠均健活，病毒对照乳鼠及注射其他各型口蹄疫血清的乳鼠均发生死亡（主要症状：猪水疱病是全身发抖，四肢强直；口蹄疫是神经麻痹，四肢瘫痪），则被检病料为猪水疱病，而不是口蹄疫。

如为某型口蹄疫，则依此类推。

2. 用已知病毒鉴定未知血清

（1）被检血清的处理：将被检血清每毫升加青霉素、链霉素各1 000国际单位，在室温下处理1小时。

（2）乳鼠注射被检血清：用5窝2～3日龄乳鼠，每窝10只，以1只母鼠哺乳，用处理好的被检血清注射乳鼠，每窝注射7只，留3只作病毒对照，每只乳鼠皮下注射0.1毫升。

（3）攻已知的病毒：注射血清后6～24小时，用猪水疱病及口蹄疫A、O、C、Z、B型5种已知病毒进行接种，每一病毒接种1窝乳鼠，每窝注射过血清的7只乳鼠中，分别给5只接种病毒，留2只作血清健康对照。未注射血清的3只乳鼠也同时接种病毒。接种的各个病毒液做10^{-3}～10^{-2}稀释（约10 000LD$_{50}$），每只乳鼠皮下注射0.1毫升。

（4）观察与判定：攻毒后，观察 6~7 天，每天观察 2~3 次。若攻水疱病病毒的乳鼠被保护，血清对照鼠均健活，而猪水疱病的病毒对照鼠及攻各型口蹄疫病毒的乳鼠均发病死亡，则被检血清为猪水疱病血清，而不是口蹄疫血清。

如为某型口蹄疫，则依此类推。

（三）中和试验

用已知标准血清鉴定未知病毒，或用已知标准病毒鉴定未知血清。

将已知标准血清用 pH 值 7.6 磷酸盐缓冲液做 1:3 稀释，另将被检病料水疱液及水疱皮（未知病毒）做 1:10 稀释，然后将血清与被检病料等量充分混合，放 37℃ 温箱内，中和 30 分钟后，接种 2~3 日龄健康小白鼠 5 只，每只颈背部皮下注射病毒血清混合液 0.2 毫升。另设病毒对照鼠 5 只，每只接种病毒液 0.2 毫升；血清对照鼠 5 只，每只接种血清 0.2 毫升。试验鼠仍由母鼠哺乳，每日观察 2~3 次，连续观察 7 天。若试验组及病毒对照组的小白鼠均死亡，而血清对照组的小白鼠均健活，则证明病料中无水疱病病毒。若试验组及血清对照组的小白鼠均健活而病毒对照组的小白鼠全部死亡，则证明被检病料为猪水疱病病毒。

（四）口蹄疫和猪水疱病反向间接红细胞凝集试验鉴别诊断

本方法可用于口蹄疫（FMD）和猪水疱病（SVD）的鉴别诊断及口蹄疫型别鉴定。

1. 试验准备

（1）醛化红细胞诊断液：

1）保存和使用：按说明书使用。

2）活力检查：标准抗原做 1:10 稀释（实际浓度为 1:30），然后在微量板孔内进行倍比稀释即 1:60、1:120、…、1:3 840，并滴加致敏红细胞诊断液测定其活力。当活力低于 1:60 时，不能使用。

3）标准阳性血清（用于正式试验操作方法 I）：用已知的口蹄疫 O 型鼠毒制备。用反向间接血凝抑制试验测定效价为 1:80，工作液为 1:120。猪水疱病标准阳性血清效价为 1:400，工作液为 1:100。

4）标准抗原（用于正式试验操作方法 II）：本抗原用口蹄疫 O、A、C、Asia-1 型鼠毒和猪水疱病乳鼠毒分别制成。

5）试验用器材：96 孔微型聚苯乙烯血凝滴定板（110 度）、WZ-2 微量振荡器或 MM-1 型微型混合器、50 微升微量移液器。

6）试验溶液的配制：

①稀释液（TPBS）I：0.1 摩尔磷酸二氢钠溶液（2H$_2$O）115.0 毫升，0.1 摩尔磷酸氢二钠溶液（12H$_2$O）385.0 毫升，氯化钠 8.5 克，聚乙烯吡咯烷酮（PVP）25 毫克，吐温-80 0.05 毫升，叠氮钠 1 克。取上述缓冲液 100 毫升加小牛血清 0.5 毫升，放于 4~8℃ 环境中贮存。

②稀释液Ⅱ：聚乙二醇（M，W1200）0.5克，兔血清（62℃灭活30分钟）10毫升，叠氮钠1克。加pH值7.2的0.11摩尔磷酸缓冲液至1 000毫升。

③pH值7.2的0.11摩尔磷酸缓冲液：

甲液：磷酸氢二钠（12H_2O）39.4克，加无离子水至1 000毫升。

乙液：磷酸二氢钠（2H_2O）17.2克，加无离子水至1 000毫升。

取甲液720毫升，乙液280毫升，即为pH值7.2的0.11摩尔磷酸缓冲液。

④pH值7.6的0.05摩尔磷酸缓冲液：

甲液：磷酸氢二钠（12H_2O）17.9克，加无离子水至1 000毫升。

乙液：磷酸二氢钠（2H_2O）7.8克，加无离子水至1 000毫升。

取甲液870毫升，乙液130毫升，即为pH值7.6的0.05摩尔磷酸缓冲液。

⑤50%甘油pH值7.6的0.05摩尔磷酸缓冲液：取甘油和pH值7.6的0.05摩尔磷酸缓冲液各100毫升，混匀，即为50%甘油pH值7.6的0.05摩尔磷酸缓冲液。

7）被检材料的采取、保存及运送：

①采集的病料，应注明病料名称、采集时间和地点，放入装有冰块的冰瓶中封口送检。

②水疱液：先将水疱表面用75%酒精棉球消毒后抽取水疱液，放入消毒瓶内，避光、低温保存，送检。

③水疱皮：采取猪鼻镜、蹄部的水疱皮，样品采集量为0.5克以上，放入存有50%甘油pH值7.6的0.05摩尔磷酸缓冲液中。

2. 操作方法

（1）被检材料的处理：

病料：加少量石英砂或玻璃砂置乳钵中研磨，配成1∶2或1∶5的悬液（W/V），放室温浸毒1小时或4℃冰箱中过夜。

水疱液：不做处理直接检测。

水疱皮：将水疱皮用pH值7.2的0.11摩尔磷酸缓冲液洗涤2~3次，用消毒滤纸吸去水分，称重。

（2）正式试验：

1）操作方法Ⅰ：使用标准阳性血清做口蹄疫O型和猪水疱病鉴别诊断时，按以下方法操作。

第一步：在96孔血凝滴定板上，每份被检样品做4排孔，每孔先加25微升稀释液。

第二步：每排第1孔各加被检样品25微升，然后分别由左至右按顺序倍比稀释至第7孔（竖板）或第11孔（横板）。每排最后孔留作空白对照。

第三步：加标准阳性血清，在第1排和第3排，每孔加25微升稀释液。在第2排，每孔加入25微升1∶20倍稀释的口蹄疫（O型）标准阳性血清。在第4排，每孔加入25微升1∶100倍稀释的猪水疱病标准阳性血清。

放微型混合器上振荡1~2分钟，加盖，置37℃作用30分钟。

第四步：加敏化红细胞诊断液，在第1、第2排，每孔加入1%口蹄疫O型抗体敏化红细胞液25微升。在第3、第4排孔，每孔加入1%猪水疱病抗体敏化红细胞液25微升。

置微型振荡器上振荡1~2分钟，加盖，放室温2小时后观察结果。

2）操作方法Ⅱ：使用标准抗原做口蹄疫各型和猪水疱病鉴别诊断时，按下列操作方法。

第一步（被检样品的稀释）：在试管架上将8个试管摆成一排，自第1管开始由左至右用稀释液进行倍比稀释（即1∶6、1∶12、1∶24、……、1∶768），每管体积0.5毫升即可。

第二步（反应）：滴加被检样品，在血凝滴定板上的第1至第5排，每排的第8孔滴加第8管稀释被检样品2滴，每排的第7孔滴加第7管稀释被检样品2滴，依此类推至第1孔。每排的第9孔滴加稀释液2滴，作为稀释液对照。每排的第10孔按顺序分别滴加A、O、C、Asia-1型和猪水疱病标准抗原（1∶30稀释）各2滴，作为阳性对照（注意每型换滴管1支）。

滴加敏化红细胞诊断液：先将红细胞诊断液摇匀，在滴定板第1至第5排孔分别滴加A、O、C、Asia-1型和猪水疱病敏化红细胞诊断液，每孔1滴，振荡1~2分钟，放至2~25℃1.5~2小时后，判定结果。

3. 结果判定

（1）凝集程度判定标准和记录：

"＋＋＋＋"表示100%完全凝集。红细胞均匀地沉积于孔底周围。

"＋＋＋"表示75%凝集。红细胞均匀地沉积于孔底周围，但孔底中心有红细胞形成的针尖大小点。

"＋＋"表示50%凝集。孔底周围有不均匀的红细胞沉积，孔底有红细胞沉下的小点。

"＋"表示25%凝集。孔底周围有不均匀的红细胞沉积，但大部分红细胞已沉积于孔底。

"－"表示不凝集。红细胞完全沉积于孔底成一圆点。

（2）操作方法Ⅰ的结果判定：如第1排出现2个孔以上的凝集（50%以上凝集），且第2排相对应孔出现2个以上的凝集抑制；第3、第4排不出现凝集，判为口蹄疫O型阳性。如第3排出现2个孔以上的凝集（50%以上凝集），且第4排对应孔出现2个孔以上的凝集抑制，第1、第2排不出现凝集，则判为猪水疱病阳性。

以能引起 50% 凝集的被检样品最大稀释度为被检样品的血凝效价。

（3）操作方法Ⅱ的结果判定：

1）观察血凝板上各排的凝集图形，假如只第 1 排孔凝集，且稀释液对照孔不凝集，阳性对照孔凝集，则证明此种凝集是与 A 型红细胞诊断液同型病毒所致的特异性凝集，被检样品即判为 A 型。如只有第 2 排孔凝集，其余 4 排孔不凝集，则被检样品即为 O 型，余下的依此类推。

2）致敏红细胞 50% 凝集的被检样品最高稀释度为其凝集价。

3）若出现 2 排以上的凝集，以某排孔的凝集价高于其余排孔的凝集价 2 个对数（以 2 为底）滴度以上者即可判为阳性，其余判为阴性。

（五）补体结合试验

以豚鼠制备诊断血清与待检病料（水疱液或水疱皮）进行补体结合试验，可用于水疱病和口蹄疫的鉴别诊断。一般几小时可得出结果。

（六）琼脂扩散试验

本试验用于检测猪水疱病的抗体。

1. 试验准备

（1）抗原：兽医生物药品厂生产。

（2）被检血清：采取被检或耐过水疱病猪血液，分离血清。

（3）标准阳性血清：凡能与标准抗原在 24 小时内产生明显致密距抗原孔 3 毫米的沉淀线猪水疱病的血清，均可作为标准阳性血清。

（4）琼脂板的制备：称取巴比妥 2.6 克，甘氨酸 75 克，琼脂 15 克，硫柳汞 0.1 克，加蒸馏水至 1 000 毫升，混匀，加热溶化后，调整 pH 值在 7.3 ~ 7.4。将洁净的直径 90 毫米平皿置于平台上，每皿倒入溶化的琼脂 20 ~ 25 毫升，厚度约 4 毫米，冷凝后加盖置冰箱内保存。

2. 操作方法　在琼脂平板上打梅花 7 孔（中心 1 孔，周围 6 孔），中心孔孔径 9 毫米，周边孔孔径 8 毫米，中心孔与周边孔间距为 4 毫米。

孔型制定后，用玻璃铅笔在背面标上日期、编号等（不要掩盖沉淀线部位），中心孔加满抗原，周边孔除 1 孔注满标准阳性血清作为对照外，其余孔分别注满被检血清。加盖，置于 30 ~ 35℃ 的环境中进行扩散反应。待孔内溶液扩散净后，再重复灌注 1 次，仍放于 30 ~ 35℃ 的环境中进行扩散反应。通常 24 ~ 30 小时即可出现明显的沉淀线。

3. 结果判定

（1）阳性：当检验用标准阳性血清孔与抗原孔之间只有一条明显致密的沉淀线时，被检血清孔与抗原孔之间形成一条沉淀线，或者阳性血清的沉淀线末端向毗邻的被检血清的抗原侧偏弯者，此种被检血清判为阳性。

（2）阴性：被检血清与抗原孔之间不形成沉淀线，或者标准阳性血清孔与抗原孔之间的沉淀线向毗邻的被检血清孔直伸或向被检血清孔侧偏弯者，此种被检血清为阴性。

（3）疑似：标准阳性血清孔与抗原孔之间的沉淀线末端，似乎向毗邻被检血清孔内侧偏弯，但不易判断时，可将抗原稀释 1∶2、1∶4、1∶6、1∶8 进行复试，最后判定结果。观察时可延至 5 天。

在观察结果时，最好从不同折光角，仔细观察平皿上抗原孔与被检血清孔之间有无沉淀物。为了便于观察，可在与平皿有适当距离的下方，置一黑色纸。

六、防制

控制本病的重要措施是防止将病带到非疫区。不从疫区调入猪只及猪肉产品。运输猪和饲料的车辆要彻底消毒。屠宰的下脚料和泔水须煮沸后方可喂猪。加强饲养管理，猪舍保持干燥、清洁，减少不良应激，增强猪只的抗病能力。

加强检疫、隔离、封锁制度。检疫时要做到两看（看食欲、跛行）、三查（查体温、蹄、口）；隔离应至少 7 天未发现本病，方可准入或调出；发现病猪就地处理，同时对其同群猪注射高免血清，并上报、封锁疫区。封锁期限一般以最后一头病猪恢复后 20 天才能解除，解除前应彻底消毒 1 次。

免疫预防：我国制成的猪水疱病 BEI 灭活疫苗，平均保护率达 96.15%，免疫期 5 个月以上，对受威胁区和疫区定期预防可产生良好效果。对发病猪可采用猪水疱病高免血清进行接种，剂量为每千克体重 0.1～0.3 毫升，保护率达 90%以上，免疫期 1 个月。在商品猪中应用，可控制疫情、减少发病、避免大的损失。

常用消毒药如 0.5%～1%菌毒威、0.5%～1%次氯酸钠、5%氨水均有良好消毒效果。另外，过氧乙酸、福尔马林、氢氧化钠等也是本病常用的消毒剂。

猪水疱性疹

一、病原

猪水疱性疹病毒属于嵌杯病毒科水疱疹病毒属。直径为 35～40 纳米，电镜下可见病毒粒子呈立方形，无囊膜，由 32 个壳粒组成对称的二十面体，基因组为单股 RNA。病毒主要存在于感染细胞的胞质中，且常呈结晶状排列。

在严重污染的猪场，除非采用非常的消毒措施，否则数月内圈舍中仍具有高度传染性。

二、流行病学

目前仅发现猪是唯一感染本病的家畜，其他动物的发病仅仅是通过人工接种的试验手段获得的。

病猪、隐性感染的猪是本病病原的主要携带者。人工接种试验表明，马、狗、海豹、灵长类动物也可感染本病。此外，某些海生及陆栖哺乳动物也可能是本病病原的携带者。

猪水疱性疹是通过直接接触和污染物传播，一般新猪群暴发的所有猪水疱性疹都是通过喂饲从猪场外面运来的未经煮熟的食物下脚料引起的。

三、临床症状

本病的潜伏期一般为 48 小时，但有时可缩短到 18 小时。多数病猪在典型症状出现前大约 12 小时有一个发热期。病初在猪的唇、齿龈、舌、腭、鼻镜、乳腺和四肢的蹄冠、蹄踵、蹄间及乳头等部位，首先表现充血，随后形成充满透明或橙黄色液体的水疱，有时小水疱相互融合成较大的水疱，水疱经几天后自行破溃，逐渐干涸形成褐色干痂，经 7～10 天后，干痂脱落，遗留轻微的疤痕。

本病的病程较短，口部病变愈合较快，蹄部病变可由于有细菌继发感染而引起持续几周的跛行。在一个受感染的猪群中，本病能持续几星期到几个月。成年猪的死亡率很低，但哺乳仔猪常常死亡率高。据报道乳猪的死亡是由于其鼻孔中形成的水疱而窒息所致，或由于母猪不泌乳而饿死。

除上述症状外，还有人发现感染时可能并发严重的腹泻，感染母猪流产率上升，哺乳母猪泌乳下降，温和型感染可能完全不被察觉而成为隐性感染的来源。

四、病理变化

皮肤上形成的水疱是该病毒引起的主要病变，此时淋巴结常有大量淋巴细胞受到破坏，并有淋巴结的充血与水肿。因为在组织培养时能获得高浓度的病毒，推测病毒可能在淋巴结复制时受到浓缩，水疱液及水疱皮富含病毒，有时血液中可见少量病毒。破溃水疱可向环境中释放大量具有感染性的病毒，这是疾病在动物间传播的主要方式。镜检可见皮肤水疱部的上皮细胞首先呈明显肿胀，胞质呈水疱变性，随后细胞发生坏死、溶解，并出现细胞间水肿。这时表皮与真皮脱落，形成特征性水疱。

五、诊断

根据发热、水疱、跛行、厌食等症状和病理变化可做出初步诊断，临床上要注意水疱性口炎及口蹄疫与本病的区别，确诊需进行实验室诊断。

六、防制

目前尚无有效措施防治本病。感染时可给猪喂柔软或流质饲料，从水泥地面或相似的硬地面上移出，能降低体重减轻的程度。为防止继发感染可适当应用抗生素。本病仅在少数国家和地区发生，可参考以下美国的防治方法：①受感染猪群的检疫，在猪群活动性疾病的一切迹象都消失后至少2周以前不准送屠宰场。②制定和实施煮熟食物、下脚料的法律，这无疑是最有效并切合实际的单一方法。若这些法律能够全面实施，就可很快把此病从养殖猪中消灭掉。

猪脑心肌炎病

一、病原

脑心肌炎病毒（EMCV）属于小核糖核酸病毒科心病毒属。EMCV是一种微小的RNA病毒，病毒粒子约25纳米，呈二十面体对称，无囊膜，在氯化铯中的浮密度为1.33～1.34克/厘米^3。冻干或干燥后可失去感染性。

二、流行病学

脑心肌炎病毒最初是从黑猩猩体内分离出来的，它分布广泛，可感染多种动物和人。啮齿动物的肠道可能普遍带毒，大鼠可能是本病毒的主要宿主。1960年Murnane等人在巴拿马从具有临床症状的病猪体内首次证实了EMCV对猪的感染性。EMCV可感染小鼠、大鼠、松鼠、猴、大象、牛、马、猪等多种动物，人也可被感染。仔猪易感性强，20日龄内的仔猪能发生致死性感染，成年猪大多数呈隐性感染。因不同的EMCV毒株致病性有差异，所以猪的发病率和死亡率也不同，通常发病率为1%～50%，死亡率最高可达100%。

脑心肌炎的发生与鼠数量及患病鼠多少有密切关系，当用与鼠有接触史的饲料和饮水饲喂动物时，可能引起动物的感染和发病。病猪粪便中的病毒含量较低。实验感染死亡的猪，能从许多器官分离到病毒，但心肌内病毒含量最高，其次为肝、脾等器官。病畜排泄物污染的饲料和饮水可能是仔猪感染的一个主要原因。研究表明，EMCV也可经胎盘感染。

EMCV对新生仔猪的感染性和致病性都很强，往往引起新生仔猪的死亡。成年猪对EMCV不易感染，即使感染，一般也不表现临床症状。在一些国家，应用中和试验及免疫扩散试验等血清学诊断方法从正常猪血清中检测到抗此病毒的抗体，这说明，大多数情况下，EMCV在猪体内呈亚临床感染，并不表现临床症状。

三、临床症状

猪的脑心肌炎病在临床上往往是亚临床感染。急性发作的猪可见短暂精神沉郁、拒食、震颤、步态蹒跚、麻痹、发热（41～42℃）、呕吐、下痢、呼吸急促、虚脱、吃食或兴奋时突然倒地死亡。EMCV 主要引起脑炎还是心肌炎和猪的易感性及 EMCV 的毒株有关。临床上主要是仔猪发病，除造成仔猪死亡外，还可引起猪木乃伊胎和死产为特征的繁殖功能障碍。在发病期间和过后，猪群中仔猪和生长猪的死亡率可能没有明显增加，但木乃伊胎和死产的发生率可能有明显的增高。

四、病理变化

尸体解剖时，仔猪胃内有正常的凝乳块；胸腔与腹腔内有深黄色液体；肺脏及胃大弯水肿；肾皱缩、被膜有出血点，肝脏也呈皱缩状态；脾脏缺血萎缩、比正常脾脏小一半；肾淋巴结、胃黏膜、膀胱充血，胸腺有小的出血点；心肌弥漫性灰白色，心肌柔软，右心扩张，心室肌可见许多散在的白色病灶，2～15 毫米，线状或圆形，或为界限不清的大片灰白色区，偶尔能见白垩样斑。

组织学检查，心肌出现局灶性间质性心肌炎，病灶中心的心肌纤维溶解，但肌膜与核膜保留，心肌坏死灶中有淋巴细胞、单核细胞与少量嗜中性粒细胞浸润。无化脓现象。病程较长者，心肌病灶发生钙化或机化。少数病例可见轻度弥漫性亚急性脑膜脑炎的变化。肝脏及肾脏充血，肺泡上皮下有间质细胞过度增生且伴有巨噬细胞聚集。

五、诊断

猪脑心肌炎病临床上主要发生于新生仔猪，发病突然，死亡迅速，无先期症状。死亡猪的心肌有特征性病变，可见心肌变性坏死。发病猪群饲料多有被鼠偷食或被病鼠和鼠分泌物及排泄物污染的历史。根据临床症状和特征性病变，结合临床情况，可做出初步诊断。临床上要注意与白肌病、猪水肿病、败血型心脏梗死相区别。

进行实验室诊断时，可采取急性死亡猪的心脏、脾、脑等组织分离病毒。用 BHK21 单层细胞培养，将病猪的心、脾、脑、淋巴结等制成 10% 悬液，接种小鼠脑内、腹腔内、口内或肌肉内，小鼠经 4～7 天死亡，剖检可见脑炎、心肌炎和肾萎缩等变化；接种 6 周龄仔猪，每头猪肌内注射 40 毫升，可引起接种仔猪死亡。BHK21 细胞或胎鼠成纤维细胞分离培养的病毒可用中和试验进行鉴定。猪体内血清抗体的检测可用中和试验或血凝抑制试验。也可用鼠中和试验检测病猪是否感染了 EMCV，方法是设试验和对照鼠各一组，试验组鼠腹腔接种病料和 EMCV 抗血清的混合液，对照组鼠腹腔接种病料悬液，此病毒使对照组鼠发病致死，而试验组鼠健活。

六、防制

脑心肌炎病是一种自然疫源性人畜共患传染病，目前尚无有效治疗药物及疫苗，主要靠综合性防疫。要注意防止野生动物，尤其是啮齿类动物偷食、污染饲料与水源。猪群发现可疑病猪时，应立即隔离消毒，进行诊断。病死动物要迅速做无害处理，被污染的场地用含氯消毒剂彻底消毒，以防止人的感染。耐过猪应尽量避免骚扰，以防因心脏的后遗症而导致死亡。排除容易使猪的吻突或蹄的表面造成擦伤和伤害的物品或地面，因为这些有助于病毒的侵入。

猪圆环病毒感染

一、病原

猪圆环病毒（PCV）是由德国科学家 Tischer 等于 1974 年在 PK – 15 细胞系（ATCC – CCL31）中发现的，当时认为它是一种细胞污染物，后被证实其为一种新的单链环状 DNA 病毒，命名为 PCV – 1。早期研究认为 PCV – 1 对猪无致病性，但后来从死产的仔猪分离到该病毒。Hines 和 Lukert（1994）报道，认为 PCV 是新生仔猪先天性震颤的病原，1997 年加拿大和新西兰学者认为猪断奶后多系统衰竭综合征（PMWS）与 PCV 有关，同年在法国首次从僵猪综合征的仔猪中分离到 PCV – 2 型。

猪断奶后多系统衰竭综合征可能是 PCV – 2 和细小病毒（PPV）或猪繁殖与呼吸综合征病毒（PRRSV）共同感染的结果。据文献报道，单用 PCV – 2 感染仔猪仅复制出轻微 PMWS 病变，而症状不明显；若与 PCV 或 PRRSV 混合感染，则可复制出本病的典型症状和病变，而 PCV – 2 不能增强 PPV 感染的严重性。Allan 和 Ellis 确认 PCV – 2 是引起本病的原发性病原。

二、流行病学

猪是 PCV – 2 的自然宿主，各种年龄、不同性别的猪都可感染，但并不都能表现出临床症状。

PCV 分布很广，猪群中血清阳性率常高达 20% ~ 80%。病猪和带毒猪（隐性感染）是主要传染源，PCV – 2 对猪有较强的感染性，病毒可随口鼻分泌物、粪便、尿液排出体外，可经消化道、呼吸道感染。口鼻接触是 PCV – 2 主要自然传播途径，易感猪和发病猪接触后引发 PMWS，证实 PCV – 2 可在猪群中水平传播。已有 PCV – 2 通过胎盘感染胚胎、胎儿垂直传播的报道，PCV – 2 能在胎儿体内繁殖并引起初产母猪后期流产，产死胎、木乃伊胎或弱仔及繁殖障碍。少数怀孕母猪感染 PCV-2 后，也可经胎盘垂直感染胎儿，造成仔猪先天性震颤。自然感染 PCV-2 的成年公猪，在其精液内可检测到病毒的存在，人工授精或自然交配是 PCV-2 在种猪群中散布的潜在途径。PCV-2 病毒在猪群中存在的长期性，给本病的控制带来极大困难，尤其 PRRSV、PPV、HCV、PRV 等混合感染，促进了本病的发生流行。

本病以散发为主，有时可呈暴发流行（新疫区），发展较缓慢，有时可持续 12~18 个月。急性病例多在出现症状后 2~8 天死亡。饲养管理不当、密度过大、通风不良、不同日龄猪混养等应激因素，可加重病情，增加死亡率。

新生仔猪先天性震颤（CT）主要发生在头胎母猪所产的新生仔猪，病毒通过胎盘屏障感染仔猪。

断奶后仔猪多系统衰竭综合征，主要发生于 5~12 周龄保育期的仔猪，尤其是 8~10 周龄的仔猪最易感；断奶前发育良好，通常在断奶后 2~3 周开始发病，低于 4 周龄的仔猪由于受母源抗体的保护很少发生 PMWS。育肥猪多表现为隐性感染，不表现临床症状。急性发病猪群中，病死率可达 20%。在 PMWS 发病猪群，常由于并发或继发其他细菌（如副猪嗜血杆菌）或病毒而使死亡率大大增加，有时可高达 40% 以上。在疾病流行感染过的猪群中，发病率和死亡率均有所降低。

猪呼吸道疾病综合征，主要发生于 8~10 周龄保育后期和 13~16 周龄生长育成猪。

母猪繁殖障碍性疾病，主要危害初产的后备母猪和新建的种猪群。

三、临床症状

（一）传染性先天性震颤

本病主要发生于头胎母猪所产仔猪，其特征是新生仔猪头和四肢震颤，震颤为双侧性，卧下或睡觉时震颤消失，外界刺激可引发或加重震颤，每窝受感染仔猪的数量不一，从 1~2 头到一窝中大部分均发病。发病严重的仔猪因为震颤，嘴唇含不住奶头，吃不到母乳而被饿死或受挤压而死。只要能吃奶，在精心护理 1 周以后，通常在 3 周后逐渐恢复。

（二）断奶仔猪多系统衰竭综合征

本病主要临床症状是断奶后经常会有些猪腹股沟淋巴结肿大、渐进性消瘦、脊骨突出、生长缓慢、体重减轻、被毛粗乱。一些猪慢慢停止生产，变成僵猪。另外，还可见持续呼吸困难、皮肤苍白（贫血）、有时腹泻，个别的疾病后期可见黄疸。在一头猪身上可能见不到上述所有基本症状，但在发病猪群可见到所有的症状。其他比较少见的症状有咳嗽、发热、胃溃疡、中枢神经系统障碍和突然死亡。发病过程缓慢，病程较长，发病率和死亡率取决于猪场的饲养管理、卫生防疫条件和发病的日龄。急性发病猪群，病死率可达10%~30%，但常因并发或继发细菌或病毒感染而使死亡率大大增加，使临床表现更加复杂化、多样化。各种环境因素如拥挤、空气污浊，各种年龄的猪混养及其他应激也可能加重病情。

（三）猪皮炎肾病综合征

本病最常见的临床症状是皮肤出血及坏死病变。猪皮肤上形成圆形或形状不规则的红紫斑及丘疹，病变中央呈黑色，随着病程延长，病变常融合成大的深褐色的坏死斑块，有的会被黑色结痂覆盖。病变通常出现在病猪的后肢及会阴部、腹部，也可扩散至喉、体侧或耳。感染轻的猪体温正常，行为无异常，经7~10天可自行康复；感染较重的猪可出现跛行、喜卧、发热、厌食、体重下降。严重感染的猪在临床症状出现后几天内死亡。

（四）猪呼吸道综合征

本病为多病原协同作用所致，包括猪圆环病毒（PCV-2）、猪蓝耳病病毒、猪肺炎支原体、巴氏杆菌、胸膜肺炎放线杆菌（APP）等，加上不良的饲养管理、气候环境及应激等诸多因素相互作用而引起的。主要症状为精神沉郁、嗜睡、食欲下降、不同程度的发热（40.5~41℃）、长时间的咳嗽、呼吸困难呈急促的腹式呼吸，有的呈犬坐姿势，有时部分猪表现全身潮红的败血症症状和因微循环导致耳尖、尾端、股、前肢腋下皮肤充血、出血和瘀血斑点，严重者出现急性死亡；大部分猪由急性变为慢性，生长缓慢、消瘦，饲料报酬降低，死亡率和僵猪比例升高。

（五）母猪繁殖障碍性疾病

本病主要发生于头胎母猪，多表现为后期流产或产死胎、木乃伊胎、弱仔，病后母猪受胎率低或不孕。

（六）肉芽肿性肠炎

PCV-2相关性肠炎临床上与胞内劳森菌引起的以保育猪和生长育肥猪顽固性或间歇性下痢为特征的增生性肠炎非常相似，病猪出现腹泻、消瘦，粪便初为黄色、后为灰色，抗生素治疗无效，造成感染猪生长速度减慢，猪群生长均匀度变差。两者也会发生混合感染。

四、病理变化

（一）传染性先天性震颤

先天性震颤的初生仔猪的大脑和脊髓中含有PCV-2核酸和抗原。无肉眼变化。

（二）断奶仔猪多系统衰竭综合征

剖检可见病猪全身淋巴结肿大，肺部肿胀，间质增宽，表面有大小不等的褐色实变区，呈弥漫的间质性肺炎，坚硬有弹性，橡皮样；肝脏肿大或萎缩，偶见浅黄色至橘黄色外观；肾脏有时可见白色散在斑点；脾肿大。

（三）猪皮炎肾病综合征

剖检可见肾脏肿胀、苍白及肾皮质有大面积出血点。淋巴结肿大、充血。

（四）猪呼吸道综合征

剖检可见肺脏间质性水肿，出现不同程度的弥漫性间质性肺炎。

（五）母猪繁殖障碍性疾病

剖检可见死胎或中途死亡的新生仔猪心肌变性，有时心肌肥大，以大面积非化脓性、坏死性心肌炎为特征。心肌损伤部位及其他死胎组织中可检测到大量的PCV-2。

（六）肉芽肿性肠炎

剖检可见肠系膜淋巴结肿大，有时可见结肠肠系膜水肿，回肠变粗，管壁增厚。

五、诊断

根据临床症状和淋巴组织、肝、肺、肾特征性病变及组织学变化，可做出初步诊断，确诊依赖于病毒分离和鉴定，还可应用免疫荧光或原位核酸杂交进行诊断。

六、防制

（一）做好免疫接种

猪圆环病毒疫苗可应用于PCV-2急性感染的猪场仔猪群呼吸困难、消瘦、皮炎等，母猪群流产、产弱仔等，可减少母猪流产，产死胎、弱仔的数量，可明显降低保育猪及生长育成猪的发病率、死淘率；应用于亚临床感染的猪场仔猪群没有明显的临床症状，可明显提高日增重、猪群整齐度，降低料肉比，减少皮炎发生率，缩短出生至出栏时间，还有助于各种疫苗免疫效果的发挥。

目前有多家猪圆环病毒2型灭活疫苗投入市场，进口疫苗可用于2周龄及2周龄以上的猪，只免疫一次，免疫后2周可产生抗体，有效保护猪群至出栏；后备母猪于配种前2周或更早进行免疫，可防止PCV-2引起的繁殖障碍和垂直传播，并提高母源抗体保护力度。国产疫苗一般须免疫2次，中间间隔3周，可按各厂家推荐的程序进行免疫。

（二）加强饲养管理和兽医防疫卫生措施

严格执行生物安全措施，全进全出，实行封闭式管理，谢绝参观，外进货物和车辆要消毒，防止疫病传入，控制并发和继发感染。

一旦发现可疑病猪及时隔离，并加强消毒，切断传播途径，杜绝疫情传播。

猪先天性震颤

一、病原

先天性震颤病毒分类地位尚未确定，病毒粒子直径为 20 纳米。用感染的细胞培养物给妊娠母猪接种，病毒可垂直传给胎猪。

二、流行病学

因为本病临床症状在某些遗传性疾病、化学药品中毒、猪瘟病毒胚胎感染、乙脑及伪狂犬病均可见到，所以最初对本病的病原说法不一。经研究证明本病有传染性，因而遗传因素和其他病因不是本病的主要原因。

本病发病率低，各品种和杂交猪均可受害，初产母猪比经产母猪多见。本病的传播与购进种猪有关，表明成年猪有潜伏感染或无症状感染的可能。表现临床症状需要胚胎感染。发病率随猪群而异，有一两窝发生几头或几窝所有的猪都受害。在一猪场通常在 1 周到 2 个月内生产的几窝猪发病，然后消失。相邻猪场一般不发病。暴发后下一窝很少复发，也很少在一猪场形成地方流行。

三、临床症状

猪先天性震颤主要临床症状是骨骼肌两侧性阵挛收缩，常见于产后不久，但也有一些在几天后才明显。轻者仅见头部、肋部及四肢震颤；重者痉挛猛烈，状似跳跃。病猪难以站立和行走，也吸不住奶头。大多数病猪震颤随时间而变弱，至 1 月龄时消失。相伴的其他症状有神情呆滞，腿外展，呈犬坐姿势。

四、病理变化

本病无眼观变化，常见的组织学变化是中枢神经系统髓鞘发育不良，特别是脊髓，在所有水平上的横切面均显示白质和灰质减少。

五、诊断

根据症状和病史可做出大致诊断。因为先天性震颤病毒不产生细胞病变，也没有可以检查病毒抗原的免疫化学方法，所以分离病毒的诊断意义也不大。

六、防制

本病无特异防制方法。妊娠母猪应避免暴露于病猪中。因公猪可能传播感染，引进种公猪要逐步进行。来自患先天性震颤一窝的公猪和母猪都不应留种。

猪流行性腹泻

一、病原

猪流行性腹泻病毒（PEDV）属于冠状病毒科冠状病毒属。病毒粒子呈多形性，倾向于球形，直径 95～190 纳米，外有囊膜，囊膜上有花瓣状突起，核酸型为 RNA 型。

二、流行病学

猪流行性腹泻病毒可在猪群中持续存在，各种年龄的猪都易感。病猪是主要传染源，在肠绒毛上皮和肠系膜淋巴结内存在的病毒，随粪便排出，污染周围环境和饲养工具，以散播传染。本病主要经消化道传染，但有人报道本病可经呼吸道传染，且可由呼吸道分泌物排出病毒。哺乳仔猪、断奶仔猪和育肥猪的发病率可达 100%，尤其以哺乳仔猪严重。成年母猪的发病率为 15%～90%。本病主要在冬季多发，夏季也可发生。我国多在 12 月至次年 2 月发生流行。

三、临床症状

经口服人工感染，潜伏期为 1～2 天，自然感染可能稍长些。哺乳仔猪一旦感染，症状明显，表现呕吐、腹泻、脱水、运动僵硬等症状，呕吐多发生于哺乳和吃食之后，体温正常或稍升高。人工接种仔猪后 12～20 小时出现腹泻；呕吐在接种病毒后 12～80 小时出现；脱水和运动僵硬见于接种病毒后 20～30 小时，最晚见于 90 小时。腹泻开始时排黄色黏稠便，以后变成水样便且混杂有黄白色的凝乳块，腹泻最严重时（腹泻 10 小时左右）排出的粪便几乎全部为水分。呕吐、腹泻的同时伴有精神沉郁、厌食、消瘦及衰竭。症状的轻重随年龄的大小而有差异，年龄越小，症状越重，1 周内的哺乳仔猪常于腹泻后 2～4 天因脱水而死亡，病死率可达 50%。断奶猪、育成猪症状较轻，出现精神沉郁、食欲减退，持续腹泻 4～7 天，逐渐恢复正常。成年猪仅表现沉郁、厌食、呕吐等症状，如果没有继发其他疾病且护理得当，很少发生死亡。

四、病理变化

尸体消瘦脱水，皮下干燥，胃内有多量黄白色凝乳块。小肠病变具有特征性，肠管扩张，内容物稀薄，呈黄色、泡沫状，肠壁变薄，肠系膜充血，肠系膜淋巴结水肿。镜下小肠绒毛缩短，上皮细胞核浓缩、破碎，胞质呈强酸性变性、坏死性变化，致肠绒毛显著萎缩。在腹泻 12 小时时，绒毛变得最短。

五、诊断

本病在流行病学和临床症状方面与猪传染性胃肠炎无显著差别，只是病死率比猪传染性胃肠炎稍低，在猪群中传播的速度也较缓慢些。确诊需依靠实验室诊断。

（一）免疫荧光抗体检查（直接法）

本法适用于检测自然死亡的新生仔猪肠上皮细胞和细胞培养物中的病毒抗原。

1. 试验准备

（1）荧光抗体：中国人民解放军兽医大学传染病教研室制备。

（2）器材：荧光显微镜、冰冻切片机、载玻片、盖玻片、眼科剪子、眼科镊子、染色缸等。

（3）试验溶液的配制：

1）0.01 摩尔 pH 值 7.2 的磷酸盐缓冲液（PBS）：磷酸氢二钠（12H$_2$O）8.7 克，磷酸二氢钠（2H$_2$O）0.89 克，氯化钠 22.8 克，蒸馏水加至 3 000 毫升。

2）甘油缓冲盐水：取纯甘油 9 份，PBS 液 1 份，混合即成。

3）万分之二伊文思蓝溶液：称取 0.2 克伊文思蓝溶解于 1 000 毫升蒸馏水（或 PBS 液）即可。

（4）载玻片与盖玻片的处理：先用中性洗涤液充分洗净，浸于 3% 盐酸乙醇中 12~24 小时，冲洗后贮于纯乙醇中备用。用过的玻片可用水浸泡，对感染性标本需及时灭菌，用中性洗涤液擦洗后，浸于浓硫酸 48 小时，冲洗晒干备用。

2. 操作方法

（1）标本的制作：

1）肠上皮细胞洗脱物涂片：取病死猪空肠一段（长约 10 厘米）放于洁净培养皿中，加入少量 PBS 液，用眼科剪子剖开肠管在 PBS 液中轻轻漂洗，除去肠腔内的粪便（若肠腔内无粪便可不漂洗）。取离心管或反应管 1 支，加 3~5 毫升 PBS 液，用镊子将剖开的肠管放入反应管内，以细玻璃棒搅拌 1~3 分钟，待 PBS 液混浊后，取出肠管，并以 1 000 转/分离心沉淀 5 分钟，弃去上清液。用铂耳取肠上皮洗脱物，于洁净的载玻片上涂片，一般一个肠管标本至少要涂 2 张玻片。自然干燥后，浸于丙酮缸内，在室温条件下固定 15 分钟，取出风干。

2）冰冻切片：将病死猪肠管（空肠）剪成 0.2~0.8 厘米长的肠段，立即用眼科镊子将肠段直立在冰冻台上，每次需将 8~10 个肠段紧挨在一起，待肠管冻好后，将肠管切成 3~5 微米厚的组织切片，贴于载玻片上。风干后，用丙酮固定。

3）细胞培养标本：将细胞培养物培养在飞片上，接毒并产生细胞病变时，将染毒片在 PBS 液中轻轻漂洗，风干后，用丙酮固定后待用。

（2）染色：用万分之二伊文思蓝溶液按荧光抗体说明书上规定的工作效价稀释，然后将已稀释的荧光抗体直接滴加到固定的标本片上，以覆盖满为宜。放湿盒中于37℃温箱中感作30分钟。

（3）漂洗：从温箱取出后，将染片用PBS液漂洗3次，每次3分钟，最后用蒸馏水浸泡3次，每次3分钟。

（4）封固：风干后，滴加甘油缓冲盐水，加盖玻片封固。

（5）镜检：置荧光显微镜下观察，必要时进行显微镜照相。

3. 结果判定　若在细胞质内见有弥漫性或颗粒性亮绿色的荧光时，证明该上皮细胞内含有抗原抗体复合物，即可判定为阳性。若细胞呈红色荧光，则为未感染细胞之证，可判为阴性。

4. 注意事项　在漂洗肠管时，必须轻、慢、缓。否则易使染毒的上皮细胞脱落，影响检查结果。使用的载玻片及盖片必须清洁无油脂。

在镜检时应设阴性对照或与猪传染性胃肠炎荧光抗体同时染色，必要时应设阻抑试验，以做特异性鉴定。

冻干的荧光抗体，应在 −20 ~ −10℃ 下保存，有效期暂定2年；稀释后，不能长时间保存，以免影响染色效果。

在镜检判定时，应注意荧光物质的部位及颜色，猪流行性腹泻病毒（PEDV）存在于细胞浆内，因此发荧光的抗原抗体复合物，必须在细胞胞浆内，任何胞浆外或胞核内的荧光不能判为阳性。用异硫氰酸荧光黄标记的荧光抗体，在荧光显微镜下发出亮绿色荧光，凡呈暗绿色或黄色的荧光，都属于非特异性荧光。

（二）酶联免疫吸附试验（双抗体夹心法）

本方法是利用双抗体夹心法酶联免疫吸附试验（ELISA）技术，从粪便中直接检测猪流行性腹泻病毒的一种方法。

1. 试验准备

（1）免疫血清、酶标记抗体、标准阴性和阳性血清，均为冻干保存。

（2）器材：40孔聚苯乙烯微量反应板、酶标测定仪、50微升和100微升定量移液器、洗瓶等。

（3）试验溶液配制：

1）0.05 摩尔 pH 值 9.6 的碳酸盐缓冲液：氯化钠 22.8 克，碳酸钠 1.85 克，碳酸氢钠 2.73 克。加蒸馏水至 1 000 毫升，4℃保存，不超过2周。

2）洗液：含 0.05% 吐温 − 20 的 0.01 摩尔 pH 值 7.2 的磷酸盐缓冲液（PBS/T − 20）：

磷酸氢二钠（$12H_2O$）8.7 克，磷酸二氢钠（$2H_2O$）0.89 克，氯化钠 22.8 克，蒸馏水 3 000 毫升。

120℃高压灭菌后，加入吐温−20 1.5 毫升，混匀后放4℃冰箱备用，使用前加入1%灭活小牛血清。

3）粪便稀释液：0.01摩尔pH值7.2PBS/T–20/EDTA。

取上述洗液2 000毫升加入乙二胺四乙酸二钠（EDTA）7.5克。

4）底物稀释液（0.05摩尔pH值5.0的柠檬酸–0.1摩尔磷酸氢二钠液）：柠檬酸2.1克，磷酸氢二钠7.16克，蒸馏水加至200毫升。

5）底物溶液：称取邻苯二胺40毫克，溶于底物稀释液100毫升中。临用前加30%过氧化氢150微升即成。根据试验需要，若需要量大，可按此比例配制。

6）终止反应液–2摩尔硫酸：取纯度95%~98%浓硫酸11毫升，加入蒸馏水89毫升混匀即成。

2. 操作方法

（1）抗体包被：用0.05摩尔pH值9.6的碳酸盐缓冲溶液（CB），将PED免疫血清按说明书注明的稀释倍数稀释，用微量加样器向聚苯乙烯凹孔板孔内各加入100微升稀释的免疫血清，置于湿盒内，放37℃温箱2小时或4℃过夜。此包被可立即使用，也可加盖后于4℃湿盒内保存备用。

（2）洗板：将包被板孔内液体倒尽，用洗瓶向各孔内加入洗液，在室温放置3~5分钟后倾去，反复洗涤3次。最后用干纱布吸干塑料板上的液体。

（3）加粪便悬液：

1）粪便标本的处理：用粪便稀释液将粪便稀释成10（1:9）~51（1:4）倍悬液（若粪便较稀，可减小稀释倍数），充分振荡使粪块散开后，3 000转/分离心沉淀15分钟，取其上清液作为粪便被检标本液。

2）加被检标本：按记录的编排，向包被孔滴加被检粪便标本液，每份标本加2个孔，以求得平均值，每孔100微升，最后8个孔分别为阳性对照2孔（抗体＋阳性粪便＋酶结合物），阴性对照2孔（抗体＋阴性粪便＋酶结合物），酶结合物对照（抗体＋PBS＋酶结合物）2孔，空白底物对照2孔（抗体＋PBS＋PBS），每孔100微升。加完后，将反应板置湿盒中，于37℃2小时或4℃过夜。

（4）洗板：取出，倾去反应物，甩干，进行洗板。方法同（2）。

（5）加酶结合物：用PBS/吐温–20将PED酶结合物按工作效价稀释，用微量加样器向各孔内加入100微升，但空白底物对照孔不加酶结合物，改加PBS液，将反应板置湿盒中放37℃1.5~2小时或4℃过夜。

（6）洗板：取出，倾去反应物，甩干，洗涤3次，方法同（2）。

（7）加底物溶液：底物溶液必须在使用前用0.05摩尔柠檬酸–0.1摩尔磷酸氢二钠溶液现配现用，临用前加入0.01%过氧化氢，混匀，向反应板各孔内加入底物溶液100微升，放室温下30分钟或37℃20分钟，注意加盖避光。

（8）加终止反应液：每孔加入2摩尔硫酸液50微升，以终止反应。

3. 结果判定　测定光密度值（OD值）：用酶标分光光度计在波长492纳米

（nm）下，测定各孔的光密度值，先测各对照孔的 OD 值，然后分别测定各被检标本孔的 OD 值，求出每份被检标本的平均 OD 值与阴性标本的 OD 值。按下式计算 P/N 比值。

P/N ＝（被检标本 OD 值－空白底物对照 OD 值）／（阴性标本对照 OD 值－空白底物对照 OD 值）

或将测定仪的空白底物对照孔调为 0 点，然后再测定各孔 OD 值，将被检标本的 OD 值与阴性标本对照 OD 值相比，即可得 P/N 比值。

P/N 比值≥2.0 可判为阳性，P/N 比值＜2.0 时判为阴性。

（三）乳猪接种试验

最好选用 2～3 日龄经剖腹产，不喂初乳，只喂消毒牛乳的仔猪。将病猪小肠组织及肠内容物做成悬液，每毫升加青霉素 2 000 国际单位和链霉素 2 000 微克，在室温放置 1 小时，经口接种仔猪，如试验猪发病，再取小肠组织做免疫荧光检查，若为阳性，便可确诊。

六、防制

（一）预防

平时尤其是冬季要加强防疫工作，防止本病传入。禁止从疫区购进仔猪，防止猫、狗等进入猪场，严格执行猪场消毒制度。一旦发生本病，应立即封锁，严格消毒猪舍用具及环境。将未感染的预产期 20 天以内的怀孕母猪和哺乳母猪连同仔猪隔离到安全地区饲养，紧急接种疫苗。用猪腹泻氢氧化铝灭活苗对妊娠母猪在产前接种 3 毫升，10～25 千克仔猪接种 1 毫升，25～50 千克仔猪接种 3 毫升，接种后 15 天产生免疫力，免疫期母猪为 1 年，其他猪为 6 个月。猪传染性胃肠炎与猪流行性腹泻混合感染时可用猪传染性胃肠炎和流行性腹泻二联灭活苗，妊娠母猪在产仔前 20～30 天接种 4 毫升，仔猪通过初乳获得保护。

（二）治疗

通常采用对症疗法，可减少仔猪死亡率，促进康复。猪舍应保持清洁、干燥。病猪每日补口服补液盐（配方为：氯化钠 3.5 克，氯化钾 1.55 克，葡萄糖 20 克，碳酸氢钠 2.5 克，常水 1 000 毫升）。对 2～5 周龄病猪可用抗生素治疗，以防止继发感染。可试用康复母猪抗凝血或高免血清每日口服 10 毫升，连用 3 天，对新生仔猪有一定预防和治疗作用。

猪传染性胃肠炎

一、病原

猪传染性胃肠炎病毒（TGEV）属于冠状病毒科冠状病毒属。有囊膜，表面具有一层棒状纤突，长 12～25 纳米，基因组为单股 RNA。形态多样，呈圆形、椭圆形或多边形，直径为 80～120 纳米。

本病毒对光敏感，在阳光下暴晒 6 小时即被灭活，紫外线可使病毒迅速失效。病毒对乙醚、氯仿和去氧胆酸盐敏感，对胰酶有一定的抵抗力，对 0.9% 胰酶可抵抗 1 小时。

二、流行病学

各种年龄的猪均有易感性，10 日龄以内仔猪的发病率和死亡率很高，而断奶猪、育肥猪、成年猪的症状较轻，大多可自然康复，其他动物对本病无易感性。病猪和带毒猪是主要的传染源，它们从鼻分泌物、呕吐物、乳汁、粪便、呼出的气体中排出病毒，污染饲料、饮水、用具、土壤、空气等。病毒主要经消化道、呼吸道传染给易感猪。健康猪的发病，多由于带毒猪或处于潜伏期的感染猪引入所致。此外，其他动物如犬、猫、狐狸、燕子、八哥等也可携带病毒，间接地引起本病的发生。

猪传染性胃肠炎的发生和流行有明显季节性，一般多发生于冬季和春季，发病高峰为 1～2 月。本病的流行形式有三种：①流行性。多见于新疫区，当猪传染性胃肠炎病毒侵入猪场后，很快感染所有年龄的猪，常见于冬季，感染猪发生不同程度的厌食、呕吐、腹泻，哺乳猪发生严重脱水，10 日龄内猪死亡率很高。②地方流行性。多发生于老疫区，猪传染性胃肠炎病毒和易感猪在一个猪场持续存在，这种情况多发生于经常有仔猪出生和不断增加易感猪，或哺乳仔猪被动免疫力低易受感染的猪场。地方流行性特征是发病率、病严重性相对较低。③周期性地方流行性。在本病流行间隙期中，TGEV 重新侵入猪场引起猪群重新感染。猪场中曾感染过 TGE 的母猪具有免疫力，通常不会重复感染，当 TGEV 侵入产房，无免疫力的哺乳仔猪和断奶猪可发生感染。

三、临床症状

本病的潜伏期很短，一般为 15～18 小时，有的可延长至 2～3 天。本病传播迅速，数日内可蔓延全群。

仔猪的典型症状是短暂的呕吐，伴有或继发水样腹泻。粪便白色、绿色或黄色，常含有未消化的凝乳块，气味恶臭。排泄物中含有大量电解质、水分及正常脂肪，呈碱性，但不含有糖。病猪极度口渴，明显脱水，体重迅速减轻。日龄越小，病程越短，病死率越高，10 日龄以内的仔猪大多于 2～7 天内死亡。如母猪发病或泌乳量减少，小猪得不到足够的乳汁，病情加剧，营养严重失调，增加小猪的病死率。随着日龄的增长，病死率逐渐降低。痊愈仔猪生长发育不良。某些仔猪发病前先有短期体温升高，发生腹泻后体温下降。

架子猪、肥猪和成年猪的症状较轻，通常只有 1 天至数天出现食欲减退或废绝，个别猪有呕吐，然后发生水样腹泻，呈喷射状，排泄物灰色或褐色，体重迅速减轻。成年母猪泌乳减少或停止。1 周左右腹泻停止而康复，极少死亡。某些泌乳母猪发病表现严重，体温升高，无乳，呕吐，厌食或腹泻。地方流行性的猪场，感染仔猪的症状与同龄易感猪相似，但症状较轻，死亡率低，特别是将仔猪放在温暖环境中时。

四、病理变化

具有特征性的病理变化主要见于小肠，剖检时取空肠一段，用生理盐水轻轻洗去肠内容物，置平皿中加入少量生理盐水，在解剖镜下观察，健猪空肠绒毛呈棒状，密集，均匀，可随水的振动而摆动，而病猪的小肠绒毛变短，粗细不均，甚至大面积绒毛仅留有痕迹或消失，二者对比十分明显。

胃底黏膜潮红、充血、出血，且有黏液覆盖，50% 病例见有小点状或斑状出血，胃内容物呈鲜黄色且混有大量乳白色凝乳块（或紫色小区）。较大猪（14 日龄以上的猪）约 10% 病例可见有出血、溃疡灶，靠近幽门区可见有坏死区。整个小肠气性膨胀，伴有卡他性炎，肠管扩张，内容物稀薄，呈黄色、泡沫状，肠壁弛缓、缺乏弹性、变薄有透明感，25% 病例有充血、出血变化。脾脏和淋巴结肿大，肾包膜下见有出血。在少数较大的小猪膀胱见有出血点；心肌质软，色灰白；冠状沟有点状出血，间有出血；脑回变平。

组织学变化，小肠最早变化是绒毛顶部肿胀，黏膜血管充血、出血，上皮细胞变性、坏死、脱落，继之绒毛萎缩变短，黏膜固有层水肿、增厚，淋巴结扩张，黏膜和黏膜下层出血，圆形细胞、多形核白细胞及嗜酸性粒细胞浸润。在胃溃疡灶周围可见有圆形细胞和多形核白细胞构成的炎性反应带。淋巴组织中的淋巴滤泡有活跃的细胞分裂相。50% 病例肾曲细尿管变性，且伴有坏死与管腔阻塞，管腔内常见透明蛋白管型和尿酸盐沉着，脑血管周围有时见有圆形细胞浸润。

五、诊断

根据流行病学、临床症状和病理变化可做出初步诊断，确诊须进行实验室诊断。

（一）病毒分离与鉴定

取病猪的肛拭、粪、肠内容物或空肠、回肠段为病料，经口感染 5 日龄仔猪或将病料处理后接种猪肾细胞培养，盲传 2 代以上，分离病毒，并接种于仔猪，根据产生 TGE 典型症状、病变，在细胞培养上见产生细胞病变，并用标准的抗 TGEV 血清进行中和试验鉴定。也可用免疫电镜检查病毒。

（二）免疫荧光抗体检查（直接法）

本方法适用于检验 TGE 病猪、慢性或隐性感染带毒猪，以及接种本病毒培养细胞中的病毒抗原。

1. 试验准备

（1）器材：荧光显微镜、盖玻片、载玻片、吸水纸、眼科镊、眼科剪等。

（2）荧光抗体：由生物药厂生产。

（3）缓冲液：配制 0.02% 伊文思蓝 0.01 摩尔 pH 值 7.2 的磷酸盐缓冲液。

1）配制 0.01 摩尔 pH 值 7.2 的磷酸盐缓冲液：

甲液：磷酸二氢钠（$2H_2O$）19.2 克，溶于 500 毫升蒸馏水中。

乙液：磷酸氢二钠（$12H_2O$）57.4 克，溶于 500 毫升蒸馏水中。

取甲液 28 毫升，乙液 72 毫升混合，加入氯化钠 17 克溶解，再加蒸馏水至 2 000 毫升，即 0.01 摩尔 pH 值 7.2 的 PBS 液。

2）取 0.02 克伊文思蓝溶于 100 毫升 0.01 摩尔 pH 值 7.2 的磷酸盐缓冲液中，用滤纸滤过，即为 0.02% 伊文思蓝 0.01 摩尔 pH 值 7.2 的磷酸盐缓冲液。

（4）甘油缓冲盐水配制：纯甘油 9 份加上述磷酸盐缓冲液 1 份混合后分装小瓶。

2. 操作方法

（1）标本制作：

1）被检材料：取病猪的扁桃体、空肠、肠系膜淋巴结；慢性或隐性感染的病猪，取扁桃体；或将被检材料接种于细胞培养的盖玻片培养物。

2）切片标本：将病料（扁桃体、淋巴结等）切成边缘整齐的 3 毫米见方小块，进行冰冻切片，用载玻片贴片，室温干燥。

3）涂片标本：剪取病死猪一段空肠（约 15 厘米），剪开肠管，于 PBS 液中轻轻漂洗以除去肠腔内的粪便。然后将肠管放入盛有 3 ~ 5 毫升 0.01 摩尔 pH 值 7.2 的 PBS 液的试管内，用玻璃棒搅拌 1 ~ 3 分钟，取出肠管，经 500 转/分离心 5 分钟或自然静置 30 分钟，弃去上清液，用其沉淀物制成涂片，自然干燥。

4）脏器压片标本：将扁桃体、淋巴结等去净结缔组织，用锋利刀片横切组织，再用灭菌滤纸吸去渗出的液体，清洁的载玻片在火焰上略加烘热后，使组织切片轻轻触压，略加旋转，使之粘 1 ~ 2 层细胞，室温下自然干燥。

（2）固定：将上述检验标本置室温自然干燥后立即放入丙酮中，室温下固定 15 分钟，取出在空气中干燥或吹干。

（3）染色：将荧光抗体用 0.02% 伊文思蓝 0.01 摩尔 pH 值 7.2 的 PBS 液，按说明书规定的工作效价稀释，再将上述已稀释好的荧光抗体 0.1 毫升滴加在固定的标本片上，以薄薄一层覆盖于被检组织为度。放湿盒中于 37℃ 温箱（或 37℃ 水浴箱中）静置染色 30 分钟。

（4）冲洗：染色后立即用 0.01 摩尔 pH 值 7.2 的 PBS 液漂洗 3 次，每次 3 ~ 5 分钟。

（5）封固：用吸水纸吸除溶液后，立即滴加缓冲甘油，加盖玻片封固。

（6）镜检：置荧光显微镜下，用 100 ~ 250 倍，观察结果。

3. 结果判定

（1）阳性：可见细胞内有特异性荧光。

（2）阴性：观察全部细胞质内，不见有特异性荧光。

4. 注意事项　检查时，必须设有阴性对照。荧光抗体一经开封，最宜一次用完，不能长时间保存和反复冻融多次使用。

当荧光抗体出现微细颗粒时，应在 3 000 转/分离心 10 分钟，取其上清液制片。染色及封固时，必须注意防止标本干燥，以防机械固着荧光抗体，造成假阳性。

丙酮固定后，低温密封保存的标本，在取出时立即进行风干，以防潮湿影响细胞结构的清晰度。所用载玻片及盖玻片必须清洁、干燥。

凡与被检材料接触过的器材、溶液均应严格消毒，以防散毒。

（三）血清学诊断

取急性期和康复期双份血清样品，经 56℃ 灭能 30 分钟，进行二倍法稀释，每个稀释度均与等量的本病毒悬液（滴度约为 200TCID50/0.1 毫升）混合，置 37℃ 60 分钟，然后取混合液 0.1 毫升接种 PK15 细胞单层培养，经培养 24 ~ 48 小时观察结果，凡能中和 50% 以上试管内病毒生长的最高血清稀释度，即为该血清的中和抗体滴度。康复期血清滴度超过急性期 4 倍以上者即为阳性。

（四）乳猪接种试验

采取急性病例且具有典型症状的病猪空肠（包括肠内容物）及肠系膜淋巴结，用缓冲盐水制成 1:5 或 1:10 悬液，经 2 000 转/分离心沉淀 20 分钟，取其上清液，加入青霉素 1 000 国际单位/毫升、链霉素 1 000 微克/毫升，在 4℃ 感作 2 ~ 4 小时。随后经口投给 2 ~ 3 日龄健康乳猪 2 ~ 4 只。如经 12 ~ 48 小时出现典型症状，并结合流行病学即可进行综合判定，但仍不能排除其他病毒感染的可能。

（五）鉴别诊断

在本病的诊断中，应注意与仔猪大肠杆菌病相区别，仔猪黄痢只发生于新生仔猪，白痢发生于 10 ~ 30 日龄仔猪，是由致病性大肠杆菌所致，通过细菌学检查和抗生素药物治疗有一定疗效，可以鉴别。猪流行性腹泻和轮状病毒感染，这两种病感染率很高，发病率低，症状轻缓，病死率也低，通过病毒学检查和血清学试验，可加以区别。

六、防制

(一)疫苗预防

用猪传染性胃肠炎弱毒疫苗,对妊娠母猪于产前45天和15天进行肌内或鼻内接种1毫升,仔猪出生后吸吮免疫母猪的初乳获得保护。该疫苗也可用于未接种且受本病威胁猪群的仔猪,在生后1~2日龄进行口服接种,4~5天产生免疫力。

(二)加强饲养管理

平时不从疫区或病猪场引进猪只,以免传入本病。当猪群发生本病时,立即隔离病猪,用消毒药对猪舍、环境、用具、运输工具等进行消毒,尚未发病的猪应立即隔离到安全地方饲养。加强护理,做好防寒保温,最好在饮水中加入电解质和营养成分,停止哺乳或喂料。

(三)治疗

本病目前尚无特效治疗药物,以对症疗法可以减轻失水、酸中毒和防止并发细菌感染。对失水过多的病猪,静脉注射葡萄糖盐水、林格氏液。康复猪的全血或血清让新生仔猪口服,有一定的预防和治疗作用。实践中用以下方剂治疗,也有一定效果。

方一:马齿苋、铁苋菜、鸡眼草、积雪草、刺苋、马鞭草各60克(鲜草)。用法:加水1 500毫升,煎汁500毫升,每头小猪每次内服5~15毫升。

方二:黄连10克,乌梅、诃子、白头翁各15克,甘草、车前子、地榆炭、白芍各12克,大黄9克。用法:水煎,候温灌服,为体重25千克猪的一次量。

方三:陈皮、苍术、半夏、厚朴、苏梗、藿香各10~20克,茯苓20克,佩兰、豆蔻、甘草各10克。用法:水煎服,此方适用于湿秽浊症病初泻下稀粪的病猪,为体重25千克猪用量。

方四:0.5%痢菌净溶液1毫升/千克体重。用法:肌内注射,每日2次,最多用药2天。

方五:盐酸土霉素5~10毫克/千克体重。用法:肌内注射,每日2次,连用3~5天。

方六:穿心莲注射液5~15毫升。用法:肌内注射,每日2次,连用5~7天。

方七:链霉素每千克体重20毫克。用法:一次内服,每天2~3次,连用2~4天;或用其注射液,按每千克体重10毫克,肌内注射。

方八:土霉素0.1~0.5克。用法:仔猪一次肌内注射,每天1次。

方九:茯苓、猪苓、天青地白、枣儿红、独角莲各100克。用法:共研为细末,50千克以下的猪按每千克体重1.5克一次灌服,50千克以上的猪一次灌服80~100克,一般给药1~2次。

方十：车前草、马齿苋、络石藤、忍冬藤各 63 克。用法：水煎，候温灌服。

方十一：萹蓄、铁苋菜、地锦草各 500 克，冬季则加地榆 500 克。用法：加水 2 000 毫升，蒸馏成 1 000 毫升，分装，消毒备用。小猪每次肌内注射 5～10 毫升，大猪肌内注射 10～20 毫升，每日 1 次。

方十二：酢浆草、老鹤草、地锦草、铁苋菜各 63 克。用法：水煎，候温灌服。

方十三：桂皮 250 克，曲草、白花鼠、大头陈各 500 克。用法：加水 3 500 毫升，热浸 2～3 小时，蒸馏得药液 1 200 毫升，分装，消毒备用。小猪每次肌内注射 2～5 毫升，大猪 5～10 毫升，每日 1 次。

方十四：一点红、积雪草、马齿苋各 100 克（鲜草）。用法：水煎服。

方十五：白术 100 克，生姜 50 克。用法：煎汁加红糖 15 克灌服。

方十六：百草霜、灶心土（即伏龙肝）各 50～60 克。用法：开水闷泡，待温取上清液，让猪自食。

方十七：葛根 20 克，黄芩、黄连、连苕、扁豆各 10～15 克，车前子、藿香、佩兰、半夏各 10 克，甘草 6 克。用法：水煎灌服，此方适用于湿热秽浊症、暴泻发病急骤的猪，为 25 千克体重猪用量。

方十八：地榆 30 克，鲜樟树皮 200 克，鲜枫树二层皮 300 克，杉木炭末 50 克，红糖 100 克。用法：将地榆、樟树皮、枫树皮炒炭存性，加杉木炭末、红糖炒片刻，加水煮沸内服。

方十九：黑胡椒 2 粒/千克体重。用法：研碎加适量温水喂服或拌料喂服，每日 2 次。对 10 日龄内患病仔猪，每次 1 粒，每日 2 次，温水适量灌服。

方二十：鹅不食草 30 克，常山 60 克，马齿苋 250 克。用法：煎水喂服。

方二十一：苍术 20 克，川朴 20 克，白术 20 克，桂枝 15 克，泽泻 20 克，陈皮 20 克，茯苓 20 克，猪苓 20 克，甘草 15 克，水煎取汁灌服。粪干加大黄或人工盐；腹胀加木香、莱菔子；体弱加党参、当归、苁蓉；体温偏低加附子、肉桂、小茴香；胃寒加干姜或生姜；有表证者加重桂枝；水泻不止加补骨脂、豆蔻、吴茱萸、五味子。

方二十二：朱砂 18 克，辣蓼全草 24 克，茶叶 10 克，干姜 9 克，白术 12 克，泡参 15 克，青皮 6 克，陈皮 6 克。上药焙干、粉碎，成年猪每日 1 剂，小猪酌减，分早、晚 2 次拌入饲料中喂服或开水冲调灌服。

方二十三：黄柏 100 克，加水煎至 2 000 毫升候温，用人工授精管肛门灌注，一剂三煎，每日早、晚各 1 次，第二天早晨再灌注 1 次即愈。

方二十四：黄连 10 克，白头翁 30 克，白芍、秦皮各 25 克，黄柏 30 克，茯苓、泽泻各 15 克，厚朴、陈皮、苍术各 20 克，木香 15 克，金银花炭、大黄炭各 25 克，甘草 5 克（以上为 20～40 千克体重猪的用量），水煎去渣，每日灌服

2~3次，连用2天。

方二十五：半夏50克，黄芩100克，栀子70克，板蓝根150克，黄连50克，枳壳70克，粟壳20克，甘草30克（上药为10头仔猪每日用量）。水煎2次，合并滤液（约600毫升）。30日龄以内仔猪每头灌服10~20毫升，30日龄以上者灌服20~30毫升，每日1~2次，连用2~3天。

蓝眼病

一、病原

蓝眼病副黏病毒（BEDV）属于副黏病毒科副黏病毒亚科流行性腮腺炎病毒属。电镜下BEDV的形态与其他副黏病毒相似，大小在135~148纳米与257~360纳米。病毒粒子呈多形性，但大体呈球状，未见丝状体。囊膜表面有许多突起。核衣壳的直径为20纳米，长为1 000~1 630纳米。

二、流行病学

猪是唯一感染蓝眼病副黏病毒后出现症状的动物。犬、猫及野猪感染后不出现症状，但可产生抗体。大鼠、小鼠和鸡胚可被实验感染。病猪与亚临床感染猪是主要传染源。主要经接触感染，可以经鸟类和风传播，人及污染的工具也是本病传播途径之一。自然感染猪产生的BEDV抗体常可持续终生。然而，本病能在易感的后代和新引进的易感猪群中重新暴发。在连续生产的猪场中，本病呈周期性流行。

三、临床症状

蓝眼病的症状因猪的年龄而有差异。2~15日龄的仔猪感染后，很快出现症状，病初发热、厌食、后背拱起，常有便秘或腹泻，进而表现为共济失调，肌肉震颤，惊动时异常亢奋，发出尖叫或划水样移动。病猪不愿活动，嗜睡，瞳孔放大、失明，有时眼球震颤。有的病猪眼睑肿胀、流泪，有1%~10%病例单侧或双侧角膜混浊，通常会自然康复。有的病猪出现症状后48小时死亡，一般经4~6天死亡。暴发阶段有20%~65%的仔猪被感染，病死率可高达87%~90%。30日龄以上的猪发病时症状轻，表现厌食、发热、咳嗽和喷嚏，神经症状少见且较轻。可见单侧或双侧的角膜混浊及结膜炎，但不伴有其他症状。感染率仅1%~4%，很少死亡。

母猪大多数无症状，个别母猪在产前1~2天食欲有所下降，部分母猪的角膜混浊。感染的母猪出现繁殖障碍，母猪返情增多，产仔数下降，有的母猪表现为死产、木乃伊胎。通常不发生流产，但在急性发病期，可见个别母猪流产。后备母猪及其他成年猪偶有角膜混浊。公猪感染后除少数有厌食和角膜混浊外，不表现症状。有 29%~73% 的公猪异常精子增多，精子活力下降；有的出现无精子，睾丸、副睾丸肿大，严重者失去性欲。

四、病理变化

病猪无特征性肉眼变化。仔猪在肺前叶腹端有轻微的肺炎病灶。大脑充血，脑脊髓液增多。眼球结膜水肿和不同程度的角膜混浊，以角膜水肿及前眼色素层炎为主要特征。

组织学变化在丘脑、中脑、大脑为非化脓性脑脊髓炎，呈多病灶和弥漫性神经胶质增生，出现淋巴细胞、浆细胞及网状组织细胞的血管套现象。肺呈散在性间质肺炎，肺中隔由于单核细胞浸润而增厚。角膜巩膜内皮有嗜中性粒细胞、巨噬细胞及单核细胞浸润。公猪睾丸生殖上皮出现变性与坏死，睾丸间质细胞增生，单核细胞浸润，血管壁通透性变性和纤维变性。

五、诊断

根据典型症状如脑炎、角膜混浊、母猪繁殖障碍和公猪睾丸及副睾丸炎症，前眼色素层炎等可做出初步诊断。中和试验、HI 试验、ELISA 等可用于检查抗体阳性猪。确诊须依赖于病毒的鉴定，一般采用病猪大脑或扁桃体经处理后接种于 PK15 和原代猪肾细胞培养进行分离蓝眼病副黏病毒。

猪蓝眼病应注意与伪狂犬病和猪繁殖与呼吸综合征鉴别诊断。这些传染病中，只有蓝眼病引起角膜混浊（可占感染猪的30%）和公猪睾丸炎及副睾丸炎。

六、防制

本病无特效疗法，角膜混浊通常可自然康复，出现神经症状的猪均会死亡。用母猪康复血清给发病仔猪口服无治疗效果。比较有效的措施是防止猪蓝眼病侵入猪场，因而在引进猪种时须经血清学检测，禁止引进阳性猪。

在发病猪场主要采取净化措施，如封闭猪群、淘汰有临床症状的猪，并做好病死猪的处理。同时采取科学的饲养管理，提供适宜的猪舍条件和营养水平，保持环境卫生，能有效降低本病对猪群的影响。加强消毒和全进全出的饲养方法。经常对猪群进行血清学检查，以判定蓝眼病净化的程度。

猪腺病毒感染

一、病原

猪腺病毒的基本特征与腺病毒科的其他成员类似。大致呈球形，直径约75纳米，无囊膜，基因组为双股DNA，由一个二十面体、有252个壳粒组成的衣壳包裹着。

次氯酸钠、乙醇、酚制剂、氢氧化钠对猪腺病毒有杀灭作用。

二、流行病学

澳大利亚、加拿大、丹麦、荷兰等国家应用血清学或病毒分离、鉴定方法表明腺病毒4型能引起广泛的感染。

腺病毒的传播可能通过粪－口途径，也可能吸入了有传染性的气溶胶感染。断奶后的猪在粪中排毒最常见。成年猪很少排毒，但它们常有较高的血清抗体水平。哺乳动物可由母源抗体得到保护。

三、临床症状

病猪表现厌食、肠炎、肌肉抽搐、共济失调、躺卧等症状，从病猪脑中、患呼吸或胃肠疾病的猪中分离到腺病毒4型的毒株。其他血清型从患腹泻的猪中分离到，但从临诊健康猪中也常可分离出腺病毒。用腺病毒4型做试验感染，表现一致的症状是腹泻。其他毒株做试验感染也产生腹泻。虽然试验感染猪能在脑、肺、肾中产生病损，但与这些病损相联系的症状未见描述。从患呼吸道疾病畜群中得到的4型腺病毒可能与疾病有直接关联。腺病毒也可从一些患流感的猪中分离到。

四、病理变化

从脑分离到猪腺病毒4型的病猪脑炎病例表现血管周围细胞浸润和小神经胶质形成结节。肾损害病例表现为肾小管营养不良及毛细血管扩张，外表出现出血点。空肠末梢与回肠的肠细胞中发现核内包涵体。胚胎感染仔猪血管损害，在内皮细胞中含有核内包涵体。

实验感染仔猪表现间质性肾炎，特征为肺泡中隔增厚，有的有包涵体，淋巴细胞、浆细胞及组织细胞浸润。腺病毒1型和3型引起脑膜脑炎及肝、心、胰、肾上腺的慢性炎症变化。

五、诊断

猪腺病毒感染的诊断依赖于免疫荧光法、免疫过氧化物酶染色法检测病毒抗原，或进行病毒分离鉴定。病毒学诊断可将含病毒的材料接种细胞培养，有些毒株需要盲传几代才能产生细胞病变。感染细胞的盖玻片培养物染色后可看到核内包涵体。

六、防制

本病无特异防制方法。虽然腺病毒疫苗已被成功用于其他动物，但猪的腺病毒感染还没有足够的经济重要性来研制疫苗。试图以无特定病原体猪来重组种群不是可靠的排除猪腺病毒感染的方法。

猪肠病毒感染

一、病原

猪肠病毒与其他动物的肠病毒基本特性相似，在分类上属于小核糖核酸病毒科肠病毒属。病毒粒子呈球形，直径25～31纳米，无囊膜，基因组为单股RNA。对很多消毒剂的抵抗力也较强，次氯酸钠或70%乙醇可将其彻底灭活。

二、流行病学

血清Ⅰ型的强毒株引起猪脑脊髓灰质炎（即Teschen病），主要存在于中欧和非洲。致病力较弱的毒株及其他血清群则分布广泛。

猪肠病毒主要通过粪－口途径传播。因为它们抵抗力强，所以通过飞沫的间接传播也有可能。

有几个血清群在一般猪场中呈地方流行，病毒可能存在于断奶猪中。感染常发生在断奶后不久，这时母源抗体开始消失，不同窝的仔猪混在一起，感染至少可持续几周。成年猪很少排毒，但对以前未感染过的血清型，各种年龄的猪都是完全易感的。怀孕母猪带毒期3个月，可经胎盘感染胎儿。未怀孕母猪感染后，带毒也能达2个月。

三、临床症状

多数肠病毒感染后无症状，但某些血清型可引起猪的多种症候群（表10-1）。

表 10 - 1　猪肠病毒不同血清型的临诊综合征

临诊综合征	感染的猪肠病毒血清型
脑脊髓灰质炎	1, 2, 3, 5
繁殖障碍	1, 3, 6, 8
下痢	1, 2, 3, 5, 8
肺炎	1, 2, 3, 8
心包炎和心肌炎	2, 3

脑脊髓灰质炎：最严重的脑脊髓灰质炎是由血清 1 型强毒引起的捷申病，发病率及死亡率都很高，各种年龄的猪均可感染。早期症状表现为发热、厌食和乏力，随后很快出现运动失调，严重病例出现眼球震颤、惊厥、角弓反张与昏迷。最后病猪麻痹，呈犬坐姿势，或卧于一侧，通常在发病后 3～4 天内死亡。毒力较弱的血清 1 型（引起 Talfan 病、良性地方流行性偏瘫）和其他血清型病毒引起的脑脊髓灰质炎，发病率和死亡率较低，感染者以幼龄仔猪为主，但很少发展为完全瘫痪。

繁殖障碍：猪肠病毒可引起死产（S）、木乃伊胎（M）、胚胎死亡（ED）和不育（I），即所谓 SMEDI 综合征的繁殖障碍。但近年来研究证明细小病毒感染在上述疾病中也起重要作用。

下痢：猪肠病毒虽从腹泻猪的粪便中经常分离到，但因它们也能从正常猪分离到，而腹泻也可由许多其他病毒或细菌引起，所以不能说明它们是唯一的病原体。人工感染也可引起腹泻，但缓和且短暂，作为肠道病原体猪肠病毒没有轮状病毒或冠状病毒重要。

肺炎、心包炎和心肌炎：猪肠病毒作为呼吸道病原体的作用尚无肯定，也许它们单独难以引起呼吸道疾病，产生肺炎一般是亚临床症状。试验证明有两个血清型的病毒人工感染能产生心包炎和心肌炎。

四、病理变化

猪肠病毒感染不产生肠道的特异性病理变化。脑脊髓灰质炎除慢性病例有肌肉萎缩外，也无眼观变化。组织学变化以脊髓腹侧、小脑皮质及脑干损害最显著，表现为神经元进行性弥漫性染色质溶解，神经胶质细胞局灶性增生和淋巴细胞性血管周围套。

SMEDI 综合征在死前或新生仔猪无特异病变，偶在脑干可见轻微的局灶性神经胶质细胞增生和血管周围套。肺炎病变主要在前叶腹侧出现灰红色实变区。血清 3 型的毒株能引起浆液纤维素性心包炎，在严重病例有心肌局灶性坏死。

五、诊断

有脊髓灰质炎的临床症状表明可能是肠病毒感染引起的，但需从 CNS 分离到病毒或用免疫荧光法检出病毒抗原，方可与其他嗜神经病毒感染区别。病毒分离需从有早期神经症状的仔猪采取病料，已麻痹几天的猪在 CNS 中可能不再含有病毒。取脊髓、脑干或小脑的组织悬液接种猪肾细胞培养，然后通过免疫荧光或免疫酶染色法进行病毒鉴定。

从有神经症状的仔猪胃肠道内分离到肠病毒不能立即做出诊断，因为可能是与其他感染同时发生的。血清抗体检测可用 ELISA 法。在 SMEDI 综合征中，木乃伊胎很少含有活病毒，但含有可用免疫荧光法查出的病毒抗原，分离病毒可取流产或死产胎儿的肺组织。肺炎及腹泻可从呼吸道或肠道分离病毒，但很难对结果做出正确解释，因为健康猪的肠病毒感染也很常见。

六、防制

猪肠病毒感染无特效治疗药物，温和的脑脊髓灰质炎在暂时性偏瘫期间护理良好能促进康复。严重的脑脊髓灰质炎可接种弱毒或细胞培养苗预防。应禁止从有脑脊髓灰质炎病的地区进口猪或猪肉制品，以防止血清 1 型强毒的引入。温和的脑脊髓灰质炎与其他临床类型还没有采用疫苗预防。

SMEDI 综合征在经济上有一定重要性，但因涉及血清型太复杂，难以研制有效疫苗。目前控制由肠病毒感染引起繁殖障碍的方法，是在配种之前至少 1 个月使后备母猪暴露于地方流行的猪肠病毒，可采取不同窝的新断奶仔猪的粪便混入后备母猪饲料使其感染。

猪巨细胞病毒感染

一、病原

猪巨细胞病毒（PCMV）又称猪疱疹病毒 2 型，最初由于本病常涉及泪腺和唾液腺，将病原病毒称为唾液腺病毒，随后对其生物学特征做了详尽研究，把其归入疱疹病毒 β 亚科的巨细胞病毒属。猪巨细胞病毒中心为电子致密的类核体，直径 45～70 纳米；衣壳直径为 80～100 纳米，呈二十面体；最外是囊膜，多数为一层，偶为两层，直径 120～150 纳米。基因组为双链 DNA。

在细胞培养中感染的肺巨噬细胞用丙酮固定后，以间接免疫荧光（IIF）检测，细胞核及核膜显示明亮的荧光。猪血清中 IIF 的滴度常达 1∶128～1∶64。此法比病毒中和试验至少敏感 8 倍。ELISA 也比中和试验敏感，且可区分 IgG 和

IgM 的免疫应答。

二、流行病学

猪巨细胞病毒分布于全世界，血清学调查表明很多猪群都有感染。3～8周龄仔猪从鼻排出的病毒最多，推测在初生时或先天性感染。在这一阶段抗体滴度下降，到8～11周龄时抗体再度升高，直至23周龄宰杀。这种现象推测仔猪出生后母源抗体逐渐被主动免疫所替代。实验性感染证实木乃伊胎、死产、新生仔猪死亡及鼻炎或肺炎的发育不良猪的出现与此病有关。当猪使用皮质类固醇等药物后，排毒再次开始，可能是此药激活了病毒的增殖，新繁殖猪群的进入或猪群受到扰乱时也可激活病毒的增殖。最常见的传播途径是呼吸道，被尿污染的环境也不可忽视。病毒自口鼻分泌液、尿、怀孕母猪的子宫颈流出液中排出，也可自公猪睾丸和附睾分离病毒。病毒也能通过胎盘造成垂直感染。

三、临床症状

怀孕母猪有病毒血症时常表现精神委顿、食欲减退，无其他临床症状。分娩的仔猪中有些死亡或不久后死亡，表现为发育迟缓，苍白、贫血，下颚及跗关节周围发生不同程度的水肿。在年轻猪中产生轻微鼻炎。暴发时常见的症状包括战栗、打喷嚏、呼吸窘迫。一窝中有高达25%的仔猪死亡，存活者增重缓慢，且可能持续排毒。

四、病理变化

3月龄内感染的仔猪表现广泛的小点出血及水肿。心包与胸膜积水，鼻黏膜有大量小坏死灶，肾肿、出血。颌下、耳下淋巴结肿胀，有出血点。肺间质水肿，尖叶、心叶有肺炎病灶，肺叶的腹侧端呈紫色实变。喉及跗关节的周围皮下明显水肿。仔猪与胎儿的全身感染可见广泛性出血、水肿。胎猪感染后无特定肉眼病变，表现繁殖障碍的特征，即死产、木乃伊胎，胚胎死亡和不育。

组织学检查，在鼻黏膜腺、副泪腺、泪腺的腺泡、泪管上皮和肾小管上皮中可见特征性的嗜碱性核内包涵体及巨大细胞。在感染的上皮组织周围，积聚着淋巴细胞、巨噬细胞和浆细胞。鼻黏膜上皮细胞纤毛缺损，变性、脱落，遗留的腺泡形成局灶性淋巴组织增生。间质性肾炎。中枢神经系统存在稀少的局灶性神经胶质增生，在胶质细胞内有时可见包涵体。

在急性致死性综合征中，包涵体多见于毛细血管内皮细胞和窦细胞，上皮局部水肿、出血，在肿胀的细胞外间隙中存在巨噬细胞及红细胞。血管与脾中的单核细胞、肺泡组织被感染的巨噬细胞很多。肝细胞中病毒增殖的结果导致局灶性坏死。在肾中，包涵体常见于分化中肾组织区和肾小球毛细血管内皮。整个中枢神经系统，特别是脉络丛、小脑及嗅脑出血和神经胶质增生。在实际暴发中，这些损害常与共同的感染如黏液性脓性鼻炎、肺炎、肠炎的损害混杂在一起。

五、诊断

从育肥猪随机采集血清样品，用 ELISA 或 IIF 检测 PCMV 抗体，很易确诊。

母猪显示 SMEDI 状繁殖障碍时，必须与细小病毒及伪狂犬病相区别。可从新生仔猪或胎猪采集鼻黏膜、肺、肾作检样进行病毒分离，或直接取肺巨噬细胞做培养。若病猪尸体保存在4℃，可将组织做成冰冻切片后用免疫荧光检查，即使组织丧失感染力后 24 小时仍可检出。如怀疑猪群的传染性鼻炎中同时存在 PCMV，可取鼻拭子做病毒分离，或刮取鼻黏膜做免疫荧光检查。

六、防制

在 PCMV 流行的猪群中，若有良好的饲养管理，本病影响不会很大。但当引入新猪群时，因为在循环抗体存在的条件下激发潜伏感染，或在易感猪群中引起的原发性感染，对猪场威胁很大。要建立无 PCMV 猪群可采用剖腹产，但是病毒能通过胎盘感染胎儿，所以要加强仔猪的抗体监测，建立阴性猪群，通常至少70 天时仍为阴性才算安全。

第二节　猪的细菌病

猪大肠杆菌病

猪大肠杆菌病由于猪的生长期和病原菌血清型的差异，引起的疾病可分为仔猪黄痢、仔猪白痢、猪水肿病三种。仔猪黄痢以 O_8、O_{45}、O_{60}、O_{101}、O_{115}、O_{138}、O_{139}、O_{141}、O_{149}、O_{157} 等群较为常见，多数具有 K_{88}（L）表面抗原，可产生肠毒素；仔猪白痢有一部分与仔猪黄痢、猪水肿病相同，以 O_8K_{88}多见；猪水肿病一部分与仔猪黄痢相同，常见的有 O_2、O_8、O_{138}、O_{139}、O_{141} 等群，但表面抗原有所不同，大多数菌株可溶解绵羊红细胞。

猪大肠杆菌具有以下特征：①大肠杆菌是革兰氏阴性、中等大小的杆菌，无芽孢，有鞭毛，能运动，但也有无鞭毛不运动的变异株。菌体大小为（0.4～0.7）微米×（2～3）微米。②本菌为需氧或兼性厌氧，最适生长温度为37℃，最适 pH 值为7.2～7.4。③本菌的抗原结构比较复杂，主要由菌体（O）抗原、鞭毛（H）抗原和荚膜（K）抗原组成。根据菌体抗原组成成分分为若干血清型，又根据荚膜抗原及鞭毛抗原组成成分分为若干亚型。④本菌能发酵多种碳水化合物（包括葡萄糖）产酸产气，大部分菌株迅速发酵乳糖，某些不典型菌株则迟缓或不发酵乳糖。凡能发酵乳糖产酸产气，且 IMVIC 试验（I：吲哚试验，M：甲基红试验，V：V.P 试验，C：柠檬酸试验）为"＋、＋、－、－"者为典型的大肠杆菌。⑤本菌抵抗力中等，各菌株间可能有差异。常用消毒药在数分钟内即可杀死本菌。在潮湿、阴暗、温暖的外界环境中，本菌存活不超过 1 个月，在寒冷且干燥的环境中存活较久。各地分离的大肠杆菌菌株对抗菌药物的敏感性有较大差异，并易产生耐药性。

一、仔猪黄痢

仔猪黄痢是出生后几小时到 1 周龄仔猪的一种急性高度致死性肠道传染病，以剧烈腹泻、排出黄色或黄白色水样粪便及迅速脱水为特征。

（一）流行病学

仔猪黄痢发生于出生后 1 周以内的仔猪，以 1～3 天最为常见，7 天以上很少发病。同窝仔猪中发病率很高，常在 90% 以上，病死率也很高，有的全窝死亡。不死的仔猪须经较长时间才恢复正常生长。传染源主要是带菌母猪。无病猪场由有病猪场引进种猪或断奶仔猪，若不注意卫生防疫工作，使猪群受到感染，可引起仔猪大批发病和死亡。本病主要经消化道感染。带菌母猪从粪便排出病原菌，散布于外界，污染母猪的乳头及皮肤。仔猪吮乳或舔母猪皮肤时，食入感染，下痢的仔猪从粪便排出大量细菌，污染外界环境，通过饲料、饮水或用具传染给其他猪，形成新的传染源。本病在猪场内一次流行之后，通常经久不断，只是发病率及死亡率有所下降，若不采取适当的防治措施，本病不会自行停息。

（二）临床症状

潜伏期短的在生后 12 小时以内即可发病，通常为 1～3 天，7 天以上的少见。仔猪出生时体况正常，在 12 小时后，一窝仔猪中突然有 1～2 头表现全身衰弱，迅速消瘦、脱水，很快死亡。其他仔猪相继发病，排出黄色浆状稀粪，内含凝乳小片。捕捉时，在挣扎与鸣叫中，常由肛门排出稀粪，昏迷而死。

（三）病理变化

病死仔猪常因脱水显得干瘦，皮肤皱缩，肛门松弛，肛门周围粘有黄色稀粪。显著病变为胃肠道黏膜上皮变性和坏死。胃膨胀，胃内充满酸臭凝乳块，胃底部黏膜潮红，部分病例有出血斑块，表面有大量黏液覆盖。镜检，胃黏膜上皮脱落，固有层水肿，有少量炎性细胞浸润；胃腺腺体与腺管的上皮细胞空泡变性、液化性坏死和脱落，严重的腺管仅存框架，整个腺管变成无结构的网状物。小肠，特别是十二指肠膨胀，肠壁变薄，黏膜及浆膜充血、水肿，肠腔内充满腥臭的黄色、黄白色稀薄内容物，有时混有血液、气泡和凝乳块；空肠、回肠病变较轻，但肠内臌气显著。大肠肠腔内充满稀薄内容物。镜检，肠黏膜上皮完全脱落，绒毛坦露，固有层水肿，肠腺萎缩，腺上皮细胞空泡化，严重者呈液化性坏死，变成网状的纤维素样物质。在固定良好的切片中，可见绒毛上皮表面有成层或成丛的大肠杆菌，在绒毛固有层有嗜中性粒细胞浸润。肠系膜淋巴结充血、肿大，切面多汁。心、肝、肾有不同程度的变性，常见小的凝固性坏死灶。脾瘀血、脑充血或有小点状出血，少数病例脑实质有小液化灶。

（四）诊断

根据特征性病理变化和 5 日龄以内初生仔猪大批发病，泄泻黄色稀粪，可做出初步诊断。若从病死猪肠内容物或粪便中分离出致病性大肠杆菌，且证实大多数菌株具有黏着素 K 抗原和能产生肠毒素，则可确诊。鉴别诊断应注意与猪传染性胃肠炎和流行性腹泻等的区别。

（五）防制

1. 加强饲养管理 加强饲养管理，改善母猪的饲料质量和搭配，母猪产房应注意消毒，保持干燥清洁。接产时用 0.1% 高锰酸钾溶液擦拭乳头和乳房，并挤掉每个乳头中的乳汁少许，使哺乳仔猪尽早吃上初乳。

2. 疫苗预防 应用疫苗进行预防有一定的效果。疫苗有大肠杆菌 $K_{88}ac$ - LTB 双价基因工程菌苗，新生猪腹泻大肠杆菌 K_{88}、K_{99} 双价基因工程菌苗，仔猪大肠杆菌腹泻 K_{88}、K_{99}、987P 三价灭活菌苗，MM - 3 工程菌苗（含 $K_{88}ac$ 及无毒肠毒素 LT 两种保护性抗原成分）等。

3. 药物预防 动物微生态制剂如调痢生（8501）、止痢宁（也称为促菌生）、抗痢宝及非致病性大肠杆菌（如 NY - 10 菌株、SY - 30 菌株等）制剂等，在仔猪吃奶前投服，有较好的预防效果。

4. 治疗 治疗应全窝给药，由于细菌易产生耐药性，最好两种药物同时应用。有条件的，做细菌分离和药敏试验，选用敏感药物。常用药物有土霉素、新霉素、磺胺脒等。实践中用以下方剂，也有较好疗效。

方一：老鹳草 3 克，地榆 3 克，白头翁 3 克，秦皮 5 克，水煎浓汁喂服。

方二：南瓜藤烧灰，调水喂服，每天 3 次，连用 3 天。

方三：冬青叶 120 克，煎浓汁喂服。

方四：南瓜根自然汁 1 酒杯喂服，每天 3 次，连用 2 ~ 3 天。

方五：雄黄 0.3 克，苍术 3 克，黄连 10 克，百草霜或茶油饼（煅炭）4.5 克，醋或酸菜水适量。用法：先将苍术、黄连研末，再与雄黄、百草霜（或茶油饼炭末）混匀，密封装瓶。用时以醋或酸菜水将药粉调成糊状，用毛笔或小竹片取药涂于仔猪口内，每日 1 剂，分 2 次服，连用 3 ~ 4 天。

方六：海金沙鲜全草 350 克，加水 3 500 毫升，煎取药液 250 毫升，候凉，让猪自饮。

方七：青皮、土茵陈、干姜、白芍、桂皮、陈皮各 15 克。用法：研末，加水适量调成糊，仔猪吃奶前把药糊抹于母猪乳头上，每天 3 次，连用 2 ~ 3 天。

母猪服药：在母猪吃食前将药末加入饲料中拌匀，每天1次，连用2天。

二、仔猪白痢

仔猪白痢是10~30日龄仔猪多发的一种急性肠道传染病，以排泄腥臭的灰白色黏稠稀粪为特征。本病的发病率高，死亡率较低。

（一）流行病学

仔猪白痢发生于10~30日龄仔猪，以10~20日龄最多且较严重，1月龄以上仔猪很少发生。一窝仔猪中发病常有先后，此愈彼发，拖延10余天才停止。有的仔猪窝发病少或不发病，有的仔猪窝发病多，症状也轻重不一。

本病的发生常与各种应激因素有关，如没有及时给仔猪吃初乳，母猪乳量过多、过少，乳脂过高，母猪饲料突然更换、过于浓厚或配合不当，气候反常，受寒，圈舍污秽，冷热不定，阴雨潮湿等，均可促进本病的发生或增加本病的严重性。

（二）临床症状

病猪突然发生腹泻，排出灰白或黄白色浆状、糊状粪便，具腥臭，性黏腻。体温和食欲无明显变化。病猪逐渐消瘦，发育迟缓，拱背，被毛粗糙无光、不洁，病程3~7天，多数可自行康复。

（三）病理变化

尸体消瘦、脱水，皮肤苍白，肛门和尾根附近粘有灰白色带腥臭味的粪便。主要病变在胃和小肠前部，胃内有少量凝乳块，胃黏膜充血、出血、水肿性肿胀，表面附有数量不等的黏液，有的病例胃内充满气体。肠壁菲薄，灰白半透明，肠黏膜易剥脱，有时可见充血、出血变化，肠内空虚，含大量气体和少量黄白色、稀薄、酸臭粪便。肠系膜淋巴结水肿、滤泡肿胀。肝脏混浊肿胀，胆囊胀满。心肌柔软，心冠脂肪胶样萎缩。肾苍白色，有时肺脏有继发性肺炎变化。

组织学变化为肠绒毛高度水肿，上皮细胞水肿似杯状细胞样，固有层血管扩张、充血。

（四）诊断

根据主要侵害10~30日龄仔猪，体温不高，普遍排灰白色稀粪，致死率低，剖检有胃肠卡他性炎症变化，可做出诊断，必要时做细菌学检查，由小肠内容物分离出大肠杆菌，用血清学方法鉴定为常见病原性血清型，则可确诊。临床上应注意与仔猪黄痢、仔猪红痢、猪传染性胃肠炎等的区别。

（五）防制

除用疫苗预防外，要加强对母猪的饲养管理，合理地调配饲料，饲料品种不可突然改变，保持母猪泌乳平衡。对仔猪实行提早补料，饲料要营养全面，补充饮水，加强运动。尽量减少各种应激因素，保持猪舍环境卫生，及时清扫粪便、排除污水，保持干燥，冬季加强保暖。

罗泽银报道的"一消一补一治"防治仔猪白痢技术，效果较好。一消，就是用高效、低毒、广谱、长效的菌毒敌消毒剂消毒仔猪环境，在产前3天内用菌毒敌0.5%稀释液对圈舍四周、地面、垫草及用具消毒，每隔一周消毒1次，连续3次。一补，就是给仔猪补铁，在仔猪出生后2~6天内，一次性肌内注射5%右旋糖酐铁2毫升，含铁量约100毫克，能促进仔猪生长发育，提高抗病力，减少白痢发生。一治，是用调痢生治疗仔猪白痢，发病后及时按100毫克/千克体重口服调痢生，每日1次，或投入饮水中一次饮完，连用3天。

实践中用以下方剂治疗仔猪白痢，也有一定效果。

方一：白头翁2份，龙胆末1份，将两药混匀，每头每次9克，每日1次，连用2~3天。药粉以常水调成糊状，涂于仔猪舌面。

方二：茶麸炭4.5份，苍术3份，吴茱萸6份，雄黄0.3份。将茶麸煅成炭，苍术、吴茱萸分别研成末，再与雄黄混合均匀，每头每次1.5克，每日2次，连用1~4天。药粉以醋或酸菜水适量调成糊状，涂于仔猪舌面。

方三：大蒜（去皮）62克，白酒125克，白胡椒62克，明雄16克。先将大蒜捣碎浸泡在酒内，12小时后把白胡椒、明雄研成末，放入大蒜浸泡液内。将此药涂于母猪乳头，让仔猪吮食。

方四：葛根、陈皮、苍术、地榆各40~50克，加水1 500毫升，煎至600毫升，每头每次服200毫升，每日3次，连用2天。

方五：金银花、地胆草各50克，地捻草100克，加水1 500毫升，煎至600毫升，每头小猪每次服20毫升，每日3次，连用2天。

方六：硫酸黄连素注射液5毫升。用法：肌内注射，每日2次。

方七：穿心莲注射液5毫升。用法：肌内注射，每日2次。

方八：磺胺脒0.5克，次硝酸铋0.5克，胃蛋白酶1片，龙胆脒0.5克，淀粉适量。用法：用水适量做成丸剂或舔剂内服，每日2次。

方九：磺胺脒1份，鞣酸蛋白2份，药用炭末3份，酵母2份。用法：混合调成糊状，每头猪每次服2~3克，每日2次。

方十：次硝酸铋2份，磺胺脒1份，小苏打1份。用法：混合，每日每头2~3次，每次2~3克，灌服。

方十一：土霉素1克。用法：加少许糖溶于60毫升水中，每次3毫升，每日2次，口服。

方十二：盐酸黄连素1支（10毫升含10毫升），稀释1克盐酸链霉素。用法：缓慢滴入猪鼻孔，每日1次。

方十三：葡萄糖粉、朱砂莲（干品）、蛇莲（干品）各200克，淀粉100克。用法：将朱砂莲、蛇莲研粉，加入葡萄糖粉，用适量生理盐水调成糊状，每头每次 2~3 克，每日 3 次。

方十四：番石榴干粉 100~200 克。用法：喂母猪，每日 2 次，连用 2 天。

方十五：麦芽、神曲、山楂、枳壳、火麻仁、陈皮、龙胆、白头翁各 16 克。用法：煎水喂母猪，连用 4~5 天。

方十六：仙鹤草干品 25 克。用法：煎水，分 2 次喂仔猪，每日 2 次。

方十七：苦参 200 克，黄连 100 克，白胡椒 40 克，白头翁 160 克。用法：将上药焙焦研末混匀，每日 2 次喂母猪，每次 5~10 克。

方十八：（寒痢）理中汤加喂。高良姜 10 克，附子 5 克，白术 10 克，肉桂 10 克，扁豆 20 克，党参 10 克，神曲 15 克，陈皮 10 克，茯苓 15 克，木香 10 克，甘草 5 克。用法：共研细末，能吃食的掺饲料喂，不能吃食的掺入奶粉用奶瓶喂，5 千克重小猪，每天喂 3 次，每次喂 5~10 克。如用炒黄的大麦面加红糖，再掺药末，小猪肯吃。

方十九：（寒痢）参苓白术散加减。党参 10 克，茯苓 10 克，白术 15 克，肉豆蔻 5 克，扁豆 15 克，石榴皮 15 克，木香 5 克，肉桂 10 克，砂仁 10 克，瞿麦 15 克，山药 15 克。用法：同方十八。

方二十：（寒痢）炒高粱（炒米花也可）250 克。用法：撒在地上任猪嚼食。

方二十一：（热痢）白头翁汤加减。白头翁 15 克，黄连 15 克，白芍 15 克，黄芩 20 克，金银花 10 克，木通 10 克，陈皮 15 克，青木香 10 克，泽泻 10 克。用法：共研细末掺入饲料喂给，每 5 千克体重喂药末 15~20 克，每日 2 次。如不吃，可煎水去渣灌服。

方二十二：（热痢）大蒜头 4 个捣碎。用法：喂食前用馍蘸蒜泥给病猪吃。

方二十三：泽泻、白芍各 100 克，山药、苍术各 50 克。用法：以上药烘干研成粉末，拌料喂服（或水煎服），每日 2 次，母猪每日服半量，小猪每次每头服粉剂 15 克。

方二十四：龙胆末 50 克，白头翁 100 克。用法：上药研末，每日 1 次，每头每次 15 克，连喂 2~3 天；或按每头小猪 10~15 克，直接拌料喂母猪，连用 2~3 天，小猪即愈。

方二十五：古月 1.5 克，槐花 15 克，地榆 15 克，白术 15 克，木香 10 克，神曲 10 克，防风 15 克。用法：共研末，和蜂蜜调成稀粥状喂，即愈。

方二十六：龙胆、陈皮、白头翁、麦芽、山楂、茴香、枳壳、神曲各 25 克。用法：以上药共煎水喂母猪，连用 3~4 天，小猪即愈。

方二十七：虎杖切片烘干研末。用法：每次 10 克灌服，每天 2 次。

方二十八：鲜马齿苋全草抛入猪栏内，任由母猪及小猪采食，连用几天。

方二十九：土茯苓、石榴皮、地榆各 50 克，十大功劳 100 克，百草霜适量。用法：共研末喂母猪，每天 2 次，3 天喂完。

方三十：山药、苍术各 50 克，白芍、泽泻各 100 克。用法：烘干研细末，喂服或水煎服，每日 2 次，仔猪每次服粉剂 15 ~ 20 克，母猪每次服上药的半量。

方三十一：苦参切片。用法：炒焦研末，大猪每头每天 1 次，内服 30 克，小猪减半，连用 2 ~ 3 天。

方三十二：甘草 200 克，大蒜 500 克。用法：切碎后加入 50 度的白酒 500 克浸泡 2 日，混合适量的百草霜，和匀后分成 40 剂，每猪每天灌服 1 剂，连续 2 天即可收效。

方三十三：鲜马齿苋 250 克，鲜车前草 200 克，地榆 150 克，白头翁 150 克。用法：煎水去渣分成 10 份，每头病猪每日灌服 1 份。

方三十四：韭菜汁一匙。用法：加红糖适量，日服 2 次，治愈为止。

方三十五：白桦树皮烧成炭。用法：研末，20 日龄内小猪每次 10 克，20 日龄的小猪 15 克，每日 2 次灌服，连用 2 天。

方三十六：凤尾草、马齿苋、翻白草、水辣蓼、地榆各 150 克，黄柏 50 克，仙鹤草、山楂、陈皮各 25 克，金银花 100 克，神曲、黄连各 400 克。用法：以上药加水 400 克，蒸馏 5 小时，约得药水 1 500 克，每次最大量为 5 毫升，每天肌内注射 1 次。

方三十七：苦参 200 克，黄连 100 克，白胡椒 40 克，白头翁 160 克。用法：研末，装瓶备用，拌料喂母猪，每次 5 ~ 10 克，每日 2 次。

方三十八：仔猪白痢针剂。白头翁、地榆、铁苋菜、马齿苋、水辣蓼、凤尾草、石榴皮、酢浆草各 500 克，加水 20 ~ 25 千克，煎至 4 ~ 5 千克，用 7 层纱布过滤，分装消毒的小瓶内，高压消毒后用白蜡封口备用。用法：小猪每头注射 5 毫升，每天 1 次。

方三十九：石榴皮 50 克，柿树皮（去外面粗皮）、枣树皮各 100 克。用法：烤黄共研细末，供 5 头仔猪服用。

方四十：地锦草 500 克，马齿苋 750 克，车前草 250 克，鬼见愁 500 克。用法：煎水，每次灌服 15 ~ 20 毫升，每日 1 次，连用 3 天。

方四十一：鲜车前草 500 克，鲜泡桐叶 1 000 克，大蒜 20 克。用法：前两味药用 600 毫升水急火煮沸 20 ~ 30 分钟，取汁再将大蒜捣碎混入，供 10 头仔猪服 2 次。

方四十二：枣树皮（炒炭存性）、白头翁（炒黄研末）、百草霜等份。用法：共为细末，每次服 30 克，温水调服。

方四十三：石榴皮、金银花、白头翁、三颗针各 6 ~ 9 克。用法：共为末，拌料喂服。

方四十四：驴皮胶 30 克，石榴皮 45 克，黄连 25 克，全当归 30 克，黄柏 30 克，干姜 15 克，甘草 30 克。用法：共为细末，每次喂服 3 克。

方四十五：旱莲草、铁苋菜、马齿苋、地锦草等量。用法：捣烂取汁喂服。

方四十六：黄连2克，龙胆草2克，白山茄2克，白头翁3克。用法：共为细末，煎水喂服。

三、猪水肿病

猪水肿病是断奶前后仔猪多发的一种急性肠毒血症，以突然发病、头部水肿、共济失调、惊厥和麻痹，剖检胃壁及肠系膜显著水肿为特征，此病发病率低，但病死率高，可达90%以上。

（一）流行病学

断奶不久后的仔猪常发，小的数日龄、大的4月龄也偶有发生。体格健壮、生长快的仔猪最为常见，发生过仔猪黄痢的通常不发生本病。传染源主要是带菌母猪或感染的仔猪，由粪便排出病菌，污染环境、饲料和饮水，通过消化道感染。

本病呈地方性流行，通常只限于个别猪群，不广泛传播，有时散发。在猪群中发病率为10%～35%，但各猪群、各时期有差异。春、秋季多发，病死率高。

集约化饲养、饲养条件改变、气温突变、免疫状态及其他感染因素的存在等可诱发本病。

（二）临床症状

突然发病，精神沉郁，食欲减少或废绝，心跳疾速，呼吸初期快而浅，后来慢而深，发病前1～2天常有轻度腹泻，后便秘。病猪行走时四肢无力，共济失调，步态不稳，有时做圆圈运动。静卧时，表现为肌肉震颤，不时抽搐，四肢做游泳状划动，触动时表现敏感，发出呻吟或嘶哑的鸣叫，继而前肢或后躯麻痹，不能站立，体温无明显变化。

猪水肿病特殊症状为脸部、眼睑水肿，有时涉及颈部和腹部皮下。有的病猪无水肿变化。病程通常为1～2天，个别可达7天以上。

（三）病理变化

特征病变是胃壁、结肠肠系膜、眼睑、面部及颌下淋巴结水肿。胃内常充盈食物，黏膜潮红，有时出血；胃底区黏膜下有厚层的透明有时带血的胶冻样水肿物浸润，使黏膜层与肌层分离，水肿层有时厚达2～3厘米，严重者能波及贲门区和幽门区，但轻症病例呈局部性水肿，需在多处切开胃壁才可发现。结肠祥的肠系膜呈透明胶冻样水肿，充满于肠祥间隙。眼睑与面部浮肿，皮下积有水肿液或透明胶冻样浸润物。颌下淋巴结肿胀，切面多汁，有时有出血。临床上有神经症状的猪，脑常有非化脓性脑炎变化，神经细胞出现不同程度的变性、水肿。

（四）诊断

根据猪发病的日龄、特征性临床症状和病理变化，可做出初步诊断，确诊须由小肠内容物分离病原性大肠杆菌，鉴定其血清型。临床上应注意与缺硒性水肿、贫血性水肿的鉴别。

（五）防制

1. 加强饲养管理　保持猪舍清洁、干燥，仔猪适当运动，不突然改变饲料或饲养方法，保证供给全价、优质饲料。对断奶仔猪，在饲料中添加适宜的抗菌药物。

2. 疫苗预防　仔猪断奶前 7～10 天用猪水肿多价浓缩灭活菌苗肌内注射 1～2 毫升，可预防本病发生。

3. 治疗　本病缺乏特异性治疗方法，通常用抗菌药物口服。实践中用以下方剂，也有较好疗效：

方一：陈皮、大腹皮、黄柏各 20 克，黄芩、黄连、茯苓皮、桑白皮、姜皮（夏天可不用）各 15 克。上方为每头小猪用量，煎汁喂服，每日 3 次。

方二：茯苓皮 15 克，陈皮 10 克，大腹毛 10 克，泽泻 10 克，猪苓 10 克，苍术 20 克，石斛 20 克，丑牛 15 克，木通 15 克，桑根皮 30 克。用法：水煎喂服。

方三：木通、牵牛子、茯苓皮各 10 克，苍术、石斛各 12 克，红花、陈皮、猪苓、大腹皮、泽泻各 6 克，雄黄粉 30 克。用法：上药除雄黄外，水煎，候温加雄黄粉灌服。

方四：贯众、山楂、双花各 25 克，木香、陈皮、槟榔、红花、枳壳各 10 克，甘草、当归、神曲各 16 克，竹叶、生地黄各 31 克，连翘 13 克。用法：水煎，过滤后分 2 次灌服，适于 20 千克体重的猪。

方五：生姜 10 片，大蒜 6 个，商陆 15 克，赤小豆 500 克。用法：水煎服。

方六：木通、车前子、茯苓、泽泻、龙胆草、仙鹤草各 9 克，焦白术、何首乌、当归各 15 克，甘草 15 克，土狗（蝼蛄）7 个。用法：水煎服。

方七：木通、车前子、泽泻、龙胆草、仙鹤草各 15 克，当归、何首乌、焦白术各 25 克，甘草 5 克，土狗 7 个。用法：煎汁内服。

方八：桉树叶（生品）45 克，大腹皮 15 克，五加皮 19 克，茯苓皮 15 克，地骨皮 10 克。用法：煎水喂服。

方九：破故纸、灯芯草、海金沙（全草）各 15 克，甘草 10 克，淡竹叶 25 克，草薢 30 克。用法：水煎，每日 2 次，连用 2 天。

猪副伤寒

一、病原

沙门杆菌为两端钝圆、中等大小的直杆菌，革兰氏染色阴性，无芽孢，通常无荚膜，能运动，多数有菌毛，菌体大小为（0.7~1.5）微米×（2.0~5.0）微米。

沙门杆菌抗原分为表面抗原（K 抗原，即荚膜或包膜抗原，又称为 Vi 抗原）、菌体抗原（O 抗原）、鞭毛抗原（H 抗原）和菌毛抗原四种。许多类型的沙门杆菌具有产生毒素的能力，特别是肠炎沙门杆菌、猪霍乱沙门杆菌和鼠伤寒沙门杆菌。毒素有耐热能力，75℃经 1 小时仍有毒力，能使人发生食物中毒。

本菌需氧或兼性厌氧，最适生长温度为 35~37℃，最适 pH 值 6.8~7.8。沙门杆菌属（除亚利桑那沙门杆菌分解乳糖外）不分解乳糖、蔗糖、侧金盏花醇和水杨苷，分解葡萄糖产酸产气（伤寒沙门杆菌产酸不产气）。大多可利用枸橼酸盐，能还原硝酸盐为亚硝酸盐，在氰化钾培养基上不生长，无苯丙氨酸脱氨酶。

引起猪沙门杆菌病的沙门杆菌血清型很复杂，猪霍乱沙门杆菌及其孔道夫变种是主要的病原菌，能引起败血型传染和肠炎。鼠伤寒沙门杆菌及德尔俾沙门杆菌可引起急性或慢性肠炎，且可能伴发高热。都柏林沙门杆菌引起猪散发性败血型传染及脑膜炎。猪伤寒沙门杆菌引起溃疡性小肠结肠炎和坏死性扁桃体炎及淋巴结炎。

本属细菌对干燥、日光、腐败等具有一定的抵抗力，在外界环境中可生存数周或数月，在 60℃条件下经 1 小时，70℃经 20 分钟，75℃经 5 分钟死亡。对化学消毒剂抵抗力不强，常用消毒剂即可将其杀死。

二、流行病学

各种畜禽和其他动物及人对沙门杆菌属中的许多血清型均有易感性，不分年龄大小均可感染，幼龄的畜禽更为易感。猪多发生于 1~4 月龄的仔猪。病畜和带菌者是主要传染源，可由粪便、尿、乳汁、流产的胎儿及胎衣、羊水排出病菌。病菌污染饲料及饮水，经消化道感染健畜。病猪与健猪交配或用病公猪的精液人工授精可发生感染，另外，子宫内感染也有可能。鼠类亦可传播本病。健康畜禽的带菌现象非常普遍，病菌能潜伏在消化道、淋巴组织及胆囊内，当外界不良因素使动物抵抗力降低时，病菌可变为活动化而发生内源感染。

沙门杆菌病一年四季均可发生，猪在潮湿多雨季节发病较多，通常呈散发性或地方流行性。环境污染、潮湿、棚舍拥挤、饲料饮水不足、长途运输、恶劣气候、疲劳、饥饿、寄生虫病、手术、分娩、断奶过早等均可促进本病的发生。

三、临床症状

潜伏期由 2 天至数周不等，临床上分为急性型和慢性型两种。

1. 急性型（败血型）　多见于断奶前后的仔猪，体温突然升高至 41~42℃，精神沉郁，食欲废绝。后期有下痢，呼吸困难，耳根、后躯和腹下部皮肤有紫红色斑点，有时在出现症状后 24 小时内死亡，但多数病程 2~4 天，病死率很高。

2. 慢性型（结肠炎型）　与肠型猪瘟的临诊表现相类似，是本病临诊上多见的类型。病猪体温升高至 40.5~41.5℃，精神沉郁，食欲减退，寒战，常堆叠在一起，眼有黏性或脓性分泌物，上下眼睑常被黏着，少数出现角膜混浊，严重者发展为溃疡，甚至眼球被腐蚀。病初便秘后下痢，粪便恶臭，淡黄色或灰绿色，混有血液、坏死组织碎片或纤维絮片。有时排几天干粪后又下痢，可以反复多次。因为下痢、失水，很快消瘦。有的病猪在病的中、后期皮肤出现弥漫性湿疹，尤其是腹部皮肤，有时可见绿豆大、干涸的浆性覆盖物，揭开见浅表溃疡。有的病猪发生咳嗽。病程常拖延 2~3 周或更长，最后衰竭死亡。病死率 25%~50%。有时病猪症状逐渐减轻，状似恢复，但以后生长发育不良或经短期又行复发。

有时猪群发生所谓潜伏性"副伤寒"，小猪生长发育不良，被毛粗乱，污秽，体质较弱，偶有下痢，体温和食欲变化不大。一部分病猪发展到一定时期突然症状恶化而引起死亡。

四、病理变化

1. 急性型　病死猪的头部、耳朵及腹部等处皮肤出现大面积蓝紫斑，各内脏器官具有一般败血症的共同变化。全身浆膜和黏膜及各内脏有不同程度的点状出血，全身淋巴结特别是肠系膜淋巴结和内脏淋巴结肿大，呈浆液状炎症与出血。心包、心内外膜有小点状出血，有时见浆液性纤维素性心包炎。脾肿大，被膜偶有散在的小点状出血。肾脏皮质部苍白，偶见细小出血点或斑点状出血，肾盂、尿道及膀胱黏膜常有出血点。肝脏肿大、瘀血，被膜有时有出血点；很多病例可见肝内有许多针尖至粟粒大小的黄灰色坏死灶和灰白色副伤寒结节。肺脏多半表现瘀血及水肿，气管内有白色泡沫，小叶间质增宽且积有水肿液，肺的尖叶、心叶、膈叶的前下部常有小叶性肺炎灶，极重病例伴发有纤维素性肺炎。部分病例有脑膜脑脊髓炎，病变主要是血管炎，脑膜和脑实质有出血斑点，脑实质的病变为弥漫性肉芽肿性脑炎，偶有脑软化，少数病例还见微小脓肿，病灶可见细菌栓子。胃黏膜严重瘀血、梗死而呈黑色，病期超过 1 周时，黏膜内浅表性糜烂。肠道一般有卡他性肠炎，严重者有出血性肠炎，肠壁淋巴小结普遍增大，并常出现坏死和小溃疡。

2. 慢性型　尸体极度消瘦，腹部及末梢部位皮肤出现紫斑，胸腹下与腿内侧皮肤上常有豌豆大或黄豆大的暗红色、黑褐色痘样皮疹，特征性病变主要在大肠、肠系膜淋巴结和肝脏。

后段回肠及各段大肠发生固膜性炎症。局灶性病变是肠壁淋巴组织坏死发展起来的。集合淋巴小结与孤立淋巴小结明显增大，突出于黏膜表面，随后其中央发生坏死，并逐渐向深部与周围扩展，同时有纤维素性渗出，且与坏死肠黏膜凝结为糠麸样的假膜，这种固膜性痂块因混杂肠内容物及胆汁而显污秽的黄绿色。坏死向深层发展波及肌层和浆膜层时，可引起纤维素性腹膜炎。少数病灶的坏死性痂块在坏死区周围发生分界性炎症和脓性溶解，随后腐离而脱落，遗留圆形或椭圆形溃疡，继之溃疡愈合而成疤痕。

肠系膜淋巴结、咽后淋巴结、肝门淋巴结等明显增大，切面呈灰白色脑髓样（脑髓样增生），并散在灰黄色坏死灶，有时形成有大块的干酪样坏死物。扁桃体多数病例表现肿胀、潮红，隐窝内充满黄灰色坏死物，间或有溃疡。肝脏呈不同程度的瘀血、变性，肝实质内有许多针尖大至粟粒大的灰红色、灰白色病灶，从表面及切面观察时，可见一个肝小叶内有几个小病灶。肺的心叶、尖叶、膈叶前下部常有卡他性肺炎病灶，如继发巴氏杆菌或化脓细胞感染则发展为肝变区或化脓灶。

五、诊断

根据流行病学、临床症状和病理变化可做出初步诊断，确诊需采取病猪的粪、尿或肝、脾、肾、肠系膜淋巴结，流产胎儿的胃内容物，流产病猪子宫分泌物等做涂片镜检或分离培养鉴定。鉴别诊断应注意慢性猪瘟大肠的纽扣状溃疡与副伤寒肠溃疡非常相似，但其数量较少，呈典型轮层状隆起，中央凹陷，而且肠系膜淋巴结不呈脑髓样增生。肝脏内也无小灶状坏死和副伤寒结节。

六、防制

（一）预防

加强饲养管理，消除发病诱因。常发生本病的猪场可考虑注射副伤寒菌苗，生后 1 个月以上的哺乳健康仔猪均可使用。

在饲料中添加抗生素添加剂，如土霉素，不仅有防病作用，还可促进仔猪的生长发育。但应注意抗药菌株的出现。

（二）治疗

发现本病，应立即进行隔离、消毒，死亡病猪要严格执行无害化处理，以防止病菌散播和人的食物中毒。同时应用药物进行治疗，用药时剂量要足，维持时间宜长。常用的药物为：土霉素每日 50～100 毫克/千克体重，新霉素每日 5～15 毫克/千克体重，分 2～3 次口服，连用 3～5 天后，剂量减半，继续用药 4～7 天。

猪肺疫

一、病原

多杀性巴氏杆菌为巴氏杆菌属，两端钝圆、中央微凸的短杆菌，单个存在，大小为（0.25~0.4）微米×（0.5~2.5）微米，无鞭毛、无芽孢、无运动性，产毒株有明显的荚膜。革兰氏阴性，用美蓝或瑞氏染色呈明显的两极着色，但陈旧的培养物或多次继代的培养物两极着色不明显。

本菌的抵抗力很弱，在自然界中生长的时间不长，浅层的土壤中可存活7~8天，粪便中可存活14天。一般消毒药在数分钟内均可将其杀死。

二、流行病学

多杀性巴氏杆菌对多种动物和人均有致病性，以猪、牛、兔、鸡、鸭、火鸡最易感，绵羊、山羊、鹿、鹅次之，马偶可发生。病畜禽和带菌畜禽是主要传染源。病畜禽由其排泄物、分泌物不断排出有毒力的病菌，污染饲料、饮水、用具和外界环境，经消化道而传染给健康畜禽，或由咳嗽、打喷嚏排出的病原，通过飞沫经呼吸道传染。另外，经吸血昆虫的媒介及损伤的皮肤、黏膜也可发生传染。当畜禽饲养管理不善，气候恶劣，使动物抵抗力降低时，即可发生内源性传染。

本病通常无明显的季节性，但以冷热交替、气候剧变、潮湿、闷热、多雨时期发生较多。多为散发，有时可呈地方流行性。一些诱发因素如营养不良、长途运输、寄生虫、饲养条件差等诱因可促进本病内源性传染发生。

三、临床症状

潜伏期1~3天，有时5~12天，临诊上通常分为最急性型、急性型和慢性型3种。

1. 最急性型（俗称锁喉风）　呈败血症症状，常突然发病，迅速死亡。晚间食欲正常，次日清晨死于栏内，看不到症状。发病稍慢的，表现体温升高（41~42℃）、食欲废绝、全身衰弱、卧地不起，或烦躁不安、心跳加快、呼吸高度困难，颈下咽喉红肿、发热、坚硬，严重者向上延至耳根、向后可达胸前。临死前呼吸极度困难，常呈犬坐姿势，伸长头颈呼吸，有时发出喘鸣声，口鼻流出泡沫，可视黏膜发绀，腹侧、耳根及四肢内侧皮肤出现红斑，很快窒息死亡。病程1~2天，病死率100%。

2. 急性型　是本病主要和常见的病型。败血症表现较急性型轻微，主要表现纤维素性胸膜肺炎症状。病初表现体温升高（40~41℃），发生短而干的痉挛性咳嗽，呼吸困难，有黏稠性鼻液，有时混有血液。后变为湿咳，咳时感痛，触诊胸部有剧烈疼痛。听诊有啰音及摩擦音。初期便秘，后期腹泻。病情严重后，表现呼吸极度困难，呈犬坐姿势，皮肤有紫斑或小出血点，可视黏膜发绀。通常颈部不呈现红肿。心跳加快、心脏衰弱。病猪消瘦无力，卧地不起，多窒息而死。病程 4～6 天，有的病猪转为慢性。

3. 慢性型　多见于流行后期，主要表现为慢性肺炎和慢性胃肠炎症状。病猪表现精神沉郁、食欲减退、持续性咳嗽和呼吸困难，鼻流少许黏脓性分泌物。进行性营养不良，极度消瘦，常有泻痢现象。有时出现痂样湿疹，关节肿胀。若不及时治疗，多经 2 周以上衰竭而死，病死率 60%～70%。

四、病理变化

1. 流行性猪肺疫（最急性型）　外观见咽喉部和颈部呈急性肿胀，触摸肿胀部硬实，耳根、腹部与四肢内侧皮肤出现紫红色斑块，指压褪色。从口鼻流出白色泡沫样液体，全身可视黏膜呈紫红色。剖检见咽喉黏膜下组织呈急性出血性炎性水肿，有多量略透明的淡黄色液体流出，被水肿液浸润的组织呈黄色胶冻样。镜检局部水肿液中有大量病原菌和不同数量的嗜中性粒细胞。咽喉部黏膜肿胀可引起声门部狭窄，导致严重呼吸障碍，甚至窒息。水肿可蔓延至舌根部，严重者波及胸前和前肢皮下。颌下、咽后和颈前淋巴结显著充血、出血、水肿而表现高度肿大，有的淋巴结坏死。全身浆膜、黏膜有点状出血，胸、腹腔及心包腔内液体量增多，有时有纤维蛋白渗出。肺多数瘀血、水肿，有时肺组织内见散在局灶性红色肝变病灶。

2. 散发性猪肺疫　肺部病变非常显著，肺门淋巴结肿大出血，表现不同发展阶段的纤维性肺炎变化，病变可波及一侧或两侧肺叶的大部。病变最多见于肺的尖叶、心叶、膈叶前部，严重时可波及整个肺叶。病变部肺组织肿大、坚实，表面呈暗红色或灰黄红色，被膜粗糙，有时附着纤维素性薄膜。病变部与相邻组织界线明显。病灶部肺小叶间质增宽、水肿，使整个肺呈大理石样外观。病灶部周围组织通常表现瘀血、水肿或气肿。切面由于病程长短不同，呈现不同色泽的肝变样病灶。有的病灶切面暗红色，有的灰黄红色，有的病灶以支气管为中心发生坏死或化脓，有的发展为坏疽性肺炎，胸腔内有多量黄色混浊的液体。胸膜及心外膜纤维素性炎，表现为胸膜、心外膜粗糙，有的有斑块状或点状出血，失去光泽，附有数量不等的纤维蛋白。慢性病例常发生肺、肋胸膜粘连。伴有纤维素性心外膜炎的病例，表现心包扩张，心包液增多，心外膜充血、出血，在心外膜上和心包液中有膜状或凝卵样的纤维素性凝块。

组织学变化主要为大叶性肺炎。充血水肿期，镜下见肺泡毛细血管显著扩张充血，肺泡腔内有大量浆液性渗出液，其中有少量红细胞、中性粒细胞及脱落的肺泡上皮细胞；红色肝变期，镜下肺泡毛细血管充血明显，肺泡腔内有大量交织成网状的纤维素与红细胞，还有中性粒细胞、脱落的肺泡上皮细胞。支气管周围、小叶间及胸膜下组织发生炎性水肿时可明显增宽，内充盈大量浆液纤维素性渗出物，还有一定数量的中性粒细胞，间质中淋巴管扩张，内有多量炎性渗出物，有的淋巴管发生炎症，形成淋巴栓；灰色肝变期，肺泡壁充血消退，肺泡腔有大量纤维素和中性粒细胞，镜下见扩张的毛细血管缩小，肺泡腔充满纤维素网和中性粒细胞，红细胞溶解几乎消失；消散和恢复期，镜下中性粒细胞多已发生坏死，纤维素被中性粒细胞崩解释放出的蛋白溶解酶逐渐溶解，变为微细颗粒，巨噬细胞明显增多，且吞噬坏死组织和炎性产物。溶解的渗出物经支气管排出或被淋巴管吸收。随着渗出物的吸收消散，肺泡壁毛细血管内血流恢复，肺泡上皮细胞再生，肺泡腔重新充气，肺组织完全恢复其结构和功能。但是，家畜的纤维素性肺炎很少完全消散，这是因为在纤维素性肺炎病程中，淋巴管同时受害，从而阻碍炎性渗出物的消散；同时，肺组织常有较严重的损伤。病灶一般由肺泡间隔和细支气管壁新生的肉芽组织长入，逐渐将渗出物机化，使病变部分成肉样，称为肺肉变。

五、诊断

根据本病的多发季节，发病以中、小猪较多，高热，咽喉部红肿，呼吸困难，剖检见败血症变化和纤维素性肺炎变化，可诊断为猪肺疫，必要时做细菌学检查。

六、防制

（一）加强管理

加强饲养管理，消除应激因素，定期消毒。对新引进猪要隔离观察 1 个月后再合群并圈。

（二）疫苗预防

选择与当地常见血清型相同的菌株或当地分离菌株制成的疫苗进行免疫。常用的疫苗及用法如下：①猪肺疫口服弱毒苗，按疫苗使用说明书，用凉开水稀释，按每瓶所喂头数添加于质量好的饲料中，充分拌匀后，让猪采食，7 天后产生免疫力，免疫期 10 个月，本疫苗专用口服，不可注射，疫苗稀释后 2 小时内用完。病弱猪及临产猪不宜服用。②猪肺疫氢氧化铝菌苗，断奶后的大小猪一律皮下注射 5 毫升，14 天产生免疫力，免疫期 9 个月。另外，含有猪肺疫 EO – 630 弱毒苗，猪丹毒、猪肺疫氢氧化铝二联苗，猪瘟、猪丹毒、猪肺疫弱毒三联苗等均可选用。

免疫程序为：①种猪每间隔 6 个月免疫接种 1 次，临产母猪、哺乳母猪暂不注射。通常在春、秋两季定期接种疫苗。②45~60日龄首免，90日龄左右再免疫一次。③接种疫苗前几天和后7天内，禁用抗菌药物。

（三）治疗

发生本病时，应将病猪隔离，严格消毒。同群假定健康猪用高免血清进行紧急预防注射，隔离观察1周后，若无新病例出现，再注射疫苗。如没有高免血清，也可用疫苗进行紧急预防接种，但应做好潜伏期病猪发病的紧急抢救准备。

病猪在发病初期用高免血清治疗，效果良好。青霉素、链霉素、四环素族或磺胺类药物也有一定疗效。若将抗生素和高免血清联用，效果更佳。

实践中用以下方剂，也有较好治疗效果。

方一：马勃10克，豆根15克，栀子20克，黄连15克，枯芩25克，枳实15克，花粉25克，玄参30克，大黄25克，胆草30克，连翘20克，木通30克，雄黄15克，桔梗30克，姜虫（成粉）5克，全虫5克，苏子5克，葶苈20克，白糖、苍耳子、冰片（研细）为引（此为50千克体重用量）。用法：熬水内服，每日2次，分2天服完。

方二：连翘20克，银花20克，青黛15克，射干20克，玄参15克，寸冬20克，马勃10克，甘草10克，白糖50克，蚯蚓20条为引（此为50千克体重用量）。用法：煎水内服，1日服完。

方三：射干40克，山豆根40克，胆草40克，黄芩25克，栀子30克，黄柏30克，甘草15克，苦参25克，柴胡15克，大黄30克（此为50千克体重用量）。用法：熬水内服，1日服完。

方四：连翘25克，银花30克，元参30克，黄连15克，黄芩25克，枳实25克，桔梗25克，杏仁30克，大黄5克，百部30克，蒌仁30克，寸冬30克，山豆根30克，甘草15克，桑皮、车前草为引（此为50千克体重用量）。用法：煎水内服。

方五：银花40克，射干30克，大力子30克，山豆根30克，黄柏40克，桔梗25克，杏仁25克，黄芩40克，元参25克，知母30克，大蒜50克，雄黄20克，夏枯草30克，车前草40克，栀子40克，黄连20克，蒲公英40克，薄荷15克。用法：煎水内服。

方六：山豆根25克，荆芥25克，寸冬25克，枯芩15克，马兜铃20克，栀子25克，桔梗25克，射干25克，大连15克，连翘25克，大力子25克，万年青为引。用法：煎水灌服。

方八：紫草25克，丹皮25克，山豆根35克，射干20克，麦冬40克，黄芩15克，大黄35克，元明粉25克（25~35千克体重的剂量）。用法：煎水去渣，分早晚灌服。

方九：山豆根50克，射干50克，连翘40克，金银花50克，僵蚕25克，牛蒡子50克，寒水石50克，马勃30克，甘草15克。用法：煎水去渣，分早晚灌服。

布鲁杆菌病

一、病原

布鲁杆菌初次分离时，多呈球杆状，次代培养时，牛、猪布鲁杆菌逐渐变成小杆状，羊布鲁杆菌则不变。大小为（0.5~0.7）微米×（0.6~1.5）微米，散在，无芽孢和鞭毛，个别菌株可产生荚膜。革兰氏阴性。

布鲁杆菌属有6个种，20个生物型。6个生物种是马耳他布鲁杆菌（羊布鲁杆菌）、流产布鲁杆菌（牛布鲁杆菌）、猪布鲁杆菌、沙林鼠布鲁杆菌、绵羊布鲁杆菌和犬布鲁杆菌。

布鲁杆菌属中各生物种及生物型的毒力有所差异，其致病力也不相同。沙林鼠布鲁杆菌主要感染啮齿动物，对人、畜基本无致病作用；绵羊布鲁杆菌只感染绵羊；马耳他布鲁杆菌主要感染绵羊、山羊，也可感染牛、猪、鹿、骆驼等；犬布鲁杆菌主要感染犬，对人、畜的侵袭力很低；流产布鲁杆菌主要感染牛、马、犬，也可感染水牛、羊、鹿；猪布鲁杆菌主要感染猪，也可感染牛、羊、鹿。人的感染菌型以羊型最常见，其次为猪型，牛型最少。

布鲁杆菌为需氧菌或微需氧菌，对营养要求严格，初代分离培养时，须在含有血液、血清、马铃薯浸液、肝汤和葡萄糖的培养基中才能较好发育，且生长缓慢，通常需7~14天或更长时间才能长出肉眼可见的菌落。多次传代后，不仅生长变快，2~3天即长出菌落，而且对营养要求降低，在普通琼脂上也可生长。在血清肝汤琼脂上，形成湿润、圆形、无色、闪光、表面隆起的边缘整齐的小菌落。在马铃薯斜面上生长良好，于2~3天后长出水溶性微棕黄色菌苔。在不利的生长环境中，本菌易由光滑型（S）变为粗糙型（R）。

本菌分解糖类的能力因种类而不同。通常能分解葡萄糖产生少量酸，不分解甘露醇，不液化明胶，不能产生靛基质。VP试验和MR试验均阴性。有些菌型可分解尿素和产生H_2S。

本菌对外界环境的抵抗力较强，在污染的土壤、水、粪尿和饲料等中能生存一至数月，对热和消毒药的抵抗力不强。巴氏灭菌法10~15分钟、0.1%升汞数分钟、1%来苏儿或2%福尔马林及5%生石灰乳15分钟、直射阳光0.5~4小时可杀死本菌。

二、流行病学

布鲁杆菌可感染多种动物，家畜中以牛、山羊、绵羊、猪易感性较高，其他动物如牦牛、水牛、鹿、羚羊、骆驼、狼、犬、猫、马、鸡、鸭及一些啮齿类等都可自然感染，也能感染人。病畜和带菌动物是主要传染源，特别是受感染的妊娠母畜。病原菌随感染动物的精液、乳汁、浓液，尤其是流产胎儿、胎衣、羊水及子宫渗出物等排出体外，通过污染饲料、饮水、用具和草场的媒介而造成动物感染。主要通过消化道感染，也可通过结膜、阴道和皮肤感染。通常为散发，接近性成熟年龄的动物较易感。母畜感染后一般只发生一次流产，流产两次者少见。

三、临床症状

母猪感染后多发生流产，通常发生在妊娠后第4～12周，有的在妊娠第2～3周即流产，也有的在接近妊娠期满，即早产。早期流产常不易发现，因母猪常将胎儿连同胎衣吃掉。流产前常表现精神沉郁，乳房及阴唇肿胀，有时阴道流出黏性或黏脓性分泌物，体温升高，食欲减退。流产后很少发生胎衣滞留，阴道流出黏性红色分泌物，通常在产后8～10天自愈。少数情况因胎衣滞留，引起子宫炎和不育。还可见皮下脓肿、关节炎、腱鞘炎等，若椎骨中有病变时，还可能发生后肢麻痹。公猪感染后多发生睾丸炎和附睾炎。

四、病理变化

子宫黏膜上散在分布着很多淡黄色的小结节，结节直径多半在2～3毫米，大的可达5毫米，质地硬实，切开有少量干酪样物质可从中压挤出来。小结节多时能相互融合形成不规则斑块，从而使子宫壁增厚和内腔狭窄，一般称其为粟粒性子宫布鲁杆菌病。

输卵管也有类似子宫的结节性病变，有的可引起输卵管阻塞。子宫阔韧带上有时散在一些扁平、红色、不规则形的小肉芽肿。

流产或正常产出的胎儿状态多不相同，有的已干尸化，有的死亡不久，有的是弱仔猪，可能还有正常的仔猪，这是因为猪的各个胎衣互不相连、胎儿受感染的程度及死亡时间不同所致。妊娠子宫在粟粒性子宫内膜炎的基础上发展为弥漫性卡他性子宫内膜炎，内膜充血、出血、水肿，表面有少量奶油状卡他性渗出物。胎儿胎盘也充血、出血、水肿，表面有一薄层淡黄色或淡褐色黏液脓性渗出物。胎儿皮下水肿，在脐带周围充血、出血明显，并由此渗入体腔。水肿液常被血液染成红色。胃内容物可能正常，也可能呈黏稠、混浊、淡黄色，且含有凝乳状的小絮片。公猪布鲁杆菌性的睾丸结节中心为坏死灶，外围有一上皮样细胞区及浸润有白细胞的结缔组织包囊。附睾一般也要同样的病变，有的病例鞘膜发生纤维素性化脓性炎。

猪布鲁杆菌常引起关节病变，主要侵害四肢大的复合关节。病变开始为滑膜炎，进而发展为化脓性或纤维素性化脓性关节炎。猪布鲁杆菌还可引起椎骨（多见于腰椎）的骨髓炎和骨的病变，骨的病变表现为具有中央坏死灶的增生性结节，有的坏死灶可发生脓性液化，化脓性炎症的蔓延可能引起化脓性脊髓炎或椎旁脓肿。淋巴结、肝、脾、乳腺、肾、皮下等亦可发生巴氏杆菌性结节性脓肿病变。

五、诊断

根据流行病学、临床症状和病理变化可做出初步诊断，确诊必须用细菌学、血清学检查，进行综合判定。

（一）细菌学检查

用流产胎儿胃内容物或阴道分泌物等材料制成菲薄的涂片，干燥、火焰固定后，用沙黄－孔雀绿染色法染色，布鲁杆菌被染成淡红色，其他细菌和细胞为绿色或蓝色。

小动物感染试验：取子宫内容物、流产胎儿胃内容物、羊水、精液或病变组织，制成混悬液，给 2 只体重 350～400 克的豚鼠皮下或腹腔接种，接种量为 0.5～2 毫升，接种后第 2 周开始采血，以后每隔 7～10 天采血一次，检查血清抗体，若凝集价达 1:5 以上时，即认为是阳性反应，证明已感染了布鲁杆菌，此时，可从豚鼠心血中分离培养细菌，即使分离不到细菌，也可判定已感染布鲁杆菌。通常 1 只在接种后第 3 周剖杀，另外 1 只在第 6 周剖杀，如见到鼠蹊淋巴结和腰下淋巴结肿大，脾肿大、表面粗糙，有结节状病灶，肝脏有灰白色细小平坦的坏死小结节，更可进一步证实试验的阳性结果。如注射的豚鼠不发病，剖检无病变，脏器分离培养阴性，可报告阴性。若为公豚鼠，腹腔接种时，可引起睾丸炎。如在接种后第 3 个月末，豚鼠不发病、未死亡、血清反应阴性，可报告为阴性。

（二）凝集反应

以试管凝集试验检查时，猪在 1:50 稀释度出现"＋＋"以上的凝集现象时，被检血清判定为阳性反应；在 1:25 稀释度出现"＋＋"以上凝集现象者，被检血清判定为可疑。

大群检疫时，为提高效率，可用玻板凝集反应，猪血清在 0.04 毫升处凝集，判为阳性反应；在 0.08 毫升处凝集，判为可疑反应。

（三）虎红平板凝集试验

虎红平板抗原是酸性和具有缓冲作用的染色抗原，虎红平板凝集试验可揭露猪、牛、羊、鹿和人的患病机体血清中的特异性 IgG1 亚类抗体，其敏感性与补体结合反应较为接近。

操作方法：在进行虎红平板试验前，应将抗原和被检血清放置室温 30～60

分钟，准备一块洁净的玻璃板，用蜡笔画成4厘米² 的方格，每格中滴一份被检血清0.03毫升，吸取抗原0.03毫升滴于血清样品旁，用牙签搅动使抗原和血清混合，在4分钟内判定结果，出现凝集现象者为阳性，否则，判为阴性。

每次试验均须设已知阳性、阴性血清对照，只有在对照血清结果成立的前提下，被检血清的检验方可认为是可靠的。

（四）补体结合试验

补体结合试验在特异性上常优于其他几种方法，因此，此法常被用来对试管凝集反应和虎红平板凝集反应检出的阳性和可疑病畜做定性诊断。补体结合试验在布鲁杆菌血清学诊断中占有重要地位。

（五）鉴别诊断

布鲁杆菌病主要症状是流产，而伴发流产的疾病很多，应注意与乙型脑炎、化脓放线菌感染、猪细小病毒病、猪伪狂犬病、钩端螺旋体病等的鉴别。

六、防制

（一）疫苗接种

有计划地进行疫苗接种。因为菌苗接种只能保护健畜不受感染，并不能制止病畜排菌，所以最好的办法是采用淘汰病畜与疫苗接种相结合。不受布鲁杆菌病威胁和已经控制的地区，主张不接种菌苗或不继续接种菌苗。猪主要应用猪二号弱毒菌苗（S2），断乳后任何年龄的猪，怀孕和非怀孕猪均可应用（怀孕猪不能用注射法）。可用口服、皮下注射、肌内注射和气雾等多种方法接种，有效期为1年。

（二）预防原则

1. 定期检疫 猪在5月龄以上检疫为宜，疫区内接种过菌苗的猪应在免疫后12~36个月时检疫。疫区检疫每年至少进行两次，检出的病猪，应一律屠宰做无害化处理。

2. 淘汰病猪 本病尚无特效疗法，通常采用淘汰病猪来防止本病的流行和扩散。

3. 隔离饲养 对疫区进行隔离，尽量减少病畜数量，限制流动。若检出病畜较多，可隔离饲养，专人管理，且有兽医监督。防止人和其他动物感染。

4. 清除、消毒处理污染物 流产胎儿、胎衣、粪便等采用深埋或生物热发酵处理。病畜的肉应按肉品卫生检验法处理，应彻底消毒污染场地、畜舍、用具等，防止布鲁杆菌病传播。

5. 培养健康畜群 仔猪在断奶后即隔离饲养，2月龄和4月龄各检验一次，若全为阴性即为健康仔猪。

类鼻疽

一、病原

类鼻疽假单胞菌为革兰氏阴性短杆菌，有鞭毛，能运动。本菌抗原结构复杂，与鼻疽假单胞菌有共同抗原，各种血清学试验均有交叉反应，我国研制的抗类鼻疽单克隆抗体可对这两种菌做出区别。根据不耐热抗原的有无，将本菌分为两个血清型，Ⅰ型具有耐热和不耐热抗原，主要存在于亚洲；Ⅱ型只有耐热抗原，主要存在于大洋洲和非洲。我国的菌株大部分属Ⅰ型。

本菌在自然条件下抵抗力较强，可在土壤及水中存活1年以上，但不耐高热和低温，常用消毒药可将其杀死。对多种抗生素有耐药性，但对强力霉素、四环素、卡那霉素、磺胺嘧啶、甲氧苄氨嘧啶等较为敏感。

二、流行病学

类鼻疽假单胞菌是热带地区土壤和水中的一种常在菌，尤以死水中阳性分离率更高。高温、高湿有利于本菌生长，因而本病的分布与气候地理条件关系密切。动物和人多因接触污染的水或土壤，通过损伤的皮肤黏膜而感染，也可经呼吸道、消化道或泌尿生殖道感染。动物和人常呈隐性感染，病菌能长期存在体内，所以可随动物与人的流动将病菌带到新的地区，当动物或人受到某些诱因时，可促进本病发生。

多数哺乳动物及人都有易感性，家畜中以猪、羊较为易感，马、牛的易感性较低；灵长类动物、兔、犬、猫、啮齿类和禽类也有感染的报道。

三、临床症状

病猪体温升高，精神沉郁，呼吸增速，咳嗽，运动失调或跛行，四肢肿胀，尿色黄且混有淡红色纤维素样物。公猪睾丸肿胀。仔猪病死率高。

四、病理变化

动物和人感染类鼻疽后，受侵害脏器主要表现化脓性炎症。急性感染时，可在体内各部位发现小脓肿及坏死灶；亚急性和慢性感染时病变常局限于某些器官，最常见的受侵害器官是肺脏，其次为肝、脾、淋巴结、肾、皮肤，其他如骨骼肌、关节、骨髓、睾丸、前列腺、肾上腺、脑和心肌也可见到病变。

五、诊断

本病由于无特征性症状，所以确诊有赖于细菌学和免疫学诊断。其方法是细菌标本直接镜检，也可应用荧光抗体试验。分离培养可用含有头孢菌素或多黏菌素的选择性培养基。最敏感的方法是通过接种仓鼠或豚鼠分离本菌。对可疑菌落用抗类鼻疽阳性血清做凝集试验，或用类鼻疽单克隆抗体做间接 ELISA 或 IFA 试验进行鉴定。在免疫学诊断方面，常用间接血凝试验与补体结合试验。

六、防制

本病尚无可应用的疫苗。预防主要采取一般防疫卫生措施，防止污染本菌的土壤和水经损伤的皮肤、黏膜感染。病人、病畜的排泄物及脓性渗出物用漂白粉消毒。为防止带菌动物扩散病菌，应加强动物检疫和乳、肉品卫生检验，感染猪的产品应高温处理或废弃。加强饲料和水源的管理，做好畜舍环境卫生工作，消灭邻近的啮齿动物。

病畜应隔离。对急性病例采取强有力的治疗措施。早期选用数种敏感的抗菌药物联合治疗，疗程较长（1～3 个月）。常用药物有强力霉素、四环素、卡那霉素、长效磺胺加增效剂等。

葡萄球菌病

一、病原

葡萄球菌为革兰氏阴性球菌，无鞭毛，不形成芽孢和荚膜，常呈葡萄串状排列，在脓汁或液体培养基中常呈双球或短链状排列。为需氧或兼性厌氧菌，在普通培养基上生长良好。根据细胞壁的组成、血浆凝固酶、毒素产生及生化反应的不同，可将葡萄球菌属分为金黄色葡萄球菌、表皮葡萄球菌和腐生性葡萄球菌3 种。

葡萄球菌对外界环境的抵抗力较强，在尘埃、干燥的脓血中可存活几个月，加热80℃经30 分钟才能杀死。对龙胆紫、青霉素、红霉素、庆大霉素敏感，但易产生耐药菌株。

二、流行病学

葡萄球菌在自然界中分布极为广泛，空气、尘埃、污水和土壤中均有存在，也是人和动物体表及上呼吸道的常在菌。多数动物和人均有易感性。通过各种途径均可感染，破裂及损伤的皮肤黏膜是主要的入侵门户。

葡萄球菌的发生和流行，与各种诱发因素有密切关系，如饲养管理不善、恶劣环境、有并发病存在使机体抵抗力降低等。

三、临床症状

猪渗出性皮炎是由表皮（白色）葡萄球菌所致的一种仔猪高度接触性皮肤疾病，多见于 5 ~ 6 日龄仔猪。病初首先在肛门和眼睛周围、耳郭及腹部等无被毛处皮肤上出现红斑，发生 3 ~ 4 毫米大小的微黄色水疱。水疱迅速破裂，渗出清朗的浆液或黏液，与皮屑、皮脂和污物混合，干燥后形成微棕色鳞片状结痂，发痒。痂皮脱落，露出鲜红色创面。一般于 24 ~ 48 小时蔓延至全身表皮。患病仔猪食欲减退，饮欲增加，迅速消瘦。通常经 30 ~ 40 天可康复，但影响发育。严重病例于发病后 4 ~ 6 天死亡。本病也可发生在较大仔猪、育成猪或者是母猪乳房上，但病变轻微，无全身症状。

四、诊断

根据临床症状和流行病学资料可做出初步诊断，但为了确诊或为了选择最敏感的药物，还需进行实验室检查。

五、防制

由于葡萄球菌广泛存在于自然界，宿主范围很广，人和动物的带菌率很高，要根除这样一种条件性致病菌和它引起的疾病是不可能的。为控制本病的发生，首先要减少敏感宿主对具有毒力和耐抗生素菌株的接触，还要严格控制有传播病菌危险的病人和病畜。其次，要注意消毒，对手术伤、外伤、脐带、擦伤等按常规操作，被葡萄球菌污染的手和物品要彻底消毒。对动物，主要应加强饲养管理，防止因环境因素的影响而使抗病力降低，防止皮肤外伤，圈舍、栏具和运动场地应经常打扫，注意清除带有锋利尖锐的物品，防止划破皮肤。若发现皮肤有损伤，应及时给予处置，防止感染。对皮肤损伤可进行外科治疗。

猪链球菌病

一、病原

本病病原多为 C 群的马链球菌兽疫亚群和类马链球菌，D 群的猪链球菌，以及 E、L、S、R 等群。

链球菌呈圆形或卵圆形，常排列为链状，链的长度因种的差别和菌生长的培养基而不同。通常致病性菌株链较长，非致病性菌株链较短。

本菌为需氧或兼性厌氧菌，少数为专性厌氧菌。链球菌的某些致病菌株可产生许多毒素和酶，有溶血素、杀白细胞素、蛋白酶、透明质酸酶、链激酶、核糖核酸酶、脱氧核糖核酸酶、二磷酸吡啶核苷酸酶等。

链球菌对热和普通消毒药抵抗力不强，多数链球菌在60℃加热30分钟均可被杀死，煮沸可立即死亡。常用消毒药如2%石炭酸、1%煤酚皂液、0.1%新洁尔灭均可在3~5分钟内将其杀死。日光直射2小时链球菌即可死亡。

二、流行病学

链球菌的易感动物很多，猪、牛、绵羊、山羊、马属动物、鸡、兔、水貂以及鱼等均有易感性。但在猪则不分年龄、品种和性别均易感。

现代集约化密集型养猪，更易流行猪链球菌病。猪群流行本病时，与猪经常接触的牛、犬和禽类不见发病。实验动物中，以家兔最为敏感，仓鼠、小鼠次之。病猪和病愈带菌猪是本病自然流行的主要传染源。病猪的鼻液、粪、尿、唾液、血液、肌肉、内脏、肿胀的关节内均可检出病原体。猪链球菌多经呼吸道和消化道感染。病猪与健康猪接触，或由病猪排泄物污染的饲料、饮水及用具可引起猪大批发病而造成流行。外伤、阉割或注射消毒不严等也可造成本病的传染和散播。各种年龄的猪都有易感性，30~50千克架子猪多发，但败血症型及脑膜脑炎型多见于仔猪，化脓性淋巴结炎型多发于中猪。一年四季均可发生，春、秋季多发，呈地方流行性。

三、临床症状

1. 败血症型　在流行初期常有最急性病例，往往头晚未见任何症状，次晨已死亡；或者停食1~2顿，体温升高达41.5~42℃，呼吸困难，精神委顿，便秘、粪干硬，结膜发绀，突然倒地，口、鼻流出淡红色泡沫样液体，腹下有紫红斑，多在6.5~24小时内迅速死于败血症。急性病例，常突然发病，病初体温升高达40~41.5℃，继而升高到42~43℃，呈稽留热，精神沉郁，呆立，嗜卧，食欲减退或废绝，喜饮水。眼结膜潮红，有出血斑，流泪。呼吸促迫，间有咳嗽。鼻镜干燥，流出浆液性、脓性鼻液。颈部、耳郭、腹下和四肢下端皮肤呈紫红色，且有出血点。个别病例出现血尿、便秘或腹泻。病程稍长，多在3~5天因心力衰竭死亡。

2. 脑膜脑炎型　多见于哺乳仔猪和断奶后小猪，病初体温升高达40.5~42.5℃，不食，便秘，有浆液性或黏液性鼻液，继而出现神经症状，盲目走动，步态不稳，或做圆圈运动，磨牙、空嚼。当有人接近或触及躯体时，发出尖叫或抽搐，或突然倒地，口吐白沫，四肢划动，状似游泳，继而衰竭麻痹，急性型多在30~36小时死亡。亚急性或慢性型病程稍长，主要表现为多发性关节炎，逐渐消瘦衰竭死亡，或康复。病程1~2天。

3. 关节炎型　由前两型转来，或者从发病起即呈关节炎症状，表现一肢或几肢关节肿胀，疼痛，有跛行。病程 1～2 天。

4. 化脓性淋巴结炎（淋巴结脓肿）型　多见于颌下淋巴结，其次是咽部、耳下和颈部淋巴结。受害淋巴结首先出现小脓肿，逐渐增大，感染后 3 周达 5 厘米以上，局部显著隆起，触之坚硬，有热痛。病猪体温升高，食欲减退。由于局部受害淋巴结疼痛和压迫周围组织，可影响采食、咀嚼、吞咽，甚至引起呼吸障碍。脓肿成熟后自行破溃，流出带绿色、稠厚、无臭味的脓汁，此时全身症状显著减轻。脓汁排净后，肉芽组织新生，逐渐康复。病程 2～3 周，一般不引起死亡。

四、病理变化

1. 最急性型　口、鼻流出红色泡沫样液体，气管、支气管充血，充满带泡沫的液体。

2. 急性型　耳、胸、腹下部及四肢内侧皮肤有出血点，皮下组织广泛出血。鼻黏膜紫红色，充血、出血。气管充血，充满淡红色泡沫样液体。肺肿大、水肿、出血。脾肿大，呈暗红色或蓝紫色，柔软，质脆。全身淋巴结肿大出血，其中肺门淋巴结、肝门淋巴结周边出血。心外膜、心耳有弥漫性出血点，有心内膜炎时，左心室瓣膜可出现菜花样赘生物。胃和小肠黏膜有不同程度的充血和出血，小肠系膜淋巴结肿大、充血、出血。肾肿大，被膜下和切面上可见出血小点。胸腹腔有多量液体，有时有纤维素性渗出物，常与内脏粘连。有神经症状的，脑膜充血、出血，严重者瘀血，少数脑膜下积液，白质与灰质有明显的小点出血。脊髓也有类似变化。关节腔内有液体渗出。

3. 化脓性淋巴结炎型　可见有些淋巴结出现化脓灶；当出现脓毒败血症时，肺可见转移性脓肿。

五、诊断

本病的症状和剖检变化比较复杂，容易与多种疾病混淆，必须进行实验室检查才能确诊。

（一）细菌学检查

根据不同病型采取病料，败血症型病猪无菌采取心血、肝、脾、肾、肺等；淋巴结脓肿病猪可用灭菌注射器吸取未破溃淋巴结脓肿内的脓汁；脑膜炎型病猪无菌采取脑脊髓液和少量脑组织。病料制成涂片，用碱性美蓝染色或革兰氏染色后镜检，若见有多数散在的或成双排列的短链圆形或椭圆形球菌，无芽孢，有时可见到带荚膜的革兰氏阳性球菌，可做出初步诊断。

分离培养时，怀疑为败血症病猪的，可先采取血液用硫乙醇盐肉汤增菌培养后，再转种于血液琼脂平板上；若为肝、脾、脓汁、炎性分泌物、脑脊液等可直接用铂耳勺取少许病料直接画线接种于血液琼脂平板上进行分离培养，37℃培养24~48小时，形成大头针帽大小、湿润、黏稠、隆起、半透明的露滴样菌落。菌落周围有完全透明的β溶血环，少数菌落呈现α绿色溶血环。可进一步做涂片镜检和纯培养及生化特性检查。

（二）血清学检查

荧光抗体技术：用制备的 A、B、C、D、G 等荧光抗体血清，快速检测标本中是否有链球菌，敏感性高，一般在 20 小时内出结果。

乳胶凝集试验：用链球菌群或型特异血清致敏的乳胶颗粒来检测相应的链球菌特异抗原，可在数分钟内出现肉眼可见的凝集现象。

对流免疫电泳：用已知抗体去检测标本中的链球菌抗原。具有简便、快速、特异性强、敏感性高等特点。

（三）动物接种

将病料制成 5~10 倍乳剂，给家兔腹腔或皮下注射 1~2 毫升，或给小白鼠皮下注射 0.2~0.5 毫升。接种后家兔与小白鼠均于 12~24 小时死亡。死后剖检，取心血、肝、脾等涂片，镜检或做进一步分离培养，镜检可见大量链球菌，培养又可分离到纯的致病性链球菌时，可确定为链球菌感染。

六、防制

（一）疫苗预防

可用福氏佐剂甲醛灭活苗或氢氧化铝甲醛灭活苗，每头猪均皮下注射 3~5 毫升，保护率可达到 75%~100%，免疫期在 6 个月以上。也可用化学药品致弱的 $G_{10}-S_{115}$ 弱毒株和经高温致弱的 ST-171 弱毒株制备的弱毒冻干苗，每头猪皮下注射 2 亿或口服 2 亿和 3 亿（后者）个菌，保护率可达 60%~80% 与 80%~100%。在流行季节前进行预防注射，是预防暴发流行的有力措施。

（二）加强管理

引进动物时须经检疫和隔离观察，证明健康时方可混群饲养。注意平时的卫生消毒工作，病猪尸体及其排泄物做无害化处理。对发病猪群要立即隔离病猪，严格消毒，病猪及可疑病猪隔离治疗。病猪恢复后 2 周方可宰杀。急宰或宰后发现可疑病变者，应做高温无害化处理。

（三）治疗

初发病猪每头每次用青霉素 80 万~180 万国际单位，链霉素 1 克混合肌内注射，连用 3~5 天。庆大霉素 1~2 毫克/千克体重，每日 2 次，肌内注射。

对淋巴结脓肿，可将脓肿部位切开，排除脓汁，用 3% 双氧水或 0.1% 高锰酸钾液冲洗后，涂以碘酊，不缝合，几天可愈。

实践中用金银花 15 克，麦冬 15 克，蒲公英、连翘、大黄、地丁、射干、豆根、甘草各 10 克，煎汤内服（30 千克体重用量），有较好疗效。

结核病

一、病原

猪结核病的病原是分枝杆菌属的三个种，即结核分枝杆菌、牛分枝杆菌和禽分枝杆菌。革兰氏染色阳性，为细长、正直或微弯的杆菌。大小为（0.2～0.6）微米×（1.5～4.0）微米。不产生荚膜和芽孢，无运动性。牛分枝杆菌比结核分枝杆菌较短而粗，染色均一。禽分枝杆菌具有多形性，通常呈念珠状，细胞也常比牛型分枝杆菌长，有时呈极短、染色均匀的形式。

分枝杆菌为专性需氧菌。对干燥及湿冷抵抗力强。对湿热抵抗力弱，60℃ 30 分钟可杀灭。直射阳光可迅速致死，4 小时全部被杀死。在 10% 漂白粉或 70% 乙醇中很快死亡，对链霉素、环丝氨酸、异烟肼及其衍生物、利福平、对氨基水杨酸等敏感。

二、流行病学

本病可侵害人和多种动物，约有 50 多种哺乳动物、25 种禽类可感染本病。三型均可感染猪。传染源是结核病畜禽和人，尤其是通过各种途径向外排菌的开放性结核畜禽和人。肺结核乳牛的痰、乳腺结核分泌的乳汁、肠结核病畜排泄的粪便等污染空气、厩舍、饲料、饮水而成为重要的传染源。饲喂结核病畜的内脏或未煮熟的下脚料、来自结核病人的泔水、结核病牛未经消毒的牛奶和它的副产品等均可使猪发病。患结核病的牛、鸡粪便中含有活的结核杆菌，用粪便和牛、鸡剩料喂猪同样是危险的。在饲养过结核病鸡的场地上养猪，也可使猪感染发病。猪主要通过消化道感染，也可通过呼吸道感染。本病多为散发，发病率和死亡率不高。无明显季节性和地区性。其发生与患结核病的牛、人、禽的直接或间接接触的机会和牛、人、禽中结核病的流行程度有关。

三、临床症状

猪对三个型的结核菌都易受感染，牛型比其他两型的结核菌在猪中能引起更严重的病。一般是进行性感染，且可引起死亡。猪结核病主要经消化道感染，多表现为淋巴结核，在扁桃体与颌下淋巴结发生病灶，很少出现临床症状。当肠道中有病灶时常发生下痢。猪感染牛分枝杆菌呈进行性病程，常导致死亡。

四、病理变化

尸体外观消瘦，结膜苍白。病变多在屠宰后发现，常局限在咽、颈部淋巴结及肠系膜淋巴结。局部淋巴结结核病变可表现为结节性与弥漫性增生两种形式。结节性表现为形成粟粒大至高粱米粒大、切面呈灰黄色干酪样坏死或钙化的病灶；弥漫性表现淋巴结呈急性肿胀且坚实、切面呈灰白色而无明显的干酪样坏死变化。

眼观很难确定猪淋巴结核是由哪一型结核菌引起，但通常来说，由禽型结核杆菌引起的病灶，主要是以上皮样细胞和郎格罕细胞增生为主，病灶中心干酪化、钙化与病灶周围包膜形成均不明显，在陈旧性病灶可见有轻度的干酪样坏死和钙化。由牛型结核杆菌引起的淋巴结病变多半形成大小不等的结节，与周围组织界限清楚，结节中心干酪样坏死和钙化比较明显，且形成良好的包膜。

猪全身性结核病有时也可看到，主要由牛型结核菌引起。除在咽、颈和肠系膜淋巴结形成结核病变外，还可在肝脏、脾脏、肺脏、肾脏等器官及其相应淋巴结形成大小不一、多少不等的结节性病变，特别在脾和肺较为多见。猪肺结核病在肺实质内散在或密集分布有粟粒大、豌豆大至榛子大的结节，有时许多结节隆突于肺胸膜表面而使胸膜显得粗糙、增厚或与肋胸膜粘连。新形成的结节周边有红晕，陈旧结节周围有厚层包膜、中心呈干酪样坏死或钙化。有的病例还形成小叶性肺炎病灶。脾脏结节时脾脏表现肿大，在脾表面或脾髓内形成大小不一的灰白色结节，结节切面呈灰白色干酪样坏死和外周有包囊形成。镜检病灶由大量上皮样细胞与郎格罕细胞组成的特异性肉芽组织构成，病灶中心呈均质红染的干酪样坏死。

另外，在心脏的心耳和心室外膜、肠系膜、肋胸膜、膈也发生大小不等的淡黄色结节或扁平隆起的肉芽肿病灶，其切面可见有干酪样坏死变化。在胸椎、腰椎的椎体和椎弓部及脑膜也可形成结核病变。

五、诊断

结核病猪生前无明显症状，根据死后剖检变化可做出诊断，必要时可做结核菌素试验和显微镜检查等。

六、防制

结核病是人和动物共患的常见多发病，牛、人、禽是结核病的三大储主，而结核分枝杆菌、牛分枝杆菌和禽分枝杆菌又都可引起猪发病，搞好人结核病的早期治疗和畜禽结核的检疫、隔离等综合防制措施，对消灭和减少猪结核病的发生起关键作用。患结核病的人应禁止饲养、接触家畜。

猪场一旦发生结核病，病群要淘汰处理。被污染的厩舍、场地等可用20%石灰乳、5%漂白粉或5%来苏儿进行2~3次彻底消毒，3~6个月后猪舍方可再利用。

炭　疽

一、病原

炭疽杆菌为芽孢杆菌属细菌，革兰氏染色阳性，大小为（1.0～1.2）微米×（3～5）微米。濒死病畜的血液中常有大量菌体存在，成单个或成对，少数为3～5个菌体相连的短链。菌体两端平直，呈竹节状，周围形成良好的荚膜。

炭疽杆菌为需氧和兼性需氧菌，常用的消毒剂有0.04%碘液、0.1%氯化汞、1%活性氯胺、4%高锰酸钾、0.5%过氧乙酸、2%～4%甲醛、新配的20%石灰乳或20%漂白粉等。

二、流行病学

各种家畜、野生动物均有不同程度的易感性。通常认为猪对炭疽杆菌病比牛、羊的抵抗力强，但猪感染炭疽可能成为某地区的重要传染源。犬、猫等肉食动物很少见，家禽几乎不感染，人对炭疽普遍易感，主要发生于和动物及畜产品接触机会较多的人员。本病的主要传染源是病畜，当病畜尸体处理不当，形成芽孢污染土壤、水源、牧地等，可成为长久的疫源地。

感染动物在死亡前后将炭疽杆菌排泄到土壤中，有些形成芽孢，这些抵抗力强的芽孢体即使在不利条件下也可存活多年。芽孢一旦由敏感动物摄入体内消化，便可能发生炭疽病。马、牛、羊多由这种土壤性感染发生炭疽，猪也可能由此方式受感染。但因为摄取的芽孢数量少，加上猪具有较强的抵抗力，所以这种发病的可能性较小。通常猪发生炭疽病是因为食入大量炭疽杆菌或活芽孢的饲料、饮水等。使用含炭疽芽孢的骨粉或其他动物产品配制的饲料是猪最普遍的传染源。当猪被饲喂死于炭疽病的动物尸体时，吃进大量炭疽杆菌，也会受到感染。偶见有猪通过呼吸道吸入带芽孢的灰尘，引起的感染在肺部形成炭疽痈病变。带有炭疽杆菌的吸血昆虫叮咬能引起皮肤感染，还有人怀疑食腐肉的鸟也能成为炭疽的传染来源。

炭疽多发生在炎热的夏季，在吸血昆虫多、雨水多、江河泛滥时易发生传播。以往多呈地方性流行，现多为散发。多在牛、人、羊等感染炭疽时引起猪发病。

三、临床症状

猪炭疽有以下类型：咽型、肠型、败血型、隐性型。

1. 咽型　局限于咽及颈部淋巴结。细菌在淋巴生长繁殖，也可能在淋巴结与邻近相连组织内大量繁殖，引起炎症变化，阻碍淋巴的流动，最终导致水肿，水肿严重时可影响呼吸及饮食。常见的临床症状为颈部水肿与呼吸困难。表现精神沉郁，厌食、呕吐。体温可达41.7℃，但不稽留。多数猪在水肿后24小时死亡，也有不治疗而自愈者。肿胀逐渐消失，甚至完全康复，但这种猪有可能带菌。

2. 肠型　其症状不如咽型明显，严重者可见消化紊乱，表现呕吐、停食和血痢，随之可能死亡，症状较轻者常自愈。

3. 败血型　为最急性炭疽病型，受感染的猪死亡率高，常突然死亡，猪的败血型炭疽少见。可见尸僵不全，明显膨胀，尸体迅速腐败，鼻孔、肛门等处流出暗黑色血液，凝固不良。肛门外翻，在头、颈、臀及下腹部皮肤出现大片蓝紫色斑。

4. 隐性型　生前无症状，主要发现于宰后检查（屠宰场）。

四、病理变化

1. 咽型　急性型剖检见病猪咽喉与颈部肿胀，皮下呈出血性胶样浸润，头颈部淋巴结，尤其是颌下淋巴结呈急性肿大，切面严重充血、出血而呈樱桃红色，中央见稍凹陷的黑色坏死灶。镜检淋巴组织有严重的出血、坏死和纤维素性渗出，且可检出大量炭疽杆菌。在口腔、软腭、会厌、舌根和咽部黏膜有肿胀和出血，黏膜下与肌间结缔组织呈出血性胶样浸润。扁桃体常充血、出血、坏死，有时表面覆有纤维素性假膜。在黏膜下深部组织内，也常有边缘不整的砖红色或黑紫色大小不等的病灶，病灶内也可检出炭疽杆菌。慢性型咽炭疽常在宰后检验中发现，病变见于咽喉部个别淋巴结，尤其是颌下淋巴结。表现淋巴结肿大，被膜增厚，质地变硬，切面干燥，有砖红色和灰黄色坏死灶。病程较长者在坏死灶周围常见包囊形成，或继发化脓菌感染而形成脓肿，脓汁吸收后形成干酪样或变成碎屑状颗粒。有时在同一淋巴结切面能见到新旧不同的病灶。

2. 肠型　主要发生于小肠，多以肿大、出血、坏死的淋巴小结为中心，形成局灶性出血性坏死性肠炎病变。病灶为纤维素样坏死的黑色痂膜，邻接的肠黏膜有出血性胶样浸润。肠系膜淋巴结肿大。镜检肠绒毛有大片坏死，固有层与黏膜下层积有大量红细胞、纤维蛋白、嗜中性粒细胞和浆液。除小肠外，病变还偶见于大肠、胃。腹腔积有红色浆液，脾质软、肿大。肝充血或浊肿，间有出血性坏死灶。肾充血、皮质呈小点出血。肾上腺间有出血性坏死灶。

3. 败血型　为最急性型炭疽病型。由于猪有一定程度的抵抗力，因此多数仅造成局部感染，体内病变极少。

4. 隐性型　颌下淋巴结常见损害，少见于颈淋巴结、咽后淋巴结和肠系膜淋巴结。淋巴结有不同程度的肿大，切面呈砖红色，散布有细小灰黄色坏死病灶或暗红色凹陷小病灶。周围的结缔组织可能有水肿性浸润，呈鲜红色。扁桃体坏死、形成溃疡，有时扁桃体的黏膜脱落，呈灰白色。

五、诊断

根据流行病学和临床症状，一般可做出初步诊断，确诊需依据细菌学检查和血清学诊断。

（一）细菌学检查

1. 被检材料的采取　疑为炭疽死亡的动物尸体，通常不做剖检，应先自末梢血管涂片镜检，进行初步诊断或采取脾脏一小块，然后将切口用浸透浓漂白粉液或氯化汞液的脱脂棉或纱布堵塞。猪炭疽多为局部型，呈败血型者较少。局部型猪炭疽，病变主要发生在颌下淋巴结和扁桃体，少数发生在颈淋巴结、咽后淋巴结、肠系膜淋巴结与肺门淋巴结等。因此，一般应从这些部位采取病料送检。

当疑为被炭疽芽孢污染的畜产品，如皮、毛、肉食品和土壤、污水等，固体物品取 10 ~ 20 克，液体取 50 毫升送检。

2. 显微镜检查　炭疽杆菌在病畜死亡前 4 ~ 20 小时才出现在血液中，菌数很少，因此，在死亡前或死亡不久的病尸，常用血液涂片检查。

若为新鲜病料且含菌量较多时，利用荚膜染色法及革兰氏染色法进行镜检，即可获得确诊的目的。陈旧腐败的病料，炭疽杆菌因腐败作用而崩解，失去固有的形态，只能见到荚膜菌影，因而不易与其他类似细菌相鉴别。另外，在最急性炭疽病例中，病料内（血液及脾脏）含菌量往往很少；在局部型猪炭疽时，病例内的炭疽杆菌形态变化很大（菌体较粗大，菌链呈扭转状或折叠的纸条状，在同一菌链中有的菌体粗细不匀等）。因此，镜检通常仅可作为炭疽的辅助诊断方法，难以确诊时，可进行动物接种或细菌分离培养。

用荚膜染色法，菌体呈深蓝色（两菌相连接的菌端如刀切状，有时稍凹陷呈竹节状，而菌体游离端为钝圆），荚膜呈淡紫色。

用碱性美蓝染色法染色，菌体呈蓝色，荚膜呈淡粉红色，且为单个或 2 ~ 5 个短链竹节状杆菌。

3. 分离培养　新鲜病料，可用营养琼脂平板直接分离培养，即将病料用接种环蘸取适量，画线接种于营养琼脂平板，置 37℃培养 18 ~ 24 小时，用放大镜或低倍显微镜检查。若病料中含有炭疽杆菌时，可见到灰白色、不透明、表面粗糙、边缘不整齐的卷发样菌落生长，挑选个别菌落移植于肉汤内，培养 24 小时后观察，肉汤澄清、管底有细绒毛状或絮状物沉淀，轻摇不散开。涂片镜检可见到革兰氏阳性大杆菌。

如果病料放置过久或已发生腐败，经镜检发现有较多杂菌，而又有芽孢存在时，可应用加热分离培养法，方法是：将病料用灭菌生理盐水或普通肉汤制成

5～10 倍乳剂，若为血液病料，可直接适当稀释，于 80℃ 水浴中加热 15 分钟，用白金耳勺取乳剂，画线接种于普通琼脂平板上培养。

4. 炭疽杆菌的鉴别试验 除认真观察炭疽杆菌在琼脂平板上和肉汤中的生长情况外，并涂片做革兰氏染色镜检，同时还应观察炭疽杆菌在半固体琼脂穿刺培养中有无运动性和下部是否有倒松树状生长，而且要进行如下鉴别试验：

（1）噬菌体裂解试验：将待检肉汤培养物用接种环密集涂于琼脂平板上，待干后，在涂菌中部滴加 10^{-8} ～ 10^{-6} W 型炭疽杆菌噬菌体 1 接种环，在 37℃ 温箱中培养 18～24 小时，观察有无噬菌体产生的空斑，有噬菌体者，证明是炭疽杆菌。

（2）串珠试验：炭疽杆菌遇有青霉素存在时，可发生"L"形变异，菌体呈"串珠状"；而类炭疽杆菌，由于对青霉素不敏感，则不具有此特性。将被检菌接种于 2 毫升肉汤中，在 37℃ 温箱内培养 3～18 小时，按 0.05～0.1 国际单位/毫升加入青霉素，混合均匀，再培养 90～120 分钟，然后取出轻轻振动，用接种环在玻片上做涂片，革兰氏染色，镜检，如有类似"串珠状菌链"即为阳性。试验时应设阴性对照组。

5. 动物接种试验

（1）材料准备：18～24 小时肉汤培养物或血液可直接接种；脾脏、淋巴结等病料要先在灭菌乳钵内研磨，并徐徐加入 5～10 倍灭菌生理盐水，制成乳剂，静置取其上清液作注射用。

（2）接种方法：小白鼠皮下注射 0.1～0.2 毫升，豚鼠 0.2～0.5 毫升，家兔 0.2～1.0 毫升。接种后，于 24 小时后可见局部水肿，18～72 小时后，动物往往死于败血症。猪局部淋巴结含炭疽"菌影"的病料毒性较小，则应用乳兔或小白鼠做腹腔注射接种。

（3）剖检：试验动物死后应尽快剖检，取心血和脾脏做分离培养，并做涂片或压印片镜检。小白鼠脾脏压印片，经瑞氏染色法染色后镜检，可见有很多带荚膜的并呈短链或长链的炭疽杆菌。剖检后的动物尸体要立即销毁，器械须经高压或药液严密消毒。

（二）炭疽沉淀反应

当病料已经腐败用细菌学诊断得不到可靠结果，以及检查大量畜产品时，可用炭疽沉淀反应。炭疽沉淀原具有很高的耐热性和耐腐败性，死后甚至一年半以上的腐败炭疽尸体，仍可出现阳性反应。炭疽尸体以脾脏含沉淀原为最高，其次为血液，再次为肝、肺、肾等。皮肤和肌肉的含量很低。因此，采取病料以肝、脾、肾以及血液为宜。

将被检血液或脏器研磨后，用生理盐水稀释 5～10 倍，煮沸 15～20 分钟，取浸出液用中性石棉滤过，用毛细管吸取透明滤液，徐徐滴加于装入小试管内的沉淀素血清上，1~5 分钟后如接触面出现清晰的白色沉淀环（白轮）即为阳性。

（三）免疫荧光抗体检查（直接法）

将病料均匀涂于载玻片上，经火焰固定后，滴加 1~2 滴炭疽荧光抗体，置潮湿环境中，在室温作用 30 分钟以后倾去玻片上的荧光抗体，浸玻片于缓冲盐水内 1 分钟，接着移浸于另一缓冲盐水内 15 分钟，再浸于蒸馏水几分钟，然后取出晾干，用缓冲甘油（甘油 9 份，pH 值 8.5 的磷酸盐缓冲生理盐水 1 份）滴加并覆上盖玻片，用荧光显微镜检查，发现有带荧光的粗大菌体者为阳性。

六、防制

（一）预防措施

经常发生炭疽或受威胁区的易感动物，每年进行预防性注射，常用的疫苗有无毒炭疽芽孢苗和第 Ⅱ 号炭疽芽孢苗两种。每年注射一次，注射后 14 天产生免疫力，免疫期为 1 年。无毒炭疽芽孢苗用量：1 岁以上大动物皮下注射 1 毫升，1 岁以下大动物皮下注射 0.5 毫升（对山羊毒力较强，不宜使用）。第 Ⅱ 号炭疽芽孢苗，各种家畜均皮下注射 1 毫升。

（二）扑灭措施

（1）当病畜确诊为本病时，应立即上报疫情，划定疫点、疫区，实行封锁、检疫、隔离、紧急预防接种、治疗和消毒等综合性防制措施。

（2）病畜隔离治疗，可疑者用药物防治，假定健康畜群紧急免疫接种。疫区周围地区的家畜也要注射炭疽芽孢苗。

（3）病畜的畜舍、畜栏、用具等应彻底消毒，病畜躺过的地面，要把表土除去 10~20 厘米，取下的土应与 20% 漂白粉溶液混合后再进行深埋。污染的饲料、垫草、粪便和尸体应焚烧或深埋处理，深埋时不得浅于 2 米。尸体底部和表面要撒上厚层漂白粉，尸体接触的车及用具用完后要消毒。病畜尸体不能解剖，以免体内炭疽杆菌繁殖体接触游离氧后，形成抵抗力强大的芽孢，成为永久性传染源。

（4）禁止动物出入和输出畜产品及饲料等，禁止食用病畜乳、肉。在最后一头病畜死亡或痊愈后半个月，到疫苗接种反应结束时解除封锁，解除前再进行一次终末消毒。

（三）治疗

感染炭疽杆菌的动物一般不进行治疗，一些敏感动物如牛、羊往往来不及诊断就已濒死或死亡。由于猪可表现慢性病型，往往治疗有效。治疗时必须在严格隔离条件下进行。

治疗可用抗炭疽血清，大猪 50~100 毫升，小猪 30~80 毫升，必要时可在 12 小时后重复应用一次。磺胺类药物对炭疽有良好疗效，其中磺胺嘧啶最好。

炭疽杆菌对青霉素、土霉素、链霉素等敏感，其中青霉素最为常用。

李氏杆菌病

一、病原

产单核细胞李氏杆菌是本病病原。呈为革兰氏阳性菌，不抗酸，无芽孢的球杆菌。菌体两端钝圆，稍有弯曲，有时呈弧形，多单在，或排成"V"形、栅状。大小为（0.4~0.5）微米×（0.5~2.0）微米。老龄培养物或粗糙型菌落的菌体可形成长丝状，长达 50~100 微米。本菌无荚膜，菌体周围有 1~4 根鞭毛，能运动。

李氏杆菌的生存力较强，能在低温下生长，可抵抗 25% 的氯化钠，菌液在 60~70℃经 5~10 分钟被杀死。一般消毒药能使之灭活，2.5% 石炭酸、70% 乙醇 5 分钟，2.5% 氢氧化钠、2.5% 福尔马林 20 分钟可将其杀死。

二、流行病学

自然发病的家畜以绵羊、猪、家兔较多，牛、山羊次之，马、犬、猫很少。在家禽中以鸡、火鸡、鹅较多，鸭较少。啮齿动物尤其是鼠类及一些野兽、野禽也易感，并常成为本病病原菌在自然界中的贮存宿主，人亦可感染发病。

患病动物和带菌动物是本病的传染源，可从乳汁、流产胎儿、子宫分泌物、精液、眼鼻分泌物、粪、尿中分离到细菌，也可从土壤、垃圾、污水中分离到。本病主要经消化道感染，也可能通过呼吸道、眼结膜和受损伤的皮肤感染。易感畜接触污染的饲料和饮水可能是主要的传播途径，吸血昆虫也起着媒介作用。

本病呈散发，偶尔呈暴发流行，病死率很高。各种年龄动物均可感染发病，以幼龄较易感染，发病较急，妊娠母畜也易感染。主要发生在冬季和早春。冬季缺乏青饲料，天气骤变，有内寄生虫或沙门杆菌感染时均可为本病发生的诱因。

三、临床症状

分为败血型、脑膜脑炎型及混合型。

1. 败血型 多发生于仔猪，表现体温升高，精神沉郁，食欲减退或废绝，口渴。有的表现全身衰弱、僵硬、咳嗽、呼吸困难、皮疹、腹泻、耳部和腹部皮肤发绀，病程 1~3 天，病死率高，妊娠母猪常发生流产。

2. 脑膜脑炎型 多发生于断奶后的猪，也见于哺乳仔猪。表现为初期兴奋，共济失调，步态不稳，肌肉震颤，无目的乱跑，在圈舍内转圈跳动，或不自主地后退，或以头抵地不动。有的头颈后仰，两前肢或四肢张开呈典型的观星姿势，或后肢麻痹拖地不能站立。严重的侧卧、抽搐、口吐白沫、四肢乱划，病猪反应性增强，给予轻微刺激就发生惊叫。病程1~3天，长的可达4~9天。

3. 混合型　多发生于哺乳仔猪，常突然发病，病初体温高达41~42℃，吮乳减少或不吃，粪干尿少，中期、后期体温降到常温或常温以下。多数病猪表现脑膜脑炎症状。

四、病理变化

败血型除表现一般的败血症病变外，主要的特征性病变是局灶性肝坏死。在脾脏、淋巴结、肺脏、肾上腺、胃肠道、心肌和脑组织中也可发现较小的坏死灶。镜检坏死灶中细胞破坏，且有单核细胞及一些嗜中性粒细胞浸润。

脑膜脑炎型可见脑膜与脑实质充血、发炎和水肿，脑髓液增量，稍显混浊，内含较多的细胞成分。脑干，尤其是脑桥、延髓和脊髓变软，有小的化脓灶。镜检见脑软膜、脑干后部，尤其是脑桥、延髓和脊髓的血管充血，血管周围有以单核细胞为主的细胞浸润，还可能发生弥漫性细胞浸润与细微的化脓灶，而组织坏死较少，浸润区的神经细胞被破坏。病变并非局限于灰质，有的病例，病变可累及三叉神经节。

流产母畜可见子宫内膜充血以致广泛坏死，胎盘子叶常见出血与坏死。

五、诊断

根据临床症状、病理变化可做出初步诊断，确诊必须进行细菌学检查。

1. 病料的采取　以神经症状为主的病例，采取脑组织、脑脊髓液、实质器官；以败血症为主的病例，采取肝、脾或其他有坏死病变的组织；流产病例，采取流产胎儿、胎盘、流产后48小时内的分泌物等。

2. 显微镜检查　将病料制成涂片，对有神经症状的病例，在延脑断面做触片，用革兰氏染色法和碱性美蓝染色法染色后再镜检。李氏杆菌为平直或稍弯曲、两端钝圆的细长小杆菌，常单在、成对或成"V"字形排列，或几个丛集一处，或形成3~5个相连的短链，革兰氏染色阳性，无芽孢和荚膜。

3. 细菌培养　李氏杆菌为需氧及兼性厌氧菌，在普通琼脂培养基上也可生长，若在肝汤或肝汤琼脂上则发育更为旺盛。对新鲜病料（脑组织、肝、脾等）以无菌操作在乳钵中充分磨碎（不研磨不易获得菌落生长），加适量生理盐水稀释成浓稠液体，接种在普通琼脂培养基、肝汤葡萄糖琼脂培养基、肉汤和肝片肉汤培养基，进行分离或增菌培养。

采用"冷增菌法"可提高检出率，即将病料置冰箱（4℃）中保存，每隔2~3天做一次接种培养，通常在1~2周，最迟在3个月可分离出本菌。

若病料污染严重时，可先接种于血液亚碲酸钾选择性培养基进行培养，获得可疑菌落，再做进一步纯培养。

血液亚碲酸钾培养基：普通琼脂100毫升，2%亚碲酸钾1毫升，脱纤维兔血10毫升。

制法：将普通琼脂加热熔化并冷至50℃左右时，加入灭菌的2%亚碲酸钾（预先以流通蒸汽灭菌或蔡氏滤器滤过）1毫升和脱纤维兔血10毫升，混合后倒入培养皿制成平板。

由于亚碲酸钾培养基能抑制大多数革兰氏阴性菌生长，而葡萄糖、链球菌及李氏杆菌的生长不受影响，所以可用于李氏杆菌的分离和培养。

李氏杆菌在上述培养基上的培养特性如下：

普通琼脂培养基：一般在72小时后开始生长，通常在斜面的基部或培养基的边缘生长，但以在凝集水附近发育较好。将本菌移植于琼脂平板上培养24～48小时后，呈中等大小的扁平菌落，表面光滑、边缘整齐、半透明状，在透光检查时呈淡蓝色或浅灰色，做反射光线检查时呈乳白色。

普通肉汤：经24小时后，肉汤呈均匀的轻微混浊，有少量黄色颗粒状沉淀，振摇试管时呈发辫状浮起，不形成菌环和菌膜。

肝汤葡萄糖琼脂：形成圆形、光滑、平坦、黏稠、透明的菌落，在反射光线观察时，菌落呈乳白色。

肝片肉汤：培养24～48小时后，生长情况较普通肉汤混浊。

血液亚碲酸钾培养基：形成黑色菌落，有明显的β型溶血现象。

4. 动物实验　将病料磨碎后，用灭菌生理盐水制成1∶10乳剂，或经20～25℃培养18小时的肉汤培养液，给小白鼠做皮下、肌肉或腹腔内接种均可感染，依据接种细菌数的多少在2～7天内死亡，肝、脾显著坏死，此时应采取肝、脾、心血进行镜检和分离培养。

用家兔做腹腔或静脉接种也可感染，大剂量接种在2～7天内死亡，肝和脾可见有散在的坏死点，并见有脑炎。腹腔接种见有纤维素性腹膜炎。小剂量接种时，则出现体温升高等暂时症状，单核白细胞增多，在5～8天时为最高，以后逐渐减少，症状亦随之消失，而恢复正常。

豚鼠接种大剂量时才致死，剖检所见病变与小白鼠相似，此时应采取脾和心血进行镜检和分离培养。

将分离的肉汤培养物滴入家兔和豚鼠结膜囊内（眼试验），如病料含有李氏杆菌时，通常在3天后实验动物发生结膜炎和角膜炎，于8～10天达最高峰，2～3周消退。

5. 生化实验　李氏杆菌能分解葡萄糖、鼠李糖及杨苷产酸；缓慢地发酵蔗糖、糊精、乳糖产酸；对单奶糖、木胶糖、甘油的分解能力缓慢或不定；不发酵甘露醇、侧金盏花醇、卫矛醇、肌醇、伯胶糖、肝糖与菊糖。石蕊牛乳褪色，形成少量酸，但不凝固。不还原硝酸盐，不形成靛基质、氨和硫化氢，不液化明胶，不形成接触酶，M.R（甲基红试验）和 V－P（乙醇甲基甲醇试验）反应阳性。

6. 李氏杆菌与猪丹毒杆菌的鉴别　当从猪体内分离到李氏杆菌时，必须注意与猪丹毒杆菌的区别，两菌的鉴别见表10-2。

表10-2　李氏杆菌与猪丹毒杆菌的区别

	李氏杆菌	猪丹毒杆菌
细菌形态	较猪丹毒杆菌粗，呈多形状杆菌	整齐、直或略弯曲的杆菌，有时呈线状
细菌排列	多单在，有时成"V"字形或短链	多单在，脏器涂片有时成对或成小堆
细菌大小	幼龄培养物较老龄的菌体长	幼龄培养物较老龄培养物短
运动性	有	无
牛奶培养基	不凝固	微产酸，培养基凝固
马铃薯培养基	生长	不产生
明胶穿刺培养	沿穿刺线生长	呈典型"试管刷状"生长
甲基红反应	阳性	阴性
硫化氢试验	不产生	产生
杨苷分解	分解	不分解
豚鼠感染	感染	不感染

六、防制

预防须加强饲养管理，搞好环境卫生。减少各种潜在性应激因素，加强营养，控制寄生虫，使动物保持高水平的抗感染能力。病畜隔离治疗，消毒畜舍、环境，处理好粪便。

治疗以链霉素较好，但易引起抗药性。大剂量的抗生素或磺胺类药物，可取得一定疗效。实践中用以下方剂，也有较好效果。

药方：远志、茯苓、大黄、菊花、黄芩、栀子各13克，木通9克，生地16克，琥珀1.5克，芒硝30克，水煎，候温灌服。此为30千克以上猪一次用量，小猪酌减。

恶性水肿

一、病原

恶性水肿的主要病原为梭菌属中的腐败梭菌，其次为产气荚膜梭菌、诺威梭菌、溶组织梭菌。

腐败梭菌为严格厌氧菌，是两端钝圆的革兰氏阳性杆菌，大小为 (0.6~1.9) 微米×（1.9~35.0）微米，菌体形态呈多形性，单个或两菌相连，不形成荚膜，有鞭毛，在体内外均易形成芽孢，芽孢椭圆形，在菌体中央或近端宽于菌体。

本菌在厌氧条件下，适于在所有普通培养基上生长，在普通培养基上形成半透明、边缘不整齐、菲薄的菌苔，通常不形成单个的菌落。

恶性水肿的病原体均可在体内外形成芽孢，芽孢的抵抗力很强，在腐败尸体中能存活 3 个月，在土壤中能保持活力 20 年，1:500 氯化汞溶液、20% 漂白粉、3% 福尔马林、3%~5% 氢氧化钠溶液、3%~5% 硫酸或石炭酸溶液等进行消毒才能将其杀死。

二、流行病学

自然条件下，以绵羊、马较多见，猪、牛、山羊较少发生，禽类除鸽外，即使人工接种也不发病。实验动物中，家兔、豚鼠及小鼠均敏感。

腐败梭菌芽孢杆菌在土壤中和大多数种类动物的肠道中很常见。在病畜的局部水肿破溃时，可随水肿液或坏死组织排出大量病原体，污染环境。由于外伤如去势、断尾、注射、外科手术、分娩等，没有注意消毒，污染本菌芽孢而引起感染。猪经口食入多量芽孢亦可引起感染。

本病主要以散发形式存在。在某些猪场，由于常年饲养高密度的家畜，在周围环境中存在大量的芽孢，恶性水肿的发病率很高。品种、性别、年龄与发病无关。

三、临床症状

有两种病型。一种为创伤感染，常因外伤（如去势）所致，表现为局部（伤口周围）发生弥漫性炎性水肿，肿胀从原发部位迅速扩展，触诊肿胀区，呈凹陷性水肿，病后期有明显的捻发音。死前，在用力吸气过程中发出呻吟声。另一种是快疫型（也称胃型），胃黏膜感染之后肿胀增厚，形成所谓的"橡皮胃"。病菌也可进入血液转移至某些肌肉，引起局部的炎性气性水肿及引起跛行，多在 1~2 天内死亡。

四、病理变化

创伤感染引起特征性病变为局部呈弥漫性、急性、炎性水肿，切开患部见皮下与肌间有多量红黄色或红褐色、含气泡且具酸臭味的液体流出，并布满出血点，肌肉呈暗红色或灰黄色，如浸泡于水肿液之中；肌肉松软易碎，肌纤维间多半含有气泡。镜检见含蛋白质少的水肿液将肌纤维与肌膜分开，肌纤维变性，深染伊红。病变深部的肌纤维常断裂和液化，肌纤维间的水肿液中很少见有嗜中性粒细胞。病尸多半易腐败，血液凝固不良。全身淋巴结，尤其是感染局部的淋巴结呈急性肿胀，切面呈充血、出血，并表现多汁。肺严重瘀血、水肿。心、肝、肾等实质器官严重变性，脾脏通常无明显变化。

若产后继发本病，可见盆腔浆膜和阴道周围组织出血、水肿，臀和股部肌肉变性、坏死、具气性水肿变化。子宫壁水肿、增厚，黏膜肿胀，附有污秽不洁带恶臭的分泌物。

消化道感染时，表现胃壁增厚，触之如橡胶状，故俗称"橡皮胃"。黏膜潮红、肿胀，黏膜下和肌层间被暗红色混有气泡的酸臭液体浸润。肝组织多半也含有气泡。

五、诊断

本病依据临床症状，结合体表有无外伤可以做出诊断，但应注意与魏氏梭菌、气肿疽的鉴别诊断，必要时采取病料进行细菌学诊断。

1. 病料的采取　生前于局部穿刺采取水肿液；死后除采取局部水肿液和坏死组织外，还要采取肝、脾、肾、肺及心血，尤以肺脏含菌较多。

2. 显微镜检查　将水肿液、脏器或心血制成涂片，肝脏表面应做触片，自然干燥、火焰固定后用革兰氏染色法染色镜检。

腐败梭菌（恶性水肿杆菌）为细长、两端略圆呈棒状的大杆菌，特别是在肝表面及浆膜触片染色标本中，菌体形成微弯曲的长丝状，这一形态特征在诊断上具有很重要的意义。芽孢呈卵圆形，较菌体大，位于菌体中央或近端。无荚膜，能运动。革兰氏染色阳性。

3. 细菌培养　采取局部水肿液或尸体的肝脏组织，放于肝片肉汤中，置37℃恒温箱内培养，24小时后，则肝片肉汤呈现混浊，有沉淀。经3~4天后，取其沉淀物0.1~0.5毫升，移于新肝片肉汤中，置80℃温水中30分钟后取出，冷却后置于37℃温箱中培养，待充分发育后利用普通琼脂斜面培养，经证明无需氧菌混杂时，利用血液葡萄糖琼脂平板进行厌氧分离培养，若见有卷曲长丝状、柔嫩花边样菌落，且有溶血环时，则认为是恶性水肿梭菌，即可确诊。

4. 动物试验　取局部水肿液或尸体肝脏组织制成5~10倍悬液，或以肝片肉汤纯培养物 0.1~0.2 毫升，接种于豚鼠股部肌肉中，经 18~48 小时豚鼠死亡，注射部位发生严重出血性水肿，肌肉湿润，呈鲜红色，用局部水肿液制作抹片镜检时，见有两端钝圆的大杆菌，肝脏表面触片检查，发现有长丝状大杆菌时，即可确诊。

5. 荧光抗体染色法（直接法）　取肝脏表面触片数张，先用丙酮固定 10 分钟，再经磷酸盐缓冲液浸洗 2~3 分钟后，放入事先垫有浸湿滤纸，且在温箱中预热至 37℃ 的大培养皿中，再滴加腐败梭菌的荧光抗体数滴于标本片上，盖上皿盖，作用 30 分钟，取出，将标本片先后在两个盛有磷酸盐缓冲液的小缸中各浸洗 5~7 分钟，干后滴缓冲甘油（缓冲液 1 份，无水甘油 9 份）1 滴，盖上盖玻片，于荧光显微镜下检查，如见有鲜艳的黄绿色无关节长丝状腐败梭菌的形态，即可确诊。

取病料接种于肉肝汤，在 37℃ 厌氧培养 24~48 小时，纯化后进行牛乳发酵试验来鉴定产气荚膜梭菌，牛乳培养基的"暴烈发酵"是产气荚膜梭菌最突出的生化特性。肉肝汤中 5~6 小时即呈均匀混浊，并产生大量气体。接种牛乳培养基中培养 8~10 小时后，牛乳即被凝固，同时产生大量气体，使凝块变成多孔的海绵状，严重时被冲成数段，甚至喷出管外。腐败梭菌在牛乳中产酸、产气，缓慢凝固牛乳。

六、防制

平时注意防止外伤，发生外伤后及时处理，注意消毒和早期预防，各种外科手术、针灸与注射等应无菌操作，且注意术后护理。在梭菌病常发地区，常年注射梭菌病的多联苗，可有效预防本病。

本病经过急，发展快，全身中毒严重，治疗应从早从速，局部疗法与全身疗法同时进行。局部治疗要尽早切开脓肿部位，扩创清除创内异物、坏死组织和水肿液等，再用大量氧化剂（如 0.1% 高锰酸钾或 3% 过氧乙酸液）冲洗，然后撒上青霉素粉末，并施以开放疗法；或在肿胀部围注射青霉素，甚为有效。全身治疗以早期采用抗菌消炎（青霉素、链霉素、土霉素或磺胺类药物治疗）为好，同时还要注意对症治疗，如强心、补液、解毒。

要隔离病畜，污染的畜舍和场地用 10% 漂白粉或 3% 氢氧化钠热水溶液消毒，烧毁或深埋病畜尸体、粪便、垫草等。

破伤风

一、病原

破伤风梭菌又称强直梭菌，大小为（0.5~1.7）微米 ×（2.1~18.1）微米，是一种两端钝圆、正直或微弯曲的细长杆菌，多单个存在。幼年培养物革兰氏阳性，48小时后常呈阴性反应。可形成芽孢，芽孢似鼓槌状，位于菌体一端。无荚膜，有周身鞭毛。

破伤风梭菌为专性厌氧菌，普通培养基中即可生长，最适温度为37℃，最适pH值7.0～7.5。表面可形成直径4～6毫米、扁平、半透明、灰色、表面昏暗、边缘有羽毛状细丝的不规则圆形菌落，如小蜘蛛状。

本菌繁殖体抵抗力不强，芽孢抵抗力极强，在土壤中能存活几十年。有些菌株可抵御100℃蒸汽40～60分钟，5%石炭酸能在10～12小时杀死芽孢，煮沸15分钟，0.5%盐酸2小时，10%漂白粉、10%碘酊和30%双氧水等约10分钟能杀死芽孢。对青霉素、磺胺类敏感。

二、流行病学

各种家畜均有易感性，其中以单蹄兽最易感，猪、羊、牛次之，犬、猫仅偶尔发病。实验动物以豚鼠最易感，小鼠次之，家兔有抵抗力。人的易感性也很高。

破伤风梭菌广泛存在于自然界，人畜粪便都可带有，尤其是施肥的土壤、腐臭淤泥中，只有创伤才能引起感染。病畜不能直接传染健畜。猪多由阉割引起，其他各种创伤，断脐、断尾等也可能发生感染。有些病例见不到伤口，可能是伤口已愈合或经子宫、消化道黏膜损伤而感染。

本病无明显季节性，多为散发，易感动物中不分性别、年龄、品种均可发生。

三、临床症状

猪常由于阉割、断脐而感染。通常从头部开始痉挛，病猪眼神凶恶、发直，瞬膜外露，牙关紧闭，流涎，叫声尖细如鼠。应激性增高，四肢僵硬后伸，赶行以蹄尖着地，呈奔跑姿势，出现强直痉挛症状。病情发展迅速，1～2天症状完全出现。随后，行走困难，耳朵直立，头部微仰，最后不能行走，骨骼肌肉触感很硬。病猪呈角弓反张式侧卧，胸廓与后肢强直性伸张，直指后方。突然外来的刺激（如触摸、声音或可见物的移动等）可明显增强破伤风性痉挛。末期病猪呼吸困难、加快，口鼻有时有白色泡沫。病程长短不一，一般1～2周，在病猪应激性不高的情况下，表现口松、涎少、体温趋于正常，白细胞增生少，病程发展缓慢，可能度过2周，多数可治愈。反之，则病死率极高。

四、病理变化

病猪死亡后无特殊有诊断价值的病理变化，仅在黏膜、浆膜和脊髓等处有小出血点，四肢与躯干肌间结缔组织有浆液浸润。病猪由于窒息死亡时，血液凝固不良呈黑紫色，肺脏充血、水肿，有的有异物性坏疽性肺炎。

五、诊断

本病依据创伤病史、特征性临床症状不难确诊，症状不典型者，可从创伤局部采取病料进行细菌学诊断，常通过镜检即可做出判定，必要时才进行细菌培养和动物实验进一步确诊。

（一）细菌学检查

1. 被检病料的采取　自病猪的创伤深部用灭菌棉花拭子采取脓液或组织碎片（尸体内不易检出破伤风病原菌）。

2. 显微镜检查　用上述病料制成涂片，自然干燥，用革兰氏染色法或芽孢染色镜检，破伤风梭菌为细长杆菌，两端钝圆，多单个或成对存在，间有短链；革兰氏阳性，菌体周身有鞭毛，能运动，但运动力弱，不形成荚膜；本菌芽孢为圆形，直径较菌体宽2~3倍，呈鼓槌状。但有些非病原性梭菌也具有这种形状，因此，镜检只能作为一种辅助诊断。

3. 动物实验　将采取的病料悬浮于灭菌生理盐水或用厌氧培养物的滤液，作为接种材料，小白鼠皮下注射0.2~0.3毫升；豚鼠体重200~300克为宜，皮下注射1毫升。试验时须另取小白鼠或豚鼠，用相同的剂量和方法做对照试验。注射病料后，再注射破伤风抗毒素，小白鼠为50单位/只，豚鼠为500单位/只。若病料中含有破伤风梭菌，则试验组动物（未同时注射破伤风抗毒素动物）1~4天内死亡，而对照组动物（注射破伤风抗毒素动物）则不死亡或仅有轻微症状。发病的试验动物，开始在注射病料的部位发生局部强直症，以后发展至全身，最后死亡。尸体剖检可见注射部位微有充血和水肿，从该处采样可获得破伤风梭菌的纯培养，但因含菌量少，涂片镜检常不易发现菌体。

（二）鉴别诊断

在症状较轻、病程发展缓慢的病例应注意与急性肌肉风湿症、马钱子中毒、脑炎、狂犬病等相区别。

急性肌肉风湿症：无创伤史，患部肌肉强硬，结节性肿胀，有疼痛，头颈伸直或四肢僵硬，体温升高1℃以上。缺乏兴奋性，无两耳竖立、尾高举、牙关紧闭、瞬膜外露等症状，水杨酸制剂治疗有效。

马钱子中毒：有中毒病史，有牙关紧闭、肌肉强直、角弓反张等现象。通常无瞬膜突出，反射兴奋性不高，肌肉痉挛发生迅速，呈间歇性发生，可导致迅速死亡或痊愈。水合氯醛治疗有明显拮抗作用。

脑炎、狂犬病等：虽也有角弓反张、牙关紧闭、腰发硬、局部肌肉痉挛等症状，但瞬膜不突出，尾不高举，有意识紊乱或昏迷不醒，且有麻痹症状。

六、防制

(一)预防

多发区,种公猪每年定期皮下接种精制破伤风类毒素 1 毫升,幼畜减半,通常 3 周后产生免疫力,维持 1 年,第二年再注射 1 次,免疫力可持续 4 年。受伤后应立即注射抗毒素,做被动免疫,皮下或肌内注射 1 200～3 000 单位/头,免疫期为 14～21 天。

注意防止外伤感染。规模化猪场因采用全进全出的饲养模式,仔猪去势前应对猪舍进行严格消毒,去势、手术部位也要严格消毒,必要时阴囊及伤口内须撒布碘仿硼酸合剂,根据实际情况决定术后是否立即皮下或肌内注射破伤风抗血清 5 000～10 000 单位/头。对刚产仔猪的脐带用碘酒消毒,要防止尿液污染。

(二)治疗

将病猪安放在安静、光线柔和的室内,以减少刺激。对病猪局部创伤进行处理,伤口用 1% 高锰酸钾或 3% 双氧水冲洗干净,必要时可将创口扩大。用烙铁进行烧烙或撒入碘仿硼酸合剂,也可用 40 万单位的青霉素,每天 1 次。创伤周围用 3% 石炭酸 30～50 毫升做分点注射。

破伤风抗毒素 10 万～30 万单位,加入 5% 葡萄糖 500 毫升静脉滴注。也可肌内注射 20 万～80 万单位,分 3 次或 1 次全剂量注入。

对症治疗:镇静可静脉注射 25% 硫酸镁 50～100 毫升;也可用氯丙嗪 300 毫克/毫升,每日 1～2 次,肌内或静脉注射;水合氯醛 25～50 克灌肠或配成 10% 浓度静脉注射 100 毫升。牙关紧闭时,可用 2% 盐酸普鲁卡因 30 毫升进行咬肌周围封闭;加 0.1% 肾上腺素 0.5～1.0 毫升混合应用亦可。

实践中用以下方剂治疗也有较好效果:全蝎、僵蚕、蔓荆子、川乌、白附子各 9 克,蝉蜕、制半夏、制天南星各 6 克,乌梢蛇、薄荷各 15 克,防风 12 克,蜈蚣 2 条。用法:水煎冲酒 50 毫升内服,此方为 30～50 千克猪的用量。

钩端螺旋体病

一、病原

钩端螺旋体是形态学与生理特性一致、血清学与流行病学各异的一类螺旋体,大小为 (6～20) 微米 × (0.1～0.2) 微米,革兰氏染色阴性。在暗视野或相差显微镜下,钩端螺旋体呈细长的丝状、圆柱形,螺纹细密而规则,菌体两端弯曲成钩状,一般呈"C"形或"S"形弯曲,运动活泼并沿其长轴旋转。在干燥的涂片或固定液中呈多形结构,难以辨认。

钩端螺旋体对冰冻、干燥、加热（50℃ 10 分钟）、消毒剂、胆盐、腐败或酸性环境敏感，可在潮湿、温暖的中性或稍偏碱性的环境下生存。

二、流行病学

钩端螺旋体的动物宿主非常广泛，几乎所有温血动物都可感染。啮齿动物是最常见的贮存宿主，其次是食肉动物。家畜中猪、黄牛、水牛、犬、羊、马、骆驼、鹿、兔、猫，家禽中鸡、鸭、鹅、鸽，以及其他野兽、野禽、野鸟均可感染和带菌。其中以猪、水牛、黄牛和鸭的感染率较高，这几种畜禽饲养普遍，污染环境严重，是重要的传染源。因此，带菌的鼠类和带菌的畜禽构成自然界牢固的疫源地。

病畜和带菌动物是本病的传染源。猪感染钩端螺旋体非常普遍，所带菌群有 13 种之多。鼠类繁殖快、带菌率高，排菌时间长，可能终身带菌。其他动物如犬、马、牛、羊也可作为传染源，冷血动物蛙不但带菌，而且还能排菌，可作为一种贮存宿主和传染源。

各种带菌动物主要通过尿液排菌，污染水、食物、土壤、用具、植物等，接触这些污染物可被感染，特别是水的污染更为重要。主要通过皮肤、黏膜感染，尤其是破损皮肤的感染率高，也可经消化道食入或交配（鼠类）而感染。

本病呈散发性或地方流行性。一年四季均可发生，其中以夏、秋为流行高峰季节。

三、临床症状

1. 亚临床型 这是大多数猪所表现的形式，主要见于集约化饲养的育肥猪，不表现临床症状，成为病原携带者，血清中经常可检出钩端螺旋体抗体。猪群感染率介于 30% ~70%，发病率、死亡率低。

2. 急性型 主要见于仔猪的犬型、黄疸出血型、波摩那型以及 tarassovi 型钩端螺旋体感染，呈小型暴发或散在性发生，潜伏期 1 ~2 周。临床表现为突然发病，体温升高至 40℃，稽留 3 ~5 天，病猪精神沉郁、厌食、腹泻、黄疸、神经性后肢无力、震颤及脑膜炎，有的病猪出现血红蛋白尿。病死率达 50% 以上。

3. 亚急性与慢性型 以损害生殖系统为特征。母猪表现为无乳、发热，个别病例有乳腺炎发生，怀孕不足 4 ~5 周的母猪在感染 4 ~7 天后发生流产、死产。母猪流产率可达 70% 以上。怀孕后期母猪感染则产出弱仔，这些仔猪不能站立，移动时呈游泳状，不会吮乳，经 1 ~2 天死亡。在波摩那型和黄疸出血型钩端螺旋体感染所致的流产中，胎儿出现木乃伊或各器官均匀苍白，出现黄疸，死胎常有自溶现象。成年猪的慢性钩端螺旋体常见轻微或不易察觉的临床症状。

四、病理变化

1. 急性型 突出特征为败血症、全身性黄疸和各器官、组织广泛性出血，以及肝细胞、肾小管弥漫性坏死。眼观见尸体鼻部、乳房部皮肤发生溃烂、坏死。可视黏膜、皮肤、皮下脂肪、浆膜、肝脏、肾脏、膀胱等组织黄染和具有不同程度的出血。胸腔、心包腔积有少量黄色、透明或稍混浊的液体。脾肿大、瘀血，偶有出血性梗死。肝肿大，呈土黄色或棕黄色，被膜下可见粟粒至黄豆大小的出血灶，切面可见黄绿色散在性或弥漫性点状、粟粒大小的胆栓。肾肿大、瘀血，肾周围脂肪、肾盂、肾实质出血、黄染，膀胱黏膜上有散在的点状出血。结肠前段的黏膜表面糜烂，有时有出血性浸润。肝、肾淋巴结肿大、充血、出血。

2. 亚急性与慢性型 身体各部组织水肿，以头颈部、腹壁、胸壁、四肢最明显。肾脏、肝脏、肺脏、心外膜出血，肾实质和肾盂周围出血明显。浆膜腔内常有过量的草黄色液体和纤维蛋白。肝脏、脾脏、肾脏肿大，有时在肝脏边缘出现 2～5 毫米的棕褐色坏死灶。

成年猪的慢性钩端螺旋体病，以肾脏的眼观变化最为显著，肾皮质出现 1～3 毫米的散在性灰白色病灶，病灶周围可见明显的红晕。有的病灶稍突出于肾表面，有的则稍凹陷，切面上的病灶多集中在肾皮质，有时蔓延到肾髓质区。病程稍长时，肾脏固缩硬化，表面凹凸不平或呈结节状，被膜粘连，不易剥离。组织学检查呈典型的间质性肾炎。

五、诊断

母猪怀孕后期流产，产下死胎、弱仔，仔猪黄疸、发热以及有较大仔猪和断奶仔猪死亡可提示为猪钩端螺旋体病。尸体剖检与组织学检查，特别是肾脏的病变具有诊断意义。确诊须进行实验室检查。

（一）病原体检查

1. 显微镜检查 可用压滴标本进行暗视野显微镜检查，或用涂片染色镜检。

（1）病料采取与处理：检查材料可采取动物血液、尿液和肾脏、肝脏、肾上腺等组织。血液可由静脉采取 3～5 毫升，加入 1/10 量的 10% 枸橼酸钠或 1% 草酸钠溶液抗凝剂；尿液采取 5～10 毫升；肝、肾组织用灭菌生理盐水制成 1:5 或 1:10 悬液。

血或尿液经 1 500 转/分离心 5 分钟，取上清液，再以 3 000～4 000 转/分离心 1～2 小时进行集菌，然后取沉淀物涂片染色镜检；脏器悬液以 1 500 转/分离心 5 分钟，取上清液，再以 3 000 转/分离心 0.5～1 小时，取沉淀物涂片，染色镜检。

（2）暗视野显微镜检查：钩取上述制备的样品，置于载玻片上并覆以盖玻片，在暗视野显微镜下，先用低倍（120 倍），后用高倍（400 倍）检菌。钩端螺旋体呈细长弯曲，能活泼地进行旋转和伸缩屈曲的自由活动，其螺旋弯曲极为紧密，在暗视野中不易看清，常似小珠链样，菌体的一端或两端弯转如钩，并由于旋转式摆动而可弯绕呈"8"字形、"丁"字形或网球拍状，因为屈曲运动，整个菌体可弯曲成 C、S、O 等形状，且此种弯曲，又可在运动中随时迅速消失。

（3）染色镜检：有以下几种。

1）姬姆萨染色：钩端螺旋体可被姬姆萨染色液染成淡红色，但着色较差，染色时间较长，最好浸染过夜，才能获得理想效果。

2）方吞那（Fontana）氏镀银法：这是对螺旋体着染较好的一种染色方法，其方法如下。

酶染剂：将鞣酸 5 克，溶于加有石炭酸 1 克的 100 毫升蒸馏水中即成。

染色液：首先用蒸馏水配成 5% 的硝酸银溶液，临用前，取此液数毫升，徐徐加入 10% 氨液，至所产生的棕黑色沉淀，经摇动后仍能重新溶解为止。若此时溶液甚为清朗，可再滴入硝酸银液少许，至液体略呈混浊，经振摇仍不消失为度。

染色方法：抹片经火焰固定后，倾酶染剂于其上，历时半分钟；水洗半分钟后，再用滤纸一小片于涂片部位，滴染色液于纸片上，置酒精灯火焰上加热使略生蒸汽并维持 20～30 秒；然后水洗并待干燥后镜检，螺旋体呈黑色，背景为棕色。

若用镀银染色法染色后，菌体变粗，或形态不典型时，可改用下面钩端螺旋体染色法，用此法染色，菌体清晰，形态不发生改变。

媒染剂：将鞣酸 1 克、钾明矾 1 克和中国蓝 0.25 克，加于 20% 乙醇 100 毫升中，充分溶解后过滤即成。

染色液：取石炭酸复红和碱性美蓝染色液等量混合，过滤即成。

染色方法：抹片经火焰固定，用生理盐水漂洗；再加媒染剂于玻片上，染色 5 分钟；水洗，用染色液染色 2 分钟；水洗、晾干、镜检。钩端螺旋体呈暗红色，背景淡蓝色。

2. 细菌培养 钩端螺旋体可人工培养，但须用液体或半固体培养基，常用柯托夫培养基，其配方是：在 1 000 毫升蒸馏水中，加入蛋白胨 0.8 克，氯化钠 1.4 克，氯化钾 0.04 克（或 1% 溶液 4 毫升），碳酸氢钠 0.02 克（或 1% 溶液 2 毫升），磷酸氢二钠（2H$_2$O）0.96 克，磷酸二氢钾 0.18%，1% 氯化钙溶液 4 毫升，于 100℃ 加热 30 分钟，冷却后调整 pH 值至 7.2，溶液若不完全透明或有沉淀时，可用 G$_3$ 滤棒过滤。然后定量分装试管，每管 5 毫升，以 120℃ 30 分钟高压灭菌，取出冷却后，以无菌操作，按 10% 比例加入无菌新鲜兔血清，再置于 56～58℃ 水浴中灭活 2 小时，经培养证明无细菌污染时，即可应用。

接种：接种材料用上述血、尿和组织乳剂，为了提高检出率，接种量需较大，且每种材料至少应接种培养基3管。血液可静脉采血直接接种，每管接种3滴；尿液最好先调pH值至中性，并经蔡氏灭菌滤板过滤后接种，每管接种10滴。

接种后置25~30℃温箱内培养，每5天对培养物进行一次暗视野显微镜检查，看有无钩端螺旋体生长。培养检查应持续3个月，如仍无生长，方可判为阴性结果。为了提高检出率，可先将病料通过实验动物感染，然后再由感染动物取材培养。

3. 动物实验　将被检动物血液、尿液或肝、肾组织悬液，接种体重150~200克的幼龄豚鼠，腹腔或皮下注射1~3毫升。实验动物在接种前观察2~3天，证明健康方可接种。接种后，每日观察2次。若材料中的病原毒力小，动物常仅表现一过性症状而很快恢复。若毒力强大，常于接种后3~5天产生高温、黄疸、不吃、消瘦等典型症状，并经数日体温下降后迅速死亡。当体温升高至40℃时，可采取心血做培养检查。若体温继续升高，可再采血培养，动物死亡后，立即剖检，取肾、肝组织镜检并做培养检查。试验动物若不发病，可于半月后判为阴性结果。

（二）炭凝集试验

用炭抗原与被检血清进行凝集试验，对钩端螺旋体病的诊断具有很大的实用价值。此法不仅操作简便，反应出现迅速，结果容易判断，而且仅用一型钩端螺旋体制成的抗原，便可测出各型抗体。

1. 试验准备　炭抗原制备：钩端螺旋体培养物以福尔马林杀死，经生理盐水洗涤后制成悬液，再用超声波将菌体击碎制成抗原，吸附于炭微粒之上即成。

2. 操作方法　用1%正常兔血清生理盐水，将被检血清在塑料板凹孔内做系列对倍稀释，并取各稀释度血清1滴，分别滴于载玻片上，另滴1%正常兔血清生理盐水1滴，以做对照，再于每一液滴之中，各加炭抗原1接种环（炭抗原的添加量，以加入后呈深灰色为宜），轻轻混匀，并充分摇动玻片，至见不到炭粒沉淀为止。然后将此玻片置湿盒中，在室温下静置5~7分钟后，取出观察结果。

3. 结果判定　在强光白色背景或日光灯上方，摇动玻片，观察并按下列标准记录反应结果。

（1）"＋＋＋＋"表示炭粒呈片状凝集，摇动后凝块向液滴边缘扩散。

（2）"＋＋＋"表示炭粒明显凝集，液体透明。

（3）"＋＋"表示炭粒半数凝集，液体尚清。

（4）"＋"表示炭粒仅少数凝集，大部分散而液体不清。

（5）"－"表示炭粒不凝集而均匀分散，或摇动后不凝集，炭粒聚集于液滴中央，液体不清。

被检血清凝集滴度达 1∶2 呈"＋＋"者（猪），或在反复检验时，第二次血清滴度较上次增长 4 倍以上者，为阳性反应。

（三）鉴别诊断

钩端螺旋体病应注意与黄脂病、猪蛔虫病相区别。黄脂病除脂肪黄染外，其他器官和组织不黄染，可与钩端螺旋体病相区别。猪蛔虫病的肝脏病变严重，胆道被蛔虫阻塞而引起全身性黄疸，但尸体剖检和组织学检查具有特征性，可与猪钩端螺旋体病相区别。

六、防制

（一）预防

1. 疫苗预防 应用灭活普通菌苗和浓缩菌苗进行预防接种，有良好效果，但灭活菌苗存在接种量大，接种次数多，感染后不能阻止肾脏排菌等缺点。但应用波摩那型弱毒 L18 株制成的活菌苗，能产生很强的保护力，尿中不排菌。

2. 管理预防 采取综合性防制措施，及时隔离病畜和可疑病畜。开展捕鼠、灭鼠工作，防止饲料、草、水源被鼠类粪尿污染。

消毒和清理被污染的水源、饲料、淤泥、污水、场所、用具等，防止传染和散播。

（二）治疗

通常认为链霉素和土霉素等四环素族抗生素有一定疗效。每千克饲料加入土霉素 0.75 ~ 1.5 克，连用 7 天，可减轻症状和解除带菌状态。怀孕母猪在产前 1 个月连续饲喂上述土霉素饲料可防止流产。治疗时应全群治疗。

实践证明，由于急性和亚急性病畜肝功能遭到破坏和出血性病变严重，在对因治疗的同时结合对症疗法是非常必要的，其中葡萄糖维生素 C 静脉注射和强心利尿剂的应用对提高治愈率有重要作用。

猪梭菌性肠炎

一、病原

病原体是 C 型产气荚膜梭菌，也称 C 型魏氏梭菌。为革兰氏阳性、不运动、有荚膜的大杆菌。菌体两端稍钝圆，大小为（0.6 ~ 2.4）微米 ×（1.3 ~ 19.0）微米。芽孢卵圆形，位于菌体中央或近端，横径不大于菌体。根据产生毒素分为 A、B、C、D、E 5 个血清型，C 型菌株主要产生 α 和 β 毒素，其中 β 毒素引起仔猪肠毒血症、坏死性肠炎。

本菌厌氧，普通培养基上均易生长，葡萄糖琼脂上，菌落多为圆形、隆起、光滑、浅灰色，直径 2~4 毫米，也可形成"勋章"样大菌落。菌落周围有棕色溶血区，有时表现双环溶血，外环淡绿，内环透明。深层葡萄糖琼脂培养中，菌落通常呈双凸透镜状或逗点状。在厌氧肉肝汤中，培养 5~6 小时即呈均匀混浊，且产生大量气体。

最突出的生化特性是牛乳培养基的"暴烈发酵"，接种培养 8~10 小时后，牛乳即被酸凝，同时产生大量气体使凝块变成多孔的海绵状，严重时被冲成数段，甚至喷出管外。

普通消毒剂均可杀死本菌繁殖体，但芽孢抵抗力较强，在 90℃ 30 分钟或100℃ 5 分钟死亡，食物中毒型菌株的芽孢可耐煮沸 1~3 小时。

二、流行病学

本病主要侵害 1~3 日龄仔猪，1 周龄以上仔猪很少发病。在同一猪群内各窝仔猪的发病率往往相差很大，病死率通常为 20%~70%，最高可达 100%。本病除猪和绵羊易感外，还可感染马、牛、鸡、兔等。

本菌在自然界中分布较广，人畜肠道、土壤、下水道、尘埃等都有存在。病猪群的母猪肠道更为常见，且随粪便排出体外，污染猪圈。本菌的芽孢对外界抵抗力很强，猪场一旦有此病发生，常顽固地在猪场扎根。

三、临床症状

同一猪场不同窝之间和同窝仔猪之间病程差异很大，因而分为最急性型、急性型、亚急性型和慢性型。

1. 最急性型 仔猪出生后第 1 天发病，当天或第二天死亡。初生仔猪突然排血便，后躯沾满血样稀便，病猪衰弱无力，处于濒死状态。少数没有下血痢便昏倒或死亡。

2. 急性型 病程常维持 2 天，在生后第 3 天死亡。整个病程中病猪排出含有灰色坏死组织碎片的红褐色液体粪便。表现衰弱无力，日益消瘦。

3. 亚急性型 病猪呈现持续的非出血性腹泻，初排黄色软粪，其后粪便呈清水样，内含灰色坏死组织碎片，类似"米粥"状粪便。表现食欲减退、脱水和极度消瘦，通常在出生后 5~7 天死亡。

4. 慢性型 病猪在一周以上时间呈现间歇性或持续性腹泻，粪便黄灰色、带黏液，会阴部和尾部附有粪痂，病猪生长停滞，逐渐消瘦，几周后死亡。

四、病理变化

被毛干燥无光泽，皮下胶样浸润，胸腔、腹腔、心包腔内有许多樱桃红色积液。病变主要在空肠，有时延至回肠前部，病变肠段肠壁深红色，与正常肠段界限分明。剖检可见肠黏膜和黏膜下层广泛性出血，肠内容物为暗红色液状，肠系膜淋巴结深红色。病程稍长病例，以坏死性肠炎变化为主，肠管的出血性病变不严重，肠管弹性消失、僵硬，从浆膜面可见肠壁呈浅黄色或土黄色。剖开肠段可见黏膜表面附着灰黄色坏死性假膜，易脱离，肠黏膜灰黄色坏死，肠内容物暗红色，坏死肠段浆膜下可见高粱米粒或小米粒大小的、数量不等的小气泡，肠系膜淋巴结充血，其中也有数量不等的小气泡形成，肠系膜内也常见以肠系膜根为中心的辐射状长形气泡。心肌苍白，心外膜点状出血。肾灰白，皮质部有小点状出血，膀胱黏膜也有小点状出血。

病变肠段病理组织学检查见肠黏膜完全坏死，黏膜下层和肌层有气肿病变。

五、诊断

根据本病主要发生于 3 日龄内仔猪，下痢为红色液体，病程短，死亡率高，病变肠段呈深红色或土黄色，界线分明，肠黏膜坏死，肠浆膜下、肠系膜和肠系膜淋巴结有小气泡形成等特点，通常可做出诊断。若有必要可做细菌学检查及毒素试验以进一步确诊。

（一）细菌学检查

无菌采取心血、肺、腹水、胸水、肝、十二指肠和空肠内容物，肾、脾等脏器抹片，革兰氏染色呈阳性、两端钝圆的单个或双个杆菌。

十二指肠、空肠内容物在 80℃水浴加热 30 分钟后，分别接种于肉肝汤和肉肝胃膜汤中，37℃培养 4 小时，开始出现小气泡，18 小时后大量的气体将试管中固体石蜡冲至试管顶部。培养基均匀混浊，由橙色变黄。肝片不变黑而呈肉红色。血平板接种，厌氧培养 48 小时，形成纽扣状菌落 β 型溶血。

生化实验：C 型产气荚膜梭菌对糖的分解能力极强，能分解葡萄糖、乳糖、蔗糖、麦芽糖、甘油、山梨醇等，使其产酸产气，不分解菌糖，不形成靛基质。接种牛乳培养基 37℃培养 8～10 小时后，分解乳糖并产酸。

（二）毒力试验

1. 泡沫肝试验 取分离菌肉汤培养物 3 毫升给家兔静脉注射 1 小时后将兔处死，放 37℃恒温 8 小时剖检，见肝脏充满气体，出现泡沫肝现象。镜检可见革兰氏阳性菌，其荚膜清晰浓染。

2. 肠毒素试验 采取刚死亡的急性病猪的空肠内容物或腹腔积液，加等量生理盐水搅拌均匀，再以 3 000 转/分离心 30～60 分钟，上清液经细菌滤器过滤，取滤液静脉注射体重 18～22 克的小鼠 5 只，每只注射 0.2～0.5 毫升，同时将上述滤液与 C 型产气荚膜梭菌抗毒素混合，作用 40 分钟后，注射于另一组小鼠，以做对照。如注射滤液的一组小鼠迅速死亡，而对照组不死，则可确诊为本病。

六、防制

（一）预防

1. 疫苗预防　预防注射可用 C 型产气荚膜梭菌培养物制成 C 型产气荚膜梭菌氢氧化铝菌苗和仔猪红痢干粉菌苗，对第一与第二胎的怀孕母猪，各肌内注射本菌苗两次，第一次在分娩前一个月后，第二次在分娩前半个月左右，剂量均为 5～10 毫升。前两胎已注射过菌苗的母猪，第三胎可在分娩前半个月左右注射一次菌苗，剂量为 3～5 毫升，即可产生足够的免疫力，使仔猪通过哺乳即可获得被动免疫。仔猪出生后早期肌内注射抗仔猪红痢血清，3 毫升/千克体重，可获得充分保护。

2. 管理预防　搞好猪舍和周围环境的卫生，定期消毒，特别是产房消毒。接生前母猪乳头要清洗和消毒，以减少本病的发生和传播。

（二）治疗

由于本病发病迅速，病程短，发病后用药治疗往往疗效不佳，必要时给刚出生的仔猪立即口服抗生素，每日 2～3 次，能起到一定的防治作用。

衣原体病

一、病原

衣原体是介于细菌和病毒之间，类似于立克次体的一类微生物，呈球状，大小为 0.2～1.5 微米，是衣原体科衣原体属的微生物，革兰氏染色阴性。

目前，较重要的衣原体有 4 种，即沙眼衣原体、鹦鹉热衣原体、肺炎衣原体和反刍动物衣原体。

衣原体对高温的抵抗力不强，而在低温下则可存活较长时间，如 4℃可存活 5 天，0℃存活数周。0.1% 福尔马林、0.5% 石炭酸在 24 小时内，3% 过氧乙酸片刻、70% 乙醇数分钟均可将其灭活。

衣原体对青霉素、红霉素、四环素族等抗生素敏感，对链霉素、杆菌肽等有抵抗力。对磺胺类药物，沙眼衣原体敏感，而鹦鹉热衣原体和反刍动物衣原体则有抵抗力。

二、流行病学

不同品种和年龄的猪群都可感染，但以妊娠母猪和幼龄仔猪最易感。传染源主要是病猪及隐性带菌猪，几乎所有的鸟粪都可能携带该菌。有些哺乳动物，如绵羊、牛和啮齿类动物都可受到感染，这些动物可能成为猪感染衣原体的疫源。

病原体可由乳汁、尿、粪便、流产胎儿、胎衣及羊水排出，污染饲料和水源等，经消化道感染猪，也可通过飞沫或污染的尘埃经消化道感染。交配亦可感染，母猪感染后引起流产、死胎或产下弱仔猪。蜱、厩蝇能起传播媒介作用。

猪衣原体常呈地方性流行，不安全场引入健康敏感猪或安全场输入病猪后常暴发本病，康复猪长期带菌。在饲养密度高的集约化猪场感染率更高，本病多表现持续的潜伏性感染。一些学者研究认为，衣原体能诱导发生继发感染（如霉形体感染），因而在疾病发生上具有"前导作用"。

本病的发生和流行常与一些诱发因素有关，如猪场卫生条件差、营养不良、饲养管理不善（潮湿、通风不良、拥挤、贼风等）、运动不足、长途运输、其他疾病侵袭等，管理科学的猪群多呈亚急性经过。

三、临床症状

自然感染的潜伏期为 3～15 天，有的长达 1 年，试验感染为 6 天至 6 个月。

鹦鹉热衣原体可引起怀孕母猪的早产、死胎、胎衣不下、产下弱仔或木乃伊胎儿，流产胎儿皮肤上有出血斑点，不孕症。初产母猪发病率高达 40%～90%，流产多在临产前几星期发生。流产前无任何表现，体温正常，很少拒食或产后有不良病症，产出仔猪有部分或全部死亡；活仔体弱，初生重量小（450～700 克），拱奶无力，多数在生后数小时至 1～2 天死亡，死亡率有时高达 70%。公猪生殖系统感染后，出现睾丸炎、附睾炎、尿道炎、龟头包皮炎和附属腺体的炎症，有的表现慢性肺炎。种公猪的感染可引起成年基础母猪的大批发病。生殖系统受感染的猪多呈隐性经过，只在血液内发现高滴度的补体结合抗体。

有些猪群产出的活仔虽然较多，但多在胎内感染而出现脓毒败血症，表现皮肤瘀血性充血、发绀、尖叫、寒战、精神沉郁、吸吮无力、步态不稳、行为反常、应激性增高、弛张热、体温周期性升高 1～1.5℃，病情严重时，精神沉郁、黏膜苍白且干燥、恶性腹泻、体温逐渐降至 37℃以下、多于 3～5 天死亡。病程稍长者，常继发细菌性肺炎而死。仔猪还可引起肠炎、结膜炎、多发性关节炎，断奶前后常患支气管肺炎、心包炎和胸膜炎，表现发热、食欲废绝、精神沉郁、咳嗽、喘气、腹泻、关节肿大、跛行等，有的还出现中枢神经系统病损的症状。

四、病理变化

衣原体引起猪的疾病种类较多，有时呈单一感染，有时呈并发感染。

1. 肠炎型　多出现流产胎儿与死亡的新生仔猪，胃肠道有急性局灶性卡他和回肠的出血性变化。肠黏膜发炎潮红，小肠与结肠浆膜面有灰白色浆液性纤维素性覆盖物，小肠淋巴结肿胀，脾脏轻度肿大、有出血点，肝表面有灰白色斑点、质脆。

2. 支气管肺炎型　肺水肿，表面有大量小出血点、出血斑，肺门周围有分散的小黑红色斑，尖叶及心叶呈灰色，变得坚实和僵硬，肺泡膨胀不全，且含有大量渗出液，嗜中性粒细胞弥散性浸润，纵隔淋巴结水肿、膨胀，细支气管有大量出血点，有时出现坏死区，坏死区有化脓样物质。

3. 流产型　母猪子宫内膜出血、水肿，且伴有 1～1.5 厘米的坏死灶。胎盘出血。组织学检查可见生殖道黏膜有大量淋巴样组织细胞、浆细胞、嗜中性粒细胞浸润。流产胎儿与死亡新生仔猪的头、胸和肩胛等部皮下结缔组织水肿，有的有凝胶样浸润，头顶和四肢呈弥漫性出血，下颌淋巴结肿大，心脏及肺脏常有浆膜下点状出血，肺常有卡他性炎症，肺泡间隙有淋巴组织细胞浸润，毛细血管呈扩张状态。肾充血、点状出血。肝充血。若死胎在子宫内滞留时间过长，则有一股恶臭味，产下胎儿体表呈暗灰色。胎衣呈暗红色，表面覆盖一层水样物质，在胎衣的黏膜表面有坏死区，坏死区周围组织呈水肿状态，多形核白细胞及浆细胞弥散性分布于水肿组织内，患病公猪睾丸色泽与硬度发生变化，腹股沟淋巴结肿大 1.5～2 倍，输精管有出血性炎症，尿道上皮脱落、坏死。

4. 关节炎型　关节肿大，关节周围充血、水肿，关节腔内充满纤维素性渗出液，用针穿刺时流出灰黄色混浊液体，混杂有灰黄色絮片。患病关节的单核细胞、成纤维细胞和内皮细胞中可看到衣原体原生小体和包涵体。

五、诊断

根据流行病学、临床症状和病理变化可做出初步诊断，确诊需进行实验室检查。

（一）细菌学检查

无菌采取死猪的肝、脾、肺、排泄物、病损关节液、流产胎猪和胎盘等病料，磨碎加缓冲生理盐水稀释成20%悬液，每毫升悬液加 1 毫克链霉素或 1 毫克卡那霉素杀死杂菌，经 1 000 转/分离心沉淀 10 分钟，取上清液重复离心沉淀 2 次，最后取上清液 0.5 毫升接种于 5～7 日龄发育鸡胚的卵黄囊内，鸡胚常在接种后 3～10 天死亡。也可用 0.2 毫升接种于 3～4 周龄的小白鼠腹腔内，如果病料中含有衣原体，往往引起小白鼠发生腹膜炎，腹腔内积聚大量纤维素性渗出物，以致接种鼠腹腔显著膨大，脾脏发生肿大等特征性病变。感染动物的腹腔渗出液涂片，可发现衣原体包涵体。

（二）血清学诊断

血清学试验有血凝抑制试验、补体结合试验、毛细血管凝集试验、间接血凝试验、琼脂凝胶沉淀试验、免疫荧光和免疫酶试验等。

母猪血样抗体滴度阳性说明该场有病原，而不能说明这种微生物就是繁殖障碍的原因。采取急性期和恢复期双份血清，补反滴度出现 4 倍升高可确诊，大量低水平抗体的存在是猪群感染的重要标志。流产胎儿血清滴度阳性可作为疾病的诊断依据，胎儿组织荧光抗体试验阳性也有诊断意义。妊娠 70 天以上的胎儿试验阴性不能排除疾病，这是因为 70 天后猪有免疫活性可产生足够的抗体，与病毒抗原形成复合物从而干扰试验。

六、防制

（一）预防

引进种猪时要严格检疫（包括临床和血清学检查），不安全猪场禁止输出猪种。猪群进行定期检测，淘汰疑似病猪和血清学阳性猪，培育健康猪群。

将病猪隔离治疗，对猪舍、产房严格消毒，及时清除流产胎猪、死胎、胎膜和其他病料，且进行无害化处理。禁止使用未加工或未经无害化处理的畜产品和副料喂猪，保证饲料营养均衡，减少各种不良应激因素的影响。

实行人工授精；或公猪在配种、采精前一个月，母猪在配种前和怀孕后期投服四环素。

（二）治疗

四环素为首选药物，也可用螺旋霉素、夹竹桃霉素、红霉素、土霉素、金霉素等。公、母配种前 1~2 周和产前 2~3 周随饲料按 0.02%~0.04% 给予四环素类制剂，连用 1~2 周。也可注射缓延型制剂，能提高受胎率、增加活仔数、降低新生仔猪的病死率。

给新生仔猪肌内注射 1% 土霉素，按 1 毫升/千克体重，每日 1 次，连用 5 天。从 10 日龄开始随饲料投服四环素类药物，按 1 克/千克体重，直至体重达 25 千克为止。仔猪断奶或患病时，注射含 5% 葡萄糖的土霉素溶液，按 1 毫升/5 千克体重，连用 5 天。

猪丹毒

一、病原

猪丹毒杆菌属丹毒杆菌属，是一种革兰氏阳性菌，具有明显的形成长丝的倾向，为平直或微弯杆菌，大小为（0.2~0.4）微米×（0.8~2.5）微米。本菌在病猪体内与培养基内形态有所变化，在病料内的细菌单在、成对或成丛排列；在白细胞内通常成丛存在；在陈旧的肉汤培养物及慢性病猪的心内膜疣状物中，多呈长丝状。本菌无运动性，不形成芽孢和荚膜。

猪丹毒杆菌是微需氧或兼性厌氧菌，能在普通培养基上生长，若加入少许血清或血液，并在 10% 二氧化碳中培养，则生长更佳。

本菌对热较敏感，55℃经 15 分钟，70℃经 5 ~ 10 分钟死亡，但在大块肉中，必须煮沸 2.5 小时才能致死。普通化学消毒剂对丹毒杆菌有较强的杀伤力，1% ~ 2% 氢氧化钠、3% 来苏儿、1% 漂白粉、5% 石灰乳、3% 克辽林 5 ~ 15 分钟可杀死本菌。本菌耐酸性较强，猪胃内的酸度不能将其杀死，因而可通过胃而进入肠道。

二、流行病学

本病主要发生于猪，3 ~ 12 个月龄的猪最为敏感，3 ~ 4 周哺乳仔猪亦可发病，牛、羊、马、狗、鸡、鸭、鹅、鸽、火鸡、麻雀、孔雀等也有病例报告，人感染本病时称为类丹毒。本病的主要传染源为病猪、病愈猪及健康带菌猪。除猪外已知有至少 50 种野生哺乳动物（其中约半数是啮齿类）和 30 种野禽中可分离出丹毒杆菌，在一定条件下这些动物均可成为传染源，马、牛、狗、猫也可成为潜在的带菌者，禽类和水生动物也是应重视的传染源。

丹毒杆菌主要存在于病猪的心、肾、肝、脾中，以心、肾的含菌量最多，主要经粪、尿、唾液、鼻分泌物排出体外，健康带菌猪主要在扁桃体与回盲口的腺体处，也可存在胆囊及骨髓里，健康猪扁桃体的带菌率为 24.3% ~ 70.5%。由此可见，无论病猪场还是没有发生过猪丹毒的猪场，都可有一定比例的带菌猪（30% ~ 50%）。病猪、带菌猪及其他带菌动物都可从粪尿中排出猪丹毒杆菌而污染饲料、饮水、土壤、猪舍、用具等，通过饮食经消化道传染给易感猪。此外本病也可通过损伤皮肤及蚊、蝇、虱等吸血昆虫传播。加工厂及屠宰场的肥料、废水，食堂的残羹，腌制、熏蒸的肉品等常引起本病的发生。据报道，鱼粉、碎肉曾多次检出过本菌。

带菌猪在应激因素作用下，机体抵抗力降低，细菌在局部大量增殖侵入血行，引起内源传染而发病，在流行病学具有重要意义。猪丹毒杆菌主要侵害 3 ~ 12 月龄的猪，随年龄增长对丹毒易感性较低，但 1 岁以上的猪甚至基础母猪与哺乳仔猪也有发病死亡的报告。

猪丹毒一年四季均可发生，在北方地区以炎热、多雨季节流行最盛，秋凉以后逐渐减少；在南方地区，冬、春季节也可形成流行高潮。本病常为散发性或地方流行传染，有时也发生暴发流行。

三、临床症状

猪丹毒的潜伏期，人工感染试验，最短 24 小时，长的可达 9 天，通常 3 ~ 5 天。

猪丹毒的临床症状与细菌的毒力、猪的抵抗力、免疫状态、自然感染的方式和应激因素有关，一般可分为特急性（闪电型或最急性型）、急性败血性、亚急性（疹块）和慢性四型。

1. 特急性型　人工感染试验，静脉注射 100～600 亿菌/头猪，注射后 24～48 小时开始发病，体温达 42℃ 以上，发病 12 小时后精神沉郁，食欲减退或废绝，颈下、胸腹及背侧出现丹毒性红斑，体温升高时，心音增强，心率 140～160 次/分，濒死期达 240 次/分以上，病初呼吸浅表，增速不明显，后期可达 80 次/分，通常持续 1～2 小时，躺卧不起，抽搐呈游泳状，鼻孔流出白色泡沫状液体，不久倒毙。

自然感染多为流行初期第一批发病突然死亡的猪，病前无任何症状，头天晚上吃食良好，次日清晨发现病猪死亡，全身皮肤发绀，若为群养猪，则其他猪相继发病，且有数头死亡。

2. 急性败血性型　病程 4～9 天，自暴发之日起第 3～4 天即可出现此型，病猪精神高度沉郁，不食不饮，体温升高到 42～43℃，高热稽留可达 3～5 天。此时病猪不愿走动，虚弱，躺卧地上，有时恶心呕吐，结膜充血，眼睛清亮，粪便干硬附有黏液。随病程进展，病猪出现腹泻，有时稀粪带血液，尤以小猪更为明显。严重的病猪表现跛行或后肢麻痹，眼结膜发绀、水肿。人工静脉接种猪丹毒四系强毒株 24 小时后，体温升高到 42℃ 以上，72 小时后在耳后颈下、胸前腹侧、四肢内侧等处皮肤发生疹块，初期淡灰色，继而呈淡红色（指压消失），后渐变为疹块，周边呈深红色、中央灰色、凸出皮肤表面，其后变成棕色痂块，通常疹块可持续 2～3 天。病猪好转时，疹块即可消失。病势恶化，小的疹块相互融合成大疹块，3～4 天死亡，有时延至 7～9 天，病死率 80%，有的转为慢性猪丹毒。哺乳仔猪与断奶仔猪发生猪丹毒时，多突然发病，出现神经症状，抽搐，倒地死亡，病程多为 1 天左右。

3. 亚急性（疹块）型　病程 1～2 周，是轻型的猪丹毒，病初体温达 41℃ 以上，精神不振，食欲不佳，口渴，便秘，时有恶心呕吐，发病后 2～3 天在身体许多部位的皮肤，尤其是颈部胸侧、背部、腹侧、四肢等处出现方块形、菱形或圆形疹块，稍凸起于皮肤表面，大小不一，从几个到几十个不等。初期疹块局部温度升高，充血，指压褪色。后期瘀血，颜色变为一致的紫黑色，黑皮肤猪生前疹块不易观察，只有用力触皮肤方可感觉到有疹块存在。一些病例疹块不隆起于皮肤表面，只有在急宰后刮毛才被发现。疹块出现 1～2 天后体温下降，病情好转，经 1～2 周自行康复。若治疗护理不当，则有些病例症状恶化，转为败血型而死亡。严重病例许多小疹块融合成较大的皮肤坏死块，久之变成革样痂皮，呈盔甲样。若妊娠母猪发病可引起流产。

4. 慢性型　通常由急性、亚急性转变而来，但也有原发性。通常有慢性浆液性纤维素性关节炎、慢性疣状内膜炎及皮肤坏死，前二者常在同一病猪身上同时存在，皮肤坏死多单独发生。病猪食欲无明显变化、体温正常，但逐日消瘦、机体衰弱、增重缓慢、发育不良。慢性关节炎型，初期表现为四肢关节的炎性肿胀，患肢僵硬、疼痛，急性炎症消失后，则出现关节变形，表现为一肢或两肢的跛行或卧地不起，临床表现的差异与受害关节的部位及损害程度有关。病程数周至数月。

慢性疣状内膜炎，其症状为消瘦，贫血，身体虚弱，常卧伏，厌走动，呼吸困难，听诊有心杂音、节律不齐、心动过速、亢进，若强行激烈走动，可突然因心衰致死。有的生前未发现任何症状，死后剖检时有菜花样心内膜炎。皮肤坏死，坏死常在肩部、背部、尾部和蹄部，坏死部皮肤变黑、干硬如皮革样。随病程进展，坏死皮肤逐渐与外部组织分离，最后脱落，残留一片无毛而色淡的疤痕而愈。若有继发感染，则病情恶化、病程延长。

人类丹毒以屠宰工人等易感，患者发热，局部皮肤红肿热痛、有痒感，不化脓坏死，局部炎灶可向周围扩散，甚至涉及全身，手臂淋巴管肿胀发红，腋下淋巴结发炎。

四、病理变化

1. 特急性型 多突然死亡，人工接种发病猪的皮肤见鼻部、耳部、腹部、腿部或全身呈紫红色。心外膜和心房肌点状出血。胃和小肠常见轻微或明显的黏液性、出血性炎症，胃的出血通常较明显。肝脏发生混浊肿胀和瘀血。肾脏除有混浊、肿胀外，在皮质部见针尖大点状出血。肺瘀血、水肿。脾肿大呈暗红色或樱桃红色，包膜紧张，质度柔软，边缘钝圆。脾切面出现白髓周围"红晕"，即在暗红色的脾切面上，有颜色更深的小红点，红点的中心就是白髓。

淋巴结：皮质淋巴小结生发中心增生明显，其周围有密集的淋巴细胞及浆细胞，间质毛细血管扩张充血，有些病例出现嗜酸性粒细胞，为急性浆液性淋巴结炎。

心肌：肌纤维局灶性变性溶解，肌间毛细血管内微血栓是少量纤维素网罗大量丹毒杆菌形成的，毛细血管内皮细胞肿胀充血。心肌丹毒杆菌数量最多，但嗜菌现象不明显，原发性损伤严重，是丹毒杆菌侵害的重要器官之一。

肝：肝细胞轻微变性，丹毒杆菌在窦状隙内有多种细胞嗜菌现象。

肺：肺弥散性瘀血水肿，肺泡腔内蓄有蛋白性渗出物，有代偿性肺气肿、肺萎陷，肺透明膜形成、肺泡壁毛细血管有纤维素网罗细胞和丹毒杆菌形成微血栓。

胃肠道：黏膜及黏膜下层毛细血管内有丹毒杆菌，可见嗜菌现象，浆细胞数量多。

肾：肾小球毛细血管丛内皮细胞肿大、充血，囊腔内有浆液性渗出物，肾小球毛细血管丛以及入出小动脉均可出现微血栓，肾小管不同程度变性，急性浆液性出血性肾小球肾炎的早期变化。肾上腺皮质部出血明显。

脑：只有病程3~4天死亡病例，血管出现丹毒杆菌，神经细胞轻度变性。

超微病理变化：

心肌：微血管内皮细胞肿胀，心肌纤维偶见肌膜下水肿，线粒体肿胀，肌纤维分离，毛细血管内有丹毒杆菌及纤维素条块。

脾：白髓边缘区有出血和大量纤维素，且有许多巨噬细胞。

肺：肺泡壁毛细血管内皮细胞肿胀、核凸突、线粒体肿胀、胞浆水肿、内膜系统多泡状变，质膜有断裂，毛细血管出血，但基底膜大都完整，肺上皮呈立方形，质膜有裂隙，线粒体肿胀，见有Ⅱ型上皮，肺泡壁巨噬细胞胞浆含有大量的溶酶体。

肾：肾小球毛细血管内皮细胞肿胀，足突肿胀，含有许多膜性囊泡，溶酶体增多，肾小球毛细血管内有红细胞，其间有纤维素团块、巨噬细胞。

脑：神经细胞变性，线粒体肿胀，微血管内皮细胞轻度肿胀，病程3~4天死亡病例，微血管内出现丹毒杆菌和纤维素。

由此可见，光镜下微血管的内皮细胞肿胀、变性、充血、出血、水肿、微血栓形成，实质细胞变性及吞噬细胞的噬菌现象，电镜下则为细胞内膜系统的改变，线粒体肿胀，细胞的溶酶体增多，血管内纤维素与丹毒杆菌的出现，属急性可逆性病理过程，实质细胞变性是继发的，噬菌现象属非特异性免疫反应。

2. 急性败血性型　病程4~7天，败血症变化明显，全身各处皮肤均可出现丹毒性红斑，指压褪色，可互相融合成片，微隆起于周围正常皮肤的表面。病程稍长者，红斑上出现浆液性水疱，水疱破裂干涸后，形成黑褐色痂皮。

心脏：外观暗红色，冠状血管努张，心冠脂肪有数量不等的小出血点，有的心房肌斑点状出血，少数病例心肌表面有灰黄色条纹状病灶，心脏蓄有少量凝固不全的血液，心内膜见条纹状出血斑，心肌切面个别病例有小出血灶。有的心包腔积有淡黄色液体，蓄有少量纤维素，多数在心室肌的肌间毛细血管和小静脉出现微血栓，个别病例小动脉也有血栓。有血栓出现的病例均有心肌变性、出血、炎性细胞浸润，各血管内皮细胞肿大，小动脉肌层呈泡沫状，少数病例小动脉腔阻塞，内仅有一至几束纤维素。一些病例的心肌有局灶性的肌纤维横纹消失，肌纤维溶解、出血与炎性细胞浸润。

肝：暗红色，肿大，小叶中央静脉充血，质度脆弱，切面流出多量凝固不全的血液。少数病例有出血性坏死灶。肝窦有微血栓出现，肝窦扩张，有多量红细胞瘀滞。相应部位的肝索明显萎缩，也有相应部位的肝细胞变性溶解消失。多数病例中央静脉扩张及肝窦扩张瘀血，肝细胞索相对萎缩，肝细胞颗粒变性乃至溶解坏死，炎性细胞反应不明显。

脾：高度肿大，樱桃红色，被膜紧张，边缘钝圆，切面外翻，凹凸不平，质地柔软，白髓暗红，小梁及滤泡的白髓萎缩，弥散性或局灶性出血，淋巴细胞变性坏死。中央动脉血管壁变性，内皮细胞肿胀、脱落。红髓瘀血乃至出血，与白髓周围红细胞数量相等，且有不同程度的脾组织坏死，表现为网状细胞与中性粒细胞的核碎裂、崩解。有的病例出现增生现象。网状纤维染色，边缘区网状纤维有些断裂。败血型随病程进展，组织损伤严重，红髓也相继出现出血性炎症。此类病例组织学检查为急性出血性脾炎变化，这与病程、细菌的毒力和机体状态有关，说明机体与病原相互斗争过程中，炎症反应加重，红髓静脉窦因组织破坏由瘀血转为出血，因而剖检这类病例，脾切面模糊不清。脾静脉窦内在急性猪丹毒也有充血现象，但没有纤维素大量出现，个别的有少数几根纤维素，但无规律排列，不是呈圆形的。

肺脏：重量增加，外观肿大，小叶间增宽，肺表面斑点状出血，局灶性气肿，颜色为暗红、粉红、蓝紫色，构成花斑样外观，肺切面支气管流出泡沫状液体，血管流出少量凝固不全的血液。镜检突出变化是几乎所有病例肺泡毛细血管、间隔毛细血管、小动脉、小静脉、支气管周围小动脉和小静脉均有纤维素性血栓。肺切片低倍镜观察似正常组织，高倍镜观察肺泡毛细血管内有纤维素性微血栓出现。通常为一束至几束纤维网罗红细胞、丹毒杆菌阻塞血管，各较大的动静脉血管内多数为纤维素网罗红细胞形成血栓，也有的是多量纤维素血栓，血栓内有少量红细胞，仅少数病例有纤溶现象。多数病例肺泡毛细血管内充有数量不等的红细胞。肺泡壁上皮细胞由无明显改变到变性肿大，部分病例肺泡腔蓄有伊红淡染的蛋白质渗出物。有的肺泡间隔增厚，透明膜形成。

上述肺脏各毛细血管广泛性纤维素性血栓出现，属急性弥散性血管内凝血，因肺泡毛细血管广泛的血栓出现阻塞血管内血流乃至血流断绝，造成肺通气不良、缺血、缺氧、窒息而死。有人称此为休克肺、急性肺心病，临床称急性肺功能衰竭，是急性猪丹毒致死的主要因素之一。

肾：外观肿大，被膜易剥离，有少量出血点，呈花斑样，即在暗红色基面上有灰白色、黄白色、暗红色大小不等的斑点，切面外翻，三界不清，皮质增宽。有的皮质小叶间静脉和髓质直小静脉瘀血，肾乳头因基面淡粉红色，血管充盈更加显著。肾盂有数量不等的小出血点，直小静脉也努张。镜下微血栓在小球毛细血管丛处出现率最高，其次为入球、出球小动脉。

小球充血、出血，囊腔内有数量不等的伊红淡色的浆液性或血液样渗出物。多数病例肾小管上皮细胞肿大，腔内有伊红着色不均、大小不等的滴状物填塞整个管腔。部分病例肾小管细胞界限消失，核崩解、溶解、呈渐进性坏死，腔内的管型和小管模糊不清，肾小管坏死。间质显示不同程度的充血、出血，少数病例有少量炎性细胞浸润。肾小管的变性、坏死是由于入球或出球小动脉内形成血栓，造成肾小管血流断绝、缺血、缺氧所致。眼观皮质部串珠样小红点，组织学上则是小球充血、出血，出血为小球微血栓形成继发纤溶所致。皮质、髓质部暗红色条纹病灶，为小叶间静脉和直小静脉的纤维素和红细胞血栓，其灰色、灰黄色条纹斑即是肾小管的变性坏死。上述改变是由微血栓的形成所致。出血性肾小球炎及肾小管的急性变性、坏死，临床为急性肾功能衰竭。

胃肠：胃内蓄有中等量食物，胃底黏膜上皮脱落，呈弥漫性潮红，微血栓可在黏膜上皮毛细血管、黏膜、黏膜下层、肌层的毛细血管和小静脉内出现，胃黏膜上皮细胞脱落，黏膜上皮毛细血管高度充血，主细胞不同程度变性，腺管腔狭小。十二指肠前段多数为出血性、卡他性炎，黏膜固有层、黏膜下肌层毛细血管均有纤维素血栓出现。黏膜上皮脱落、毛细血管充血，肠腺细胞轻度变性，有的黏膜下见圆形细胞浸润。空肠、回肠多数为卡他性炎症，在黏膜下毛细血管有血栓出现。大肠多数病例有轻度卡他性炎，黏膜、黏膜下部出现不同程度微血栓，黏膜上皮细胞轻度变性，黏膜毛细血管轻微充血。胰脏外观被膜血管充盈，小叶间、胰岛、胰泡间隙腺泡毛细血管有血栓出现，腺细胞不同程度变性和空泡形成。

膀胱：多数病例蓄积少量淡黄色尿液，少数病例蓄积淡红色尿液，膀胱黏膜血管呈不明显的树枝状充血，个别病例黏膜有少量出血点。

淋巴结：被膜血管充盈，外观肿大，切面灰白色多汁，滤泡不见增生，周边暗红色，为急性浆液性或出血性淋巴结炎，多数病例全身淋巴结、皮质部、髓质部、窦内毛细血管均有纤维素血栓。血管内充血、细胞渗出，淋巴窦扩张，有浆液或纤维素渗出，网状内皮细胞增生。

脑和脊髓：脑膜血管努张，各类血管有不同程度的纤维素血栓，脑皮层灰质部大脑神经细胞轻度变性，毛细血管、小动脉、小静脉内有数量不等的红细胞，血管周围有透明环。毛细血管内皮细胞肿大，突出于管腔内，血管外膜细胞增生肿大，小动脉内膜细胞肿大。

3. 亚急性（疹块）型　多为良性经过的猪丹毒，具有急性型的一般变化，但程度低，其特征是皮肤上发生疹块，疹块形状为方形、菱形或不规则形，呈一致的鲜红色或暗红色，手压时色变淡，有时中心部位色淡，甚至苍白色，周边仍保留红色，或者红白相互交替呈同心轮状，触摸时比正常皮肤硬。疹块分布身体各部，特别是胸侧、背部、后肢外侧、颈部。

4. 慢性型　多由急性或亚急性转变而来，病变主要特征是疣状心内膜炎、关节炎及皮肤坏死。

猪丹毒心内膜炎主要发生在二尖瓣，其次为主动脉瓣、三尖瓣、肺动脉瓣。在瓣膜见有数量不等的灰白色血栓性增生物，表面高低不一，呈菜花样，其底部因肉芽组织机化而牢固附着于瓣膜上，不易脱落。由于大量血栓增生物在瓣膜上进一步被机化，使瓣膜变形，导致瓣膜孔狭窄及闭锁不全，继而发生心肌肥大、心腔扩张等代偿性变化，病猪通常因心力衰竭而死亡。血栓软化脱落进入血流，成为栓子，易堵塞心肌、脾、肾的小动脉而形成梗死。

慢性猪丹毒的关节炎常与心内膜炎同时出现，主要侵害四肢关节，以腕关节及跗关节多见。初期为浆液纤维素性关节炎，关节囊肿大、变厚，充满大量浆液纤维素性渗出物，呈黄色或红色，稍混浊。因肉芽组织增生，渗出的纤维素被机化，致滑液膜呈绒毛状。经过长久可发生关节变形、关节强直等变化。

皮肤坏死常是疹块型的一种转归，有时背部皮肤整块坏死，或局限于耳、肩、尾部。坏死部逐渐干燥变为干性坏疽，色黑褐而坚硬，其后随分界性化脓而脱落，损伤部可由肉芽组织增生而疤痕治愈。

五、诊断

猪丹毒可根据流行病学、临床症状、病理变化等资料进行综合分析做出诊断，必要时进行病原学检查确诊。

（一）细菌学检查

1. 病料的采取　急性和亚急性病例高热菌血期，可自耳静脉采血。疹块型可切开皮肤疹块挤出血液或渗出液。慢性病例有关节炎症状者，可采取关节液。

急性和亚急性病例可采取心血、肝、脾、肾、淋巴结等。慢性病例可采取心内膜上的疣状赘生物、关节液、胆汁、骨髓（尸体已经腐败时，可从骨髓中分离培养病原体）等。

2. 显微镜检查　将病料，最好是肝、肾涂片（心内膜疣状赘生物可表面触片），自然干燥，用甲醇固定2～5分钟后，用美蓝、复红、姬姆萨或瑞氏及革兰氏染色法染色后镜检。

本菌在镜下呈瘦长、正直或稍弯曲、纤细的杆菌，并散在、单个、成对、小堆状或簇集于白细胞中。从心内膜赘生物制成的涂片，常见有弯曲、长短不等、丝状菌体，并呈乱发状。本菌为革兰氏阳性小杆菌，不产生芽孢，无鞭毛、不能运动。

3. 细菌培养

（1）直接分离培养：对未被污染的新鲜病料可直接接种于血液琼脂或血清琼脂培养基，置37℃培养24～48小时，观察结果。

在血清琼脂上长出针尖大、透明、灰白色、圆形、微隆起的露珠状小菌落。在血液琼脂培养基上生长的菌落，周围有绿色的狭窄溶血环。若被检病料已腐败或被污染，可在上述培养基中加入抗生素（100微克/毫升新霉素或400微克/毫升卡那霉素或加入叠氮钠和结晶紫各0.01%）以抑制其他革兰氏阴性菌生长。

（2）增菌培养：若病料中病原菌少时，应先做增菌培养，即取一铂耳病料，放入普通肉汤或血清肉汤（后者较好）中，培养24小时后观察结果。

猪丹毒在肉汤中培养24小时后,肉汤呈均匀一致的轻微混浊,管底有少量沉淀,振荡时沉淀物呈小絮片状浮起,无菌膜及附着于管壁的环状物;老龄培养时,多呈絮状或絮条状生长,且常悬浮于试管中央或沉于管底。

当肉汤中发现以上培养物时,应将培养物移种于血液或血清琼脂平板,进行分离培养。

4. 动物试验 当病料中含菌量极少,或已被污染,做细菌分离诊断有困难时,可接种小动物作为辅助诊断。其方法如下:将病料(疹块部渗出液或血液、肝、脾肾等)或纯培养物接种于鸽子、小白鼠和豚鼠。先将病料磨碎,用灭菌生理盐水做5~10倍稀释,制成悬液。鸽子胸肌接种0.5~1毫升,小白鼠皮下接种0.2毫升,豚鼠皮下或腹腔接种0.5~1毫升。若为肉汤培养物可直接接种。固体培养基上的菌落,需先用灭菌生理盐水洗下,制成菌液再接种。接种后1~4日,鸽子翅腿麻痹,精神委顿,头缩羽乱,不吃,死亡。小白鼠出现精神委顿,背拱,毛乱,闭眼,不吃,3~7天死亡。死亡的鸽子和小白鼠可见脾脏肿大、肝和肺充血,肝有时可见小点状坏死。取心血、肾、脾等,涂片镜检或分离培养,均可见有多量猪丹毒杆菌。豚鼠对猪丹毒杆菌有很强的抵抗力,接种后常不表现任何症状,仍健康存活。

5. 分离菌的鉴定 将分离培养获得的典型菌落,进行涂片镜检、培养等检查。

(1)形态特点:本菌为单在或成对的细长或微弯曲的小杆菌。

(2)革兰氏染色:阳性。

(3)运动性:无。

(4)普通琼脂或血清琼脂培养:为针尖大、透明、灰白色、圆形、微隆起的露滴样菌落。

(5)血液琼脂培养:有狭窄的绿色溶血环。

(6)普通肉汤培养:光滑型菌落的细菌在肉汤中呈均匀一致的轻微混浊生长,振动试管时培养物呈云雾状。粗糙型菌则多呈絮块状或絮条生长,且常悬浮于试管中央或沉于管底,振摇试管时,絮状物即浮游起来,经久不散。

(7)生化实验:本菌对葡萄糖、果糖、半乳糖、甘露醇产酸但不产气;对蔗糖、麦芽糖、杨苷、山梨醇、甘露醇等一般无分解作用,能产生大量硫化氢;靛基质试验阴性;不还原硝酸盐与美蓝;对石蕊牛乳微产酸。

(8)病原性检查:对小白鼠及鸽子毒力最强,但不能引起豚鼠死亡。

(9)猪丹毒杆菌与李氏杆菌的鉴别:猪丹毒杆菌与李氏杆菌均为革兰氏阳性的细小杆菌,在实验室诊断上应注意区别(表10-3)。

表 10 - 3 猪丹毒杆菌与李氏杆菌鉴别要点

	猪丹毒杆菌	李氏杆菌
菌体大小	较纤细，幼龄培养较陈旧培养短小	较粗，幼龄培养较陈旧培养体长
运动力	-	+
接触酶	-	+
生长环境	厌氧兼性需氧	需氧
明胶穿刺	试管刷状生长	沿穿刺线生长
甘露醇	-	+
鼠李糖	-	+
水杨苷	-	+
M. R	-	+
硫化氢	+	-
豚鼠	不感染	感染致死
鸽	感染致死	不感染

（二）血清玻板凝集试验

1. 抗原的制造 选择典型的光滑型猪丹毒杆菌，接种于含有 1% 马（或驴）血清的马丁肉汤中，置 37℃ 培养 24 小时，再加 0.4% 福尔马林作用 24 小时，以 3 000 转/分离心沉淀，吸取沉淀物悬浮于 1% 福尔马林生理盐水中，稀释到相当于麦氏比浊管第一管（相当 3 亿），再离心沉淀使其浓缩 50 倍，在悬浮液中加 20% 甘油和十万分之一结晶紫，使呈浅蓝色即可。

2. 操作方法 先用 0.1 毫升吸管，吸取血清 0.08、0.04、0.02、0.01 毫升，分别滴于玻板上，再往每滴血清中滴加上述抗原 0.05 毫升。然后用牙签或小木棒搅匀成 1.5 厘米直径的圆圈，置室温内（20~25℃）经 2~4 分钟观察结果。观察结果应在光线良好和黑色背景下进行，若肉眼观察不清，可用放大镜或低倍显微镜观察反应。

3. 结果判定

（1）阳性：细菌显著凝集成团块。

（2）阴性：细菌仍均匀分布，不凝集。

本试验注意须有抗原加生理盐水做对照，以观察抗原自凝现象。

（三）免疫荧光抗体检查

1. 试验准备 猪丹毒 A 型、B 型荧光抗体，丙酮，pH 值 7.6 的 PBS 液，玻片，滤纸，荧光显微镜等。

2. 病料的采取 自耳静脉采血或刺破皮肤疹块边缘，采取渗出液和血液。或从尸体采取心血、肝、脾、肾、淋巴结。

3. 操作方法 标本的制作：先将载玻片通过火焰去脂，待冷后用铂耳勺取被检材料，于玻片上均匀地涂成约1平方厘米的圆形涂片（如被检材料太浓时，可先用灭菌生理盐水稀释），于空气中自然干燥。

用肝、肾、淋巴结等脏器，可制成压印片，先将被检组织切开，用滤纸吸干切面的血液，并将玻片轻轻按压切面，于空气中自然干燥。

然后，将玻片放入冷丙酮中固定15分钟或放无水甲醇中固定10分钟，也可用火焰固定。接着放入pH值7.6的PBS液中浸泡3~5分钟。取出自然干燥，干燥后，再加工作滴度的A型、B型荧光抗体约0.1毫升，使其布满整个标本为宜。

将玻片置湿盒内（玻片少时用大培养皿，多时可放在有玻璃架的搪瓷盘内，底部垫以湿纱布或滤纸），盖上盖后，放37℃温箱中30分钟左右。

然后，用PBS液浸洗3次，每次3分钟，再用馏水浸洗3分钟，干燥，滴加1滴甘油缓冲液，加盖玻片，封片，镜检。

4. 结果判定 在荧光显微镜下观察，可见有呈亮绿色的菌体为阳性。

（四）血清培养凝集试验

1. 猪丹毒血清抗生素诊断液的制备 在3%胰蛋白胨肉膏汤中，加入1:（40~80）的猪丹毒高免血清（用黄牛制备），同时每毫升再加入400微克卡那霉素、50微克庆大霉素及25微克万古霉素（缺抗生素时，可加0.05%叠氮钠及0.000 5%结晶紫），制成猪丹毒血清抗生素诊断液（分装于安瓿中置4℃冰箱可保存2个月）。

2. 操作方法 采取耳血1滴，或用心血、脾、淋巴结等少许，放入安瓿内，置37℃培养14~24小时，观察结果。

3. 结果判定 凡管底出现凝集颗粒或团块时，即为阳性，否则为阴性。

（五）全血玻板凝集试验

1. 抗原制备 同血清玻片凝集试验。

2. 操作方法 自猪耳静脉用粗针头刺之出血，用标准接种环挑取全血一满环于玻片上，再挑取抗原一满环与血液混匀，2分钟后观察结果。

3. 结果判定 发生凝集者为阳性，不发生凝集者为阴性。

本试验注意须有抗原加生理盐水做对照，以观察抗原自凝现象。

（六）血清试管凝集试验

1. 抗原制备 与血清玻板凝集试验抗原的制备大体相同，只是菌液稀释到相当于麦氏比浊管第一管的浓度即可，不需要再浓缩和加结晶紫等。

2. 操作方法 将被检血清以生理盐水做成1:25、1:50、1:100、1:200几种稀释度，分别往各管滴加0.5毫升，再加抗原0.05毫升，混匀后置37℃水浴中4小时或37℃温箱中过夜，取出观察反应。

3. 结果判定

（1）阳性：1:200以上液体透明清亮，管底有颗粒状凝集的团块。

（2）阴性：液体混浊，管底无凝集的沉淀物或有少量沉淀物。

本试验注意须有抗原加生理盐水做对照，以观察抗原自凝现象。

六、防制

（一）预防

1. 疫苗预防

（1）疫苗种类及使用方法：①猪丹毒弱毒菌苗。无论大小猪均皮下注射1毫升，免疫期6个月。②猪丹毒氢氧化铝甲醛菌苗。10千克以上断奶仔猪一律皮下或肌内注射5毫升，3周后产生免疫力，免疫期6个月。③猪丹毒GC_{42}系弱毒菌苗。皮下注射7亿个菌，注射后7天产生免疫力，免疫期5个月以上；口服为14亿个菌，拌入饲料中口服，注意要用新鲜饲料，服后9天产生免疫力，免疫期可达9个月。本菌苗稳定，免疫源性好，安全可靠，为首选疫苗。

（2）免疫程序：①仔猪在45～60日龄第一次注苗，常发区3月龄进行第二次注苗。②种猪每间隔6个月注苗一次，通常于春、秋两季定期免疫注射。③抗生素与菌苗同时应用时，对菌苗的免疫效力有一定的影响，在接种前7天和接种后10天内，应避免使用抗生素。

2. 管理预防　坚持自繁自养的原则，必要引进和调配种猪时，进猪前做好疫苗预防接种工作，待产生免疫力后再引进，进场后，还应隔离观察一个月以上，确定猪健康后，方可混群，同时做好日常消毒管理工作。

（二）治疗

1. 血清疗法　抗猪丹毒血清，小猪5～10毫升，50千克以下中猪30～70毫升，50千克以上大猪50～70毫升，皮下或静脉注射，经24小时再注射一次。如青霉素与抗血清同时应用效果更佳。

2. 青霉素疗法　青霉素是治疗猪丹毒病的首选药，小猪用40万～60万国际单位，中猪用80万～100万国际单位，大猪用120万～150万国际单位，肌内注射，每日2次。

3. 中药疗法

方一：白芷、薄荷、花粉、葛根、升麻、连翘、双花、柴胡各10克，甘草、白芍各6克。共研为细末，体重50千克左右猪分2次内服，每日1剂，连用3天。

方二：滑石、大黄、地骨皮、连翘、双花各12克，地丁、蒲公英各15克，石膏30克，木通10克。水煎，体重25千克猪1次灌服，每日1剂。

方三：栀子15克，野菊花25克，荆芥25克，桔梗15克，山豆根15克，金银花25克。加蜂蜜100克，水煎服。此剂量适用于体重50千克猪。

猪传染性萎缩性鼻炎

一、病原

产毒多杀性巴氏杆菌（Pm）是本病的主要病原，可诱发典型的猪萎缩性鼻炎，支气管败血波氏杆菌（Bb）I 相菌是本病的一种次要的温和型病原。

根据特异性荚膜抗原，将多杀性巴氏杆菌分为 A、B、D、E 4 个血清型，诱发猪传染性萎缩性鼻炎（AR）的产毒多杀性巴氏杆菌，绝大多数属于 D 型，少数属于 A 型，多为弱毒株，来自不同型毒株的毒素具有抗原交叉性，所以它们的抗毒素之间有交叉保护性。

支气管败血波氏杆菌为球杆菌，呈两极染色，革兰氏染色阴性，不产生芽孢，有的有荚膜，有周鞭毛，有运动性，大小为（0.2~0.3）微米×（0.5~1.0）微米，散在或成对排列，偶呈短链。本菌为需氧菌，在肉汤中培养有腐霉味。

本菌不论在动物的鼻腔内或人工培养上极易发生变异，有三个菌相。其中病原性强的菌相是具有荚膜的 I 相菌，具有 K 抗原和强坏死毒素（类内毒素），II 相菌和III相菌则毒力弱。I 相菌由于抗体的作用或在不适当的条件下，可向II、III相菌变异。

I 相菌感染新生仔猪后，在鼻腔内增殖，存留的时间长达 1 年之久。

本菌的抵抗力不强，普通消毒药均可使其致死。

二、流行病学

不同年龄的猪均有易感性，但以仔猪的病变最为明显。除猪外，本病对犬、猫、马、牛、羊、麻雀、鸡、兔、猴、狐、鼠和人也可引起慢性鼻炎及化脓性支气管肺炎。病猪和带菌猪是本病的传染源，其他带菌动物也能作为传染源使猪感染发病，鼠类可能成为本病的自然宿主。本病主要经飞沫传播，带菌母猪通过接触经呼吸道将病传给仔猪，不同月龄猪再通过水平传播扩大到全群。

本病虽然对不同年龄猪均有易感性，但只有生后几天至几周的仔猪感染后才能发生鼻甲骨萎缩，较大的猪可能只发生卡他性鼻炎、咽炎和轻度的鼻甲骨萎缩，成年猪感染后看不到症状而成为带菌者。

三、临床症状

猪传染性萎缩性鼻炎早期症状，多见于 6~8 周龄仔猪。表现打喷嚏、流鼻涕和吸气困难。鼻涕为浆液性或黏液脓性渗出物，个别猪因强烈喷嚏而发生鼻衄。病猪常因鼻炎刺激黏膜而表现不安，如摇头、拱地、搔抓或摩擦鼻部。吸气时鼻孔开张，发出鼾声，严重者张口呼吸。由于鼻泪管阻塞，泪液流出眼外，在眼内眦下皮肤上形成弯月形的湿润区，被尘土沾污后黏结成黑色痕迹。

鼻甲骨在发病后 3~4 周龄开始萎缩，鼻腔阻塞，呼吸困难、急促，可能有明显的脸变形。若两侧鼻甲骨病损相同时，外观鼻短缩，此时因皮肤和皮下组织正常发育，使鼻盘正后部皮肤形成较深的皱褶。若一侧鼻甲骨萎缩严重，则使鼻弯向同一侧。鼻甲骨萎缩，额窦不能正常发育，使两眼间宽度变小和头骨轮廓变形。体温一般正常，病猪生长停滞，难以肥育，有的成为僵猪。

鼻甲骨萎缩与感染周龄和是否发生重复感染及其他应激因素存在与否关系密切。如周龄愈小，感染后出现鼻甲骨萎缩的可能性就愈大、愈严重。一次感染后，若未发生新的重复或混合感染，萎缩的鼻甲骨可以再生。有的鼻炎延至筛骨板，则感染可经此扩散至大脑，发生脑炎。另外，病猪常有肺炎发生，其原因可能是由于鼻甲骨损坏，异物和继发性细菌侵入肺部造成，也可能是主要病原直接引发的结果。因而，鼻甲骨的萎缩促进肺炎的发生，而肺炎又反过来加重鼻甲骨萎缩病演过程。

四、病理变化

病变一般局限于鼻腔和邻近组织，最特征的病变是鼻腔的软骨及鼻甲骨的软化和萎缩，主要是鼻甲骨萎缩，尤其是下鼻甲骨的下卷曲最为常见。间有萎缩限于筛骨和上鼻甲骨的。有的萎缩严重，甚至鼻甲骨消失，而只留下小块黏膜皱褶附在鼻腔的外侧壁上。

鼻腔常有大量的黏脓性甚至干酪样渗出物，随病程长短与继发性感染的性质而异。急性时（早期）渗出物含有脱落的上皮碎屑。慢性时（后期）鼻黏膜一般苍白、轻度水肿。窦黏膜中度充血，有时窦内充满黏液性分泌物。病变转移到筛骨时，当除去筛骨前面的骨性障碍后，可见大量黏液或脓性渗出物的积聚。

五、诊断

猪传染性萎缩性鼻炎根据频繁打喷嚏、吸气困难、鼻黏膜发炎、生长停滞及鼻面部变形易做出现场诊断。有条件者，可用 X 射线做早期诊断。用鼻腔镜检查也是一种辅助性诊断方法。

（一）细菌学检查

无论是群体检疫还是个体诊断，均应由鼻腔采取鼻液进行支气管败血波氏杆菌的分离，凡分离细菌阳性者，判定为排菌猪，即该猪群为感染猪群。

1. 病料的采取

（1）鼻液的采取：由两侧鼻腔采取鼻液，可用棉拭子同时采取两侧鼻液，也可用两根棉头签子分别采取两侧鼻液。将小猪仰卧保定，大猪用鼻拧子保定，把鼻腔外部污物擦净，用70%乙醇消毒鼻内外，然后用灭菌棉签插入鼻孔，沿鼻中隔插进鼻腔约1/2处，充分转动，使鼻腔内分泌物黏附于棉签上，将签子放入灭菌容器中，立即送检做细菌培养。采取鼻液时病猪往往打喷嚏，应注意消毒，防止交叉污染。

（2）病料的采取：无菌采取鼻腔后部、支气管的分泌物和肺组织等进行细菌培养。

采取鼻腔后部分泌物，可沿两侧第一、二臼齿间的连线横锯鼻骨成横断面（鼻锯及术部应用火焰消毒），由断端插入棉签直达筛骨板采取。

采取气管分泌物，可由声门插入棉签达气管下部，在气管壁旋转棉签取出气管上下部的分泌物。

在肺门部采取肺组织，如有肺炎，则在病变部采取组织块，也可用签子插入肺断面采取肺液和碎组织。

2. 细菌培养

（1）培养基制作：用痢特灵、麦康凯琼脂平板，在融化的麦康凯琼脂培养基每100毫升中加入1%痢特灵二甲基甲酰胺溶液0.05毫升（痢特灵的最后浓度为5毫克/毫升）、10%牛红细胞裂解液1毫升，充分混合倒入平板（每平板20毫升），保存于冰箱中备用。

（2）分离培养：将病料直接涂抹在痢特灵、麦康凯琼脂平板分离培养基上（棉拭子应尽量将全部分泌物浓厚涂抹于平板，组织块则将断面同样浓厚涂抹），于37℃培养24小时，菌落呈针尖大小；培养48小时，菌落直径为2毫米大，呈灰褐色、半透明状、隆起、光滑，有特殊霉臭味。在5%马血液琼脂培养基上，有溶血现象。

3. 分离菌鉴定

（1）显微镜检查：挑取可疑菌落用革兰氏染色法染色，显微镜检查，本菌为革兰氏阴性小球杆菌。

（2）生化实验：将可疑菌落挑到胰蛋白磷酸盐肉汤培养基进行纯培养，18～24小时后，做生化特性的鉴定（表10-4）。

表10-4　生化特性

项目	M.R试验	V-P试验	尿素分解试验	葡萄糖	乳糖	枸橼酸盐利用试验	接触酶试验	氧化酶试验	石蕊牛乳	运动性
反应	-	-	+			+	+	+	呈微碱性反应	±

（二）血清凝集试验

本试验是用猪的支气管炎波特杆菌Ⅰ相菌福尔马林死菌抗原，进行试管或平板凝集反应，检测感染猪血清中的特异性 K 凝集抗体。其中平板凝集反应适用于对本病进行大批量筛选试验，试管凝集反应作为定性试验。

哺乳早期感染的仔猪群，自 1 月龄左右，逐渐出现可检出的 K 抗体，到 5 ~ 8 月龄，阳性率可达 90% 以上，以后继续保持阳性。最高 K 抗体价可达 1:（320 ~ 640）或更高，3 月龄以上的猪一般可在感染后 10 ~ 14 天出现 K 抗体。

感染母猪通过初乳传递给仔猪的 K 抗体，通常在出生后 1 ~ 2 个月内消失；注射支气管炎波特菌菌苗的母猪生下的仔猪，被动抗体价延缓消失。

1. 试验准备

（1）抗原：按说明书要求使用。

（2）标准阳性和阴性对照血清：按说明书要求使用。

（3）被检血清：血清必须新鲜，无明显蛋白凝固，无溶血现象和无腐败气味。

（4）稀释液（pH 值 7.0 的 0.01 摩尔磷酸盐缓冲液）：磷酸氢二钠（12H$_2$O）2.4 克，磷酸二氢钠（2H$_2$O）0.7 克，氯化钠 6.8 克，蒸馏水 1 000 毫升。加热溶解，两层滤纸过滤，分装，高压灭菌。

2. 操作方法

（1）试管凝集试验操作方法：

1）被检血清和阴、阳性对照血清，同时置 56℃ 水浴中灭活 30 分钟。

2）血清稀释方法。每份血清用一列小试管（口径 8 ~ 10 毫米），第 1 管加入磷酸盐缓冲液 0.8 毫升，以后各管均加 0.5 毫升。加被检血清 0.2 毫升于第 1 管中，换另一支吸管，将第 1 管血清充分混匀后，吸取 0.5 毫升加入第 2 管，第 2 管血清充分混匀后，吸取 0.5 毫升加入第 3 管，如此用同一吸管稀释，直至最后一管，取出 0.5 毫升弃去。每管为稀释血清 0.5 毫升，通常稀释到 1:80，大批检疫时可稀释到 1:40；阳性对照血清稀释到 1:320 ~ 1:160；阴性对照血清至少稀释到 1:10。

3）向上述各管内添加工作抗原 0.5 毫升，振荡使血清和抗原充分混合。

4）放入 37℃ 温箱中 18 ~ 20 小时。然后取出在室温下静置 2 小时，记录每管的反应。

5）每批试验均应设有阴性、阳性血清对照和抗原缓冲盐水对照（抗原加缓冲盐水 0.5 毫升）。

（2）平板凝集试验操作方法：

1）被检血清和阴性、阳性对照血清均不稀释，不加热灭活。

2）于清洁的玻璃板或玻璃平皿上，用玻璃笔画成约 2 平方厘米的小方格。

用1毫升吸管在格内加1小滴血清（约0.03毫升），再充分混合1铂圈（直径8毫米）抗原原液，轻轻摇动玻璃板或玻璃平皿，于室温（20~25℃）放置2分钟，室温在20℃以下时，适当延长5分钟。

3）每次试验均应设阴性、阳性血清对照和抗原缓冲盐水对照。

3. 结果判定

（1）试管凝集试验结果判定：

"＋＋＋＋"表示100%菌体被凝集。液体完全透明，管底覆盖明显的伞状凝集沉淀物。

"＋＋＋"表示75%菌体被凝集。液体略呈混浊，管底伞状凝集沉淀物明显。

"＋＋"表示50%菌体被凝集。液体呈中等程度混浊，管底有中等量伞状凝集沉淀物。

"＋"表示25%菌体被凝集。液体不透明或透明度不明显，有不太显著的伞状凝集沉淀物。

"－"表示菌体无凝集。液体不透明，无任何凝集沉淀物。细菌可能沉于管底，但呈光滑圆坨状，振荡时呈均匀混浊。

判定标准：当抗原缓冲盐水对照管、阴性血清对照管均呈阴性反应，阳性反应对照管反应达到原有浓度时，被检血清稀释度≥10出现"＋＋"以上，判为猪萎缩性鼻炎血清阳性反应。

（2）平板凝集试验结果判定：

"＋＋＋＋"表示100%菌体被凝集。抗原和血清混合后2分钟内液滴中出现大量凝集块或颗粒状凝集物，液体完全清亮。

"＋＋＋"表示75%菌体被凝集。在2分钟内液滴有明显凝集块，液体几乎完全透明。

"＋＋"表示50%菌体被凝集。液滴中有少量可见的颗粒状凝集物。出现较迟缓，液体不透明。

"＋"表示25%菌体被凝集。液滴中有很少量可看出的粒状物。出现迟缓，液体混浊。

"－"表示菌体无任何凝集。液滴均匀混浊。

阳性对照血清应呈"＋＋＋＋"反应。阴性血清和抗原缓冲盐水对照应呈"－"反应。

判定标准：抗原加被检血清出现"＋＋＋"到"＋＋＋＋"反应为阳性。"＋＋"反应为疑似，"＋"到"－"反应为阴性。

（三）鉴别诊断

应注意与传染性坏死性鼻炎和骨软病的区别，传染性坏死性鼻炎由坏死杆菌引起，主要发生于外伤后感染，引起软组织和骨组织坏死、腐臭，且形成溃疡或瘘管。骨软病表现头部肿大变形，但无打喷嚏及流泪症状，有骨质疏松变化，鼻甲骨不萎缩。

六、防制

（一）预防

1. 疫苗预防　用猪传染性萎缩性鼻炎二联灭活苗，妊娠母猪产前 25～40 天一次颈部皮下注射 2 毫升，仔猪于 4 周龄及 8 周龄各注射 0.5 毫升。

2. 管理预防　产仔、断奶、育肥各阶段均采用全进全出饲养体制；降低猪群饲养密度，严格卫生防疫制度，减少空气中病原体、尘埃和有害气体，改善通风条件，保持猪舍清洁、干燥，减少各种不良应激；新引进猪必须隔离、检疫，淘汰阳性猪，并注意严格消毒。

（二）治疗

（1）盐酸土霉素 20～30 毫克/千克体重，肌内注射，每日 2 次，连用 3 天。

（2）每头每次肌内注射 30% 安乃近 5 毫升，青霉素 G 160 万国际单位、链霉素 100 万国际单位，10% 百热定 10 毫升，10% 磺胺嘧啶钠 10 毫升；静脉或腹腔注射 10% 葡萄糖生理盐水 1 000 毫升、10% 维生素 C 4 毫升。

（3）黄芩、栀子、当归各 15 克，川芎、甘草、射干、牛蒡子、麦冬、白鲜皮、知母各 12 克，辛夷 9 克，苍耳子 18 克。水煎服（体重 30 千克猪用量）。

猪痢疾

一、病原

病原为猪痢疾蛇形螺旋体，属于蛇形螺旋体属的成员，大小为（0.3～0.4）微米 ×（7～9）微米。本菌呈较缓的螺旋形状，多为 2～4 个弯曲，形如双雁翅状，用相差或暗视野显微镜检查，可见活泼的屈曲与旋转的蛇状运动。电子显微镜下可见外膜（细胞膜），在细胞壁和外膜之间有 7～9 体轴丝。革兰氏染色阴性，着色力差，也可用结晶紫或稀释石炭酸复红等染色，维多利亚蓝或镀银法的效果也很好。

本菌为严格厌氧菌，对培养基要求严格。本菌对消毒药抵抗力不强，普通消毒药克辽林、来苏儿、1% 氢氧化钠在 2～30 分钟内均可将其杀死。在密闭猪舍粪尿沟中能存活 30 天，在粪中 5℃时存活 61 天、25℃时存活 7 天、37℃时很快死亡。在土壤中 4℃时存活 18 天，粪堆中存活 3 天，在潮湿、污秽环境和堆肥中可生存 7 个月或更长。在沼泽或污水池中，可生长繁殖而长期存在。

二、流行病学

猪痢疾在自然流行中仅引起猪发病。不同品种、年龄的猪均有易感性，以1.5～4月龄最为常见，哺乳仔猪发病较少。病猪和带菌猪是主要传染源，康复猪的带菌率很高，带菌时间可达数月。病猪和康复猪经常随粪便排出大量病菌，污染饲料、饮水、猪圈、饲槽、用具、周围环境和母猪躯体（包括母猪奶头）。本病主要通过消化道传播，健康猪吃下污染的饲料、饮水而感染。

本病发病季节不明显，四季均可发生，但以4、5月及9、10月发病较多。流行缓慢，持续时间较长且可反复发病。最初在一部分猪中发病，继而同群猪陆续发生。断奶后的发病率通常为90%，死亡率50%左右。变化饲料、阉割、拥挤、运输、寒冷等不良应激均可促使本病发生。

三、临床症状

本病的潜伏期通常为3～8天，长者可达2～3个月，人工感染一般为5～10天。猪群开始暴发本病时，常呈急性，后逐渐缓和变为亚急性和慢性。

1. 最急性型　见于流行初期，死亡率很高，个别无症状表现，突然死亡。多数病例表现废食、剧烈腹泻。粪便开始为黄灰色软便，随即变成水泻，内有黏液并带有血液或血块。随病程发展，粪便中混有脱落的黏膜或纤维素性渗出物的碎片，味腥臭。此时病猪精神沉郁，肛门松弛，排便失禁，腹围紧缩，弓腰和腹痛，眼球下陷，寒战，往往在抽搐状态下死亡，病程12～24小时。

2. 急性型　多见于流行初期、中期。病初排软便或稀便，继之粪便中含有大量半透明的黏液呈胶冻状，多数粪便中含有血液和血凝块（红色）、咖啡色或黑红色的脱落黏膜组织碎片。病猪同时食欲减退，口渴增加，腹痛并迅速消瘦。有的死亡，有的转为慢性，病程7～10天。

3. 亚急性和慢性型　多见于流行中后期。亚急性病程2～3周，慢性为4周以上。下痢反复发生，时轻时重。下痢时粪便含有黑红血液与黏液（如油脂状）。病猪食欲正常或稍减退，猪体进行性消瘦、贫血、生长停滞，呈恶病质状态。少数康复猪经一定时间复发，甚至多次复发。

四、病理变化

剖检主要病变在大肠。急性病例营养状况良好，可见卡他性或出血性肠炎，结肠和盲肠黏膜肿胀，皱褶明显，上附黏液，黏膜有出血，肠内容物稀薄，其中混有黏液和血液而呈酱色或巧克力色。直肠黏膜增厚，重者可见出血。病程稍长的猪明显消瘦，大肠黏膜表层点状坏死，或有黄色及灰色伪膜，呈麸皮样，剥去伪膜可露出浅的糜烂面。肠内容物混有大量黏膜与坏死组织碎片，肠系膜淋巴结肿胀，切面多汁。胃底幽门处红肿或出血，心、肝、脾、肺无明显变化。

五、诊断

根据发病情况、症状和病理变化可做出初步诊断，确诊有赖于实验室诊断。

（一）显微镜检查

1. 病料的采取　采取病猪粪便或带血丝的黏液等，也可用棉拭子从直肠采取血粪或带血的黏液作为被检病料。对病死的或宰杀的病猪，可从结肠病变明显部位采取肠内容物，同时可刮取病变部的黏液及黏膜作为被检病料。

2. 检查方法

（1）普通染色法：涂片、干燥，火焰固定，用草酸铵结晶紫或碱性美蓝、10倍稀释复红、姬姆萨液、瑞氏液染色。草酸铵结晶紫染色结果：背景及其他杂菌为深紫色，密螺旋体为淡紫色。通常涂片3～5张，每张涂片至少观察10个视野，在多数的视野中有3～5条以上猪痢疾密螺旋体时，可视作病猪。

（2）镀银染色法（方登那染色法）：

1）固定液、酶染剂和染色液的配制：

固定液：冰醋酸1毫升、福尔马林10毫升、蒸馏水100毫升，将上述成分混合即成。

酶染剂：鞣酸1克、蒸馏水100毫升，将鞣酸溶于蒸馏水中即成。

染色液：硝酸银5克、蒸馏水100毫升，将硝酸银溶于蒸馏水中即成。临用前，取硝酸银溶液20毫升，慢慢滴加10%氨水，直至形成的褐色沉淀经摇动后恰能完全溶解为止，然后再注加几滴硝酸银溶液，使溶液经摇动后仍呈微混浊为度。

2）染色方法：

第一步：钩取上述被检材料，制成薄层涂片，在空气中干燥。

第二步：用固定液固定1～2分钟。

第三步：滴加几滴无水乙醇洗除固定液。

第四步：滴加媒染剂，加热至发生蒸汽约30秒。

第五步：水洗。

第六步：滴加染色液，加热至发生蒸汽（不进行加热，室温放置亦可），染色30秒。

第七步：水洗、干燥、镜检。

3）染色结果：背景为淡褐色，螺旋体呈黑色。

4）结果判定：每张涂片至少观察10个视野，在多数的视野中有3～5条以上猪痢疾密螺旋体微生物时，可视作病猪。

上述检验标准，对急性病例有重要诊断价值；对亚急性或慢性型病例，应参考其他检查结果，进行综合分析。

（3）暗视野活体检查法：

1）压滴标本制作：将被检病料用生理盐水洗净，制成悬液，吸取 1 滴于载玻片中央，并盖以盖玻片，轻轻压之使其密着。

2）镜检方法：先将暗视野集光器降低，于集光器上滴加 1 滴常水；再将载玻片（压滴标本）放在载物台上；提起集光器，使集光器上的水与载玻片接触。调整光源，即先用弱扩大观察标本，同时调节反光镜与集光器，使光线集中于一点；再利用强扩大（400 倍）观察，视野呈暗色，猪痢疾密螺旋体呈活泼的蛇状运动。

在暗视野活体检查时应注意：焦距要对准，不要看到底层面而误认看到标本；集光器要对好，背衬黑纸大小要合适，否则会影响视野的光亮度。

（二）细菌培养

1. 病料的采取与保存　采取病猪新排出的粪便或直肠刮取物，应尽量多收集含有黏液的粪便。或将有病变的大肠（10～15 厘米长）结扎后完整取出。尽快送检做细菌分离培养，如需保存，应将病料放在充有二氧化碳和氢气或氮气的容器内，密封，在厌氧条件下保存。通常先将结肠的肠段（15～30 厘米长）两端结扎，在 4℃保存 4～7 天；放在密闭的容器中 -70℃冷冻，可保存 3～6 个月；在 -20℃可保存 20 天。不论用何种方法保存，猪痢疾密螺旋体都有一定数量的死亡。

2. 培养基

（1）胰酶消化酪蛋白胨豆胨琼脂（TSA）：胰酶消化酪蛋白胨 1.5 克，大豆蛋白胨 0.5 克，氯化钠 0.5 克，琼脂 1.5 克，蒸馏水 100 毫升。

调整 pH 值至 7.3～7.4，滤过，分装，120℃ 15 分钟灭菌，当温度降至 50℃左右时，以无菌操作加入牛、绵羊、兔或马脱纤血，使其含量为 5%。如在培养基中加入壮观霉素 400 微克/毫升或多黏菌素 B 200 微克/毫升，制成选择培养基，可提高检出率。

该培养基可供初次分离密螺旋体样微生物之用。

（2）胰酶消化酪蛋白胨豆胨汤（TSB）：胰酶消化酪蛋白胨 1.70 克，大豆蛋白胨 0.30 克，磷酸氢二钾 0.25 克，氯化钠 0.50 克，葡萄糖 0.25 克，蒸馏水 100 毫升。

调整 pH 值至 7.2～7.4，灭菌，在 50℃左右以无菌操作加入胎牛血清，使其含量为 10%。

该培养基供猪痢疾密螺旋体增菌培养之用。

上述培养基若无大豆蛋白胨或胰酶消化酪蛋白胨，可用胰蛋白胨（1%～1.5%）、水解乳白蛋白（0.25%）代替。培养基应尽可能现配现用，或保存在含有 5%～10% 二氧化碳及 95% 氢气的密闭容器中（4℃）。

3. 分离培养方法　由于病料中常带有其他细菌，所以猪痢疾密螺旋体的分离培养比较麻烦，常用的方法有三种。

（1）滤过法：结扎结肠肠段外，纵切开其他肠管，去掉黏膜上多余的粪便，用玻片刮取黏膜，悬浮于 10 倍生理盐水中，以 1 000 转/分离心 10 分钟，先通过 3 号滤器，或直接依次通过 8 微米、3 微米、0.8 微米、0.65 微米及 0.45 微米孔径的醋酸纤维膜滤器。醋酸纤维膜可安在蔡氏滤器或金属注射器中进行滤过。滤膜可采用煮沸或高压消毒。取经过 0.8 微米、0.65 微米、0.45 微米孔径的滤膜滤过所得滤液作为接种材料。在接种前首先做涂片检查，发现有猪痢疾密螺旋体样微生物时，再制成压滴标本用暗视野显微镜进行活体检查，若每个视野有 30～50 条猪痢疾密螺旋体时，再画线接种于含有血液的 TSA 琼脂平板上，接种后置于冷钯为触媒的厌氧罐中，然后抽气，达到真空或接近真空时，输入 20% 二氧化碳和 80% 氢气，最后置于 37℃ 温箱内培养，3 天后打开容器检查，若在接种 0.8 微米及 0.65 微米孔径滤液的平皿上有溶血区，继续培养 3 天，从接种 0.65 微米孔径滤液平板溶血区内挑取类似的菌落（但通常不形成菌落，形成很薄的菌苔），制成压滴标本，进行暗视野检查，若确为螺旋体，可挑取未被细菌污染的一小块琼脂，进行纯培养，通常培养 4 天即可。本法操作比较麻烦，应用较少。

（2）稀释法：将结扎的结肠肠段内的内容物用生理盐水做 10^{-6}～10^{-1} 稀释（如密螺旋体样微生物多时，可从 10^{-3} 开始培养，这样能减少杂菌生长），每管各取 0.1 毫升接种于含有血液的 TSA 琼脂平板上，按上述培养条件进行培养，在 42℃ 培养 4 天后检查，通常在接种 10^{-3} 及 10^{-4} 稀释液的平板中可见到少量溶血区，然后从溶血环中选择菌落，确定为密螺旋体时，将溶血区琼脂再做画线接种培养，以获得纯培养。

（3）集菌法：将病料悬液以 2 000 转/分离心 15 分钟，弃去沉淀物；将上清液再以 7 000 转/分离心 20 分钟，取沉淀物在选择培养基上画线进行分离培养。

4. 厌氧培养方法　因为本菌要求厌氧条件较高，生长时要求一定数量的氢气和二氧化碳环境，一般厌氧方法不能达到本菌所要求的环境。现多采用氢气和二氧化碳置换法，以冷钯为触媒，使氢与缸内残存的氧结合。

主要设备：氢及二氧化碳钢瓶各一个，玻璃真空干燥器（或厌氧缸）2～4 个，抽气机一台，真空表一个，冷钯适量，硬质胶管和玻璃接管数个等。

装置：将冷钯放入平皿（不加盖），与接种的培养皿一起放入厌氧缸内，缸盖周边涂凡士林，盖紧，再用大铁夹子数个夹住缸盖周围，然后接上抽气装置。

操作方法：先抽气，使缸内的真空度为负一个大气压（即 -760 毫米水银柱），扭开二氧化碳瓶旋钮，向缸内放入二氧化碳，使缸内恢复到一个大气压（即水银柱降至零），关闭二氧化碳瓶。再抽气至一个负大气压，扭开二氧化碳瓶旋钮，使水银柱降到 −608 毫米处，关闭二氧化碳瓶。再扭开氢气瓶旋钮，向缸内放入氢，使水银柱由 −608 毫米降至零（一个大气压），此时厌氧缸内含有 20% 二氧化碳及 80% 氢气。最后关闭厌氧缸上的活塞，去掉其他装置，在缸的周围夹以固定夹，放 37 ~ 42℃ 温箱培养 3 ~ 6 天。每隔 3 天开缸观察一次，致病性密螺旋体菌落呈完全溶血（β 型强溶血），菌落通常看不见，当培养条件适宜时，可见到云雾状菌苔或针尖状透明菌落。非致病性密螺旋体则不溶血或呈 β 型弱溶血，通常在血液琼脂平板上可见到小的菌落。

5. 猪痢疾密螺旋体致病性检查　在测定致病性时，用人工培养 10 代以内的菌种，15 代以上者毒力逐渐减弱。方法有两种。

（1）口服感染培养物试验：选择 30 ~ 60 日龄健康仔猪两头，先饥饿 24 小时，再用胃管投给培养物 50 毫升（含菌体 5 千万至 5 亿/毫升），连服 2 天，观察 30 天。如果有 1 头发病，即表示该菌有致病性。

口服感染试验也可选用幼小白鼠（20 克以内），先停食 24 小时，每只经口灌入 1 毫升培养物（含 3 亿 ~ 5 亿个菌体），第二天重复一次。15 日后剖检观察盲肠有无卡他性出血性炎。每个菌株最少用 6 只小白鼠。

豚鼠可选用 3 ~ 4 周龄的，停食 36 ~ 72 小时，每只每次灌服 5 亿个菌体（溶于 5 ~ 10 毫升水中），连服 2 天，每个菌株最少用 6 只豚鼠，50% 出现下痢和病变，则为致病菌株。

（2）结扎结肠感染试验：选用 10 ~ 12 周龄猪 2 头，手术前最少饥饿 48 小时，局部麻醉，于左侧腹壁打开腹腔，使结肠露出，将肠内容物挤向下部，向结扎肠段注入 250 ~ 500 毫升生理盐水，将试验区肠内容物冲洗干净，然后用丝线分段结扎肠管，每段 5 ~ 10 厘米，间距为 2 厘米。如试验材料为 4 份，则结扎 5 段，其中 1 段为生理盐水对照（1 头猪可做 5 ~ 8 段结扎）。为了证明结扎的严密性，可向被结扎肠段内注入空气，若不漏气，再吸出肠内气体，然后向肠腔注入培养物 5 毫升（固定培养物至少用 3 个平板），菌数每个视野 5 000 条以上。接种后禁食 48 ~ 72 小时，扑杀，观察其病理变化。

结果：致病性菌株接种后肠段发生膨大，液体蓄积在 30 ~ 70 毫升，或肠黏膜充血，有纤维素性渗出。组织学检查可见有黏膜水肿，固有层和表层血管充血，嗜中性粒细胞浸润，杯状细胞增生。兼有腺囊膨胀。抽出渗出液检查，可见有多量运动活泼的密螺旋体，且能重新分离到此菌，则可认为此菌株培养物有致病性。

非致病性菌株接种肠段，黏膜正常，肠管干燥缩小。

也可用健康家兔（体重 1.5 ~ 2 千克）做回肠或结肠结扎肠段试验。但应在接种物内加入多黏菌素 B 200 ~ 400 微克/毫升，才能保证反应的相对特异性。

（三）动物试验

如无培养条件，可用 30～60 日龄健康仔猪两头，进行人工感染试验。将见有多量猪痢疾密螺旋体样的病猪大肠黏膜，给经 24 小时饥饿的猪只灌服，通常灌服 10 倍稀释的大肠肠管乳剂 50～100 毫升。另设两头仔猪作为对照，灌服健康猪大肠肠管乳剂。试验猪于接种后 1～2 周或更长时间发病，则取粪便检查，死后做病理学检查，如符合猪痢疾密螺旋体形态特征和病理变化时，可确诊为猪痢疾。

（四）免疫荧光抗体检查

将被检猪粪便或培养物直接涂片两张，一张做草酸铵结晶紫染色、镜检，先观察粪便中有无密螺旋体；另一张做荧光抗体检查。涂片干燥后，火焰固定，滴加猪痢疾荧光抗体，放潮湿的环境中，于 37℃ 染色 30 分钟，再用 PBS 液冲洗 3 次，每次 3 分钟，最后用蒸馏水冲洗，晾干。用甘油缓冲盐水封片，置荧光显微镜下检查，若见有黄绿色螺旋体样菌体，即可确诊。

（五）微量凝集试验（MAT）

1. 试验准备

（1）抗原：用强毒株先做种子培养，即用胰酶消化酪蛋白胨豆胨汤（TSB）培养基，在氢气∶二氧化碳为 1∶1 中，37℃ 培养 24 小时，然后做增菌培养，于 38℃ 培养 36 小时（均做振荡培养），培养物经过 1 万～1.2 万转/分离心 30～60 分钟，去其上清液，再用 PBS 液（pH 值 7.3）洗涤一次，加入 0.01% 硫柳汞，放在 4℃，经 24～36 小时灭活，调整到 3～4 个浓度单位（比浊度），作抗原菌数计算单位。也可将血平板培养物，用含有 0.01% 硫柳汞 PBS 液（0.01 摩尔 pH 值 7.2）洗下，取菌悬液，以 7 000 转/分离心 30 分钟，弃去上清液，并在沉淀物中加入上述 PBS 液，反复离心洗涤 2 次，最后制成约含菌 12 亿/毫升的菌悬液，置 4℃ 灭活 24 小时，保存于 4℃ 备用。

（2）被检猪血样的采取：从被检猪耳静脉采血，用注射器吸取血液少许，析出血清，待用。或用滤纸吸取血液 2 滴（相当于 0.1 毫升），晾干保存，使用时加入 1% 新生牛血清（NCS）PBS 液 1 毫升浸泡，其上清液为 1∶10 血清稀释液。

2. 操作方法　采用聚苯乙烯 "V" 形孔微量反应板进行。先将未稀释的血清，以含 1% NCS 的 PBS 液做 1∶8 或 1∶10 稀释，在 56℃ 水浴中灭活 30 分钟。然后做倍比稀释至 128 或 160 倍，每孔各加 50 微升。再于每孔各加 50 微升抗原，轻轻振荡 2 分钟后，置 37℃ 温箱内感作 16～24 小时，观察结果。

3. 结果判定

（1）凝集程度判定标准和记录：

" ＋＋＋＋ " 表示抗原 100% 被凝集，管底盾状结构致密、清晰。

"＋＋＋"表示抗原 75% 被凝集，管底盾状结构明显，中央圆点只有针尖大。

"＋＋"表示抗原 50% 被凝集，管底盾状结构清楚，中央圆点有 1/2 针帽大。

"＋"表示抗原 25% 被凝集，管底圆点有 2/3 针帽大。

"－"表示抗原不被凝集，全部抗原呈针帽大圆点沉积于管底。

出现 50% 以上的凝集的最高血清稀释度，为该份血清的凝集价（滴度）。

（2）结果判定标准：本试验可按猪群头数 10%（每群不应少于 10 头）取样进行微量凝集试验（MAT），计算其几何平均滴度。通常健康猪群 MAT 的滴度在 1∶40 以下。由于影响 MAT 滴度的因素很多，对于 MAT 的结果应与流行病学、临床症状、病理变化、细菌学诊断等进行综合分析和判定。

六、防制

本病无有效菌苗预防，控制需采取综合性防制措施。

（一）预防

（1）禁止从疫区引进种猪，外地引进的猪只需隔离检疫 2 个月。

（2）猪场实行全进全出饲养制，进猪前应按消毒程序与要求对猪舍进行消毒，加强饲养管理，保持舍内外干燥，粪便及时无害化处理。

（3）在无本病的地区或猪场，一旦发现本病，最好全群淘汰，对猪场进行彻底清扫和消毒，且空圈 2～3 个月，粪便用 1% 氢氧化钠消毒，堆集处理，猪舍用 1% 来苏儿消毒。

（二）治疗

（1）用 0.5% 痢菌净肌内注射，每千克体重 2～5 毫克。一般仔猪注射 5 毫升，架子猪注射 10 毫升，育肥猪注射 20 毫升，每天 2 次，连续 2～3 天。

（2）用白石汤治疗：白矾 1 克，石榴皮 10 克，白头翁 15 克。用法：先把石榴皮、白头翁加水适量煎至完全出味，将滤液滤于盆中，加入白矾使之溶解，然后分两次拌入少量饲料中喂给或直接灌服。每日 1 剂，连用 3～5 天。此为体重 25～35 千克猪用量。

猪接触性传染性胸膜肺炎

一、病原

病原是胸膜肺炎放线杆菌，为革兰氏阴性小球杆菌，具有多形性，菌体表面被覆荚膜，在有的菌株培养物表面电镜观察到纤细的菌毛，无运动性，不形成芽孢。

根据荚膜多糖及菌体脂多糖（LPS）的抗原性差异分类，目前将本菌分为14个血清型，其中血清5型进一步分为5A和5B两个亚型。各国（地区）所流行的血清型不尽相同，不同血清型之间的毒力有差异，1型最强。血清8型与血清3型、6型之间，血清1型与血清9型之间有血清学交叉反应。我国主要以血清7型为主，2、3、5、8型也存在。

本菌为兼性厌氧菌，最适生长温度37℃，在普通培养基上不生长，需添加Ⅴ因子。本菌抵抗力不强，易被普通消毒药杀死，但对杆菌肽、结晶紫、林肯霉素、壮观霉素有一定抵抗力。

二、流行病学

各种年龄猪均易感，通常以6周至6月龄的猪较为多发。重症病例多发生于育肥晚期，死亡率20%~100%不等。病猪和带菌猪是本病的传染源，猪场或猪群之间的传播，多数是由于引进或混入带菌猪、慢性感染猪所致。病菌主要存在于病猪的支气管、肺脏和鼻液中，病菌从鼻腔排出后形成飞沫，通过直接接触而经呼吸道传播，通风不良与拥挤可加速传播。种公猪在本病的传播中也起重要作用。

本病流行具有明显的季节性，多在4~5月和9~11月发生。饲养环境突然改变、密度过大、通风不良、长途运输等诱因可引起本病发生，本病的危害程度随饲养条件改善而降低。

三、临床症状

潜伏期依菌株毒力和感染量而定，自然感染1~2天，人工感染4~12天，死亡率随毒力和环境而有差异，但一般较高。因猪的免疫状态、对不利环境的应激及对病原体的暴露程度不同，临床症状存在差异，可分为最急性型、急性型、亚急性型和慢性型。

1. 最急性型　同舍或不同舍的一头或几头猪突然发病，开始体温41.5℃以上，精神沉郁，食欲废绝，有短时的轻度腹泻与呕吐，无明显呼吸系统症状。后期高度呼吸困难，常呈犬坐姿势，张口伸舌，从口鼻流出泡沫样淡血色的分泌物，脉搏增速，心衰，耳、鼻、四肢皮肤呈蓝紫色，在24~36小时内死亡，个别幼猪是死前见不到症状。病死率高达80%~100%。

2. 急性型　同舍或不同舍的许多猪患病，表现体温升高，达40.5~41℃，食欲废绝，呼吸困难，咳嗽，心衰。由于饲养管理和气候条件的影响，病程长短不定，可能转为亚急性和慢性。

3. 亚急性型和慢性型　多由急性转归而来，体温39.5~40℃，食欲废绝，不自觉地咳嗽或间歇性咳嗽，生长迟缓，出现一定程度的异常呼吸，这种状态经过几日乃至1周，或治愈或症状进一步恶化。在慢性猪群中常存在隐性感染的猪，一旦有其他病原体（肺炎霉形体、巴氏杆菌等）经呼吸道感染，可使病情加重。最初暴发本病时，可见到流产，个别猪可发生关节炎、心内膜炎及不同程度的脓肿。

四、病理变化

1. 最急性型 可见病猪流血色鼻液，肺炎病变多发生在肺的前下部，在肺的后上部，尤其是靠近肺门的主支气管周围，常出现边界清晰的出血性实变区或坏死区，气管及支气管充满泡沫样血色黏液性分泌物。其早期病变颇似内毒素休克病变，表现肺泡和间质水肿，淋巴管扩张，肺充血、出血及血管内有纤维素性血栓形成。

2. 急性型 肺炎多为两侧性，常发生于尖叶、心叶与膈叶的一部分，病灶区有出血坏死灶，呈紫红色，切面坚实，轮廓清晰，间质积留血色胶样液体，纤维素性胸膜炎明显。肾小球毛细血管、入球动脉与小叶间动脉有透明血栓，血管壁纤维素样坏死。

3. 亚急性型 肺脏可能有大的干酪性病灶或含有坏死碎屑的空洞。由于继发细菌感染，致使肺炎病灶转变为脓肿，后者常与肋胸膜发生纤维性粘连。

4. 慢性型 常于膈叶见到大小不等的结节，其周围有较厚的结缔组织环绕，肺胸膜粘连。

五、诊断

根据特征的临床症状和剖检变化可以做出初步诊断，确诊需进行细菌学检查。从支气管或鼻腔分泌物与肺部病变很容易查到和分离到病原体，从陈旧的病变部位分离病原菌往往难以成功。最急性病例也可从其他器官分离病原体。用荧光抗体或用协同凝集试验检测肺抽取物中的血清型特异抗原，可做出快速特异诊断。改良补体结合试验测本病抗体，检出率很高，一般感染后2周即可检出抗体，持续3个月以上，与其他呼吸道传染病无交叉反应，这样能有效查出慢性感染猪群和感染猪群，对本病的防制有重要意义。血清型分型则需用琼脂扩散试验或间接血凝试验。

六、防制

（一）预防

1. 疫苗预防 因为胸膜肺炎灭活苗和亚单位苗各血清型之间交叉保护性不强，同型菌株制备的疫苗只能对同型菌株感染有保护作用，全菌型疫苗只能对细菌细胞产生免疫力，而不能对致病作用的细菌分泌物产生免疫力。所以要从当地采取菌株制备灭活苗，对母猪和 2~3 月龄猪进行免疫接种，可有效控制本病的发生。

2. 管理预防　搞好猪舍日常环境卫生，加强饲养管理，减少各种不良应激，创造良好的生活环境。防制本病有效的方法是防止引进带菌猪，在猪引进前应用血清学试验进行检疫。坚持抗体检测，淘汰阳性猪，可建立净化猪群。

（二）治疗

早期用抗生素治疗有效，可减少死亡。青霉素、氨苄青霉素、四环素、磺胺类药物均敏感，一般肌内或皮下注射，需大剂量并重复给药。受威胁的未发病猪可在饲料中添加土霉素 0.6 克/千克，作预防性用药。

猪副嗜血杆菌病

一、病原

副嗜血杆菌目前暂定为巴氏杆菌科嗜血杆菌属，大小为 1.5 微米×（0.3~0.4）微米。副嗜血杆菌在显微镜下有多种不同形态，从单个的球杆状到长的、细长的以及丝状菌体。无芽孢，无鞭毛，新分离的致病菌株有荚膜，革兰氏感染阴性。

副嗜血杆菌存在大量的异源基因型，天然存在各种血清型。经免疫扩散试验，有 15 种血清型，4、5 和 13 型最常见。

副嗜血杆菌为需氧或兼性厌氧菌，最适生长温度 37℃，最适 pH 值 7.6~7.8，初次分离培养时供给 5%~10% 二氧化碳可促进生长。本菌生长时需要 X 因子与 V 因子。血液培养基上菌落不出现溶血现象。

副嗜血杆菌对外界抵抗力不强，干燥环境中易死亡，60℃经 5~20 分钟被杀死，4℃时存活 7~10 天，常用消毒剂可将其杀死，对杆菌肽、结晶紫、林可霉素、红霉素、卡那霉素、土霉素、磺胺类等药物敏感。

二、流行病学

仔猪易感，特别是断奶后 10 天左右更易发病。病猪和带菌猪为本病传染源，该菌寄生在鼻腔等上呼吸道内，主要通过空气直接接触传播，其他如消化道等传染途径亦可感染。

在一个猪群中，副嗜血杆菌的致病作用是影响其他许多全身性疾病严重程度和发生发展的因素，这与霉形体肺炎日趋流行有关，也与病毒型呼吸道病原体有关，如繁殖呼吸综合征病毒、猪流感病毒、呼吸道冠状病毒。

三、临床症状

本病多发生和流行于被猪繁殖呼吸综合征病毒等病毒类和霉形体感染后的仔猪中，多呈继发与混合感染，其临床症状缺乏特征性。人工接种试验潜伏期2～5天，通常几天内发病，出现体温升高，达40℃以上，精神沉郁，食欲不佳，有的四肢关节出现炎症，可见关节肿胀、疼痛，起立困难，一侧性跛行。驱赶时病猪发出尖叫声，侧卧或颤抖，共济失调。病猪逐渐消瘦，被毛粗糙，起立采食或饮水时频频咳嗽，咳出气管内的分泌物吞入胃内，鼻孔周围附有脓性分泌物，同时有呼吸困难症状，出现腹式呼吸，且呼吸频率加快，心率加快、节律不齐，可视黏膜发绀，最后因窒息和心衰死亡。若出现急性败血病，不出现典型浆膜炎时而发生急性休克肺死亡，剖检为急性肺水肿。

四、病理变化

全身淋巴结肿大，如下颌淋巴结、胸前淋巴结、股前淋巴结、胃门淋巴结、肝门淋巴结。肺门淋巴结，切面颜色均为灰白色。胸膜、腹膜、心包膜及关节的浆膜出现纤维素性炎。表现为单个或多个浆膜的浆液性或化脓性的纤维蛋白渗出物，外观淡黄色蛋皮样的薄膜状伪膜附着于肺胸膜、肋胸膜、心包膜、脾、肝、腹膜、肠和关节等器官表面，也有条索状纤维素性膜。通常情况下肺与心包的纤维素性炎同时存在，而关节部位的纤维素性炎缺乏规律性。腕关节及跗关节出现频率较高，脑膜病变出现不多。有报道副嗜血杆菌可引起筋膜炎、肌炎、化脓性鼻炎。

组织学显微镜下观察渗出物为纤维蛋白和中性粒细胞及少量巨噬细胞。

五、诊断

本病以流行病学、临床症状和剖检变化为基础，进行细菌培养做诊断是必要的，但细菌培养不易成功。因为嗜血杆菌非常娇嫩，在采集的病料中可能出现其他杂菌，培养基难以满足猪副嗜血杆菌生长的营养需要。培养分离本菌成功技术之一是要在没有应用抗生素之前采集病料，必须采浆膜表面的物质或渗出的脑脊液及心血。同时做血清型鉴别。

鉴别诊断首先要与链球菌、放线杆菌、猪霍乱沙门杆菌、埃希大肠杆菌等引起的败血型疾病相区别，同时还要与3～10周龄霉形体多性浆膜炎及关节炎相区别，因为与猪副嗜血杆菌有相似病变。因此，只有确认了其他病毒和细菌病原之后，才能认清副嗜血杆菌在支气管肺炎的作用。这些病原体可能作为多因子在疾病的发病全过程中起作用。

六、防制

（一）预防

美国、加拿大、西班牙等国有猪副嗜血杆菌病灭活疫苗，可以保护血清 4、5 型和血清 1、6 型，各种年龄、体重的猪均颈部肌内注射 2 毫升，10～15 天再用同样剂量进行二免。

因猪副嗜血杆菌生物学特性研究尚不充分、各种菌株致病力和血清型不同、对保护性抗原和毒性因子还缺乏了解，所以不可能有一种灭活疫苗同时对所有的致病菌株产生交叉免疫力。

在引进新猪时，要进行隔离饲养，并维持一个足够的适应期（2～3 个月），以使那些没有免疫接种但有感染条件饲养的猪群建立起保护性免疫。

（二）治疗

本病多群发，在治疗时应全群投药，如应用针剂时，要按疗程给药。可使用以下药物：①泰安：为泰乐菌素、磺胺、增效剂复合制剂，可产生 8～20 倍强力协同杀菌作用，吸收迅速，药效持久，拌料或饮水使用。②抗喘灵：为多种中药配制而成，化痰止咳，清肺平喘，可有效杀灭呼吸道病原体。使用方法：50 千克饲料中加入本品 250 克，连用 3～5 天。

猪霉形体肺炎（气喘病）

一、病原

病原体为猪肺炎霉形体，属支原体科支原体属成员。因无细胞壁，故呈多形态，有环状、点状、球状、杆状、两极状。本菌不易着色，可用姬姆萨或瑞特染色。

猪肺炎霉形体对自然环境抵抗力不强，圈舍、用具上的霉形体，通常在 2～3 天失活，病料悬液中霉形体在 15～20℃放置 36 小时，即丧失致病力。猪肺炎霉形体对青霉素和磺胺类药物不敏感，但对土霉素、壮观霉素和卡那霉素敏感。常用的化学消毒剂均可达到消毒目的。

二、流行病学

自然病例仅见于猪，不同品种、年龄、性别的猪均可感染，但乳猪和断奶仔猪易感性高，发病率和死亡率较高，其次为怀孕后期及哺乳期的母猪。育肥猪发病较少，病情也轻。母猪和成年猪多呈慢性和隐性。病猪和带菌猪是本病的传染源，很多地区和猪场是因为从外地引进猪只时，未经严格检疫购入带菌猪，引起本病的暴发。哺乳仔猪从患病的母猪受到感染。有的猪场连续不断发病是由于病猪在临床症状消失后，在相当长时间内不断排菌感染健康猪。本病一旦传入后，如不采取严密措施，很难彻底扑灭。健康猪与病猪直接接触，通过病猪咳嗽、气喘及打喷嚏将含病原体的分泌物喷射出来，形成飞沫，经呼吸道而感染。但给健康猪皮下、静脉或肌内注射、胃管投入病原体都不能发病。

本病一年四季均可发生，但以寒冷、多雨、潮湿或气候骤变时较为多见。饲养管理和卫生条件是影响本病发病率及死亡率的重要因素，特别是饲料的质量、猪舍潮湿、拥挤和通风不良等影响较大。若继发其他病常引起临床症状加剧和死亡率升高，最常见的继发性病原体有多发性巴氏杆菌、肺炎球菌和猪鼻霉形体等。

三、临床症状

本病潜伏期通常为11~16天，X射线检查发现肺炎病灶为标准，最短的潜伏期为3~5天，最长可达1个月以上。主要临诊症状为咳嗽和气喘。根据病的经过，大致可分为急性、慢性和隐性3个类型。

1. 急性型　主要见于新疫区及新感染的猪群。病初精神不振，头下垂，站立一隅或趴伏在地，呼吸次数剧增，达60~120次/分。病猪呼吸困难，严重者张口喘气，发出哮鸣声，似拉风箱，有明显腹式呼吸。咳嗽次数少而低沉，有时会发生痉挛性阵咳。体温一般正常，若有继发感染可升到40℃以上。病程一般为1~2周，病死率较高。

2. 慢性型　多由急性转变而来，也有部分病猪开始时就取慢性经过，常见于老疫区的架子猪、育肥猪及后备母猪。主要症状为咳嗽，清晨赶猪喂食与剧烈运动时，咳嗽最明显。咳嗽时站立不动、背拱、头下垂、用力咳嗽多次，严重时呈连续的痉挛性咳嗽。常出现不同程度的呼吸困难，呼吸次数增加及腹式呼吸（喘气）。这些症状时而明显、时而缓和。食欲变化不大，病势严重时减少或完全不食。病期较长的小猪，身体消瘦而衰弱、生长发育停滞。病程长，可拖延2~3个月，甚至长达半年以上。病程和预后，因饲养管理和卫生条件的好坏而差异很大，条件好则病程短、症状轻、病死率低，条件差则抵抗力弱、出现并发症多、病死率高。

3. 隐性型　可由急性或慢性转变而来。有的猪在较好的饲养管理条件下，感染后不表现症状，但用X射线检查或剖检时发现肺炎病变，在老疫区的猪中本型占相当大比例。如加强饲养管理，则肺炎病变可逐步吸收消退而康复；反之饲养管理恶劣，病情恶化而出现急性或慢性的症状，甚至引起死亡。

四、病理变化

本病主要病变见于肺、肺门淋巴结及纵隔淋巴结。急性死亡见肺有不同程度的水肿与气肿。在心叶、尖叶、中间叶和部分病例的膈叶出现融合性支气管肺炎，以心叶最为显著，尖叶与中间叶次之，然后波及膈叶。早期病变发生在心叶，如粟粒大至绿豆大，逐渐扩展而融合成多叶病变–融合性支气管肺炎。病变部的颜色多为淡红色或灰红色，半透明状，病变部界线明显，像鲜嫩的肌肉样，俗称肉变。随着病程延长或病情加重，病变部颜色转为浅红色、灰白色或灰红色，半透明状态的程度减轻，俗称胰变或虾肉样变。肺门与膈淋巴结显著肿大，有时边缘轻度充血。继发细菌感染时，引起肺及胸膜的纤维素性、化脓性、坏死性病变，还可见其他脏器的病变。

组织学变化，早期以间质性肺炎为主，以后则演变为支气管性肺炎，支气管和细支气管上皮细胞纤毛数量减少，小支气管周围的肺泡扩大，泡腔充满多量炎性渗出物，肺泡间组织有淋巴样细胞增生。急性病例中，扩张的泡腔内充满浆液性渗出物，杂有单核细胞、嗜中性粒细胞、少量淋巴细胞和脱落的肺泡上皮细胞。慢性病例，其肺泡腔内的炎性渗出物中的液体成分减少，主要是淋巴细胞浸润。

五、诊断

症状明显的病猪，一般根据症状和病理学特征，结合流行病学调查，即可确诊。对慢性和隐性病猪，X射线检查有重要的诊断价值。新疫区应进行病原的分离和鉴定。血清学的诊断方法有间接红细胞凝集试验、微量全血–酶联免疫吸附试验等。

本病在流行过程中，猪群中普遍存在隐性病例和带菌现象，因此，在诊断本病时应以群为单位，如一群猪中只要发现一头阳性病猪，就可认为是病猪群。

（一）病原体检查

1. 病猪肺脏触片检查　取病猪肺的肺炎病灶与健康肺组织交界处的切面，用清洁的玻片制成触片，自然干燥后，用甲醇固定2～5分钟，再用pH值7.2的磷酸盐缓冲液稀释20倍的姬姆萨染色液染色3小时，然后冲洗，干燥后立即用丙酮浸洗一次，进行镜检。猪肺炎霉形体呈深紫色球状、环状、棒状、两极形、伞状等多形态。在触片中通常于细支气管上皮细胞绒毛部位较易找到；病程较长的病例则靠近与支气管上皮联合处易于找到。

2. 细菌培养　猪肺炎霉形体能在无细胞的人工培养基上生长，但对生长的要求比已知其他霉形体严格。常用的进行分离培养的培养基为江苏Ⅱ号培养基。

江苏Ⅱ号培养基的制备：伊格尔（Eagles）液50％，1％乳蛋白水解物29％，鲜酵母浸出汁 1%，健康猪血清 20%，青霉素 1 000 国际单位/毫升，醋酸铊 0.125 克/升，酚红水溶液 0.002%。上述溶液除血清外用灭菌的 6 号玻璃滤器过滤后，分装备用。健康猪血清经灭活后，用细菌滤器（赛氏 EK 滤板）过滤，按 20% 比例混合，然后用 1 摩/升氢氧化钠溶液校正 pH 值至 7.4 ~ 7.6。

用江苏 Ⅱ 号培养基的分离方法是：剪取特征性病变边缘的肺组织 1 ~ 2 块芝麻粒大小的小块，用汉克斯（Hank）液洗一次后即浸泡于培养基中，培养 48 小时，待 pH 值由 7.6 降至 7.0 ~ 6.8 时，以 5:1 接种量连续传 4 ~ 5 代后，再用 1:10 接种量继代，一般传至 6 ~ 7 代后，直接进行涂片检查。

3. 分离物的鉴定

（1）直接涂片染色：按病猪肺脏触片检查所述方法进行染色，可以看到以两极形为主的菌体。

（2）猪复归试验：将连续传代培养物经菌体检查发现有多形态菌体时，可做猪的复归试验。即选择健康猪 3 头，每头经鼻滴入上述培养物 5 毫升，连续 3 次，每次间隔 2 ~ 3 天，并设对照组。

接种猪通常经 16 ~ 30 天发病，呈现典型的猪气喘病临床症状，剖检时在肺的尖叶、心叶、中间叶可见有猪气喘病特征性病变，据此可确认从病猪肺内分离到的培养物为猪肺炎霉形体。

（二）微量间接红细胞凝集试验

本试验方法，据中国兽药监察所报道，适用于猪气喘病的群体检测和个体诊断。

1. 试验准备

（1）抗原：冻干的 10% 抗原敏化红细胞，使用时用 1/15 摩尔 pH 值 7.2 的磷酸盐缓冲液（PBS）稀释成 2% 抗原敏化红细胞。

（2）冻干的标准阳性、阴性猪血清：使用时先用 PBS 液将其做 2.5 倍稀释。

（3）冻干的健康兔血清。

（4）10% 戊二醛化红细胞：使用时经轻度低速离心，取红细胞沉淀，用 PBS 液稀释成 2% 悬液。

（5）器械：“V”形 72 孔微量滴定板、载量为 25 微升的微量稀释棒 1 ~ 2 套（每套 12 支）、微量移液器等。

（6）被检血清的处理：将分离的被检血清先经 56℃ 30 分钟灭活，每 0.2 毫升被检血清加 0.3 毫升 2% 戊二醛化红细胞，置 37℃ 吸收 30 分钟，经低速离心或自然沉淀后，取上清液即为 2.5 倍稀释的血清。

（7）稀释液：含 1% 健康兔血清的 1/15 摩尔 pH 值 7.2 的 PBS 液。

1/15 摩尔 pH 值 7.2 的 PBS 液配制：磷酸氢二钠（12H$_2$O）17.19 克，磷酸二氢钠 2.54 克，氯化钠 8.5 克，蒸馏水加至 1 000 毫升。

2. 操作方法　首先用记号笔在微量滴定板的一边标明被检血清、阳性对照血清、阴性对照血清、抗原对照，各占一横排孔。

再用微量移液器每孔加 25 微升稀释液，然后进行血清稀释：载量 25 微升的微量稀释棒先在稀释液中预湿，经滤纸吸干，再小心蘸取被检血清，立于第 1 孔中，可以同时稀释 11 份血清，以双手合掌迅速转动 11 根稀释棒 60 次，然后将 11 根稀释棒小心平移至第 2 孔，搓转如第 1 孔，再移至第 3 孔（被检血清可以只测到第 3 孔即稀释到 1∶20）。对照血清必须稀释到第 6 孔。

2% 抗原敏化红细胞，经摇匀后用微量移液器滴加到各孔，每孔 25 微升。

抗原对照孔为 25 微升稀释液加 25 微升 2% 抗原敏化红细胞，只做 2 孔。

加样完毕，在微量振荡器振荡 15～30 秒，置室温 1～2 小时判定。

3. 结果判定

（1）凝集强度的判定：

"＋＋＋＋"表示红细胞全部凝集，均匀地分布于孔底周围。

"＋＋＋"表示红细胞在孔底周围形成较厚层凝集，边缘卷曲或呈锯齿状。

"＋＋"表示红细胞在孔底周围形成薄层均匀凝集，孔底有一红细胞沉下的小点。

"＋"表示红细胞不完全沉于孔底，周围有少量凝集。

"±"表示红细胞沉于孔底，但周围不光滑或中心有空白。

"－"表示红细胞呈点状沉于孔底，周边光滑。

（2）判定标准：以呈现"＋＋"红细胞凝集反应的最大稀释度，作为血清的效价终点。

阳性对照血清应是 ≥1∶40（＋＋）；阴性对照血清应是 <1∶5；抗原对照无自凝现象。

被检血清效价 ≥1∶10（＋＋）判为阳性，被检血清效价 <1∶5 判为阴性，二者之间为可疑。

阴性与可疑的猪必须重查 1 次，即在第一次采血后第四周再采血检查一次，若两次检查结果均为阴性，则判为无猪气喘病；两次结果均为可疑，则判为阳性。

（三）微量全血－酶联免疫吸附试验

1. 试验准备

（1）器材：聚苯乙烯微量反应板（40 孔、55 孔均可）、微量移液器（50 微升、100 微升、200 微升）、移液器管头、新华滤纸、恒温水浴箱、酶测定仪等。

（2）抗原，酶标记抗体，标准阳性、阴性血清（吉林省兽医科学研究所制作）。

抗原工作稀释度为 1∶250，酶标记抗体工作浓度为 1∶500。

（3）试验溶液：

1）抗原包被液（0.1 摩尔 pH 值 9.6 的碳酸钠溶液）：无水碳酸钠 10.6 克，叠氮钠 0.2 克，无离子水 800 毫升。用 2 摩/升盐酸溶液调整 pH 值至 9.6 后，加无离子水至 1 000 毫升。

2）洗涤液 0.02 摩/升 pH 值 7.4 的 PBS - 吐温缓冲液：氯化钠 8.0 克，磷酸二氢钠 0.2 克，磷酸氢二钠（12H$_2$O）2.9 克，氯化钾 0.2 克，吐温 - 20 0.5 毫升，加无离子水至 1 000 毫升。

3）血样稀释液：0.02 摩/升 pH 值 7.4 的 PBS - 吐温缓冲液 1 000 毫升，叠氮钠 0.2 克，明胶 1.0 克。加热溶解（适当搅拌）。

4）酶标记抗体稀释液：0.02 摩/升 pH 值 7.4 的 PBS - 吐温缓冲液 1 000 毫升，明胶 1.0 克。加热溶解适当搅拌。

5）底物溶液：

甲液：柠檬酸 1.92 克，无离子水 100 毫升。

乙液：磷酸氢二钠（12H$_2$O）7.17 克，无离子水 100 毫升。

使用液配制方法：甲液 12.2 毫升，乙液 12.8 毫升，邻苯二胺 20 毫克，无离子水 25 毫升，30% 过氧化氢 75 毫升。加入过氧化氢后立即使用，每次使用的底物溶液须现用现配。

6）反应终止液（2 摩/升 H$_2$SO$_4$）：浓硫酸（95% ~98%）11 毫升，蒸馏水 98 毫升。

（4）被检血样的采取及稀释法：

1）被检血样的采取：用消毒针头或三棱针点刺猪耳背侧静脉，用定量移液器吸取 0.1 毫升血液，滴于新华滤纸上，注明猪耳号。自然风干，制成全血干纸片，置 4℃冰箱保存或送检。

2）全血干纸片稀释法：将干血纸片按血滴大小剪下，放入试管中，加入血样稀释液 2.5 毫升为 1:25 稀释，置于 4℃中浸泡过夜。

3）被检血清稀释法：采取被检血清 0.1 毫升加入血清稀释液（为 1:50 稀释）至 5 毫升。

4）标准阳性、阴性对照血清均为 1:50 稀释。

2. 操作方法　取聚苯乙烯微量反应板每孔加入稀释抗原 200 微升（最后一孔不加抗原，为底物对照孔），37℃水浴感作 3 小时后，置 4℃过夜。甩去抗原液，用洗涤液冲洗 3 次，甩干后每孔加被检血样 200 微升（最后两列孔各加标准阴性、阳性对照血清 200 微升），置 37℃感作 2 小时。

然后甩去被检血样，洗涤 3 次，甩干，各孔加入已稀释的酶标记抗体 200 微升，置 37℃水浴中感作 2 小时。甩去酶标记抗体，洗涤 3 次，甩干，加入底物溶液 200 微升，置 37℃水浴中感作 20 分钟后，取出每孔加 2 摩尔硫酸液 50 微升终止反应。

3. 结果判定

（1）光密度值测定：用酶联免疫测定仪测定各孔 OD_{490} 值，按下式计算：

$P/N = $（被检血样 OD_{490} 均值 – 空白对照 OD_{490} 均值）/（阴性血清 OD_{490} 均值 – 空白对照 OD_{490} 均值）

或将测定仪的空白底物对照孔调为 O 点，然后再测定各孔 OD 值，将被检血样标本孔 OD 值与阴性标本对照 OD 值相比，即可得 P/N 比值。

$P/N \geqslant 2$ 可判为阳性，$P/N < 2$ 为阴性。

（2）用肉眼观察判定：被检样品孔颜色显著深于阴性对照孔者，可判为阳性。

4. 注意事项　冻干的抗原与酶标记抗体，应于 – 10℃ 条件下保存，有效期为 1 年。稀释后的抗原和酶标记抗体应一次用完，防止反复冻融。

（四）鉴别诊断

本病应注意与猪肺疫、猪肺丝虫的鉴别诊断。猪肺疫为散发性或地方流行性，临床症状表现体温升高，食欲废绝，病程 1～2 天，主要病变为败血症变化或纤维素性肺炎，取病猪或病死猪的心血和肝抹片，经染色镜检可见两极浓染的多杀性巴氏杆菌。猪肺丝虫能引起猪咳嗽，主要病变是支气管炎，炎症多位于膈叶后端，切开病变部可发现肺丝虫，粪便检查可见到肺丝虫幼虫。

六、防制

自然和人工感染的康复猪能产生免疫力，说明人工免疫是可能的。用猪气喘病乳兔化弱毒冻干苗，对猪安全，保护率 80%，免疫期 8 个月。用 168 株弱毒菌苗，对杂交猪较安全，对地方种猪不够安全，保护率 80%～96%。

预防和消灭猪气喘病主要在于坚持采取综合性防制措施，在疫区以康复母猪培育无病的后代，建立健康猪群，主要措施如下：①自然分娩或剖腹取胎，以人工哺乳或健康母猪带仔法培育健康仔猪，配合消毒切断传播因素。②仔猪按窝隔离，防止串栏。育肥猪、架子猪、断奶小猪分舍饲养。③利用各种检疫方法清除病猪和可疑病猪，逐步扩大健康猪群。

未发病地区和猪场的主要措施为：①坚持自繁自养，尽量不从外地引进猪只，若必须引进时，一定要严格隔离和检疫。②加强饲养管理，做好兽医卫生工作，推广人工授精，避免母猪与种公猪直接接触，保护健康母猪群。

健康猪群鉴定标准：①观察 3 个月以上，未发现气喘症状的猪群，放入易感小猪 2 头同群饲养，也不被感染者。②1 年内整个猪群未发现气喘病症状，所宰杀的肥猪、死亡猪只检查肺部均无气喘病病变者。③母猪连续生产两窝仔猪，在哺乳期、断奶后到架子猪，经观察无气喘病症状，1 年内经 X 射线检查全部哺乳仔猪和架子猪，间隔1个月再进行复查，全部无气喘病病猪。

治疗时，土霉素碱按每千克体重40～50毫克，用花生油或茶油100毫升（灭菌过）加入土霉素碱25克，均匀混合，在颈、背两侧行深部肌内分点轮流注射，小猪1～2毫升，中猪3～5毫升，大猪5～8毫升，每隔3天一次，5次为一疗程。重病猪进行2～3个疗程，可获得良好效果。

以下几种药物对治疗猪气喘病也有一定疗效：林可霉素每吨饲料加入200克，连喂3周，或按每千克体重50毫克进行肌内注射，5天为一疗程。泰乐菌素每千克体重4～9毫克进行肌内注射，3天为一疗程。泰妙灵和磺胺嘧啶按每千克体重各加20毫克，拌入饲料饲喂。

实践中用以下方剂治疗，也有较好疗效。

方一：瓜蒌、地龙、银花、贝母、杏仁各50克，远志、葶苈子各40克，甘草、马兜铃、紫苏各30克，共为末。用法：加少量蜜为引，10千克以内的猪每次20克，10～50千克猪每次30～50克，50千克以上的猪每次75克，混饲料喂服，每天2次，连用7天。

方二：炒杏仁、炒地龙、葶苈子、生石膏、生百部、桔梗、白矾及甘草等量，共为末。用法：每千克体重1克，分早、晚2次口服，连用数天。

方三：桔梗、土贝母、知母、百部、杏仁、前胡、瓜蒌仁、白前、苏子各30克，麻黄25克，甘草、枳壳各20克。此为体重50千克猪用量，研末拌料内服。

附红细胞体病

一、病原

附红细胞体是一种多形态微生物，多数为环形、球形、卵圆形，少数呈顿号形和杆状。附红细胞体多在红细胞表面单个或成团寄生，呈链状或鳞片状，有的在血浆中呈游离状态。

附红细胞体对干燥和化学药物比较敏感，0.5%石炭酸在37℃经3小时可将其杀死，普通消毒药在常用浓度几分钟可将其杀死，但对低温冷冻的抵抗力较强，能存活数年之久。

二、流行病学

附红细胞体寄生的宿主有鼠类、绵羊、山羊、牛、猪、猫、狗、鸟类、骆马（非洲驼）及人等。在我国也查到了马、驴、骡、牛、羊、猪、奶山羊、鸡、兔、鼠、骆驼等感染附红细胞体。对野猪进行的间接凝集试验（IHA）表明野猪的附红细胞体全为阴性。各种年龄的猪被附红细胞体感染后均会受到影响。有认为，附红细胞体有相对宿主特异性，感染牛的附红细胞体不能感染山羊、鹿和去脾的绵羊；绵羊附红细胞体只要感染一个红细胞就可使绵羊得病，而山羊却很不敏感；有人试图用感染骆马的附红细胞体感染猪、绵羊、猫，但没有成功，因此认为感染骆马的附红细胞体可能是一个新种。

病猪和阴性感染猪是主要传染源。免疫防御功能健全的猪，附红细胞体与猪之间能保持一种平衡，附红细胞体在血液中的数量保持相当低的水平，猪受到强烈刺激时才表现出明显的临床症状。但血清学阴性的猪可能携带猪附红细胞体且传给其他动物。本病的传播途径尚不完全清楚，报道较多的有直接性传播、血液性传播、垂直传播、媒介传播等。动物之间、人与动物长期或短期接触可发生直接传播。用被附红细胞体污染的注射器、外科手术器械针头等器械进行人、畜注射，或因打耳标、剪毛、阉割、人工授精等可经血液传播。垂直传播主要指母猪经子宫感染仔猪。

本病多发生在夏季或雨水较多的季节，此期正是各种吸血昆虫活动频繁的高峰时期，如虱子、蚊、螫蝇等可能是传播本病的重要媒介。对一个感染的猪群来说，附红细胞体病只会发生于那些抵抗力下降的猪，许多应激因素可引起猪抵抗力下降，特别是分娩后易发病。若发生其他慢性传染病时，猪群可能暴发本病。

三、临床症状

动物感染附红细胞体后，多数呈隐性经过，在少数情况下受应激因素可出现临诊症状。由于动物种类不同，潜伏期也不同，介于2～45天。

猪发病后的主要表现是：断奶仔猪，尤其是被阉割几周后的仔猪易被感染，急性期表现发热、高热达42℃，食欲减退，贫血，黏膜苍白，有时有黄疸，背腰和四肢末梢瘀血，特别是耳郭边缘发绀，耳郭边缘的浅红至暗红色是其特征性症状。持续感染病例耳郭边缘甚至大部分耳郭可能会发生坏死。急性感染后存活的猪生长缓慢，且可能在任何时候发生再次感染。

慢性附红细胞体病猪表现消瘦、苍白，有时出现荨麻疹型或病斑型皮肤变态反应。

感染附红细胞体的母猪在进入产房或分娩后3～4天出现临床症状。急性期母猪表现厌食，发热高达42℃，乳房或外阴的水肿可持续1～3天。母猪产奶量下降，缺乏母性或不正常。临床症状持续整个产期，很难与产科病相区分。继发细菌或病毒感染时，以及有诸如疥螨、不良的猪舍环境、缺食等应激因素时都会加重本病。母猪也可能出现繁殖障碍，表现受胎率低，不发情，流产、产弱仔。贫血母猪所产仔猪，即使未被感染，也表现贫血，生长缓慢，易于发病。化验检查表明，红细胞数减少，血红素下降，血红蛋白尿，血浆白蛋白、β－蛋白、

γ-球蛋白均下降，淋巴细胞和单核细胞上升等。急性病例出现严重的酸中毒与低血糖。

育肥猪感染时皮肤潮红，仔细观察可见毛孔处有针尖大小的微细红斑，尤以耳部皮肤明显，体温高达40℃以上，食欲减退，精神萎靡。成年猪发病率高，死亡率低。哺乳仔猪和断奶仔猪发病后症状重剧，死亡率高。一旦有继发病或混合感染损失更加严重。

四、病理变化

主要病理变化为皮下黏膜、浆膜苍白黄染，可见皮下组织弥漫性黄染，全身淋巴结肿大、潮红、黄染，喉头黏膜、气管外浆膜、心包浆膜、肺浆膜、胸腔浆膜、胃浆膜、肠浆膜黄染。胃黏膜黄染，有散在出血斑。消化道内有不同程度的卡他性出血严重。肾肿大，质地脆弱，外观黄染，肝脾肿大，肝有脂肪变性，胆汁浓稠、有的可见结石样物质，肝有实质性炎性变化和坏死，脾被膜有结节，结构模糊。

组织学变化为弥漫性血管炎症，有浆细胞、淋巴细胞、单核细胞等聚集于血管周围，肺、心、肾等有不同程度的炎性变化。据观察，死亡动物的病变广泛，常具有全身性。

五、诊断

根据临床症状可做出初步诊断，确诊需进行实验室检查。

（一）直接镜检

采用直接镜检诊断附红细胞体病是当前主要手段，包括鲜血压片和涂片染色。制备血涂片前必须将血液加温到38℃，否则由于冷凝素的作用红细胞将发生凝集，会使红细胞的辨认变得困难。用吖啶黄染色可提高检出率。在血浆中及红细胞上观察到不同形态的附红细胞体为阳性。

（二）动物试验

用可疑患附红细胞体病的猪血液接种健康实验动物（小鼠、兔、鸡等）或鸡胚，接种后观察其表现并采血查附红细胞体。应用切除脾的健康猪进行人工感染试验，被认为是诊断本病的最确实方法，切除脾脏后3~20天，被感染猪表现急性发病，且可检出附红细胞体。此法费时较长，但有一定辅助诊断意义。

（三）血清学试验

用血清学方法不仅可诊断本病，还可进行流行病学调查和疾病监测。常用的血清学方法有以下几种。

1. 补体结合试验 本法首先被用于诊断猪的附红细胞体病。病猪于出现症状后1~7天呈阳性反应，在2~3周后即行阴转。本方法诊断急性病猪效果好，但不能检出耐过猪。

2. 荧光抗体试验　本法被最早用于诊断牛的附红细胞体病，抗体于接种后第 4 天出现，随着寄生率上升，在第 28 天达到高峰。也曾被用于诊断猪、羊的附红细胞体病，取得了较好的效果。

3. 间接血凝试验　此法灵敏性较高，能检出补反阴转后的耐过猪。滴度 >1:40 为阳性。

4. 酶联免疫吸附试验　用此法检查猪附红细胞体病，比补体结合试验敏感，且猪附红细胞体抗原与猪因其他疾病感染的血清无交叉反应，但不适用于小猪和公猪的诊断，也不适用于急性期的诊断。

5. DNA 技术　20 世纪 90 年代开始有利用分子生物学方法建立 DNA 探针技术和聚合酶链反应（PCR）技术的报道。如 Oberst 等从猪附红细胞体感染高峰期放血，分离猪附红细胞体，提取 DNA，以 ^{32}P 标记制成探针，证明能区分猪附红细胞体感染的猪和非感染猪，且不与猪感染其他病血清中的 DNA 发生杂交反应。后来他们又用 PCR 技术检查猪附红细胞体感染，证明其敏感性可查出 ≥1 皮克的DNA，并证明猪被附红细胞体感染后 24 小时即可出现 PCR 阳性。

由于本病在流行病学、临诊症状和病原体形态等方面与焦虫病、无浆体病等类似，需注意鉴别。

六、防制

治疗病人和各种患病动物，曾用过四环素、卡那霉素、土霉素、强力霉素、黄色素、血虫净（贝尼尔）、914 等，通常认为 914、四环素为首选药物。

预防本病要采取综合性措施，特别要驱除媒介昆虫，做好针头、注射器的消毒，消除应激因素；将四环素族抗生素混于饲料中，能预防本病的发生。

猪霉菌毒素中毒病

一、黄曲霉毒素中毒

（一）病原

黄曲霉毒素（简称 AFT 或 AT），主要是黄曲霉、寄生曲霉、特异曲霉和假溜曲霉四种霉菌的代谢产物，但其他一些曲霉（如青霉、毛霉、镰孢霉、根霉、链霉菌和放线菌等）也能产生该毒素。并非所有的黄曲霉都是产毒菌株，即使是产毒菌株也必须在适合产毒的环境条件下才能产毒，不过寄生曲霉的所有菌株都能产生黄曲霉毒素。黄曲霉毒素属于二呋喃氧杂萘邻酮的衍生物，其分子结构含有一个二呋喃环和一个氧杂萘邻酮（香豆素），现已分离出黄曲霉毒素 B_1、黄曲

霉毒素 B_2、黄曲霉毒素 G_1、黄曲霉毒素 G_2、黄曲霉毒素 B_{2a}、黄曲霉毒素 M_1、黄曲霉毒素 M_2、黄曲霉毒素 P_1 等 18 种之多。其中以黄曲霉毒素 B_1 毒性和致癌性最强，它的毒性比氰化钾大 100 倍，仅次于肉毒毒素。黄曲霉毒素具有耐热的特点，裂解温度为 280℃，在水中溶解度很低，能溶于油脂和多种有机溶剂。黄曲霉毒素在紫外线下都会发出荧光，发蓝色荧光的为黄曲霉毒素 B_1、黄曲霉毒素 B_2；发黄绿色光的为黄曲霉毒素 G_1、黄曲霉毒素 G_2 等。黄曲霉毒素分子结构中的二呋喃环末端有双键者毒性较强（黄曲霉毒素 B_1 和黄曲霉毒素 G_1）。

黄曲霉毒素毒性大小的顺序为黄曲霉毒素 B_1 > 黄曲霉毒素 M_1 > 黄曲霉毒素 G_1 > 黄曲霉毒素 B_2 > 黄曲霉毒素 G_2 > 黄曲霉毒素 M_2。碳水化合物含量高的饲料和农作物籽实，如花生粉、玉米、高粱和棉籽等易感染黄曲霉毒素。各种畜禽对黄曲霉毒素的敏感性不同，其中家禽最敏感，其次是仔猪和母猪，牛、羊等反刍动物有一定的抵抗力。幼畜对黄曲霉毒素的敏感性高于成年家畜。黄曲霉毒素的口服半数致死量（LD_{50}）猪为 0.62 毫克/千克。

（二）中毒机制

黄曲霉毒素主要与细胞的细胞核及线粒体 DNA 相结合，造成蛋白质合成受阻，干扰肝肾功能，抑制免疫系统。黄曲霉毒素被动物摄入后，迅速由胃肠道吸收，经门静脉进入肝脏，在摄食后 0.5～1 小时，肝内毒素浓度达到最高水平，所以肝脏受到的损害也最严重。黄曲霉毒素对肝、肾、神经系统都有毒害作用，可致癌，并引起免疫抑制、凝血障碍，使猪群食欲下降、生长缓慢、饲料利用率降低，严重时引起急性中毒，导致死亡。黄曲霉毒素也可通过干扰肝脏中脂肪向其他组织输送，使脂肪大量堆积在肝脏而产生斑点，同时还会干扰肝脏的维生素合成及其他的解毒功能，引起脂肪酸在肝脏、肾脏和心脏蓄积，进而造成脑病和水肿。猪采食蛋白质不足的日粮后，对黄曲霉毒素更敏感。另外，临床病例证明，黄曲霉毒素是导致母猪流产的原因之一。

低浓度的黄曲霉毒素还会造成微血管脆弱而易皮下出血及挫伤等。长期采食含有黄曲霉毒素的饲料的猪，其肝脏、免疫系统和造血功能都会受损，可导致肝癌、肝部损伤、黄疸与内出血等。高浓度的黄曲霉毒素（1 000～5 000 纳克/克）会导致急性发病，甚至死亡。

黄曲霉毒素对免疫系统所造成的伤害比肝脏的损伤还要严重，即使是较低剂量的黄曲霉毒素也会伤及免疫系统。黄曲霉毒素通过与 DNA 或 RNA 结合并抑制其合成，引起胸腺发育不良和萎缩，淋巴细胞减少，影响肝脏和巨噬细胞的生理功能，抑制补体的产生及 T 淋巴细胞产生白细胞介素和其他淋巴因子。黄曲霉毒素还能通过胎盘影响胎儿的组织发育。

（三）临床症状

黄曲霉毒素慢性中毒表现为抑郁，食欲减退，黏膜常见黄疸。大猪病程较长，通常体温正常，初期食欲减退，后期停食、腹痛、呕吐、下痢、消瘦、被毛粗乱，四肢内侧和腹部皮肤出现红斑、黄疸，贫血等，饲料转化率下降，生长发育迟缓。

急性中毒一般在食入受黄曲霉毒素污染的饲料后 5～15 天开始发病，主要症状为抑郁、厌食、后躯衰弱、黏膜苍白、粪便干燥或拉稀，有时粪便带血，偶有中枢神经系统症状，呆立墙角，以头抵墙，多在 2 天内死亡。急性黄曲霉毒素中毒伴随有一个重要症状，就是肝脏损伤导致充血或出血。仔猪对黄曲霉毒素更敏感，中毒的仔猪常呈急性发作，出现中枢神经症状，头弯向一侧，头顶猪栏，数天内死亡。

保育后期仔猪和生长猪，临床症状表现为精神沉郁，渐进性食欲减退，口渴，消化功能紊乱，被毛粗乱，逐渐消瘦，进一步可发展为贫血，腹水，脾肿大，出血性腹泻，全身皮肤黄疸，头部水肿，组织器官广泛出血，尤以臀部明显，腿、臀部肌肉不能活动，后躯衰弱，步态蹒跚，常呈犬坐姿势。

母猪黄曲霉毒素中毒时，表现为皮肤黄疸，四肢乏力，体温正常，粪便干燥，直肠出血，尿液颜色加深，甚至呈浓茶色（血红蛋白尿）。

黄曲霉毒素中毒的其他临床症状表现为，渐进性食欲下降，口渴，粪便干燥呈球状，表面附有黏液或血液，精神沉郁，后肢无力，出现间隔性抽搐，过度兴奋，角弓反张。眼睑肿胀，可视黏膜黄染；皮肤发白或发黄；毛色不如以前光亮，乱而不顺；猪群不安，易感冒。猪体皮下淤伤血印增多，受伤后或注射针孔处易长时间流血不止。进一步发展为贫血、腹水、黄疸和出血性腹泻，并出现以低凝血酶原为特征的凝血病。黄曲霉毒素影响肝脏功能和导致发育不良，还可引起直肠脱出。

（四）病理变化

慢性中毒主要病变为全身黄疸，肝硬化，有时肝表面有黄色小结节，胆囊缩小，胸腔和腹腔内有大量黄色液体，淋巴结充血、水肿，心内外膜出血，大肠黏膜与浆膜有出血斑。

急性中毒主要病变为贫血和出血。在胸腹腔、胃幽门周围出血明显，肠内出血，皮下广泛出血，尤以股部和肩胛部皮下出现明显。肝肿大、质脆、呈苍白或黄色。心外膜与心内膜亦有出血等。

剖检可见皮下脂肪黄疸，发病严重的猪肝脏变性坏死，肿大，黄染，质地松软变脆、色泽不均，肝小叶中心出血引起肝脏呈淡褐色或陶土色，个别病例肝脏有粟粒至豌豆大突出于表面的黄色颗粒；胆囊内储有少量稀薄胆汁，胆管上皮增生；肾脏稍微肿胀，质软，皮质和髓质界线不清，部分皮质出现斑点状出血、白斑，严重中毒时引起肾出血；膀胱积尿，黏膜有出血点；淋巴结肿大、有出血点；全身黏膜、浆膜、皮下和肌肉出血；浆膜下层瘀斑和出血，小肠和结肠出血；血管发瘪，管内血液不凝，猪血液中毒，携氧能力下降，血液颜色偏暗；大脑水肿，血管充血；心肌松软、有黏性，呈淡红色，有皱纹；肺充血、水肿，肺部表面有灰黑色坏死点。

（五）诊断

病猪因肝脏损伤，导致各种酶（包括丙氨酸转氨酶、碱性磷酸酶等）含量升高。收集饲料样品和发病猪肝脏，用酶联免疫专用霉菌毒素分析试剂盒可确证中毒霉菌毒素类别。

饲料检查，发现饲料色泽变暗，有发霉味，猪拒食厌食，粉状饲料有结块或呈蛛网状，谷物籽粒有红、黑、青或黄色的霉斑，玉米表面发红，或表面无异常但是剥开种皮可发现发霉。从猪料槽中采集饲料样本，测定黄曲霉毒素含量。我国规定，配合饲料中黄曲霉毒素允许量 20 微克/千克，玉米、花生粕（饼）50 微克/千克；欧洲国家规定，玉米、花生中黄曲霉毒素允许量为 200 微克/千克。

（六）防制

在发病猪中，首先应立即更换安全饲料，加强室内通风，减少霉菌孢子再感染的机会。发生霉菌毒素中毒后，更换有毒饲料，大多数猪会很快康复，治疗时以排毒或脱毒法为佳，可以用 0.3% 小苏打、制剂型通肾护肾药物排毒，也可在饲料中添加大分子吸附剂等来进行排毒。常用的饲料添加剂有沸石、水合钠钙硅酸铝盐、泛酸钙、膨润土等。同时应对症治疗继发的球虫病、细菌性疾病、慢性呼吸道病和营养不良性疾病等，在饲料中增加粗蛋白及水溶性多种维生素等，有助于猪群的快速恢复。

二、玉米赤霉烯酮中毒

（一）病原

病原玉米赤霉烯酮（ZEN）又称 F-2 毒素，是一类 2,4-二羟基苯甲酸内酯化合物，具有类雌激素作用，主要危害动物的生殖系统。主要产毒菌株为禾谷镰孢菌，此外，粉红镰孢菌、尖孢镰孢菌、三线镰孢菌、串珠镰孢菌、黄色镰孢菌和雪腐镰孢菌等也能产生玉米赤霉烯酮。玉米、小麦、燕麦、大麦等作物易受到玉米赤霉烯酮污染，由于玉米赤霉烯酮具有生殖发育毒性、免疫毒性，对肿瘤的发生也有一定影响。

玉米赤霉烯酮具有类雌激素作用，接触剂量过大会造成雌激素过多症。猪对玉米赤霉烯酮毒素最敏感，且雌性比雄性的敏感度更高。

（二）中毒机制

由于玉米赤霉烯酮和天然雌激素-17β-雌二醇的化学结构非常相似，能与17β-雌二醇竞争子宫黏膜上的受体，中毒时动物表现类似雌激素过多的症状，临床上称"雌激素综合征"。玉米赤霉烯酮具有雌激素样作用，其强度约为雌激素的1/10。它可促进DNA、RNA与蛋白质的合成，使动物发生雌激素亢进症。作为一种植物性性激素，可引起子宫肥大及阴道上皮角质化。在所有家畜中猪对玉米赤霉烯酮最为敏感，0.5~1.0毫克/千克即可造成后备母猪假发情与阴道脱垂或脱肛。玉米赤霉烯酮主要影响生殖系统，造成子宫内膜、卵泡和卵巢变性，引起睾丸生精细管上皮细胞变性。

（三）临床症状

急性中毒主要表现为母猪和去势母猪类似发情现象，阴户红肿，阴道黏膜充血、肿胀，分泌物增加。严重者，阴道和子宫外翻，甚至直肠与阴道脱垂，乳腺增大，哺乳母猪泌乳量减少或无乳。亚急性中毒表现为发情周期延长，产仔数减少、仔猪体弱，流产、死亡或不育。公猪也呈现雌性化现象，表现乳腺变大、包皮水肿、睾丸萎缩。猪群发生玉米赤霉烯酮中毒的临床症状随接触剂量和猪年龄不同而异。

1. 母猪 玉米赤霉烯酮可引起初情期前的后备母猪阴道炎，分泌物增多，外阴红肿，阴唇哆开，出现假发情；青年母猪性早熟，乳腺肿大；黄体滞留、不发情，严重时甚至发生直肠脱出与子宫脱出。由于玉米赤霉烯酮对猪具有促黄体作用，发情中期的母猪喂食含过量玉米赤霉烯酮的日粮，可引发休情；长期饲喂含玉米赤霉烯酮的饲料可引起母猪卵巢萎缩，发情停止或发情周期延长。怀孕母猪可引起阴门开启，外阴部肿胀，乳腺膨大，出现胚胎早期死亡或胎儿畸形，导致流产或早产、死胎、产仔数减少，严重时直肠、阴道、子宫脱出。泌乳母猪可引起泌乳量减少，严重时无乳，仔猪断奶体重轻、不好养、抗病力低。F-2毒素可延长母猪从离乳至配种的间隔时间，降低窝仔数及增加畸形猪的数量。断奶后母猪返情率上升，屡配不孕或出现假发情现象，受胎率降低12%左右，母猪卵泡变性，淘汰率偏高，使用年限缩短。摄食玉米赤霉烯酮的母猪所产仔猪出现雌性化症状，初生仔猪的存活率较差，表现外生殖器与子宫肥大，出现八字腿和外阴部肿胀。

2. 公猪 公猪接触玉米赤霉烯酮后出现雌性化变化，包皮增大、乳腺肿大、阴囊红肿、睾丸萎缩。青年公猪比成年公猪更加敏感，表现性欲下降，睾丸变小。种公猪性欲减退，配种后受胎率低，影响公猪精液质量和数量，且降低精子活力。小公猪有的乳头粗大，好像哺乳母猪，多数包皮水肿。

初生仔猪虚弱，后肢外翻（八字腿）。部分仔猪出现慢性腹泻，抗病力低、被毛粗乱，生长发育不良，饲料转化率降低。保育后期及生长育肥猪出现脱肛、慢性腹泻、被毛粗乱、抗病力低、生长发育不良、饲料转化率低。猪群免疫力下降，猪瘟、口蹄疫免疫监测抗体合格率降低。

（四）病理变化

主要病变发生在生殖器官，母猪阴户肿大，阴道黏膜充血、肿胀，严重时阴道外翻，阴道黏膜常因感染发生坏死。子宫肥大、水肿，子宫颈上皮细胞呈多层鳞状，子宫角增大、变粗变长。经产母猪卵巢萎缩、卵泡变性，子宫颈上皮间质性水肿，出现鳞状细胞变性。后备母猪阴道黏膜充血、水肿，卵巢萎缩或变性。肝脏肿大、黄染，质地松软变脆、色泽不匀，其他器官没有明显病变。淋巴结肿大、有出血点；全身黏膜、浆膜、皮下和肌肉出血；血管发瘪、充血，管内血液不凝；大脑水肿；心肌松软有黏性，呈淡红色，有皱纹；肺充血、水肿。公猪乳腺增大，睾丸萎缩，睾丸生精上皮细胞变性，输精管变性，最后造成精子发育不良与不孕，生精细管周围组织的炎症反应等。

检查中毒的种公猪，可发现采精量、精子数量、精子活力下降。

（五）诊断

饲料检查，发现饲料发热、色泽变暗、有发霉味，猪拒食厌食，粉状饲料有结块和呈蛛网状，谷物籽粒或粉料有红、黑、青或黄色的霉斑，玉米表面发红，或表面无异状但剥开种皮可发现发霉。从猪料槽中采集饲料样本，测定玉米赤霉烯酮的含量。

美国肯萨斯州立大学的学者建议，保育猪及种猪日粮中玉米赤霉烯酮的允许最大含量为 0.5 微克/千克，生长育肥猪日粮中的含量可限制为 2 微克/千克。我国建议玉米中玉米赤霉烯酮含量不超过 50 微克/千克。

根据发病猪具有接触霉变饲料史，无体温变化，无传染性，抗生素治疗无效；主要影响生殖器官，表现雌激素样作用，猪群典型症状的出现，停喂受污染饲料后症状减轻等，可诊断为猪玉米赤霉烯酮中毒。

（六）防制

立即停喂受污染饲料，改喂安全料。对正处于休情期的未孕母猪，一次给予 10 毫克剂量的前列腺素 F_{2a}，或连续给药 2 天，每天 5 毫克，有助于清除滞留黄体。对病猪采取对症治疗，强心、利尿、解毒，可静脉注射安钠咖，20% ~ 50% 葡萄糖，同时喂给绿豆浆，辅以中药茵陈汤进行综合治疗。消化功能紊乱的病猪，待中毒症状缓解后，内服胃蛋白酶、乳酶生、酵母片等助消化药。对阴道和直肠脱垂有必要采取药物和手术治疗。

三、脱氧雪腐镰孢菌烯醇中毒

（一）病原

脱氧雪腐镰孢菌烯醇（DON）又名呕吐毒素或脱氧瓜萎镰孢菌烯醇，其主要产毒菌为禾谷镰孢菌，禾谷镰孢菌为非致癌性霉菌毒素，是目前已知的单端孢霉烯族毒素中毒性最小的毒素，广泛存在于温热地区的饲料之中。阴雨潮湿或低温高湿可导致玉米和其他谷物感染镰孢菌属，从而引起玉米穗腐烂和大麦、小麦、燕麦、黑麦等作物的斑点病及头枯病。感染的最适条件是在作物开花期内维持阴雨或21℃以下气温条件9天以上。收割时已存在于玉米中的脱氧雪腐镰孢菌烯醇在贮藏于粮仓内的玉米穗中仍可继续增加。

猪对脱氧雪腐镰孢菌烯醇很敏感，牛、羊次之，家禽对其有较高耐受力。脱氧雪腐镰孢菌烯醇对猪经腹腔注射的催吐剂量（每千克体重）为0.1毫克，经饲料的催吐剂量为2毫克。

（二）中毒机制

呕吐毒素是潜在的蛋白质合成抑制剂，主要对快速生长的组织（如皮肤和黏膜）及免疫器官产生影响，导致对传染病的易感性。研究表明，由呕吐毒素增加所引起的猪条件性味觉厌食，即使使用调味剂也不能有效地使猪采食被污染的谷物。呕吐毒素是一种强有力的免疫抑制剂，它可减少巨噬细胞、淋巴细胞、红细胞的数量。其最大毒害为猪免疫受抑制，降低机体免疫应答能力，造成猪免疫力低下，易发生其他疾病。呕吐毒素还可抑制细胞合成，引起全身各部位细胞的死亡。

（三）临床症状

猪呕吐毒素中毒的症状主要表现为拒食、采食量下降。呕吐毒素可引起猪条件性味觉厌恶，临床表现为拒食、呕吐、腹泻、皮肤炎症、消化道炎症、白细胞下降、血尿、脱毛、运动失调等。繁殖母猪表现为受胎率降低、产仔数减少、弱仔数及流产增多、泌乳性能下降等。其他猪免疫受抑制，免疫应答能力较低，易发生其他疾病。当饲料中呕吐毒素浓度为1毫克/千克或更高时，猪开始自动减少采食，当超过10毫克/千克时，猪完全拒食，可引起废食和呕吐。

（四）病理变化

病理变化为消化道炎症、内脏出血，中枢神经系统神经细胞变质等。白细胞下降、血尿、抗体水平下降。

（五）诊断

饲料检查可见饲料发热、色泽变暗、有发霉味，粉状饲料有结块或呈蛛网状，谷物籽粒或粉料有红、青、黑或黄色的霉斑，玉米表面发红，或表面无异状但剥开种皮可发现发霉。收集饲料样品，用酶联免疫专用霉菌毒素分析试剂盒确证中毒霉菌毒素的类别。同时进行霉菌的培养分析鉴定。

根据呕吐毒素的典型临床症状厌食、拒食、呕吐及饲料污染检查和实验室毒素及霉菌分析情况可确诊。

（六）防制

立即停喂霉变的饲料，换为安全的饲料。可用0.1%高锰酸钾、温生理盐水或2%碳酸氢钠进行洗胃或灌肠，然后内服盐类泻药，如硫酸钠30~50克，一次内服；静脉注射5%葡萄糖生理盐水300~500毫升，5%维生素C 5~15毫升，40%乌洛托品20毫升；同时皮下注射20%安钠咖5~10毫升，以强心排毒。建议使用10%氟苯尼考注射液、10%恩诺沙星注射液，以缓解腹水、水肿、肾肿、拉稀等，必要时用氟苯尼考拌料控制继发感染。

四、T-2毒素中毒

（一）病原

T-2毒素是一种倍半萜烯化合物，熔点为151~152℃，热稳定性强，可在饲料中无限期地持续存在。该毒素纯品为白色针状结晶，可溶于甲醇、乙醇、三氯甲烷和脂肪，不溶于己烷。该毒素性质稳定，室温下放置6~7年或加热至200℃1~2小时毒力仍不减弱，而碱性条件下次氯酸钠可使之失去毒性。

自然界多种农作物致病菌可产生T-2毒素，其中大多来自镰孢菌素，如拟枝孢镰孢菌、梨孢镰孢菌、三线镰孢菌等。产毒能力随真菌种类而异，同时受环境因素的影响。拟枝孢镰孢菌的最适产毒环境为湿度40%~50%、温度3~7℃，在玉米与黑麦中产毒能力最强，其次为大麦、大米、小麦。另外，木霉菌属、胶质菌属及青霉菌属等霉菌亦能产生T-2毒素。霉玉米可能是T-2毒素的主要来源，如果玉米成熟晚或含水量高，且贮存在易受温度影响的谷仓内，在冻、溶的交替过程中，能促进霉菌的生长，并合成该毒素。

（二）中毒机制

T-2毒素是单端孢霉烯族毒素类中的主要毒素之一，属镰孢菌毒素类。T-2毒素有较强的细胞毒性，使分裂旺盛的骨髓细胞、胸腺细胞、肠上皮细胞的细胞核崩解，对骨髓造血功能有较强的抑制作用，并导致骨髓造血组织坏死，引起血细胞尤其是白细胞减少，并影响T淋巴细胞和B淋巴细胞的功能，降低机体的免疫应答能力。T-2毒素通过影响DNA与RNA的合成及其通过阻断翻译的启动而影响蛋白质合成，还会引起胸腺萎缩、肠道淋巴腺坏死，破坏皮肤黏膜的完整性，抑制白细胞及补体C3的生成，从而影响机体免疫功能。T-2毒素还可引起凝血功能障碍，使凝血时间延长。T-2毒素属于组织刺激因子和致炎物质，对皮肤和黏膜有强烈刺激作用，引起局部皮炎甚至坏死，使动物呕吐和腹泻。T-2毒素有剧毒，由于T-2毒素能诱发基因突变和染色体损伤，所以具有致癌的可能。与家禽及反刍动物相比，猪对该毒素最为敏感。饲料中超过0.4毫克/千克的毒素就会对动物产生中毒症状。

（三）临床症状

动物摄食受T-2毒素污染的饲料后约半小时即可发生呕吐。猪表现为拒食、呕吐、血痢、脱毛、瘦弱、生长停滞、皮肤发炎，病猪经常发生黏膜与皮肤糜烂脱落、出血，形成坏死性病变，胃肠功能降低。T-2毒素严重中毒时可见口腔黏膜坏死。慢性中毒主要表现为消化不良、生长停滞和皮肤炎症。繁殖母猪表现为受精率降低、产仔数减少、弱仔及流产。1~8毫克/千克体重可引起猪采食量和增重减少，10~12 毫克/千克体重引起增重和受胎率显著下降。T-2 毒素还能导致猪消化酶分泌不足，引起断奶仔猪或生长育成猪出现类似消化不良症状的腹泻。

（四）病理变化

病理变化主要表现为胃肠道、肝、肾的坏死性损害与出血。胃肠道黏膜呈卡他性炎症，有水肿、出血及坏死，尤以十二指肠和空肠处受损最明显。心肌变性、出血，心内膜出血，子宫萎缩，脑实质出血、软化。

（五）诊断

饲料检查，发现饲料发热、色泽变暗，有发霉味，猪拒食、厌食。粉状饲料有结块或呈蛛网状，谷物籽粒或粉料有红、青、黑或黄色的霉斑，玉米表面发红，或表面无异状但剥开种皮可发现发霉。从猪料槽中采集饲料样本，分析 T-2 毒素的含量。

收集饲料样品，用酶联免疫专用霉菌毒素分析试剂盒确定中毒霉菌毒素类别。同时进行霉菌的培养分析鉴定。

（六）防制

立即停喂霉变的饲料，换为安全的饲料。可用 0.1% 高锰酸钾、温生理盐水或 2% 碳酸氢钠进行洗胃或灌肠，然后内服盐类泻药，如硫酸钠 30~50 克，一次内服；静脉注射 5% 葡萄糖生理盐水 300~500 毫升，5% 维生素 C 5~15 毫升，40% 乌洛托品 20 毫升；同时皮下注射 20% 安钠咖 5~10 毫升，以强心排毒。建议使用 10% 氟苯尼考注射液、10% 恩诺沙星注射液，以缓解腹水、水肿、肾肿、拉稀等，必要时用氟苯尼考拌料控制继发感染。

五、赭曲霉毒素

（一）病原

赭曲霉毒素是一组由赭曲霉、疣孢青霉、纯绿青霉及其他几种青霉产生的结构相似的次级代谢产物，它是异香豆素的一系列衍生物，主要危害动物的泌尿系统。赭曲霉毒素经常污染谷物和豆类，在凉爽与温和的气候条件下贮藏的谷物和豆类易受到污染，在 20~25℃ 时毒素的产生达到峰值。赭曲霉毒素包括 7 种结构类似的化合物，有 A、B 两种类型。赭曲霉毒素 A 具有强烈的肾脏毒和肝脏毒，当人、畜摄入被这种毒素污染的食品和饲料后，就会发生急性或慢性中毒症。据报道，赭曲霉毒素 A 还具有致癌、致畸和致突变性，因而对人体健康及畜牧业发展都有很大危害。

（二）中毒机制

赭曲霉毒素是由赭曲霉和纯绿曲霉产生的一种霉菌肾毒素，主要侵害肝脏或肾脏，可引起免疫器官病变，胸腺、脾、淋巴结中的白细胞数减少，巨噬细胞与单核细胞的迁移能力下降，出现免疫抑制。赭曲霉毒素 A 在自然污染的饲料中最为常见，且毒性较大，对肝、肾产生毒性作用。赭曲霉毒素还降低磷酸烯醇式丙酮酸羧酸激酶的活性和肾脏的糖异生过程，而且它还对 T 淋巴细胞、B 淋巴细胞有抑制作用，损伤肠道淋巴组织，降低抗体的含量，影响机体免疫。赭曲霉毒素 A 还具有免疫系统毒性及致癌作用，因为它可以减少 NK 细胞的数量，使其不能有效地破坏肿瘤细胞，所以赭曲霉毒素 A 增加了肝癌与肾癌的发生率。猪摄入 1 毫克/千克饲料的赭曲霉毒素 A 可在 5~6 天致死；饲喂含 1 毫克/千克饲料赭曲霉毒素 B 的饲粮 3 个月内可引起烦渴、尿频、生长迟缓、饲料利用率降低；饲喂含 200 微克/千克饲料赭曲霉毒素 B 的日粮数周可检测到肾损伤。

（三）临床症状

主要临床症状是腹泻、厌食、脱水，其他的临床症状还有烦渴、尿频、直肠温度升高、结膜炎，生长受阻、增重下降，免疫抑制等，有时临床症状不明显。慢性中毒症状为吸收变差、烦渴和肾脏损伤，钙、磷吸收障碍，骨骼脆弱等。

（四）病理变化

常见病变是肾小管上皮损伤和肠道淋巴腺体坏死，损伤肠道淋巴组织，降低抗体的含量，影响体液免疫，引起颗粒细胞吞噬作用及细胞免疫能力降低。特征性病变为肾近曲小管坏死，进而发展为间质性纤维化（即橡皮肾）。病理变化包括血尿素氮、天冬氨酸转移酶增加，尿中葡萄糖与蛋白质含量上升。

（五）诊断

饲料检查，发现饲料发热、色泽变暗，有发霉味，猪拒食、厌食，粉状饲料有结块或呈蛛网状，谷物籽粒或粉料有红、青、黑或黄色的霉斑，玉米表面发红，或表面无异状但剥开种皮可发现发霉。

根据赭曲霉毒素的典型临床症状厌食、腹泻、脱水、橡皮肾及饲料污染检查和实验室毒素与霉菌培养分析情况可确诊。

（六）防制

立即停喂霉变的饲料，换为安全的饲料。可用 0.1% 高锰酸钾、温生理盐水或 2% 碳酸氢钠进行洗胃或灌肠，然后内服盐类泻药，如硫酸钠 30~50 克，一次内服；静脉注射 5% 葡萄糖生理盐水 300~500 毫升，5% 维生素 C 5~15 毫升，40% 乌洛托品 20 毫升；同时皮下注射 20% 安钠咖 5~10 毫升，以强心排毒。建议使用 10% 氟苯尼考注射液、10% 恩诺沙星注射液，以缓解腹水、水肿、肾肿、拉稀等，必要时用氟苯尼考拌料控制继发感染。

六、混合霉菌毒素中毒

在实际生产中，绝对单一的霉菌毒素中毒发生率通常较小。常见的是多种霉菌毒素的混合感染情况。

（一）中毒机制

霉菌毒素中毒的发生主要是易感动物食入了被污染的谷物。日粮中营养成分不足，缺乏蛋白质、硒、维生素也是引起霉菌毒素中毒的因素之一。饲料中多种霉菌毒素对猪的毒理作用主要表现在以下方面：①损害猪免疫系统，减少胸腺的分泌与外周 T 细胞的数量，影响抗体产生，降低机体主动免疫和被动免疫能力，降低对疾病的抵抗能力（黄曲霉毒素、单端孢霉烯族毒素）。②损害猪的重要器官，尤其对肝、肾、生殖器官等的损害（黄曲霉毒素、玉米赤霉烯酮、单端孢霉烯族毒素）。③损害猪的中枢神经系统（黄曲霉毒素、烟曲霉毒素）。④降低猪的生产性能，食欲减退或废绝，生长受阻，饲料转化率降低，繁殖性能下降，猪群易产生流感和喘气病等呼吸道病、胃肠炎、猪皮炎肾病综合征。⑤猪肉品质下降，猪群易产生 PSE 猪肉，且使猪瘦肉生长潜力下降 10% 左右。

（二）临床症状

多种霉菌毒素长期慢性中毒，导致猪首先出现肝肾功能损害，厌食、日增重减少；其次，免疫抑制或免疫失败，且继发感染增多；最后，繁殖性能受损，阴道炎、不孕、流产、乳房肿大。用抗生素药物治疗无效，但停喂旧料、更换日粮后，可见症状明显减轻。

各种猪群的主要临床症状表现如下：

仔猪：拉稀，膝腕关节和皮肤溃烂，口腔黏膜溃烂，中毒仔猪急性发作，出现中枢神经症状，头弯向一侧，头顶墙壁，数天内死亡。

大猪：病程较长，呈慢性经过。通常表现体温正常，初期食欲减退，在嘴、耳、四肢内侧及腹部皮肤出现红斑，后期食欲废绝，腹痛，下痢或便秘，粪便中含有黏液与血液。

青年母猪：小母猪提前发情、外阴部水肿、早熟性乳房发育，青年母猪阴门红肿，子宫体积和重量增加，表现发情或临床症状。

成年母猪：黄体滞留，不发情，假妊娠，早期胚胎死亡和母猪流产，阴道炎及后备母猪屡配不孕等。

妊娠母猪：表现死胎、胎儿木乃伊化、流产或新生仔猪死亡率上升、产后发情不正常。

哺乳期母猪：表现逐渐拒食，持续发情或发情周期延长，影响哺乳期仔猪成活率，大剂量霉菌毒素中毒时，母猪出现直肠或阴道脱出。

成年公猪：公猪包皮水肿、性欲降低、精子畸形、睾丸萎缩。

多数猪消瘦、贫血，严重者皮肤苍白，鼻镜灰白；个别猪有鲜红的血便，排红褐色尿液；部分猪巩膜黄染，阴道黏膜黄染；少数猪体温轻度升高，最高达40℃；多数猪精神沉郁，喂料时无食欲；有呕吐、拒食、黄疸、脱肛症状，有角弓反张、空嚼等神经症状；在背部、胸侧有蒲扇大左右对称的浅表性皮炎和脱毛；尾端或耳尖干性坏死，引起咬耳、咬尾。

猪场中如出现以上 1 ~ 2 种现象即应疑为霉菌毒素中毒。从食入带毒饲料至出现症状需 7 ~ 10 天；当发现症状时，往往已中毒多日，查找毒源时要追查十多天前的原料品质。发现可疑中毒首先要更换饲料来源。

（三）病理变化

主要病理变化是肝脏、肾脏的损害及消化道损伤。霉菌毒素中毒的肾脏肿大、呈黑红色、质地脆弱、轻压即破裂，切面结构模糊、实质极易刮下，切面全呈黑红色。肝脏中度肿大，脂肪黄染，肝土黄色，不见肝小叶结构，质脆，实质易刮下。胆囊肿大，胆汁浓稠，未见出血。脾呈黑红色，约肿大 1 倍，但质地正常，切面上脾小体可认。膀胱黏膜轻度充血，有绿豆大出血点。心脏出血，胸腺萎缩，肠淋巴萎缩，皮下小点出血，回盲口纽扣状溃疡，极似"猪瘟"病变。皮下组织黄染，胸腹膜、肾、胃肠道出血，急性病例突出变化是胆囊黏膜下层严重水肿。

（四）诊断

饲料检查，发现饲料发热、色泽变暗，有发霉味，猪拒食、厌食，粉状饲料有结块或呈蛛网状，谷物籽粒或粉料有红、黑、青或黄色的霉斑，玉米表面发红，或表面无异状但剥开胚乳可见霉变。受霉菌感染的谷物从重量上来说较轻，颜色也有变化。霉菌污染严重的话，胚乳呈白垩状。

通过常规检验方法，可得出饲料被霉菌污染的实物证据。常用的有以下几种方法：①采集可疑饲料原料经去杂菌处理，将滤液直接镜检。②分离培养法，采用沙堡培养基，置恒温箱中培养。观察菌落生长情况，孢子色泽形态，确定霉菌的种属。③使用可疑霉菌毒素粗提液，利用小动物（鸡、鸭、兔、鼠等）做毒性试验。④进行毒性的化学定量、定性分析，确定毒素化合物的名称与含毒量。可使用检测霉菌专用的酶联免疫吸附试验测定法的试剂盒进行确诊。

（五）防制

多种霉菌毒素的混合感染对猪群造成的危害很大，因此预防和治疗霉菌毒素中毒，对保证猪群健康、降低损耗、提高效益很有必要。

（1）饲料要选择适当的保存方法，注意严格控制饲料及原料的水分，使霉菌无法生长或减少霉菌生长。严格按照国家霉菌毒素控制标准挑选饲料和饲料原料。根据我国有关规定，饲料中以下各种毒素允许的最高限量分别为：黄曲霉毒素 B_1 20 微克/千克，烟曲霉毒素 50 微克/千克，赭曲霉毒素 20 微克/千克，T - 2 毒素 80 微克/千克，呕吐毒素 500 微克/千克，玉米赤霉烯酮 100 微克/千克。

（2）饲料中添加蛋白质、氨基酸、硒、维生素。肝脏可净化被动物吸收的霉菌毒素，此净化过程基于谷胱甘肽的氧化还原反应，硒能提高谷胱甘肽过氧化酶的活性，蛋氨酸有利于谷胱甘肽的组成。叶酸可直接去除饲料中的黄曲霉毒素。

（3）使用优质防霉剂，预防原料或成品饲料霉变。可使用有效的霉菌毒素吸附剂，减少霉菌毒素对畜禽的危害，但应注意其吸附作用的效果（避免对营养素的吸附，对霉菌毒素吸附的专一性和多能性）及在饲料中合适的添加量。也可使用专用的霉菌毒素分解转化酶，降低或消除对应霉菌毒素的毒性，如"环氧基专用酶"能切断 F－2 毒素、DON（呕吐毒素）、DAS（蛇形毒素）等毒素的"环氧基"，使之失毒。

（4）发现中毒症状后，立即停喂含毒素饲料，更换安全饲料。

（5）暂无针对霉菌毒素中毒的特效疗法，只能采用对症治疗：大猪 25% 葡萄糖注射液 60 毫升，加维生素 C 10 毫升静脉推注，连用 3～4 天。绿豆 50 克、甘草 20 克，煎水，放入水槽中让猪自饮，同时加白糖拌料，每头 20 克，每天 2 次，连续 7～10 天，有一定辅助作用。症状严重的猪，灌服淀粉浆泻剂（淀粉 50 克，加水煮成糊状后加硫酸钠 50 克），以保护胃肠黏膜。5% 葡萄糖注射液 250 毫升，静脉注射，皮下注射安钠咖 5～10 毫升。对于正处于休情期的未怀孕成年母猪，前列腺素 F_{2a} 可一次给予 10 毫克或连续给药 2 天，每天 5 毫克，有利于清除滞留黄体。恢复期病猪，抗病毒 1 号 500 克配以小苏打 500 克拌料 500 千克，连续饲喂 7 天。针对肠道感染，饲料中添加林可霉素 120 克/吨、硫酸多黏菌素 120 克/吨，连续 14 天。个别严重病例、有神经症状者、黄疸严重者，静脉注射高糖、维生素 C、维生素 B_1、三磷酸腺苷（ATP）、辅酶、肌苷、护肝药物。全群测温，体温超过 39.8℃ 均视为合并感染猪，甲硝唑 10 毫克/千克肌内注射，每天 2 次，隔 48 小时再用药 2 次。在饲料中未用药之前，肌内注射抗生素克菌舒 15 毫升/头，每天 2 次，饲料中用药后又能采食者停用。催便排毒，可用 0.1% 高锰酸钾、温生理盐水或 2% 碳酸氢钠进行洗胃或灌肠，然后内服盐类泻药，如硫酸钠 30～50 克，一次内服；静脉注射 5% 葡萄糖生理盐水 300～500 毫升，5% 维生素 C 5～15 毫升，40% 乌洛托品 20 毫升；同时皮下注射 20% 安钠咖 5～10 毫升，以强心排毒。建议使用 10% 氟苯尼考注射液、10% 恩诺沙星注射液，以缓解腹水、水肿、肾肿、拉稀等，必要时用氟苯尼考拌料控制继发感染。

（6）对正在发病的仔猪推迟免疫注射，同时加强哺乳仔猪的护理，以免引起其他疾病的继发感染。

第三节 猪寄生虫病

猪囊尾蚴病（猪囊虫病）

一、病原体

有钩绦虫（成虫）呈背腹扁平带状，长 2～5 米，偶有长 8 米者。虫体由头节、颈节和体节组成。头节呈圆球形，位于体前端，大头针帽大小，似小米粒样，直径约1毫米，头节上有一个顶突与四个圆形吸盘，顶突上有两排角质小钩。颈节纤细，长5~10毫米。颈节后面为体节，体节根据发育程度不同分为未成熟体节、成熟体节和孕卵节片。未成熟体节宽度大于长度，其节片中的生殖器官未发育成熟；成熟体节的宽度与长度几乎相等而近似正方形，其内含发育成熟的雌、雄生殖器官各一套；孕卵节片宽度小于长度，子宫向两侧形成分枝（7~12个），内充满虫卵3万~5万个。

二、生活史

成虫（有钩绦虫）寄生在人小肠的前半段，孕卵节片陆续从虫体上脱落下来，随粪便排出体外，有的节片在排出过程中或到外界后因为机械作用而破裂，虫卵散出。

猪食入含有节片或虫卵的人粪便或是被节片或虫卵污染的饲料与饮水而感染。经过1~3天，六钩蚴破壳而出，然后借助小钩及六钩蚴分泌物的作用，钻入肠壁小血管或淋巴管，并随血流到达猪体各部停留下来，经2~3个月发育为具有感染力的囊尾蚴。猪囊尾蚴多寄生在猪的肌肉中，以咬肌、膈肌、肋间肌和颈部、肩部、腹部的肌肉最多见，内脏以心肌多见，在寄生严重时各部都有，脂肪中也有寄生。

人食入生的或未煮熟的含有活的囊尾蚴的猪肉后，经胃到达小肠，在胃肠液的作用下，囊壁被消化，头节用吸盘与小钩附着在肠壁上，经50天发育为成虫。

三、流行病学

因为猪囊虫病的感染来源是有钩绦虫病人，有钩绦虫病人的来源是猪囊虫病猪，所以二者联系紧密，它们即相互促进，又相互制约。

人感染有钩绦虫病的原因，是由于吃了生的或未煮熟的带有活的囊虫的猪肉，或是肉品卫生检验制度不健全、不严格，屠宰的猪不检验，以及发现有猪囊虫的猪肉仍自食和出售而感染有钩绦虫病。

人感染囊虫病的原因，是由于食入了被绦虫卵污染的食物和饮水，如用人粪水浇菜，人吃了未洗净而沾有虫卵的蔬菜；患有有钩绦虫病的病人，便后不洗手或没有洗干净，就拿食物吃而吃进污染在手上的虫卵；或由于某种原因引起呕吐，使节片返到胃里，外膜和卵膜被消化放出六钩蚴而感染囊虫病。

四、致病作用

因病原体侵入数量和寄生部位不同，致病作用也有所不同。初期六钩蚴在体内移行时，会引起组织创伤。寄生在肌肉时，会引起周围肌肉变性萎缩。寄生在眼内时，会引起视力障碍，严重者失明。寄生在大脑时，会破坏大脑的完整性，发生炎性反应，引起脑水肿及化脓性脑膜炎，从而降低机体的防御能力，严重者可引起死亡。

五、症状

一般感染症状不明显，仅在极严重感染的情况下或某个器官受到损害时，才表现明显症状。大多表现为营养不良、生长受阻、贫血和水肿。若囊虫寄生在膈肌、肋间肌、口腔部肌肉、咽喉和心肺时，可出现呼吸困难、吞咽困难及声音嘶哑。若寄生在眼部时，可出现视力减退，甚至失明。若寄生在大脑时，会表现有癫痫症状，有时可发生急性脑炎而突然死亡。

六、病理变化

感染严重的肌肉苍白水肿，切面外翻，凹凸不平。囊虫寄生在心、肝、脾、眼、脑等部，甚至淋巴结、脂肪内亦可找到虫体。初期在囊尾蚴外部有细胞浸润，继而发生纤维性病变，长大的囊尾蚴压迫周围肌肉，出现萎缩。虫体死亡时，囊液变得混浊，虫体崩解后同囊液一起钙化，镜检可见巨噬细胞侵入包囊，吞噬死亡崩解的虫体，然后该处由结缔组织所填充。

七、诊断

多采用"一看、二摸、三检"的办法进行综合诊断。

一看：轻度感染时，病猪生前无任何表现，仅在重度感染时，因为肩部与臀部肌肉水肿而增宽，身体前后比例失调，外观似哑铃形。走路时前肢僵硬、行动迟缓、步态不稳、多喜爬卧，采食、咀嚼和吞咽缓慢，声音嘶哑，睡觉时好打呼噜，生长发育迟缓，个别发育停滞。视力减退或失明者，翻开眼睑，可见到豆粒大小、半透明的包囊突出。

二摸：首先将猪保定好，用开口器或其他工具把口扩开，手持一块布料防滑，将舌头拉出仔细观察，用手指反复触摸舌面、舌根、舌下部有无囊虫结节，若摸到感觉有弹性、软骨状感、无痛感、如黄豆大小的结节存在时，即可确认是囊尾蚴病猪。在舌检的同时可用手触摸股内侧和其他部位，若有弹性结节存在，则可进一步确认是囊尾蚴病猪。

三检：应用血清免疫学方法进行诊断，其诊断方法有 SPA 酶标免疫吸附试验、环状沉淀反应、皮肤变态反应、炭凝抗原诊断法、间接血球凝集法（IHA）等。

（一）定量血片间接红细胞凝集试验

1. 试验准备

（1）被检血片的制备：取大张普通滤纸裁成 150 毫米长、10 毫米宽的纸条，每10条装订在一起，包装后在干燥箱100℃干燥4小时备用。采取被检猪耳部血，将1条滤纸片的一端接触血液，通过虹吸作用吸附血液20毫米长，待其自然干燥，编号保存备检。

（2）血片的处理：用剪刀剪下10毫米长的被检血片，再剪成小碎片，放入灭菌青霉素瓶内，加入生理盐水0.25毫升，振荡3~5分钟，洗下血液，为被检血片洗液。

（3）药械：间接血凝抗原诊断液、定量滴管、聚苯乙烯"V"形微量反应板等。

2. 操作方法　按编号用定量滴管依次吸取被检血片洗液1滴（25微升）滴入96孔"V"形聚苯乙烯微量反应板孔中。定量滴管每次吸取被检血片洗液后需用生理盐水冲洗滴管3次，方可再用。在每板最后两孔分别加入标准阳性血清和标准阴性血清各25微升。然后逐孔滴加间接血凝抗原诊断液1滴（25微升），在微量振荡器上振荡1分钟后，室温静置1~1.5小时判定结果。

3. 结果判定

（1）红细胞凝集程度判定：

"＋＋＋＋"表示红细胞全部凝集，围绕着孔底的边缘，全部均匀凝集，有时出现卷边。

"＋＋＋"表示红细胞75%以上凝集，孔底边缘大部分凝集。

"＋＋"表示红细胞50%凝集，孔底边缘较透明，凝集的颗粒约占孔底的1/2。

"＋"表示有少量红细胞凝集，红细胞集中于一点，周围有少量凝集。

"－"表示红细胞不凝集，红细胞呈点状聚集在孔底中心。

（2）结果判定：若标准阳性血清出现"＋＋＋＋"，标准阴性血清出现"－"，被检血清出现"＋＋＋"以上者判为阳性。

（二）炭凝集试验

1. 试验准备

（1）抗原制备：

囊液：取多头猪的新鲜囊虫囊液，经3 000转/分离心20分钟，取其上清液，加0.01%的叠氮钠，保存于1~3℃冰箱中备用。

炭粉：取上海活性炭厂生产的767型针剂炭粉，经105℃干燥4小时，用360目/英寸＊标准筛，以振荡机筛选后保存于37~40℃温箱中备用。

灭活：取囊液20毫升置三角瓶中；取1%白蛋白（牛血清）0.5%硼酸pH值7.2的PBS液600毫升，置于另一三角瓶中，将两个三角瓶同时放入56℃水浴中灭活30分钟备用。

致敏：称取干燥炭粉4克，放入盛囊液的三角瓶内，加入玻璃珠20~30粒，

＊ 英寸为非法定计量单位，1英寸＝2.54厘米。

充分摇匀，在37~45℃水浴中致敏10分钟，然后加入pH值7.2的PBS液90毫升，摇匀，继续致敏至1小时（在致敏中每隔10分钟充分摇动1次），即成炭抗原溶液。

沉淀：第一次，将炭抗原溶液经2 000转/分离心10分钟，弃去上清液，往沉淀物（视为溶质）中加入0.1%白蛋白（牛血清）0.5%硼酸pH值7.2的PBS液（视为溶剂）5毫升，混成浓液，在室温静置2小时。第二次，往浓液中加入溶剂200毫升，搅匀，经3 000转/分离心10分钟，弃去溶剂。第三次，往溶质中加入溶剂200毫升，搅匀，经3 000转/分离心20分钟，弃去溶剂，再往溶质中加入溶剂80~90毫升，充分混匀，即沉淀成纯炭抗原溶液，简称抗原，加入千分之一叠氮钠防腐，保存于1~4℃冰箱中备用。

（2）**药械**：玻璃板、0.3%柠檬酸钠、吸管、三棱针。

2. 操作方法　用三棱针将猪耳静脉刺破，用吸管吸取血液6滴（每滴约0.057毫升）于盛有2毫升0.3%柠檬酸钠溶液的小试管中（7倍稀释）。

取溶血1滴于玻璃板圆圈（直径3厘米）内，加炭抗原1滴，混匀，在1~3分钟后观察判定。

3. 结果判定

（1）凝集标准，有以下5种：

"－"表示炭末不凝集，液体不透明。

"＋"表示炭末有少量凝集，液体混浊。

"＋＋"表示炭末有50%凝集，液体比较透明。

"＋＋＋"表示炭末大部分凝集，液体透明。

"＋＋＋＋"表示炭末全部凝集，液体完全透明。

（2）判定标准：本试验以"＋＋"以上（包括"＋＋"在内）作为判定阳性的标准。

八、防制措施

（一）预防

本病的防治原则是"预防为主"，把住"病从口入"关，实行以驱为主的驱、检、管、治、免综合防治。

（1）大力宣传人与猪感染此种病的关系，使广大人民群众真正认识到两种病的巨大危害。

（2）建立、健全各级驱绦灭囊组织机构，加强组织领导，积极开展驱绦灭囊工作。

（3）切实开展驱、检、管、治、免综合防治措施。

驱：搞好普检工作，应用有效驱绦虫药驱除人体有钩绦虫。

检：做好检疫，按规定处理猪肉，人不吃生的或未煮熟的猪肉，把住"病从口入"关。

管：管好人粪便，实行猪圈养。对人粪便实行科学的高温发酵无害化处理，杀死虫卵，使猪没有机会吃到人粪便，从根本上防止猪囊虫病的发生。

治：应用有效药物，治疗猪的囊虫病。

免：应用猪囊尾蚴虫苗进行免疫接种。

肉品卫生检疫规定：猪肌肉的 40 平方厘米面积上，检出 3 个或 3 个以下囊尾蚴或钙化虫体时，经冷冻或盐腌等无害化处理后出厂；4～5 个虫体经高温处理后出厂；6 个及以上者，炼工业油或销毁；皮张、胃、肠不受限制出厂，其他内脏和体内脂肪经检验无囊尾蚴方准出厂。

无害化处理方法：①冷冻。 -13℃经 4 昼夜以上。②盐腌。2 千克以下肉块，用不低于肉重 15% 的浓盐水腌渍 3 星期以上。③高温。虽然从肌肉中摘出的虫体，加热至 48～49℃可被杀死，但肉中的虫体需煮沸到深部肌肉完全变白时，才可杀死全部虫体。

囊虫活力实验：可用任何动物的胆汁 8 份，加水 2 份，加热并保持 39～40℃，将囊虫从肉中摘出撕掉结缔组织，注意不要挤破包囊，然后放入胆汁液内，经 5～30 分钟，有活力的囊尾蚴头节即可翻出，且见其活动。

（二）治疗

（1）吡喹酮 200 毫克/千克体重，拌料 1 次喂服。

（2）吡喹酮 60～120 毫克/千克体重，按 1 份吡喹酮配 5 份植物油加工灭菌制成的混悬液，或以 1 份吡喹酮配 9 份有机溶剂的二甲基乙酰胺、聚乙二醇 -400 等制成针剂，灭菌后颈部或臀部一次深部一点或多点注射。

用药治疗病猪时，若血检强阳性或舌检寄生囊尾蚴 8 个以上者、体形呈囊尾蚴病明显改变者及发育严重受阻的僵猪不宜治疗，否则易引起神经症状，导致癫痫甚至死亡。

在用药 3～4 天后可出现体温升高、食欲减退、沉郁、呕吐，重者卧地不起、肌肉震颤、呼吸困难等，主要是因为囊虫的囊液被机体吸收所致。为减轻不良反应，可颈部肌内注射高渗葡萄糖等。

（3）吡喹酮 100 毫克/千克体重，用液状石蜡 1:6 混合，颈部肌内注射。

（4）丙硫苯咪唑 10～20 毫克/千克体重，拌料 1 次喂服。

（5）槟榔 100 克、南瓜子 250 克、硫酸镁 30 克。将槟榔（用新鲜者最佳）切片，用 400～500 毫升水浸泡数小时，再煎至 200～250 毫升。早晨空腹时，先喂服炒南瓜子，过 20 分钟后服槟榔水，再经 2 小时服硫酸镁溶液（将硫酸镁溶于 200 毫升水中）。

猪弓形虫病

一、病原体

弓形虫在整个发育过程中分5种类型：滋养体、包囊、裂殖体、配子体、卵囊。其中滋养体、包囊是在中间宿主（人、猫、猪、狗）体内形成的，裂殖体、配子体、卵囊是在终末宿主（猫）体内形成的。

各型虫体形态：①滋养体呈弓形、香蕉形或新月形，一端稍尖，一端钝圆。瑞氏或姬姆萨染色后镜下观察，胞质浅蓝色、有颗粒，核呈深蓝紫色、偏于钝圆一端。滋养体主要发现于急性病例，在腹水中常可见到游离的单个虫体；在有核细胞内（淋巴细胞、内皮细胞、单核细胞等）还可见到繁殖中的虫体，形状多样，有柠檬形、圆形、卵圆形和正在出芽不规则形状等；有时在宿主细胞的胞质内，许多滋养体簇集，外观似包囊，其囊壁是宿主的细胞膜，称为假囊。②包囊卵圆形，囊壁较厚，由虫体分泌形成，囊内虫体数目可有数十个至数千个。③裂殖体圆形，寄生在猫肠上皮细胞中，经裂殖生殖可发育形成许多裂殖子。④配子体也寄生在猫肠上皮细胞中，是经裂殖生殖后产生的有性世代，分为大配子体（雌配子）和小配子体（雄配子），大配子体核小而致密，且含有颗粒，小配子体色淡，核疏松。⑤卵囊是随猫粪便排至体外阶段，呈卵圆形，表面光滑，囊壁分两层。感染性卵囊内有2个卵圆形的孢子囊，每个孢子囊内含4个长形弯曲的子孢子。其中，滋养体、包囊和感染性卵囊具有感染能力。

二、生活史

在中间宿主（人、猫、猪、狗）体内的发育：含有滋养体或包囊的肉食和被感染性卵囊污染的食物或饮水，会随食物、饮水侵入中间宿主体内，另外，滋养体还可通过口腔、鼻腔、呼吸道黏膜、眼结膜、皮肤侵入体内，通过淋巴血液循环进入各脏器有核细胞，在胞质内以内出芽的方式进行无性繁殖。若虫株毒力弱，宿主又很快产生了免疫力，弓形虫的繁殖受阻，则无症状感染或慢性发病，此时虫体在中间宿主体内一些脏器组织中形成包囊型虫体。若虫株毒力强，宿主还未产生足够免疫力，即可引起急性发病过程。

在终末宿主体内的发育：滋养体、包囊或感染性卵囊被猫食入后，经胃到消化道，在胃液和胆汁的作用下，包囊和卵囊壁溶解，放出滋养体和子孢子，侵入肠上皮细胞，形成裂殖体，经裂殖生殖产生大量裂殖子。如此反复若干次后，裂殖子转化为雌、雄配子体，进行配子生殖，雌、雄配子交合产生合子，外被囊膜，形成卵囊，随猫的粪便排出体外，在适宜环境下，经2~4天发育为感染性卵囊。

综上所述，弓形虫既可经猫的淋巴血液循环侵入各脏器有核细胞内进行无性繁殖，又可在猫的肠上皮细胞进行有性繁殖过程，经裂殖生殖（无性繁殖）和配子生殖（有性繁殖）后形成卵囊，所以猫既是弓形虫的中间宿主，又是终末宿主。而在人及其他动物体内都是进入各脏器有核细胞进行无性繁殖，因而人及其他动物是弓形虫的中间宿主。

三、流行病学

弓形虫流行广泛取决于以下因素：①感染途径多。除经口吞食含有滋养体或包囊的肉类和被感染性卵囊污染的食物、饮水，以及吞食携带卵囊的昆虫、蚯蚓感染外，滋养体还可经口腔、鼻腔、呼吸道黏膜、眼结膜、皮肤感染，母体胎儿亦可通过胎盘感染。②卵囊、包囊的抵抗力强。卵囊在常温下可以保持感染力1～1.5年，一般常用的消毒药对卵囊没有影响，混在尘埃和土壤中的卵囊长期存活。包囊在冰冻或干燥条件下不易生存，但在4℃时可存活68天。③感染来源广。弓形虫病的感染来源主要为患病及带虫动物，因为它们体内带有弓形虫的滋养体和包囊，已证明患病及带虫动物的唾液、痰、尿、粪便、乳汁、腹腔液、肉、眼分泌物、内脏淋巴结、流产胎儿体内、胎盘与流产物中，以及急性病例的血液内均可含有滋养体。另外，被病猫或带虫猫排出的卵囊污染的饲料、饮水、土壤等亦可成为感染来源，许多昆虫（污蝇、蟑螂、食粪甲虫等）和蚯蚓可机械地传播卵囊，吸血昆虫和蜱类可通过吸血传播病原。④易感动物多。弓形虫是一种多宿主寄生虫，人、畜、禽和许多野生动物对弓形虫均易感。

四、致病作用

弓形虫侵入机体后，随淋巴、血液循环散布于全身多种组织器官，并在细胞内寄生和繁殖，致使组织细胞和脏器遭到破坏，同时因为毒素作用，引起各组织和脏器水肿、出血灶、坏死灶及其他变化。

五、临床症状

猪发生弓形虫病时，初期体温升高到40.5～42℃，呈稽留热；食欲减退甚至废绝，精神委顿；大便多干燥，也有下痢；呼吸困难，呈犬坐姿势或腹式呼吸；有的病猪有咳嗽和呕吐症状，流水样或黏液样鼻液。随病情发展，在鼻端、耳翼、下肢、股内侧、下腹部出现紫红斑，间或有小点出血；有的病猪耳壳上形成痂皮，甚至耳尖发生干性坏死；体表淋巴结特别是腹股沟淋巴结明显肿大。病后期，呼吸极度困难，后躯摇晃或卧地不起，体温急剧下降而死亡。病程10～15天，怀孕母猪往往发生流产。有些病猪耐过后，体内产生抗体，症状逐渐减轻，但常遗留咳嗽、呼吸困难及后躯麻痹、运动障碍、癫痫样痉挛、斜颈等神经症状；有的病猪呈视网膜炎，甚至失明。

六、病理变化

剖检尸体，全身组织与脏器均可见病死猪的皮肤呈弥漫性紫红色或大的出血结痂斑点；心肌肿胀，脂肪变性，有粟粒大灰白色坏死灶；肝脏肿大，硬度增加，有针尖大、粟粒大或黄豆大的灰白色、灰黄色坏死灶，且有针尖大出血点；胆囊黏膜表面有轻度出血和小的坏死灶；脾脏不肿大或稍肿大，被膜下有丘状出血点和灰白色小坏死灶；肺脏肿大，呈暗红色带有光泽，间质增宽，肺表面有针尖大、粟粒大的出血点和灰白色病灶，切面流出多量混浊带泡沫的粉色液体；肾脏黄褐色，除去被膜后表面有针尖大出血点和粟粒大灰白色坏死灶，切面增厚，皮髓质界线不清，亦有灰白色坏死灶；胃黏膜稍肿胀，潮红充血，尤以胃底部较明显，且有针尖大出血点或条状出血，胃壁断面呈轻度水肿；肠黏膜充血、潮红、肿胀，且有出血点、出血斑，有的病例在盲肠与结肠有少数散在的黄豆粒大至榛实大、中心凹陷的溃疡灶；膀胱黏膜有小出血点；全身淋巴结肿大，特别是肝门、肺门、胃、颌下等淋巴结肿大 $2 \sim 3$ 倍，切面外翻，多数有粟粒大灰白色、灰黄色坏死灶和大小不等的出血点；胸腔、腹腔和心包有积水。

组织学变化主要为：局灶性坏死性肝炎与淋巴结炎、非化脓性脑炎与脑膜炎、肺水肿与间质性肺炎等。在肝坏死灶周围的肝细胞质中、肺泡上皮与单核细胞的胞质中、淋巴结窦内皮细胞与单核细胞的胞质中，常可见单个、成双或 $3 \sim 6$ 个不等数量的弓形虫，呈弓形、新月形、圆形或卵圆形等不同形状。

包囊型病理变化为：生产实践中发现带虫母猪呈亚临床症状，主要因误食包囊或虫卵而感染，在妊娠阶段发生虫血症时胎儿被垂直感染，从而发生死胎、弱仔。产出的死胎可见肺炎灶，经组织学检查死胎的脑、肝、肾、肺、脐带和母猪的胎盘，均见有包囊，同时伴有病变。电镜观察包囊内有大量各种类型的孢子。哺乳仔猪感染后因包囊寄生而使各脏器发生病变，常出现肺炎、非化脓性脑炎、肾小球肾炎。

七、诊断

因弓形虫没有典型和特征性的流行病学、临床症状、病理变化，必须经实验室检查出病原体或特异性抗体方可确诊。

（一）病原体检查

1. 涂片检查　采取急性病例的肝、脾、肾、肺、淋巴结等病变组织，直接涂片，其中以肺制成的涂片背景清楚、检出率较高。涂片经自然干燥、甲醇固定、瑞氏或姬姆萨染色，镜检，在细胞内寻找弓形虫。

慢性病例可检查脑内的包囊，即把脑组织置乳钵内加生理盐水研磨，然后用低倍镜检查脑组织悬液，包囊呈圆形或椭圆形。在脑组织悬液中，包囊颜色深暗易于发现。包囊最后确定，必须通过染色（涂片或切片），用高倍镜检查。

2. 集虫法检查　取有病灶的肺或肺门淋巴结 1～2 克，置乳钵中，研碎后加 10 倍生理盐水用 1～2 层纱布滤过，经 500 转/分离心 3 分钟，取其上清液，再经 1 500 转/分离心 10 分钟，取其沉渣涂片、干燥、固定、染色、镜检。

3. 原虫分离

（1）小白鼠分离法：取肝、肺、淋巴结等做成乳剂。内脏腐败或慢性病例时，可用脑组织做成乳剂，通常用含青霉素 1 000 国际单位/毫升和链霉素 100 毫克/毫升的灭菌生理盐水做成 5%～10% 乳剂，在室温下静置 1 小时，接种前振荡，待重颗粒沉底后，取其上清液，腹腔接种于小白鼠 5 只，每只接种 0.5～1.0 毫升。若接种的小白鼠在 10～20 天发病，被毛逆立，食欲减退，腹腔液增多，可采取腹水检查虫体。阴性结果时，可将小白鼠内脏盲目传代。若小白鼠不发病，可在 30～40 天后将其杀死，镜检脑压片中的包囊。如虫体数量较少或毒力较弱不能致死小白鼠时，可以继续传 2～3 代。对疑似病料，通过小白鼠 3 代后不发病，在脑内也未找到包囊，则可判为阴性。用作原虫分离的病料要新鲜和未经冻结过的。

对隐性感染的动物，通常采取脑或横膈肌 30 克，用绞肉机绞碎，加入 10 倍的 0.25%～0.5% 胰酶盐水，在室温下消化 1 小时。当组织乳化后用纱布过滤，离心收集沉淀物，用生理盐水洗涤 1 次后，注射于小白鼠腹腔分离虫体。

（2）鸡胚分离法：弓形虫在鸡胚绒毛尿囊膜上生长良好，适于分离。即取被检材料，按常法接种于 10～12 日龄的鸡胚绒毛尿囊膜 0.1～0.2 毫升，置于 35℃ 孵育 6～7 天，这样弓形虫发育旺盛。解剖、涂片、检查虫体。如果未发现虫体，应盲传 3 代。

（二）琼脂扩散试验

1. 试验准备

（1）药械：打孔器、三角瓶、平皿、水浴锅、琼脂粉、1% 硫柳汞等。

（2）阳性血清：为人工感染猪弓形虫病阳性血清。

（3）抗原：为弓形虫琼脂扩散抗原。

（4）琼脂糖板的制作：先配制 0.8%～1% 生理盐水琼脂糖溶液于三角瓶内，再放入铝锅中煮沸，使琼脂糖充分溶解。每 100 毫升琼脂糖液加 1% 硫柳汞 1 毫升，混匀后倒入平皿，琼脂糖板厚度为 3 毫米，凝固后打孔，中心孔孔径 6 毫米，周边孔孔径 5 毫米，孔间距 3 毫米，垫底后使用。

2. 操作方法　在中心孔滴入抗原，周边孔加被检血清，以阳性血清做对照。置 37℃ 温箱中 48 小时后判定。

3. 结果判定 在抗原与阳性血清孔之间形成明显沉淀线时，若被检血清与抗原孔之间出现明显沉淀线，判为阳性，否则，判为阴性。

（三）皮内变态反应试验

1. 试验准备

（1）药品：皮内变态反应冻干抗原。

（2）器材：剪毛剪、猪鼻拧子、6 号短针头、1 毫升注射器等。

2. 操作方法 将被检猪用鼻拧子固定后，在胸侧部、腹部肠骨外角水平线下，个体若太大或皮肤粗糙的猪，在耳根背面剪毛、消毒后，皮内注射抗原 0.2 毫升，24 小时后一次判定。

3. 结果判定

阳性：在注射局部表皮有紫红色或黑紫色坏死灶者判为阳性。

阴性：注射局部无反应或肿胀在 9 毫米以下者判为阴性。

疑似：在注射局部有弥漫性肿胀 10 毫米以上者判为疑似。两次判为可疑时，则可判为阳性。

4. 注意事项

（1）皮内注射抗原时，一定要准确，注射后局部应有黄豆大小的隆起，若注射过深，注射部无隆起，阳性猪则出现肿胀，影响判定。

（2）阳性猪在皮内注射抗原 12 小时后，表皮逐渐出现紫红色或黑色干性坏死，黄豆大小的表皮坏死灶可持续 7 天左右，痂皮自行脱落。

（3）对疑似猪若注射方法不确切时，可移位重新注射 1 次。

（四）间接红细胞凝集试验

1. 试验准备

（1）被检血清：采取被检动物血液 2 ~ 2.5 毫升，可分离血清 1 毫升左右（应无血细胞），在 56℃灭活 30 分钟，于 4℃冰箱中保存备用。

（2）弓形虫间接红细胞凝集试验冻干抗原（冻干致敏红细胞）、标准阳性血清、标准阴性血清：兰州兽医研究所供给，并于 4℃保存备用。

（3）器材：96 孔"V"形聚苯乙烯微量反应板、25 微升微量移液器、微型振荡器等。

（4）稀释液（2% NRS）的配制：先配制含 0.1% 叠氮钠的 0.05 摩尔 pH 值 7.2 的 PBS 液：磷酸氢二钠（$12H_2O$）19.34 克，磷酸二氢钠（$2H_2O$）2.86 克，氯化钠 4.25 克，叠氮钠 1.00 克。重蒸馏水或无离子水加至 1 000 毫升，溶解，过滤分装于 10 ~ 100 毫升瓶中，115℃ 15 分钟高压灭菌。

取上液 98 毫升，与 56℃灭活 30 分钟的健康兔血清 2 毫升混合，无菌操作分装，于 4℃冰箱保存备用。

（5）反应板的洗涤：使用过的反应板在自来水管下冲洗后，放入 4% ~ 7%

的盐酸溶液浸泡 10 小时左右后，再用自来水冲洗、甩干，然后用蒸馏水冲洗、晾干。也可不用酸浸泡，但冲洗时间需相应延长。

（6）稀释棒的冲洗：用过的稀释棒，头朝上用自来水冲洗、甩干，再用蒸馏水冲洗、晾干，备用。

（7）盐水接头、磨齐的针头、乳头的洗涤：先用自来水冲洗，再用蒸馏水冲洗、晾干，备用。

2. 操作方法 将弓形虫间接红细胞凝集试验冻干抗原按瓶签说明书所标毫升数用灭菌中性蒸馏水稀释摇匀，1 500 ~ 2 000 转/分离心 5 ~ 10 分钟，弃去上清液，加等量稀释液摇匀，置 4℃冰箱 24 小时后使用。10 天内效价不变。

试验设被检血清排、阳性对照血清稀释排、阴性对照血清稀释排。每排前 7 孔为血清稀释孔，第 8 孔即最后一孔为 2% NRS（正常兔血清）空白对照孔。加稀释液（2% NRS），每孔加入 75 微升稀释液。若没有移液管，可把磨齐了的 12 号针头接在盐水接头（针头接嘴）上，后装一橡皮乳头，组成移液管，将移液管竖直加 3 滴（每滴约 25 微升，每毫升约 40 滴）。

在定性检查时，每个样品加 4 孔，定量检查则加 8 孔。一块反应板定性可检测 20 个样品，定量可检测 10 个样品。

加被检血清、阳性对照血清、阴性对照血清：第 1 孔加相应血清 25 微升。

定性检查时，稀释至第 3 孔，定量检查与对照均稀释至第 7 孔。定性的第 4 孔，定量与对照的第 8 孔为稀释液（2% NRS）对照。按常规用移液器稀释，若无移液器，可用 25 微升的稀释棒稀释。将稀释棒放入第 1 孔内，用左手掌、右手背夹住稀释棒，左右反复搓动，使棒旋转 30 次以上，然后将棒夹紧、夹平提起，移入相应的第 2 孔内，按此法依次继续稀释至最后 1 孔，将棒取出。棒上带走 25 微升液，每个孔内液体仍为 75 微升。移棒时切勿使棒相互接触，旋转时不要让棒上下捣，否则容易产生气泡。

将诊断液摇匀，每孔加 25 微升（如用移液管加，每孔加 1 滴），加完后振荡 1 ~ 2 分钟，直至诊断液中血细胞分布均匀，盖上一块与反应板大小相近的玻璃片或干净的白纸，以防灰尘落入，置 22 ~ 37℃温箱内 2 ~ 3 小时，观察结果。

3. 结果判定

（1）凝集标准：

"＋＋＋＋"表示 100% 红细胞在孔底呈均质而致密的膜样凝集，边缘整齐（因动力关系，膜样凝集的红细胞有时出现下滑现象）。

"＋＋＋"表示 75% 的红细胞在孔底呈均质的膜样凝集，不凝集的红细胞在孔底中央沉淀成小圆点。

"＋＋"表示 50% 的红细胞在孔底呈均质而疏松的膜样凝集，不凝集的红细胞在孔底中央沉淀成较大的圆点。

"＋"表示25％的红细胞在孔底呈稀疏的凝集，不凝集的红细胞在孔底中央沉淀成更大的圆点。

"－"表示100％的红细胞不凝集，并集中于孔底中央，呈规则的最大圆点。

（2）判定标准：在阳性对照血清滴度不低于1∶1 024（第5孔），阴性对照血清除第1孔允许存在前带现象外（＋），其余各孔均为（－），稀释液对照为（－）的前提下，对被检血清进行判定。否则应检查操作是否正确，反应板、稀释棒是否洗涤干净，稀释液、诊断液、对照血清是否有效及其他原因。

被检血清抗体滴度达到或超过1∶64判为阳性（抗体滴度为"＋＋"凝集的终末孔稀释倍数）。如果某一被检血清的凝集现象为1∶64（＋＋＋＋），1∶256（＋＋＋），1∶1 024（＋＋），1∶4 096（＋），那么该被检血清即被判为阳性反应，抗体滴度为1∶1 024。

八、防制

（一）预防

因为弓形虫是人和动物均可感染的一种寄生虫病，感染来源广泛，且滋养体、包囊、卵囊均具感染性，可以通过多种途径感染，所以要采取多方面严格措施，才可预防本病的发生与流行。

（1）因患病及带虫动物和人的唾液、痰、粪尿中含有滋养体，所以除禁止猫进入猪舍、防鼠灭鼠外，也不要让猪与其他动物接触，人不要在猪舍内吐痰。

（2）流产胎儿和排泄物含有滋养体，要严格处理好流产胎儿和排泄物，流产场地要严格消毒。

（3）禁止用屠宰废物和厨房垃圾、生肉汤水喂猪（必要时可煮熟后喂猪），以防猪吃到患病或带虫动物体内的滋养体和包囊而感染。

（4）为消灭土壤和各种物体上的卵囊，可用55℃以上的热水或0.5％氨水冲洗，并在日光下暴晒。因许多昆虫和蚯蚓可机械传播卵囊，所以应尽可能消灭圈舍内的污蝇和甲虫，避免猪吃到蚯蚓。

（二）治疗

早期诊断、早期治疗可收到较好效果，若用药较晚，虽然可使临床症状消失，但不能抑制虫体进入组织形成包囊，从而使病猪成为带虫猪。

（1）磺胺嘧啶（SD）：片剂，口服首次量140～200毫克/千克体重，维持量70～100毫克/千克体重，每天2次。针剂，肌内注射或静脉注射70～100毫克/千克体重，每天2次，连用3～5天。

（2）磺胺间甲氧嘧啶（磺胺－6－甲氧嘧啶）：70毫克/千克体重，一次口服或肌内注射，每天1次，连用3～5天。

（3）磺胺嘧啶＋甲氧苄氨嘧啶（TMP）：磺胺嘧啶70毫克/千克体重，甲氧苄氨嘧啶 14 毫克/千克体重，每天 2 次，连用 3～5 天。

（4）磺胺嘧啶＋二甲氧苄氨嘧啶（敌菌净）：磺胺嘧啶 70 毫克/千克体重，二甲氧苄氨嘧啶 6 毫克/千克体重，每天 2 次，连用 3～5 天。

（5）乙胺嘧啶：按猪每 7 千克体重用药片 1 片（25 毫克）。病重的猪也可配合磺胺类药物治疗，可增强疗效。

猪后圆线虫病

一、病原体

虫体呈丝状，乳白色或灰白色，口囊很小，口缘有一对三叶侧唇，食道呈棒状。雄虫尾端有不发达的交合伞，侧叶大，背叶小，肋有某种程度的融合。交合刺 2 根，细长，末端有单钩或双钩。雌虫阴门靠近肛门，阴门前有一角质的膨大部（阴门盖、阴门球）。为卵胎生。

二、生活史

雌虫在猪的支气管中产卵，卵随黏液到咽喉部，被猪咽入消化道，并随粪便排出体外。虫卵在潮湿的土壤中被中间宿主蚯蚓吞食后在蚯蚓体内孵出第一期幼虫。第一期幼虫钻入蚯蚓食道壁、胃壁、后肠前段或血管腔、心脏中，经 10～20 天发育成感染性幼虫，感染性幼虫进入蚯蚓消化道随粪便到外界土壤中或是蚯蚓受伤死亡其内幼虫逸出进入土壤。猪吞食带有感染性幼虫的蚯蚓或游离在土壤中的感染性幼虫而感染。感染性幼虫进入猪的消化道，钻入肠壁进入肠系膜淋巴结，经淋巴循环到心脏，再由小循环到肺脏，从毛细血管钻入肺泡与小支气管，之后移行到大支气管，在感染后的 25～35 天，发育为成虫。大多数成虫可在感染后数周内被排出，仅少量虫体，主要是寄生在肺深部的虫体能得以存留，其寿命约为 1 年。

三、流行病学

本病感染来源为病猪和带虫猪。虫卵与幼虫对外界环境抵抗力很强，虫卵在适宜的温、湿度环境中可长期保持活力，如在经常潮湿的土壤中能存活 2 年，在被土壤覆盖的粪中能存活 381 天，在温度 40℃时 2 小时死亡，60℃时 30 秒死亡。第一期幼虫也有很强存活力，在潮湿土壤中存活 4 个月以上，在水中存活 6 个月以上。从蚯蚓体内排出的感染性幼虫在潮湿的条件下大部分存活 3 个月，存活 6 个月的虫体还有多数具有感染性。

蚯蚓的分布与密度对本病的流行有直接影响。疏松、潮湿、低洼和富有腐殖质的土壤中蚯蚓最多,把病猪与带虫猪到这样的地方放牧,其虫卵及第一期幼虫被蚯蚓吞食发育为感染性幼虫,再把健康猪带到此地放牧,就极易受到感染。

四、致病作用

幼虫在猪体内移行时可破坏肠壁、肠系膜淋巴结和肺组织,特别对肺脏损害严重,幼虫移行时能造成肺泡损伤;成虫在支气管与细支气管寄生时的机械作用;大量虫卵进入肺泡和虫体代谢产物被机体吸收等综合性刺激下,呈现支气管肺炎的病理变化。虫体在支气管大量寄生时,阻塞细支气管,使该部发生小叶性肺泡气肿。若继发细菌感染,则发生化脓性肺炎。

肺线虫还可给肺部其他细菌性疾病或病毒性疾病的感染创造方便条件,如并发猪肺疫;肺线虫卵可传播猪流感病毒,此卵在蚯蚓体内发育成感染性幼虫,流感病毒仍保留在感染性幼虫体内,能保持活力 32 个月,猪感染此种幼虫时,同时感染猪流感病毒;肺线虫还可传播猪瘟病毒和加剧猪的喘气病(猪支原体性肺炎)。

五、病理变化

病理变化主要见于肺脏,可见膈叶腹面边缘有楔状肺气肿区,靠近气肿区有坚实的灰色小结,支气管增厚、扩张,支气管内有虫体和黏液,小支气管周围呈淋巴样组织增生和肌纤维肥大。

六、症状

轻度感染症状不明显,重度感染时,病猪主要表现消瘦、发育不良及强烈的阵发性咳嗽,尤其是早晚、采食、运动后、遇冷空气时更为剧烈。病初尚有食欲,随后食欲减退或废绝、精神沉郁、极度消瘦、呼吸困难急促,最后极度衰弱而死亡。即使病愈,生长仍然缓慢。

七、诊断

根据发病季节和临床表现,在猪肺线虫病流行地区,于夏末秋初发现有许多仔猪和幼猪阵发性咳嗽,且日渐消瘦,又无明显的体温升高,可怀疑是肺线虫病。确诊须结合粪便检查、尸体剖检找出虫体。剖检病变多位于膈叶下垂部,在其切面上,可见有大量虫体。

(一)粪便检查

采取新鲜猪粪 2 克,放入 30 毫升饱和硫酸镁溶液(按硫酸镁 920 克溶于 1 升水中制备)中,搅匀,通过 40 孔/英寸铜丝筛滤过,吸取 15 毫升于离心管内,以 1 500 转/分离心沉淀 3 分钟,用铂耳勺取表面液体 1～2 铂耳,涂于载玻片上,然后加盖玻片镜检，计算虫卵数。猪后圆线虫的虫卵呈椭圆形，外膜略显粗糙不平，产出的卵内，含有一卷曲的幼虫。

（二）变态反应试验

抗原是病猪气管黏液，加入 30 倍的 0.9% 氯化钠溶液，搅匀；再滴加 3% 醋酸溶液，直至稀释的黏液发生沉淀为止；过滤，于溶液中徐徐滴加 3% 碳酸氢钠溶液中和，将 pH 值调整到中性或微碱性，间歇消毒后备用。吸取抗原 0.2 毫升，注射于病猪耳背面皮内，在 5~15 分钟内，注射部位肿胀超过 1 厘米者为阳性。

八、防制

（一）预防

（1）加强饲养管理，注意营养全价，增强猪的抗病能力。

（2）猪场应建在高地干燥处，应铺水泥地面或木板猪床，注意排水，保持干燥，创造无蚯蚓滋生的条件，避免猪到低洼潮湿、有蚯蚓分布的地带放牧。

（3）经常清扫粪便，运到离猪舍较远地方堆积进行生物热发酵，猪圈舍及运动场定期用 1% 热碱水或 30% 草木灰消毒，以便于杀死虫卵。

（4）在猪肺线虫病流行地区，每年春、秋两季应在粪检的基础上对仔猪和带虫成年猪进行定期驱虫。

（二）治疗

（1）海群生（乙胺嗪）：100 毫克/千克体重，溶于 10 毫升蒸馏水中，皮下注射，每天 1 次，连用 3 天。

（2）氰乙酰肼：口服，17.5 毫克/千克体重；皮下注射，15 毫克/千克体重，注意总量不能超过 1 克，连用 3 天。

（3）四咪唑（噻咪唑，驱虫净）：口服，20~25 毫克/千克体重；肌内注射，10~15 毫克/千克体重。

（4）左旋咪唑：15 毫克/千克体重一次肌内注射，间隔 4 小时重用一次；或10 毫克/千克体重，混于饲料一次喂服，对 15 日龄幼虫及成虫均有 100% 的疗效。

猪旋毛虫病

一、病原体

幼虫（肌旋毛虫）长 1.15 毫米，在肌纤维膜内形成包囊，虫体在包囊中呈螺旋状卷缩。人、猪旋毛虫的包囊为椭圆形，猫、狗旋毛虫的包囊为圆形，最初包囊很小，最后可达 0.25~0.5 毫米。

成虫（肠旋毛虫）虫体细小，前端较细，后端较粗。口孔位于虫体前端，其后为食道。两性成虫的生殖器官均为单管型，肠管与生殖器官均在虫体较粗的后端。雄虫长 1.4～1.6 毫米，泄殖腔开口于虫体的尾端腹面，其外侧是一对呈耳状悬垂的交配叶，无交合刺。雌虫长 3～4 毫米，阴门位于虫体的前部食道部中央，胎生。

二、生活史

成虫的雌、雄虫在肠黏膜内进行交配，交配后不久，雄虫便死去。雌虫钻入肠腺或黏膜下的淋巴间隙中发育，在感染后 7～10 天开始产生幼虫，每条雌虫可产幼虫 1 500 条以上，产完幼虫后，雌虫也死亡。

幼虫经肠系膜淋巴结入胸导管，再到右心，经肺转入体循环，随血流到全身，但只有进入横纹肌纤维内才能进一步发育。首先虫体增长，然后盘卷，成囊是从感染后第 21 天开始，到第 7～8 周完全形成（包囊是由于幼虫的机械性与毒素刺激周围的肌纤维，引起肿胀和肌纤维膜增生而形成的）。开始包囊很小，以后逐渐长大，最后可长 0.25～0.5 毫米。囊内通常含有一条虫体，也有多达 6～7 条者。约 6 个月后，包囊开始钙化，只有钙化波及虫体才会死亡，否则幼虫可长期生存达数年甚至 25 年。

另一动物吞食含有活的幼虫的肌肉后，包囊在胃内溶解，幼虫逸出，到十二指肠与空肠，钻入肠黏膜，经 2 昼夜发育成成虫。

三、流行病学

旋毛虫是人和多种动物均可感染的一种寄生虫病。在自然条件下感染旋毛虫病的野生动物已超过 100 种，包括猫、狗、狼、鼠、熊、貂、野猪、狐狸等，在家畜中主要是猪，牛、羊亦有感染。实验证明，许多昆虫，如步行虫和蝇蛆可吞食动物尸体中的旋毛虫包囊，并能使包囊的感染力保持 6～8 天。有时动物吞食了大量含幼虫包囊的肉后，从粪便中排出未被完全消化的肌纤维，其内含幼虫的包囊，这些均可成为易感动物的感染来源。

肌肉旋毛虫的抵抗力很强，在 -12℃ 可保持生命力 57 天，-18℃ 时 10 天，-30℃ 时 24 小时，-33℃ 时 10 小时，-34℃ 时 14 分钟，经急冻后又在 -15℃ 的冷库中 20 天才可彻底杀死肌肉中的旋毛虫。在腐败的肉内能存活 100 天。烟熏和盐腌只能杀死肉类表层的旋毛虫，而深层的可存活一年以上。高温 70℃ 左右才可杀死包囊里的幼虫。

疫源区内的鼠类及野生动物到处乱窜，患有旋毛虫病的动物和肉食通过运输工具均可造成病原的传播。

猪感染旋毛虫是因为吞食了生的或未煮熟的带有旋毛虫的碎肉垃圾、残肉汤水而感染，或是食入带有旋毛虫动物的肉（如死鼠等）和带有旋毛虫包囊的步行虫、蝇蛆而感染。

四、致病作用

旋毛虫的成虫与幼虫均有致病作用。致病力最强、危害最大是成虫钻入肠黏膜和产幼虫时期，常常引起死亡。雌虫在肠壁内产幼虫时，虫体分泌大量毒素，同时虫体机械性刺激可引起急性肠炎过程。毒素被机体吸收后主要危害血液，感染后不久，血液中的嗜酸性粒细胞明显增多。

幼虫移行期间破坏组织，引起大量出血和点状溢血。幼虫到达肌肉在肌肉中发育和寄生时，会破坏肌肉纤维，引起肌纤维变性、肿胀和肌肉麻痹。如多量幼虫进入膈肌或肋间肌时，可因此部肌肉麻痹而呼吸困难，甚至导致死亡。

五、症状

轻度感染症状不明显，严重感染 3～7 天后出现体温升高、腹泻，粪中带有血液，有时呕吐，病猪迅速消瘦，常在 12～15 天死亡。

感染 2～3 周后，当多量虫体侵入横纹肌时，病猪表现体痒，时常靠在栏杆、饲槽、墙壁上蹭痒。精神不振、食欲减退、声音嘶哑、眼睑及四肢出现水肿。肌肉疼痛，咀嚼、吞咽及行走困难，喜躺卧。但极少死亡，多在 4～6 周后症状消失。

六、病理变化

肠旋毛虫寄生阶段，表现急性肠炎变化，肠黏膜水肿、增厚、黏液增多、瘀斑性出血；幼虫移行时，由于幼虫机械性损伤及毒素作用，破坏血管壁，引起出血和实质器官混浊脓肿，脂肪变性，纤维蛋白性肺炎和心包炎。肌旋毛虫寄生阶段，寄生部位肌浆溶解，附近的肌细胞坏死、崩解，肌细胞膜横纹消失、萎缩，肌纤维膜增厚。

肌旋毛虫在肌肉中寄生的数量以舌肌、喉肌、咬肌、膈肌、颈肌、肋间肌、胸肌、腰肌为多，特别是膈肌寄生数量最多。

形成包囊的虫体，其包囊与周围肌纤维间有明显界限，包囊内通常含有 1 个清晰盘卷的虫体，严重感染者，亦有包囊含 2 条至数条虫体的。钙化的虫体镜检可见轮廓模糊的虫体及包囊，连同包囊都钙化后，在镜下为一黑色团块。

七、诊断

猪旋毛虫病往往在屠宰过程中进行检验。生前诊断有酶联免疫吸附试验、免疫微球凝集试验，宰后检验有显微镜检查法、肌肉组织消化法。

（一）酶联免疫吸附试验

1. 试验准备

（1）器材：酶标测定仪、塑料滴头、微量加样器、40 孔聚苯乙烯微量反应板等。

（2）被检血清或全血：按常规方法采血、分离血清，被检血清做 1:80 稀释；全血是用长 5 厘米、宽 1.5 厘米的滤纸片吸附 2 滴鲜血（耳静脉采血）。试验时将血纸剪下放入小试管中，加 0.01 摩尔 pH 值 7.4 的 PBS 0.05% 吐温 – 20 稀释液 1 毫升，置室温 3 小时或 4℃ 冰箱过夜，备用。

（3）旋毛虫抗原：按说明书使用。

（4）酶标记抗体：按说明书使用。

（5）标准阳性血清：为人工感染的旋毛虫病猪血清，效价应不低于 1:100。

（6）阴性参考血清：1:80 稀释时消光值为 0.15~0.25 的健康猪血清。

（7）试验溶液：

1）抗原稀释液（0.05 摩尔 pH 值 9.6 的碳酸盐缓冲液）：称取无水碳酸钠 1.59 克、碳酸氢钠 2.93 克，加蒸馏水至 1 000 毫升，4℃ 冰箱保存，10 天内有效。

2）酶标记抗体和血清稀释液（0.01 摩尔 pH 值 7.2 的磷酸盐缓冲液，即 PBS 液）：

A 液（0.2 摩尔磷酸氢二钠溶液）：称取磷酸氢二钠（$12H_2O$）7.16 克，加蒸馏水至 100 毫升。

B 液（0.2 摩尔磷酸二氢钠溶液）：称取磷酸二氢钠（$2H_2O$）3.12 克，加蒸馏水至 100 毫升。

取 A 液 72 毫升，B 液 28 毫升，氯化钠 18 克，加蒸馏水至 2 000 毫升，即为 0.01 摩尔 pH 值 7.2 的 PBS 液。

3）洗涤液（0.01 摩尔 pH 值 7.4 的 0.05% 吐温 – 20 磷酸盐缓冲液）：称取磷酸氢二钠（$12H_2O$）2.9 克，磷酸二氢钾（$2H_2O$）0.2 克，氯化钾 0.2 克，氯化钠 8 克，吐温 – 20 0.5 毫升，加蒸馏水至 1 000 毫升。

4）底物溶液：邻苯二胺 4 毫克，0.2 摩尔磷酸氢二钠 2.43 毫升，0.1 摩尔柠檬酸 2.57 毫升（柠檬酸 2.1 克加蒸馏水至 100 毫升），3% 双氧水 10 微升，蒸馏水 5 毫升。

5）终止液（2 摩尔硫酸）：取浓硫酸 10.8 毫升，加蒸馏水至 100 毫升。

2. 操作方法

（1）抗原包被：按抗原说明书，用抗原稀释液将抗原按测定的效价稀释后，加入聚苯乙烯微量反应板的各孔中，每孔 100 微升，置湿盒中放入 4℃ 冰箱过夜或 37℃ 2 小时。

（2）洗涤：次日用洗涤液洗涤 3 次，每次 3 分钟。

（3）加被检样品：用血清稀释液或洗涤液将被检血清（全血）1:80（全血 1:10）稀释，每份做两孔，每孔 100 微升，同时设阳性（1:100）、阴性（1:80）标准血清做对照，置湿盒中在 37℃ 温箱内作用 30 分钟，再用洗涤液洗 3 次，每次 3 分钟。

（4）加酶标记抗体：每孔加入按说明书稀释的酶标记抗体 100 微升，在 37℃ 湿盒中反应 30 分钟，用洗涤液洗涤 3 次，每次 3 分钟。

（5）加底物溶液：每孔加底物溶液 100 微升，37℃ 湿盒中避光作用 15 分钟。

（6）终止反应：每孔加 2 摩尔硫酸溶液 50 微升。

3. 结果判定

（1）肉眼观察：空白对照孔为无色，阴性对照孔为淡浅黄色，阳性对照孔为黄色或棕黄色，被检血清根据反应颜色的深浅分弱阳性（＋）、阳性（＋＋）、强阳性（＋＋＋）、阴性（－）。

（2）光密度值测定：用酶标测定仪读取 490 纳米吸收波长的消光值，凡被检血清的消光值高于标准阴性血清平均消光值 2 倍以上者，即为阳性反应，否则为阴性。

（二）免疫微球凝集试验

1. 试验准备

（1）试验材料：阳性参考血清、阴性参考血清、旋毛虫抗原免疫微球诊断液。

（2）器材：黑底普通玻璃、一次性注射器等。

（3）被检血清的采取：被检猪耳部消毒，用注射器刺破猪耳静脉采血，注意采血后将注射器活塞向后稍拉，留出空隙以便血清析出。

2. 操作方法　取被检血清一小滴于黑底玻璃板上，再加免疫微球诊断液 40~50 微升，用火柴棒将二者搅拌均匀，并使之成直径 2~2.5 厘米的圆圈，轻轻旋转摇动玻璃板 1~2 分钟，在 20 分钟内于强光下根据凝集程度判定结果。

3. 结果判定　在判定时间内，呈现明显而清晰可见的凝集颗粒者为阳性；未见可凝集颗粒出现，仍为均匀一致乳液状态者为阴性。每次试验时均应设阳性、阴性参考血清对照。

4. 注意事项　免疫微球诊断液需 4~6℃ 保存，0℃ 以下冻结即失效，有效期 4~6 个月。

（三）显微镜检查

显微镜检查法也称压片法，是一种较为有效的检验方法，能够从肌肉组织受侵后不久到猪的生命终结检出旋毛虫。但每克肉少于 1 个旋毛虫的感染量时不易检查出来。通常认为每克肉含 3 个旋毛虫是可以检出的最低含量。

检查步骤为：

1. 采样　从肉尸左右横膈肌脚采取重量不少于 20 克的肉样 2 块，编上与肉尸同一号码，送至旋毛虫检验室。

2. 肉眼观察　送来的肉样要先进行肉眼观察。首先撕去肌膜，在良好光线下（以自然光线为好），将肌肉拉平，仔细观察肌肉纤维的表面，或将肉样拉紧斜看，或将肉样左右摆动，使成斜方向才易发现。若在肌纤维表面看到一种稍凸出的卵圆形、发亮、针头大小、灰白色物体，折光良好；或看到一种灰白色、浅白色小点，即为可疑。这时须将病变剪下压片镜检。

3. 制片　应顺着肌纤维方向挑选可疑病灶剪下，若无可疑小病变，则应均匀地从不同部位（不要集中在一处剪样），顺肌纤维用弓形剪刀剪取 12 个麦粒大小的肉粒（2 块肉样共剪取 24 个小肉粒），依次附贴于夹压器的玻片上（若无夹压器，可用普通载玻片代替），盖上盖玻片，用力压扁并扭紧螺旋，使肉压成很薄的薄片，以可通过肉片标本看到下面报纸上的小字为准。

4. 镜检　将压片置于 50～70 倍的显微镜下观察，检查由第一肉粒压片开始，不能遗漏每一个视野。镜检时要注意光线的强弱和检查速度，若光线过强、速度过快，容易漏检。

鉴别诊断：旋毛虫的包囊，尤其是机化或钙化的包囊，镜检时容易与囊虫、住肉孢子虫和其他肌肉内含物相混淆，可从下面几方面加以区别。

旋毛虫包囊呈卵圆形或橄榄形，双层壁，外层薄、具有大量结缔组织，内层透明玻璃样、无细胞。囊膜的厚度与感染的时间成正比。包囊多位于肌纤维之间，内含一条略弯曲似螺旋体的幼虫，盘曲于折光性强的透明囊液中。钙化的包囊体积小，滴加 10% 稀盐酸将钙盐溶解后，可发现虫体或其痕迹。与包囊毗邻的肌纤维变性，横纹消失。

囊虫的包囊为单层，明显地位于肌纤维间，囊液不清晰，不见螺旋形虫体。虫体的钙化点比旋毛虫大，可达 2 毫米，滴加稀盐酸溶解后，可见崩解的虫体团块与特征的角质小钩。囊包周围形成厚的结缔组织膜。

住肉孢子虫易于发现，呈灰色柳叶形，有时呈半月形或雪茄烟形，无包囊，明显地位于肌纤维间，比旋毛虫包囊大得多，在 0.5～3 毫米。钙化多从虫体中部开始，滴加稀盐酸溶解后不见虫体。钙化的虫体周围不形成结缔组织包膜，与其毗邻的肌纤维横纹不消失。

当旋毛虫机化时，为区别于其他周围增生有大量结缔组织的肌肉内含物，在压片上滴加 2～3 滴甘油和水（或丁香油和水）的等份液，数分钟后镜检。经此处理的结缔组织包膜与包囊变为透明，内容物清晰可见。若为旋毛虫包囊，可见到活的或死的旋毛虫或崩解的暗色虫体残骸。

肌肉中其他钙化凝结物，具有各种不同的起源，呈黑色团块，大小不定，在其周围常形成厚的结缔组织包膜。为鉴别钙化的旋毛虫和非旋毛虫来源的钙化凝结物，可采用肌肉压片染色法，也可用10%稀盐酸处理后镜检。旋毛虫具有薄的包囊，而凝结物周围有厚的纤维性包膜。

住肉孢子虫死亡后，有时因虫体崩解产物的刺激，引起局部特殊肉芽组织增生，外观呈白色的小点，与包囊周围增生大量结缔组织的旋毛虫难以区分。遇到这种情况，除用甘油进行透明处理外，需要观察许多压片视野，通常会看到存活的住肉孢子虫。

肌肉压片染色镜检：先将检品的肉粒在夹压器中压扁展平，取下置于用5%氢氧化钠溶液配制的1%红色百浪多息溶液中1~2分钟；然后将压片移入用80%醋酸溶液配制的15%甲基蓝溶液中再浸染1~2分钟，用80~90℃热水仔细冲净后，置夹压器中观察。如此处理后的压片，旋毛虫被染成深蓝色，旋毛虫包囊被染成鲜绿色，肌纤维被染成浅黄色。有时旋毛虫不受染，但在着染的肌肉组织背景上，可明显看出旋毛虫的形象。

旋毛虫镜检以新鲜肌肉效果最好，虫体与包囊均清晰，若放了一些时间，会发生自溶，"肉汁"浸透包囊及其内容物，幼虫即很模糊，幼龄包囊可能完全看不见，此时要用亚甲基蓝溶液（配制方法：饱和亚甲基蓝乙醇溶液0.5毫升和水10毫升混合）染色，则包囊即可看到。

冻肉检验：冻肉中还未形成包囊的幼虫及囊壁菲薄的包囊很难看出，甚至在镜检下完全看不到，此时的压片需较鲜肉压片薄，于压制后在每一压片上加1~2滴染液，1分钟后，再盖上盖玻片镜检，虫体和包囊即清晰可见。

在咸肉及熏肉中，由于肌肉不透明，旋毛虫幼虫更难看出，压片也要比新鲜肉压片薄，且须加1~2滴50%甘油生理盐水使其透明，1~3分钟后，再盖上玻片镜检。

保存在福尔马林液或乙醇中的肉，不经过透明处理是无法镜检的，压片要薄，且须加50%甘油生理盐水液1~2滴，数分钟后再压盖玻片镜检，亦可将这种压片浸在甘油液中数小时，再按常法检验。

咸肉、熏肉、在福尔马林液或乙醇中固定的肌肉和干的肌肉可经雅姆希柯夫法染色后检查，否则新近感染的幼虫不易检出。此法是将肌肉压片浸入装有甘油的0.5毫升试管中，数分钟后，再加入3%亚甲基盐水溶液2份和用乳酸或30%盐酸配制的1%红氯苯磺胺（或孔雀绿）1份的混合染剂，在酒精灯上加热至沸腾，留置3~5分钟，然后再压在两张载玻片之间，压薄后镜检。因乳酸的作用，肌纤维膨胀很大，在载玻片上分为1~2层，染成绿色的旋毛虫幼虫清晰并突出地呈现在肌纤维的背景上。

（四）肌肉组织消化法

1. 人工胃液（消化液）的配制

（1）配方：胃蛋白酶 10 克、浓盐酸 10 毫升、蒸馏水或清洁用水 1 000 毫升。以上配方可消化被检肉泥 40 克。

（2）配制方法：取清洁烧杯或三角瓶，将已加温至 37～40℃ 的蒸馏水或清洁用水按比例投入容器内，再分别加入浓盐酸和胃蛋白酶，充分搅拌使其混合均匀，最后投入肉样再行搅拌，即可进行恒温消化。

2. 操作方法　先将肉样统一编号登记，然后编组。每头猪采取横膈肌 5～8 克。再将肉样中的脂肪、肌筋、腱膜除去，用绞肉机（刀孔直径约在 3 毫米）将其反复绞 2～3 遍，制成肉泥，置于 3 升容量的烧杯中。预温消化液至 38℃。加入预热消化液。置 37～40℃ 温箱内，连续消化 9～12 小时，在消化过程中搅拌 5～6 次。以 60 目筛过滤，静置 1～2 小时，弃去上清液 80%～90%。将其底部沉淀物全部倾倒于试管或离心管中，静置 1 小时，再倾弃上清液。在管底剩余沉淀物中加入 37～45℃ 的清洁温水少许进行稀释，随即用滴管取稀释液数滴，置载玻片上或培养皿中进行镜检。

3. 消化程度判定标准　肌肉全部消化者，其液体透明清亮，呈很淡的乳白色，肉眼看不到检样残存物。

肌肉部分消化者，其液体混浊，呈淡白色半透明状。

肌肉绝大部分未消化者，其液体很混浊，呈深红血色，肉眼可见大量肌肉颗粒。

若遇肉样消化不良时，应查明原因，以防阳性肉样漏检。

八、防制

（一）预防

（1）禁止用未经处理的碎肉垃圾、残肉汤水喂猪，做好猪舍的防鼠灭鼠工作，做好猪只圈养，以免猪吃到患旋毛虫病的老鼠和其他动物的尸体、粪便，以及可携带旋毛虫包囊的昆虫而感染旋毛虫病。

（2）加强宣传，普及卫生知识，使人们充分认识旋毛虫病对人畜的危害性。

（3）加强肉品卫生检验工作，禁止有旋毛虫的肉食上市，不吃生的和未煮熟的肉食，以免感染旋毛虫病。

（二）治疗

丙硫苯咪唑 50 毫克/千克体重，制成悬浮液灌服或拌料服用，每天 1 次，连用 5～7 天。

猪疥螨病

一、病原体

疥螨成虫圆形，浅黄白色或灰白色，背面隆起，腹面扁平。虫体前端有一蹄铁形的咀嚼式口器（假头），由一对圆锥形须肢和一对有齿的螯肢组成。假头后面为躯体，躯体的腹面有4对短粗似圆锥形的足，前2对朝前，较长大，伸出体缘；后2对向后，较短小，不伸出体缘，第二对与第三对足之间相距较远。每对足上均有角质化支条，第一对足上的支条在虫体中央形成一条长杆，每对足上有2个爪和1个具短柄的钟形吸盘或长刚毛。虫体背面有细横纹、锥突、圆锥形鳞片和刚毛。肛门位于虫体后端的边缘上。

雌虫前两对足上有柄和吸盘，后两对足末端是长刚毛，生殖孔位于第一对足后支条合并的长杆后面。雄虫第一、二、四对足上有柄和吸盘，第三对足末端为长刚毛，第三和第四对足的后支条互相连接，生殖孔位于第四对足之间，在一个角质化"V"形，称为生殖帷的构造中。虫卵呈椭圆形；幼虫有三对足；若虫有四对足，外形与成虫相似，体形较小，生殖器官未发育成熟。

二、生活史

疥螨的发育过程包括虫卵、幼虫、若虫与成虫4个阶段。成虫在宿主的皮肤内挖掘隧道，以宿主皮肤组织和渗出淋巴液为营养。雌雄交配后，雄虫不久死亡，雌虫可在隧道中存活4~5周，并在隧道内产卵，一条雌虫一生可产虫卵40~50个。虫卵孵化出幼虫，其幼虫爬到皮肤表面，在毛间的皮肤上开凿小穴，在里面蜕化成若虫。若虫也钻入皮肤挖掘狭而浅的穴道，并在里面蜕化为成虫。整个发育期8~22天，平均15天。

三、流行病学

发病季节为秋冬和早春，这个时期的特点为光照不足，猪体的毛长而厚，冬季室外天气寒冷，门窗紧闭，通风不良，猪又多挤在一起趴在窝内垫草上，皮肤温度升高，再加上有的猪在舍内小便，或是阴雨天气，圈内湿度增大，皮肤上的湿度也相对增大，这些条件都有利于猪疥螨的发育、繁殖及蔓延，从而引起本病的发生和流行。春末夏初，猪体换毛，猪舍门窗打开，通风得到改善，猪又常在室外活动，皮肤接受阳光充足，特别是夏季阳光照射及室内外干燥情况下，不利于疥螨的发育和存活而大量死亡，症状减轻或完全康复。但也有少数疥螨潜藏在不见阳光的皱褶处，成为带虫猪，入秋后，即可引起疥螨病的复发。

猪疥螨病的感染途径为直接或间接接触感染。直接感染是因为病猪和健康猪合群饲养，一起放牧、拥挤或交配时，疥螨从病猪身上爬到健康猪的身上而引起感染。间接接触感染是通过被虫体污染的工具，病猪蹭过痒的饲槽、栏杆、墙壁，放牧时经过的树木等，健康猪再到这些地方蹭痒而引起感染。另外，也可通过散养的畜、禽、猫、狗、猪舍内的老鼠及人员进出猪舍而传播病原。

营养不良的瘦弱猪、患其他疾病机体抵抗力降低的猪和幼龄猪易感染本病，且病情严重，症状明显。随着年龄的增长，抗螨免疫力增强及营养良好的猪，疥螨的繁殖较慢，症状轻微或不发病。

四、致病作用和临床症状

猪疥螨的幼虫、若虫、成虫在猪的皮肤内寄生时，挖掘小穴和隧道及体表的刚毛、锥突、鳞片的机械作用，病原体的代谢产物和分泌物的毒素作用，均可刺激皮肤和皮肤神经末梢，引起猪体皮肤发痒。病猪靠在饲槽、栏杆、墙壁、树木、石头等物体上不断蹭痒，用力摩擦，最初皮屑及被毛脱落，之后皮肤潮红、浆液性浸润甚至出血，渗出液与血液干固后形成痂皮。病变通常开始发生于面部、头部、眼窝、颊及耳部，之后蔓延到颈部、肩部、背部、躯干两侧和四肢及全身。随着猪继续不断地蹭痒，痂皮脱落，再形成，再脱落，久而久之，皮肤增厚、粗糙、变硬，失去弹性或形成皱褶或龟裂。

由于疥螨的寄生和不断的蹭痒，皮肤构造与功能遭受严重破坏，同时也严重影响猪的采食、休息，致使猪营养不良、逐渐消瘦、发育受阻和停滞，成为僵猪，甚至引起死亡。

五、诊断

根据流行病学特点，发病季节为秋冬春初，潮湿阴暗的环境，猪只临床表现剧痒和皮肤炎症，可做出初步诊断，确诊需靠实验室诊断，其方法与步骤为：

1. 刮取病料 选择患病部位皮肤与健康皮肤交界处，先剪去被毛，再刮下表层痂皮，然后用蘸有水、甘油、煤油（煤油有透明皮屑的作用，使其中虫体易于发现，但虫体在煤油中容易死亡，因而需观察活体时不用煤油）、液状石蜡或5%氢氧化钠溶液的凸刃小刀，使刀刃与皮肤表面垂直，刮取皮屑，刮至皮肤稍微出血为止，将刮下的皮屑收集在培养皿或试管中。

2. 检查方法

（1）直接涂片法：将刮取在刀刃上的皮屑病料涂在载玻片上，滴加一些液状石蜡、50%甘油水溶液或10%氢氧化钠溶液，镜检观察活螨。

（2）沉淀法：将刮取的皮屑病料置于试管中，加入10%氢氧化钠溶液煮沸数分钟或浸泡2小时，自然沉淀或离心数分钟后，取沉渣少许涂于载玻片上，盖上盖玻片用低倍镜检查虫体。

（3）漂浮法：用沉淀法处理后，在沉渣中加入60%硫代硫酸钠溶液，离心沉淀或静置10多分钟后，取表层液镜检。

六、防制

（一）预防

预防猪疥螨病，应采取以下措施：

（1）规模化猪场要常年定期使用伊维菌素制剂，以控制线虫、疥螨等寄生虫的发生。

（2）经常检查猪群，发现患病者及时隔离治疗。

（3）搞好猪舍内外环境卫生，禁止散养的畜禽以及猫、狗进入猪舍，做好防鼠灭鼠工作，人员进入猪舍要进行消毒，猪舍内用具要经常消毒。

（4）加强管理，保持猪舍干燥、通风良好、光线充足，定时清除粪便，勤换垫草。

（5）供给足够营养，增强猪体抵抗力。

（6）从外地购入的猪，要先隔离饲养，观察，确认无病者方可合群饲养。

（二）治疗

治疗猪疥螨病可采取涂药和药浴两种方法。涂药适用于病猪少、患部面积小和寒冷季节，药浴适用于病猪多、患病面积大和温暖季节。

治疗猪疥螨病时要想收到满意疗效，还须做好以下几方面工作：①彻底检查、隔离治疗。治疗前应详细检查，找出所有病猪及患病部位，且做好记录，同时应与健康猪隔离，以免遗漏，便于全面治疗。②剪毛去痂、清洗患部。为使药物与虫体充分接触，应将患部及周围3~4厘米处的被毛剪去，用温肥皂水彻底洗刷除掉硬痂与污物，被毛、污物、硬痂应收集烧掉或深埋，然后再用2%来苏儿洗刷一次，擦干后涂药。③重复用药，加强饲养。由于大多数药物对虫卵没有杀灭作用，必须治疗2~3次（每次间隔5天），以便杀死新孵出的幼虫，不让一个虫卵漏网，达到彻底治愈的目的。治疗期间对病猪加强饲养，增强其抗病力，使之尽快康复。④环境消毒、防止病原散布。在治疗病猪时，应注意用具、场地和工作人员衣服及鞋的消毒，防止病原散布。经过治疗，确认治愈，方可解除隔离，混群饲养。

治疗猪疥螨病常用药物及用法：

（1）0.5%~1%敌百虫水溶液，涂擦或喷洒患部。

（2）来苏儿5份溶于温水100份中，再加入敌百虫5份，涂擦患部。

（3）液状石蜡4份加敌百虫1份加温溶解后，涂擦患部。

（4）0.05%蝇毒磷乳剂300~500毫升；0.025%蝇毒磷乳剂500毫升。用法：用浓乳剂浸洗患部皮肤，用稀乳剂喷刷全身及周围环境，每3天1次，4次为一个疗程。

（5）烟叶梗子200克，黄花菜根200克，苦楝根皮250克，大麻子仁200克，硫黄100克，加水2千克。用法：煎至红赤色，去渣涂擦患处。

（6）大麻子仁200克，硫黄100克，猫儿眼棵200克，鲜狼毒250克，加水2千克。用法：煎至红赤色，去渣擦患部。

（7）百草霜30克，硫黄15克。用法：共为细末，煤油调，擦患部。

（8）将尿素配成20%溶液，用喷雾器洒在猪身上，1天1次。或选择晴天上午8～10时将尿素配成25%～30%的溶液对小猪进行淋浴，每天1次，连续2～3次。

（9）烟草籽2.5千克，加水50千克。用法：洗浸一昼夜，再沸煮半小时，过滤后涂擦患部。

（10）黄连、硫黄等量。用法：共研粉末，用香油调成糊状涂抹。

（11）废机油擦患处，每日1次。

（12）烟叶1份、水20份。用法：煮沸1小时，取水洗擦患处。

（13）苍术50克，硫黄50克，大枫子50克，蛇床子25克，车前子25克，地肤子25克。用法：共研末，桐油调，擦患处。

猪蛔虫病

一、病原体

蛔虫是一种大型线虫，新鲜虫体呈粉红稍带黄白色，死后呈苍白色。两端较细，中间稍粗，近似圆柱形。口孔位于头端，由3个唇片围绕，1个较大位于背侧为背唇，2个较小位于腹侧为腹唇，呈"品"字形排列。背唇外缘两侧各有一个大乳突，2个腹唇外缘内侧各有一个大乳突、外侧各有一个小乳突，3个唇片的内缘各有一排小齿。口孔后为食道，食道呈圆柱形、为肌肉构造。雄虫长15～25厘米，直径约3毫米，尾端向腹面呈钩状弯曲，泄殖腔开口距尾端较近，有2根等长的交合刺，长2～2.5毫米，肛前及肛后有许多小乳突。雌虫长20～40厘米，直径约5毫米，尾端较直，生殖孔位于体前1/3与猪1/3交界处附近的腹面中线上。虫卵中的受精卵与未受精卵有所不同。受精卵为短椭圆形，黄褐色，卵壳厚，外层为凸凹不平的蛋白质膜，中为真膜，内为卵黄膜，随粪便刚排出的虫卵内含一个圆形卵细胞，卵细胞与卵壳之间的两端形成新月形空隙。未受精卵呈长椭圆形，灰色，多数没有蛋白质膜或蛋白质膜很薄，且不规则，整个卵壳较薄，卵内充满大小不等的卵黄颗粒与空泡。

二、生活史

寄生于猪小肠内的雌虫受精后产出虫卵，虫卵随粪便排到外界，在适宜温、湿度及氧气充足的条件下开始发育，在 28～30℃时经 10 天左右发育成第一期幼虫。再经 13～18 天的生长和一次蜕化，变成第二期幼虫（仍在卵壳内）。这时的虫卵还没有感染能力，必须在外界经 3～5 周的成熟过程，才达到感染性虫卵阶段。

感染性虫卵被猪吞食后，经胃到小肠，并在小肠内孵化，经 1～2 小时，卵内幼虫即可破壳而出，然后钻入肠黏膜，开始在体内移行。多数钻入肠内血管，随血液循环经门静脉到肝脏；少数随肠道淋巴液进入乳糜管，到达肠系膜淋巴结，之后钻出淋巴结进入腹腔，由肝被膜钻入肝脏；也有一部分进入腹腔的虫体钻入胸导管，经前腔静脉入右心，此后经肺动脉进入肺脏。在感染后 4～5 天，进入肝脏中的幼虫进行第二次蜕化，变成第三期幼虫，之后又随血液经肝静脉、后腔静脉进入右心房、右心室与肺动脉到肺毛细血管，再钻过血管壁及肺泡壁进入肺泡。凡不能到达肺脏而误入其他组织器官的幼虫，都不能继续发育。在感染后 12～14 天进入肺泡内的幼虫进行第三次蜕化，变成第四期幼虫，此后离开肺泡，经细支气管、支气管、气管，随黏液一起到达咽，进入口腔，并随黏液再被吞咽，经食道、胃，返回小肠，进行最后一次蜕化，逐渐长大发育为成虫。从感染性虫卵被猪吞食到发育为成虫需经 2～2.5 个月。

猪蛔虫只能生活在猪的小肠内，以两端抵在肠壁上，与肠蠕动波呈逆方向的弓形弯曲运动。它们以黏膜表层及肠内容物为食物。在猪体内寄生 7～12 个月后，即自行离开小肠随粪便排出体外。若猪患传染性疾病、发高热，体内不适宜猪蛔虫寄生时，猪蛔虫也可被排出体外。

三、流行病学

猪蛔虫的流行广泛是因其生活史简单、繁殖能力强、虫卵对外界环境抵抗力强。

猪蛔虫的发育只需 1 个宿主，猪又分布广泛，随之足迹，猪蛔虫常广泛流行。

猪蛔虫的繁殖力极强，1 条雌虫平均每天可产卵 10 万～20 万个，产卵盛期每天可产卵 100 万～200 万个，一生可产卵 8 000 万个，从而对外界环境造成严重污染。

虫卵对外界环境抵抗力很强，这与卵壳厚有直接关系。卵壳外层有防止紫外线照射的作用；中层有隔水作用，可防止干燥环境的影响；内层保护幼胚，使之不受各种化学物质的侵蚀。加上虫卵的全部发育过程均在卵壳内进行，使胚胎和幼虫得到庇护，增加了虫卵在自然界的累积。

温度、湿度、氧气是猪蛔虫卵发育和存活的必要条件。其中温度对虫卵的发育影响最大，当温度在28～30℃时，10天左右可发育成第一期幼虫；18～24℃时需20天左右；12～18℃时需40天左右；高于40℃或低于－2℃时，虫卵停止发育；45～50℃时，虫卵在30分钟内死亡；55℃时15分钟死亡；60～65℃5分钟死亡；在－27～－20℃时，感染性虫卵需经3周才全部死亡。湿度适宜利于虫卵的生存，虫卵在疏松、湿润的土中可生存2～5年；湿度降低到50%时，虫卵可生存数日；在热带沙土表层3厘米范围内和高温阳光直射下，由于高温与干燥的作用，虫卵在数日内死亡；在干燥环境中，虫卵可生存3～5小时。氧气也是虫卵发育不可缺少的因素，在无氧条件下，虫卵可以存活，但不能发育。

猪蛔虫卵对化学药物的抵抗力很强，须用60℃以上的热碱水、20%～30%热草木灰水或新鲜石灰水才能杀死蛔虫卵。

总之，由于猪蛔虫产卵多，且虫卵对外界各种因素抵抗力强，所以在有蛔虫病猪的舍内、运动场和放牧地，均有大量虫卵存在，这就必然造成猪蛔虫病的感染与广泛流行。

另外，猪蛔虫病的流行环境卫生、饲养管理、营养条件和猪的年龄也有密切关系。在卫生条件差、饲养管理不良、营养缺乏（尤其是饲料中缺乏矿物质和维生素），3～6月龄的仔猪最易大批感染蛔虫，患病也较严重，常发生死亡。

猪感染蛔虫主要是因为采食了被感染性虫卵污染的饲料和饮水，放牧时也可在野外感染。当母猪的乳房沾染虫卵时，会使仔猪吸奶时受到感染。

四、致病作用

猪蛔虫的幼虫阶段和成虫阶段对猪都有致病作用，其危害程度取决于感染蛔虫的数量。幼虫在体内移行时，损害所经脏器及组织，破坏血管，引起血管出血和组织变性坏死。其中对肝脏和肺脏损害较大。成虫寄生小肠，其机械刺激可损伤肠黏膜，使肠黏膜发生炎症，导致消化功能障碍，成虫大量聚集时，扭结成团阻塞肠道，严重时引起肠破裂。蛔虫具有游走性，尤其在猪饥饿、妊娠、发热和饲料改变的情况下，活动加剧，凡与小肠有管道相通的脏器、部位，如胃、胰管、胆管等，均可被蛔虫钻入，引起管道阻塞，发生消化障碍、阻塞性黄疸、胆管炎等。

猪蛔虫在幼虫移行和成虫寄生过程中，分泌的有毒物质、生命活动的代谢产物和有些虫体死亡后的腐败分解产物，被机体吸收而引起中枢神经障碍、血管中毒和过敏等症状。

猪蛔虫大量寄生时，夺取宿主营养，肠黏膜被损伤，引起黏膜出血或表层溃疡的同时，也为其他病原微生物的入侵打开门户，导致继发感染。

五、症状

猪蛔虫的临床表现，因猪年龄、营养状况、感染蛔虫数量、幼虫移行和成虫寄生等不同而不同，通常以 3～6 月龄猪比较严重。幼虫移行期间肺炎症状明显，仔猪表现咳嗽、体温升高、食欲减退、呼吸加快。严重感染可出现呼吸困难、心跳加快、呕吐流涎、多喜躺卧、精神沉郁、不愿走动，可能经 1～2 周好转或逐渐虚弱直至死亡。

成虫大量寄生时，病猪表现消瘦、贫血、被毛粗乱等营养不良症状，食欲减退或时好时坏，同时表现异嗜。生长极度缓慢，增重明显降低，甚至生长停滞成为僵猪。更为严重时，因虫体机械性刺激损伤肠黏膜，可出现肠炎症状，病猪表现拉稀，体温升高。若肠道被阻塞，可出现阵发性痉挛性疝痛症状，甚至会造成肠破裂而死亡。若虫体钻入胆管，病猪开始表现下痢、体温升高、食欲废绝且剧烈腹痛、烦躁不安，之后体温下降、卧地不起、四肢乱蹬、滚动不安，再后趴地不动而死亡。持续时间较长者，可视黏膜会呈现黄疸。

有些病猪可呈现过敏现象，皮肤出现皮疹。也有些病猪表现痉挛性神经症状。此类现象时间较短，数分钟至 1 小时后消失。

6 月龄以上猪若寄生数量不多，营养良好，不出现明显症状，就多数而言，因虫体寄生使胃肠功能受到破坏而出现食欲减退、磨牙、生长缓慢等现象。成年猪有较强抵抗力，可耐过一定数量虫体侵害，虽然无症状表现，但成为带虫猪，也是本病的传染源。

六、病理变化

初期呈肝炎、肺炎病变，肝脏小点状出血、肝细胞混浊肿胀、脂肪变性坏死，肝组织变得比较致密，表面有大量出血点或暗红色斑点。肝、肺、支气管等处可发现大量幼虫（采用幼虫分离法处理后）。若小肠内有大量蛔虫寄生而发生肠梗阻，可见小肠黏膜有卡他性炎症、出血或溃疡。如肠破裂可见腹膜炎与腹腔积血。胆道蛔虫症死亡的猪，可见蛔虫钻入胆道、胆管阻塞。病程较长者，可出现化脓性胆管炎或胆管破裂、胆汁外流、肝脏黄染及变硬等病变。

七、诊断

诊断方法主要是生前粪便虫卵检查和死后尸体剖检。

粪便虫卵检查是诊断蛔虫病的主要手段，1 克粪便中，虫卵数达 1 000 个时可诊断为蛔虫病。因蛔虫有强大的产卵能力，一般采用直接涂片法即可检出虫卵。若寄生的虫体数量较少，可采用漂浮集卵法进行检查。病猪死后剖检在肝脏和肺脏发现病变且分离出大量幼虫，在小肠内发现大量虫体和相应病变，蛔虫是否为直接致死原因，须根据虫体数量、病变程度、生前症状、流行病学资料及有无原发或继发的疾病等做综合性判断。

进行生前诊断可用皮内变态反应法，即用蛔虫制成抗原，以抗原稀释液注射于猪的耳部皮内，若为阳性时，经过 5 分钟皮肤上出现红至深红色丘疹或晕环。

八、防制

（一）预防

对猪蛔虫病的预防，主要是消灭带虫猪体内的虫体、加强仔猪的饲养管理、搞好环境卫生、及时清除粪便等综合性防治措施。

1. 预防性驱虫 在蛔虫病流行的猪场，每年春、秋两季各进行一次全面驱虫；对 2～6 月龄仔猪，在断奶后驱虫一次，以后每隔 1.5～2 个月再驱虫 1～2 次；从外地引进的猪，要先隔离饲养，进行粪便检查，若有蛔虫寄生，须进行 1～2 次驱虫后再并群饲养，以防止病原的传入和扩散。

2. 加强饲养管理 饲料中要富含蛋白质、维生素和矿物质，保证仔猪营养全面、体质健壮，增强机体的抗病能力。饲料、饮水要清洁、新鲜，避免粪便污染。猪的粪便和垫草清除出圈后，要运到离猪舍较远的地方堆积发酵或挖坑沤肥，进行生物热处理，以杀死虫卵。

3. 保持猪舍和运动场的清洁 猪舍内要通风良好，阳光充足，避免潮湿和拥挤。猪舍内要勤打扫、勤换垫料、勤冲洗消毒，运动场应勤清扫、消毒。对圈舍、饲槽及用具要每月用 3%～5% 热碱水或 20%～30% 热草木灰水进行消毒。

（二）治疗

（1）敌百虫：0.08～0.15 克/千克体重，总量不超过 7 克。配成水溶液或混入饲料喂服。为提高疗效，应断食 10 小时再喂药。因本品水溶液不稳定，应现用现配。有的猪会出现流涎、呕吐、肌肉震颤等副反应，不久即可消失，必要时可皮下注射硫酸阿托品 2～5 毫升，更为严重者可用硫酸阿托品与解磷定（15～30 毫克/千克体重静脉注射，如是粉剂，临用前用生理盐水稀释成 5% 溶液）两药结合治疗。

（2）左咪唑（左噻咪唑）：8 毫克/千克体重，溶水灌服，或拌料、饮水给药，亦可配成 5% 溶液皮下、肌内注射。

（3）噻苯咪唑（噻苯唑）：50～100 毫克/千克体重用水灌服，或按 0.1%～0.4% 的比例拌料饲喂。

（4）驱虫净（噻咪唑、四咪唑）：粉剂，15～20 毫克/千克体重，配成 5% 水溶液灌服或拌料喂服；注射液，10～12 毫克/千克体重，深部肌内注射。

（5）左旋四咪唑：粉剂，5～10 毫克/千克体重，制成丸剂口服或混在饲料中喂服；注射液，5～6 毫克/千克体重，深部肌内注射。

（6）丙硫苯咪唑（丙硫咪唑）：10～30毫升/千克体重，拌料服用。

（7）甲苯唑：10～20毫克/千克体重，用水灌服或拌料喂服。

（8）噻嘧啶（抗虫灵、噻酚嘧啶）：20～30毫克/千克体重，混在饲料中一次喂服，注意饲料避免日光久晒。

（9）甲噻嘧啶（甲噻酚嘧啶、保康宁）：15～20毫克/千克体重，用水灌服，或拌入饲料喂服，注意拌料时避免日光久晒。

（10）哌嗪：常用的有枸橼酸哌嗪（驱蛔灵）和磷酸哌嗪。枸橼酸哌嗪0.3克/千克体重，磷酸哌嗪0.25克/千克体重。用水化开，混入饲料让猪自食。

（11）二硫化碳哌嗪：125～210毫克/千克体重，拌料喂服或灌服。

（12）哈乐松：50毫克/千克体重，用水灌服或混入饲料喂服，中毒症状和解毒方法同敌百虫。

（13）磷酸左旋咪唑：12毫克/千克体重。用法：拌料喂服。

（14）猪蛔弗生：每次小猪1片，中猪2片，大猪3片。每天1次，连用3天。

（15）川楝子100克，槟榔100克，榧子200克，使君子100克，雷丸200克。用法：共研粉，每头每次25～50克，冲粥喂服。

（16）使君子50克，雷丸25克，鹤虱25克，槟榔50克。用法：共研粉，冲开水灌服（5头小猪量）。

（17）使君子200克，了哥王叶200克，水煎冲粥喂服。

（18）茶辣50克，煮水500克早上空腹内服。

（19）甘草10克，石榴皮15克，贯众15克，雷丸15克，共为末，开水冲服。

（20）花槟榔9克，乌梅肉9克，使君子15克，石榴皮15克，煎水喂服。

（21）槟榔15克，使君子15克，石榴皮15克，乌梅3个，共研粉调水空腹灌服（用于15～25千克猪，疗效更佳）。

华枝睾吸虫病

一、病原体

华枝睾吸虫虫体背腹扁平呈柳叶形，薄而透明，体表光滑，前端稍尖，后端稍钝圆。体长10～25毫米，宽3～5毫米。口吸盘大于腹吸盘，相距较远。两条盲肠从虫体前端分开后直达虫体后端，两个大的呈树枝状睾丸前后排列在虫体后1/3部，卵巢位于睾丸之前，呈分叶状。卵膜和卵巢相距较近，周围是梅氏腺。受精囊较大，位于睾丸与卵巢之间，呈椭圆形。劳氏管细长，开口于虫体背面。

生殖孔开口在腹吸盘前缘。虫体后部有明显的排泄囊，呈"弓"形弯曲。

虫卵黄褐色，形似灯泡，顶端有盖，后端有一小突起，内含毛蚴。

二、生活史

华枝睾吸虫的发育过程需要两个中间宿主，第一中间宿主是淡水螺（我国有3种，即赤豆螺、长角涵螺、纹沼螺）；第二中间宿主是淡水鱼和虾（如鲤鱼、青鱼、麦穗鱼、草鱼、巨掌沼虾、细足米虾等）。

成虫寄生在终末宿主人、猪、猫、狗等的肝胆管和胆囊中，所产虫卵随胆汁进入消化道，再随粪便排出体外。虫卵被第一中间宿主淡水螺吞食后，在螺体内孵出毛蚴。毛蚴进入螺的淋巴系统，发育成胞蚴、雷蚴和尾蚴。尾蚴离开螺体，在水里游动，若遇到第二中间宿主淡水鱼和虾，就钻入其肌肉内，形成囊蚴。终末宿主吞食了含有囊蚴的生的或未煮熟的鱼或虾后，囊蚴经胃到达十二指肠，在胃肠液作用下，幼虫破囊而出，从胆管开口进入肝胆管，在肝胆管内约经1个月发育为成虫。

三、流行病学

华枝睾吸虫的发生和流行取决于移行因素：①有适宜中间宿主淡水螺和淡水鱼、虾生存的水环境及中间宿主的广泛存在是本病发生和流行的重要因素。另外，囊蚴对淡水鱼、虾选择并不严格，水沟或稻田的各种小鱼均可作为第二中间宿主。②因人、猪、猫、狗均是华枝睾吸虫的终末宿主，人或猪的粪便管理不严而随便流入池塘、河沟内，特别是猫、狗与其他野生动物的粪便很难控制，从而促进本病的发生和流行。③用小鱼虾作为猪饲料，或用死鱼鳞、肚肠、带鱼肉的骨头、鱼头、洗鱼水等喂猪，以及散放的猪在池塘、河沟吃了死鱼虾均会引起感染。

四、致病作用

成虫寄生在肝胆管与胆囊内，由于机械作用的刺激，引起胆管与胆囊发炎，胆囊肿大、管壁增厚，消化功能受到影响。虫体代谢产物、分泌物和虫体寄生夺取营养的结果，引起贫血、水肿、消瘦。大量虫体寄生时，虫体阻塞胆管，胆汁分泌障碍，能引起阻塞性黄疸。寄生时间长者，肝脏结缔组织增生、肝细胞变性萎缩，引起脂肪变性和肝硬化。

五、临床症状

猪感染后临床症状多呈慢性经过，表现为消化不良、下痢、贫血、食欲减退、乏力、消瘦、轻度黄疸等。严重感染者病程较长，可并发其他疾病而死亡。

六、诊断

（1）观察临床症状：看临床症状是否为消化不良、贫血、下痢、消瘦等。

（2）分析流行病学：本地区是否为疫区，病猪是否吃过生的或未煮熟的鱼虾，是否用死鱼废料喂过猪，猪是否到过池塘、河沟边等。

（3）检查粪便：首先用直接涂片法检查虫卵，若查不到虫卵，再用漂浮法或离心浮卵法检查虫卵。

七、防制措施

（一）预防

（1）消灭中间宿主。由于淡水螺有壳，化学药物较难消灭，可采用捕捉、掩埋方法消灭。

（2）禁止在池塘、河沟边搭建厕所和猪圈；管好猫、狗，防止其到处乱窜；尽力防止水源被污染。

（3）在疫区禁止用生鱼虾、死鱼鳞、鱼骨头、鱼内脏、鱼头和洗鱼水喂猪；不到池塘、河沟边放牧，避免猪吃到死鱼虾。

（二）治疗

（1）丙酸哌嗪：56～60毫克/千克体重。用法：拌料饲喂。每天1次，连用5天。

（2）丙硫苯咪唑：100毫克/千克体重。用法：将粉拌料饲喂，或制成水悬液灌服。

（3）六氯酚：20毫克/千克体重。用法：口服，每天1次，连用3天。

（4）六氯对二甲苯（血防846）：200毫克/千克体重。用法：口服，每天1次，连用7天。

（5）别丁（硫双二氯酚）：80～100毫克/千克体重。用法：拌料喂服或灌服。

（6）海托林（三氯苯丙酰嗪）：50～60毫克/千克体重。用法：拌料喂服，每天1次，连用5天。

主要参考文献

［1］陈瑶生，杨军香．生猪标准化养殖技术图册［M］．北京：中国农业科学技术出版社，2012.

［2］计成．霉菌毒素与饲料食品安全［M］．北京：化学工业出版社，2007.

［3］刘延贺，黄炎坤，王彩玲．猪、鸡饲料配制新技术［M］．郑州：中原农民出版社，2001.

［4］郑友民．猪人工授精技术［M］．北京：中国农业出版社，2010.

［5］蔡宝祥．家畜传染病学［M］．北京：中国农业出版社，2001.

［6］魏刚才，胡建和．养殖场消毒指南［M］．北京：化学工业出版社，2011.

［7］赵书强，李军平，崔培蕾．兽医临床技术宝典［M］．郑州：中原农民出版社，2014.

［8］芦惟本．跟芦老师学猪的病理剖检［M］．北京：中国农业出版社，2011.

［9］郭晓娟．猪淋巴结常见病理变化及疾病诊断［J］．养殖技术顾问，2011（7）：146.

［10］王金亮，王雷乏．实用猪病防治技术［M］．天津：天津科学技术出版社，2008.

［11］刑钊，张健，范琳．兽医生物制品实用技术［M］．北京：中国农业大学出版社，2000.

［12］白士英．猪免疫失败的原因及对策［J］．畜牧与饲料科学，2012，33（2）：127－128.

［13］袁宗辉．动物用药指南［M］．北京：中国农业出版社，1998.

［14］PALMER J. HOLDEN，M. E. ENSMINGER．养猪学［M］．7版．王爱国，主译．北京：北京农业大学出版社，2007.

［15］甘孟侯，杨汉春．中国猪病学［M］．北京：中国农业出版社，2005.